भौतिक शास्त्र

वैद्युतचुम्बकीय सिद्धान्त परिचय

लैब मैन्युअल सहित

ए. बी. भट्टाचार्य | अतनु नाग

KHANNA BOOK PUBLISHING CO. (P) LTD.
PUBLISHER OF ENGINEERING AND COMPUTER BOOKS
4C/4344, Ansari Road, Darya Ganj, New Delhi-110002
Phone: 011-23244447-48 **Mobile:** +91-99109 09320
E-mail: contact@khannabooks.com
Website: www.khannabooks.com

Dear Readers,

To prevent the piracy, this book is secured with HIGH SECURITY HOLOGRAM on the front title cover. In case you don't find the hologram on the front cover title, please write us to at contact@khannabooks.com or whatsapp us at +91-99109 09320 and avail special gift voucher for yourself.

Specimen of Hologram on front Cover title:

Moreover, there is a SPECIAL DISCOUNT COUPON for you with EVERY HOLOGRAM.

How to avail this SPECIAL DISCOUNT:

Step 1: Scratch the hologram
Step 2: Under the scratch area, your "coupon code" is available
Step 3: Logon to www.khannabooks.com
Step 4: Use your "coupon code" in the shopping cart and get your copy at a special discount
Step 5: Enjoy your reading!

ISBN: 978-93-5538-130-9
Book Code: UG072HI

Physics (Introduction to Electromagnetic Theory)
by A. B. Bhattacharya, Atanu Nag
[Hindi Edition]

First Edition: 2021
Reprint: Jan 2023

Published by:
Khanna Book Publishing Co. (P) Ltd.
CIN: U22110DL1998PTC095547

Visit us at: **www.khannabooks.com**
Write us at: **contact@khannabooks.com**

To view complete list of books, Please scan the QR Code:	KPH

Printed in India.

प्रो. अनिल डी. सहस्रबुद्धे
अध्यक्ष
Prof. Anil D. Sahasrabudhe
Chairman

सत्यमेव जयते

अखिल भारतीय तकनीकी शिक्षा परिषद्
(भारत सरकार का एक सांविधिक निकाय)
(शिक्षा मंत्रालय, भारत सरकार)
नेल्सन मंडेला मार्ग, वसंत कुंज, नई दिल्ली-110070
दूरभाष : 011-26131498
ई-मेल : chairman@aicte-india.org

ALL INDIA COUNCIL FOR TECHNICAL EDUCATION
(A STATUTORY BODY OF THE GOVT. OF INDIA)
(Ministry of Education, Govt. of India)
Nelson Mandela Marg, Vasant Kunj, New Delhi-110070
Phone : 011-26131498
E-mail : chairman@aicte-india.org

प्राक्कथन

इंजीनियरिंग ने सदियों से समाज की प्रगति और विस्तार में बहुत महत्वपूर्ण भूमिका निभाई है। भारतीय उपमहाद्वीप में उपजे इंजीनियरिंग विचारों ने संपूर्ण विश्व के चिंतन को प्रभावित किया है।

अखिल भारतीय तकनीकी शिक्षा परिषद (अभातशिप) ने वर्ष 1987 में अपने स्थापना से ही तकनीकी विद्यार्थियों को सर्व संभव सहायता देने में अग्रणी भूमिका का निर्वहन किया है। अभातशिप का लक्ष्य गुणवत्तापूर्ण तकनीकी शिक्षा को प्रोत्साहन देते हुए इसके माध्यम से उद्योग जगत को नवीन उत्कर्ष पर पहुँचाना एवं अंततः मातृभूमि भारत को एक आधुनिक विकसित राष्ट्र के रूप में स्थापित करना है| यहां यह उल्लेख करना अनुचित नहीं होगा कि इंजीनियर आधुनिक समाज की रीढ़ हैं - बेहतर इंजीनियर अर्थात बेहतर उद्योग और उद्योग जितने बेहतर होंगे राष्ट्र उतना ही विकास करेगा।

राष्ट्रीय शिक्षा नीति 2020 की परिकल्पना है कि सभी के लिए क्षेत्रीय भाषा में शिक्षा उपलब्ध हो, जो सुनिश्चित करती है कि प्रत्येक विद्यार्थी समग्र रूप से सक्षम एवं दक्ष हो ताकि राष्ट्रीय विकास में सकल योगदान दे सके।

अभातशिप का विगत कुछ वर्षों से यह अथक प्रयास रहा है कि, इंजीनियरिंग के सभी विद्यार्थियों को उच्च गुणवत्ता वाली अंतरराष्ट्रीय स्तर की पुस्तकें क्षेत्रीय भाषाओं में तैयार कर, उचित मूल्य पर उपलब्ध कराई जाएँ। ये पुस्तकें न केवल सरल भाषा में व्यावहारिक जीवन के उदाहरणों तथा समृद्ध विषय सामग्री को ध्यान में रखकर तैयार की गई हैं, अपितु इनमें दिन प्रति दिन बदलते वैश्विक परिदृश्य तथा उद्योग जगत की आवश्यकताओं का भी ध्यान रखा गया है । क्षेत्रीय भाषाओं में तैयार की गई ये पुस्तकें, अभातशिप के इंजीनियरिंग एवं प्रौद्योगिकी के मॉडल पाठ्यक्रम - 2018 के अनुरूप हैं।

संपूर्ण भारत के अनुभवी एवं विषय के निष्णात प्रख्यात प्राध्यापकों द्वारा इन पुस्तकों को अकादमिक समुदाय के लाभ के लिए लिखा गया है। अभातशिप को पूर्ण विश्वास है कि, विषय सामग्री की दृष्टि से समृद्ध, ये पुस्तकें तकनीकी शिक्षा के विद्यार्थियों को अधिक सुगमता और गुणवत्ता के साथ विषयों में दक्षता प्राप्त करने में सहायक होंगी |

अभातशिप इन पुस्तकों और इंजीनियरिंग विषयों को अधिक सुस्पष्ट एवं प्रभावी बनाने के लिए सभी मूल लेखकों, समन्वयकों तथा अनुवादकों के अथक प्रयास और परिश्रम की प्रशंसा करता है।

(Anil D. Sahasrabudhe)

आभार

इंजीनियरिंग एवं प्रौद्योगिकी के विद्यार्थियों के लिए तकनीकी पुस्तकों के प्रकाशन हेतु कुशल नियोजन, संयोजन एवं क्रियान्वयन हेतु अखिल भारतीय तकनीकी शिक्षा परिषद् के प्रति लेखक हृदय से कृतज्ञ हैं।

पुस्तक को विद्यार्थियों के अनुकूल रोचक एवं कलात्मक रूप देने में पुस्तक के समीक्षक प्रो. आर. पी. दहिया के बहुमूल्य योगदान के प्रति भी लेखक हृदय से आभारी है।

लेखक के लिए अत्यंत गौरव का विषय है कि यह पुस्तक एआईसीटीई के मॉडल पाठ्यक्रम एवं राष्ट्रीय शिक्षा नीति (NEP)-2020 के दिशानिर्देशों के अनुरूप तैयार की गई है। साथ ही क्षेत्रीय भाषाओं में शिक्षा को बढ़ावा देने के लिए इस पुस्तक का अनुसूचित भारतीय क्षेत्रीय भाषाओं में भी अनुवाद किया जा रहा है।

हम इस पुस्तक के हिंदी भाषा में अनुवाद के लिए प्रो. पूर्णिमा स्वरुप खरे, प्रो. आर. पी. दहिया एवं डॉ. राजेश लालवानी के प्रति आभार व्यक्त करते हैं।

हम श्री बुद्धा चंद्रशेखर, मुख्य समन्वय अधिकारी (CCO), NEAT, एआईसीटीई के प्रति हार्दिक सम्मान व्यक्त करते हैं जिनके द्वारा विकसित आर्टिफिशियल इंटेलिजेंस (AI) आधारित ट्रांसलेशन टूल का उपयोग अनुवाद के लिए किया गया।

अंत में, लेखक, खन्ना बुक पब्लिशिंग कंपनी प्राइवेट लिमिटेड, नई दिल्ली, के सभी सदस्यों का (जिन्होंने प्रकाशन के दौरान तत्परता से सहयोग प्रदान किया एवं इसे एक स्मरणीय अनुभव बनाया) हार्दिक धन्यवाद ज्ञापित करते हैं।

ए.बी. भट्टाचार्य, अतनु नाग

प्रस्तावना

"भौतिक शास्त्र: वैद्युतचुम्बकीय सिद्धान्त परिचय" पुस्तक मूलभूत रूप से भौतिकी पाठ्यक्रमों के हमारे शिक्षण के समृद्ध अनुभव का परिणाम है। इस पुस्तक को लिखने का उद्देश्य इंजीनियरिंग विद्यार्थियों को भौतिकी के मूल सिद्धांतों के साथ-साथ विषय की अंतर्दृष्टि प्राप्त करने में सक्षम बनाने के लिए मूलभूत विज्ञान से परिचित कराना है। इस पुस्तक को व्यापक रूप देने की द्रष्टि से हमने एआईसीटीई द्वारा अनुसंशित विषयों के साथ आवश्यक पूरक जानकारी को भी सुव्यवस्थित तरीके से इसमें शामिल किया है। विषय की मौलिक अवधारणाओं को सरलतम तरीके से समझाने का प्रयास किया है।

पुस्तक की रूपरेखा तैयार करते समय, हमने विभिन्न मानक पाठ्य पुस्तकों पर विचार किया और तदानुसार इसके लिये महत्वपूर्ण प्रश्न, उनके हल व पूरक उदाहरण आदि विकसित किए। विभिन्न अध्यायों को तैयार करते समय मूलभूत सिद्धांतों, परिभाषाओं और नियमों पर जोर दिया गया और उन्हें याद करने के लिए सूत्रों का व्यापक सारांश भी दिया गया है। पुस्तक में सभी प्रकार की मध्यम और उच्च स्तर के विषयक उदाहरणों को शामिल किया और इन्हें बहुत ही तर्कसंगत ढ़ंग से प्रस्तुत किया गया है। इसमें दिये गए उदाहणों का परीक्षण विस्तृत विविधता वाले छात्रों को कई वर्षों तक पढ़ाने के अनुभवों के आधार पर किया गया है।

इस पुस्तक की प्रत्येक इकाई में हमने आवश्यक दृष्टांतों और उदाहरणों के अलावा, संबंधित विषयों को कई हल किये गए संख्यात्मक प्रश्नों के माध्यम से सम्रद्ध किया है। यह एक सामान्य शीर्षक 'भौतिकी' के अंतर्गत इंजीनियरिंग में भौतिकी के विभिन्न पहलुओं और अनुप्रयोगों को समावेशित करने वाली चार पुस्तकों का सेट है। इनमें से पहला विद्युत चुम्बकीय सिद्धांत के परिचय पर आधारित है, दूसरा यांत्रिकी के परिचय पर आधारित है, तीसरी अभियांत्रिकी के लिए क्वांटम यांत्रिकी से संबंधित है और चौथी दोलन, तरंगें और प्रकाशिकी पर आधारित है।

यह ध्यान रखना महत्वपूर्ण है कि सभी पुस्तकों में, हमने प्रासंगिक प्रयोगशाला में किये जाने वाले प्रयोगों को भी शामिल किया है। इसके अलावा, पाठकों के लिए "अधिक जानिए" शीर्षक के तहत कुछ आवश्यक तथ्यों की आधार्भूत जानकारी को परिशिष्ट और अनुलग्नक अनुभाग में स्पष्ट किया गया है।

जहां तक वर्तमान पुस्तक, "भौतिक शास्त्र: वैद्युतचुम्बकीय सिद्धान्त का परिचय" का संबंध है, इसमें समावेशित विषयों को व्यावहारिक भौतिकी के आधार पर प्रस्तुत किया है। भौतिकी पुस्तक का यह भाग 21वीं सदी और आगे की अभियांत्रिकी चुनौतियों से निपटने के लिए विद्युत चुम्बकीय सिद्धांत के ज्ञान का उपयोग करते हुए संबंधित घटनाओं को समझने में इंजीनियरिंग छात्रों को तैयार करेगा। विषय-वस्तु को रचनात्मक तरीके से प्रस्तुत किया गया है ताकि इंजीनियरिंग की डिग्री छात्रों को आगे जाकर प्रौद्योगिकी के विभिन्न क्षेत्रों या राष्ट्रीय प्रयोगशालाओं में काम करने के लिए तैयार करे।

हमें पूरी उम्मीद है कि यह पुस्तक छात्रों को इंजीनियरिंग भौतिकी के मूलभूत सिद्धांतों से सम्बंधित विचारों को सीखने व चर्चा करने के लिए प्रेरित करेगी और निश्चित रूप से विषय की सुद्रढ़ नींव के विकास में योगदान देगी। हम सभी लाभकारी टिप्पणियों और सुझावों के आभारी होंगे जो पुस्तक के भविष्य के संस्करणों के सुधार में योगदान देंगे। हमें इस पुस्तक को शिक्षकों और छात्रों को समर्पित करने में बहुत खुशी हो रही है। पुस्तक के विभिन्न पहलुओं पर काम करना वास्तव में हमारे लिये अति प्रसन्नतादायक अनुभव रहा।

ए.बी. भट्टाचार्य, अतनु नाग

परिणाम आधारित शिक्षा

परिणाम आधारित शिक्षा (आउटकम बेस्ड एजुकेशन) के क्रियान्वयन के लिए प्रथम आवश्यकता है, परिणाम आधारित पाठ्यक्रम विकसित करना एवं शिक्षा प्रणाली में परिणाम आधारित मूल्यांकन का समावेश करना। परिणाम आधारित आकलन के माध्यम से मूल्यांकनकर्ता यह मूल्यांकन करने में सक्षम हो सकेंगे कि क्या विद्यार्थियों ने उल्लेखित मानक, विशिष्ट और मापने योग्य लक्ष्यों (परिणामों) को प्राप्त कर लिया है। परिणाम-आधारित शिक्षा के उचित समावेश से सभी विद्यार्थियों में, प्रोग्राम बीच में छोड़े बिना न्यूनतम मानक अर्जित करने के लिए एक निश्चित प्रतिबद्धता होगी। परिणाम आधारित शिक्षा युक्त प्रोग्राम के अंत में, विद्यार्थी निम्नलिखित लक्ष्यों (परिणामों) तक पहुंचने में सक्षम होगे:

PO-1. **इंजीनियरिंग ज्ञान:** गणित, विज्ञान, इंजीनियरिंग के आधारभूत ज्ञान और इंजीनियरिंग विशेषज्ञता कों इंजीनियरिंग के जटिल समस्याओं के समाधान के लिए अनुप्रयोग करना।

PO-2. **समस्या विश्लेषण:** गणित, प्राकृतिक विज्ञान और इंजीनियरिंग विज्ञान के प्रथम सिद्धांतों का उपयोग कर जटिल समस्याओं की पहचान, उनका प्रतिपादन, शोध साहित्य की समीक्षा तथा विश्लेषण कर प्रमाणित निष्कर्षों तक पहुंचना।

PO-3. **समाधानों की रूपरेखा/विस्तार:** जटिल इंजीनियरिंग समस्याओं के ऐसे समाधान तथा प्रणाली के घटकों या प्रक्रियाओं की रूपरेखा (डिजाईन) तैयार करना जो सार्वजनिक स्वास्थ्य एवं सुरक्षा, सांस्कृतिक, सामाजिक एवं पर्यावरण को ध्यान में रखते हुए निर्दिष्ट आवश्यकताओं को पूरा करे।

PO-4. **जटिल समस्याओं का परीक्षण:** वैध निष्कर्ष प्रदान करने के लिए प्रयोगों के डिजाईन (डिजाईन ऑफ एक्स्पेरिमेंट्स), आंकड़ों के विश्लेषण एवं विवेचना, और सूचना के संश्लेषण सहित शोध-आधारित ज्ञान और शोध विधियों का उपयोग।

PO-5. **आधुनिक साधनों का उपयोग:** जटिल इंजीनियरिंग कार्यों के लिए अनुमान एवं मॉडलिंग सहित उपयुक्त तकनीकों की सीमाओं की समझ के साथ संसाधनों, आधुनिक इंजीनियरिंग और आईटी साधनों का सृजन, चुनाव और अनुप्रयोग करना।

PO-6. **इंजीनियर और समाज:** व्यावसायिक इंजीनियरिंग कार्य के अनुरूप सामाजिक, स्वास्थ्य, सुरक्षा, विधिक एवं सांस्कृतिक मुद्दों और परिणामी उत्तरदायित्वो का आकलन करने के लिए प्रासंगिक ज्ञान आधारित तर्क का उपयोग करना।

PO-7. **पर्यावरणीय स्थायित्व:** सामाजिक तथा पर्यावरणीय संदर्भों में व्यावसायिक इंजीनियरिंग समाधानों के प्रभाव को समझना और सतत विकास के ज्ञान और आवश्यकता का निरूपण करना।

PO-8. **नैतिकता:** नैतिक सिद्धांतों का उपयोग, व्यावसायिक नैतिकता तथा उत्तरदायित्व और इंजीनियरिंग कार्य के मानदंडों के प्रति प्रतिबद्ध होना।

PO-9. **व्यक्तिगत और टीम वर्क:** बहु-विषयक स्थितियों में व्यक्तिगत रूप से और विभिन्न समूहों में सदस्य अथवा टीम लीडर के रूप में प्रभावशाली ढंग से कार्य करना।

PO-10. **सम्प्रेषण:** जटिल इंजीनियरिंग गतिविधियों पर इंजीनियरिंग समुदाय और समाज के साथ प्रभावी रिपोर्ट और डिजाईन अभिलेखों कों समझने और लिखने में सक्षम होने, प्रभावी प्रस्तुतियों (प्रेजेंटेशन) बनाने और स्पष्ट निर्देश देने और प्राप्त करने हेतु प्रभावी ढंग से सम्प्रेषण करना।

PO-11. परियोजना प्रबंधन एवं वित्त: इंजीनियरिंग और प्रबंधन सिद्धांतों के ज्ञान और समझ का निरूपण करना, व्यक्तिगत कार्यों और बहु-विषयक परिप्रेक्ष्य में समूह के सदस्य और परियोजना प्रमुख के रूप में परियोजनाओं के प्रबंधन करना।

PO-12. जीवन-पर्यन्त सीखना: जीवन-पर्यन्त सीखने की महत्ता को पहचानना, और तकनीकी परिवर्तन के व्यापक संदर्भ में स्वतंत्र और जीवन-पर्यन्त सीखने में संलग्न होने की तैयारी एवं योग्यता रखना।

कोर्स आउटकम्स

पाठ्यक्रम पूरा होने पर विद्यार्थी निम्न में सक्षम होगें:

CO-1: स्थैतिक विद्युत चुम्बकीय क्षेत्र की विभिन्न भौतिक अवधारणाओं का वर्णन।

CO-2: स्थैतिक विद्युत्व एवं स्थैतिक चुम्बकत्व के सिद्धांतों द्वारा विद्युत क्षेत्रों और क्षमताओं की सीमान्त स्थितियों की व्याख्या।

CO-3: फैराडे के विद्युत चुम्बकीय प्रेरण (इलेक्ट्रोमैग्नेटिक इंडक्शन) के नियम से संबंधित अवधारणाओं पर चर्चा।

CO-4: मैक्सवेल के समीकरणों का विद्युत्चुम्बकीय क्षेत्र में तरंगों के प्रवाह से संबंधित सिद्धांतों में अनुप्रयोग।

CO-5: चुंबकीय पदार्थ के विभिन्न गुणों का विश्लेषण।

CO-6: विभिन्न माध्यमों में विद्युत चुम्बकीय तरंगों के प्रवाह का विश्लेषण।

कोर्स आउटकम्स	प्रोग्राम आउटकम्स (POs) के साथ अपेक्षित संबंध *(1-कमजोर सहसंबंध; 2-मध्यम सहसंबंध; 3-मजबूत सहसंबंध)*											
	PO-1	**PO-2**	**PO-3**	**PO-4**	**PO-5**	**PO-6**	**PO-7**	**PO-8**	**PO-9**	**PO-10**	**PO-11**	**PO-12**
CO-1	3	1	1	–	–	–	–	–	–	–	–	–
CO-2	3	1	2	1	1	–	–	–	–	–	–	–
CO-3	3	2	1	1	–	–	–	–	–	–	–	–
CO-4	3	3	2	1	1	–	–	–	–	–	–	–
CO-5	3	1	3	1	2	–	–	–	–	–	–	–
CO-6	3	3	3	1	1	–	–	–	–	–	–	–

संक्षिप्ताक्षर और प्रतीक

संक्षिप्त नामों की सूची

संक्षिप्त रूप	विस्तृत रूप	संक्षिप्त रूप	विस्तृत रूप
A	एम्पीयर	mH	मिली हेनरी
AC	आल्टरनेटिंग करंट (प्रत्यावर्ती धारा)	*mmf*	(मैग्नेटो मोटिव बल) चुम्बकीय वाहक बल
BW	बैंड विड्थ	nA	नैनो एम्पीयर
C	कूलॉम	nC	नैनो कूलाम्ब
CO	कोर्स आउटकम्स(पाठ्यक्रम परिणाम)	nF	नैनो फैरड
CRO	कैथोड रे ऑसिलोस्कोप	Oe	ओर्स्टेड
CRT	कैथोड रे ट्यूब	PO	प्रोग्राम आउटकम्स (कार्यक्रम परिणाम)
DC	डायरेक्ट करंट (नियत धारा)	Q-factor	Q-फैक्टर (Q-कारक)
EM	इलेक्ट्रो मैग्नेटिक (विद्युत चुम्बकीय)	T	टैस्ला
emf	(इलेक्ट्रोमोटिव फोर्स) विद्युत वाहक बल	UO	यूनिट परिणाम
G	गॉस	V	वोल्ट
Ge	जर्मेनियम	W	वॉट
GHz	गीगाहर्ट्ज	Wb	वेबर
Hz	हर्ट्ज	μA	माइक्रो एम्पीयर
kHz	किलो हर्ट्ज	μC	माइक्रो कूलोम
LCR	एल. सी. आर.	μF	माइक्रो फैरड

प्रतीकों की सूची

प्रतीक	विवरण	प्रतीक	विवरण
A	चुम्बकीय अदिश विभव	K	युग्मन गुणांक
B	चुंबकीय प्रेरण	l	रेखीय आवेश घनत्व
C	संधारित्र की धारिता	L	स्व-प्रेरणांक
D	विद्युत विस्थापन	M	अन्योन्य प्रेरण
e	इलेक्ट्रॉन का आवेश	M_s	संतृप्त चुंबकीयकरण
E	विद्युत क्षेत्र की तीव्रता	P	पोयंटिंग वेक्टर
f_{res}	अनुनाद की आवृत्ति	p_{eff}	बोर मैग्नेटॉन की प्रभावी संख्या
g	जायरोमैग्नेटिक अनुपात	r	आयतन आवेश घनत्व
H	चुंबकीय तीव्रता	r	परावर्तन गुणांक
I_d	विस्थापन धारा	R_H	हॉल गुणांक

प्रतीक	विवरण	प्रतीक	विवरण
J	धारा घनत्व	s	पृष्ठीय आवेश घनत्व
J_d	विस्थापन धारा घनत्व		
S	विमुखता (रिलक्टैंस)	δ	स्किन गहराई
t	संचरण गुणांक	ε_0	मुक्त आकाश की विद्युतशीलता
T_N	नील तापमान	ε_r, k	सापेक्षिक परागम्यता
U	विद्युत चुम्बकीय ऊर्जा घनत्व	μ_0	मुक्त आकाश की चुम्बकनशीलता (परमियबिलिटि)
V_H	हॉल वोल्टेज	φ_m	चुंबकीय अदिश विभव
Z	माध्यम की प्रतिबाधा	ψ	तरंग फलन
α	क्षीणन स्थिरांक	ω_L	लारमोर आवृत्ती
β	कला स्थिरांक	φ	विद्युत फ्लक्स
γ	प्रसारण नियतांक		

चित्र सूची

यूनिट 1: निर्वात में इलेक्ट्रोस्टैटिक्स

यूनिट 2: एक रैखिक परावैद्युत माध्यम में इलैक्ट्रोस्टैटिक्स

यूनिट 3: स्थैतिक चुम्बकत्व

यूनिट 4: रेखीय परावैद्युत माध्यम में स्थैतिक चुम्बकत्व

यूनिट 5: फैराडे के नियम

यूनिट 6: मैक्सवेल के समीकरण

यूनिट 7: विद्युत चुम्बकीय तरंगें

शिक्षकों के लिए दिशानिर्देश

परिणाम आधारित शिक्षा (OBE) की रुपरेखा के क्रियान्वयन और ब्लूम की टैक्सोनॉमी के उपयोग पर अधिक ध्यान देने के लिए आवश्यक है कि विद्यार्थियों के ज्ञान एवं व्यावसायिक कौशल को बढ़ाया जाना चाहिए। इसके उचित क्रियान्वयन के लिए शिक्षकों को एक बड़ी जिम्मेदारी लेनी चाहिए। परिणाम आधारित शिक्षा प्रणाली में शिक्षकों के असीमित उत्तरदायित्वों में से कुछ निम्न प्रकार के हो सकते है:

- यथोचित प्रतिबंधो के अंतर्गत, सभी विद्यार्थियों के सर्वोत्तम लाभ के लिए उन्हें युक्तिपूर्ण तरीके से समय का प्रबंधन करना चाहिए।
- उन्हें विद्यार्थियों का आकलन किसी भेदभाव या अन्य संभावित अपात्रता पर विचार किए बिना केवल कुछ निश्चित मानदंडों के आधार पर ही करना चाहिए।
- उन्हें विद्यार्थियों के संस्थान छोड़ने के पूर्व उनकी सीखने की क्षमता को एक निश्चित स्तर तक बढ़ाने का प्रयास करना चाहिए
- उन्हें यह सुनिश्चित करने का प्रयास करना चाहिए कि शिक्षा पूर्ण करने तक सभी विद्यार्थी गुणवत्ता पूर्ण ज्ञान एवं योग्यता ग्रहण कर चुके हों
- उन्हें विद्यार्थियों को उनकी श्रेष्ठ प्रदर्शन करने की क्षमताओं को विकसित करने के लिए हमेशा प्रोत्साहित करना चाहिए।
- उन्हें नए दृष्टिकोण को सुदृढ़ करने के लिए सामूहिक एवं दलगत रूप में कार्य करने के लिए सुविधा एवं प्रोत्साहन देना चाहिए।
- उन्हें आकलन के प्रत्येक चरण में ब्लूम्स टैक्सोनॉमी का पालन करना चाहिए।

ब्लूम्स टैक्सोनॉमी

स्तर	शिक्षक को जाँचना चाहिए	विद्यार्थी को सक्षम होना चाहिए	आकलन का संभावित तरीका
सृजन (Creating)	विद्यार्थियों की सृजन क्षमता	डिजाइन या सृजन	लघु परियोजना
मूल्यांकन (Evaluating)	विद्यार्थियों की तर्क एवं मूल्यांकन की क्षमता	तर्क या प्रतिरक्षा	निर्दिष्ट कार्य
विश्लेषण (Analyzing)	विद्यार्थियों की विश्लेषण क्षमता	पृथक करना या भेद करना	परियोजना/प्रयोगशाला पद्धति
अनुप्रयोग (Applying)	विद्यार्थियों में जानकारी के उपयोग की क्षमता	प्रचालन या प्रदर्शन	तकनीकी प्रस्तुति/प्रदर्शन
समझ (Understanding)	विद्यार्थियों में विचारों की व्याख्या करने की क्षमता	व्याख्या/या वर्गीकरण	प्रस्तुति/संगोष्ठी
स्मरण (Remembering)	विद्यार्थियों की याद करने की क्षमता (या याद रखना)	परिभाषित या याद करना	प्रश्नोतरी

विद्यार्थियों के लिए दिशानिर्देश

विद्यार्थियों को परिणाम आधारित शिक्षा (OBE) को लागू करने के लिए समान जिम्मेदारी लेनी चाहिए। परिणाम आधारित शिक्षा प्रणाली में विद्यार्थियों के लिए असीमित जिम्मेदारियों में से कुछ इस प्रकार हैं:

- प्रत्येक पाठ्यक्रम में यूनिट शुरू होने से पहले विद्यार्थियों को प्रत्येक UO के बारे में अच्छी तरह से अवगत होना चाहिए।
- पाठ्यक्रम शुरू होने से पहले विद्यार्थियों को प्रत्येक CO के बारे में अच्छी तरह से अवगत होना चाहिए।
- पाठ्यक्रम शुरू होने से पहले विद्यार्थियों को प्रत्येक PO के बारे में अच्छी तरह से अवगत होना चाहिए।
- विद्यार्थियों को उचित चिंतन और क्रिया के साथ आलोचनात्मक और तर्कसंगत रूप से सोचना चाहिए।
- विद्यार्थियों के सीखने को व्यावहारिक और दैनिक जीवन के परिणामों के साथ सम्बद्ध और एकीकृत किया जाना चाहिए।
- विद्यार्थियों को परिणाम आधारित शिक्षा के प्रत्येक स्तर पर अपनी योग्यता से अच्छी तरह अवगत होना चाहिए।

विषय-सूची

1 निर्वात में इलेक्ट्रोस्टैटिक्स

यूनिट विशिष्ट

इस यूनिट में निम्नलिखित विषयों पर विस्तार से चर्चा की गई है:

- आवेश का परिमाणीकरण और संरक्षण;
- कूलम्ब का नियम और उसका सदिश रूप;
- अध्यारोपण सिद्धांत;
- इलेक्ट्रोस्टैटिक में गॉस नियम, इसके समाकलित (integral) और अवकलित (differential) रूप;
- विद्युत क्षेत्र (electric field) और उसका कर्ल (curl);
- विद्युत क्षेत्र की तीव्रता और इलेक्ट्रोस्टैटिक विभव;
- पॉइसन और लाप्लास के समीकरण;
- इलेक्ट्रोस्टैटिक समस्याओं को हल करने के लिए कार्टेशियन, गोलाकार और बेलनाकार निर्देशांक के लिए पॉइसन और लाप्लास के समीकरणों का अनुप्रयोग।

जिज्ञासा और रचनात्मकता पैदा करने के साथ-साथ समस्या समाधान क्षमता में सुधार के लिए विषयों के व्यावहारिक अनुप्रयोगों पर चर्चा की गई है।

अभ्यास के लिए बड़ी संख्या में बहुविकल्पीय प्रश्नों के साथ-साथ ब्लूम के वर्गीकरण (Bloom's taxonomy) के निचले और उच्च क्रम के बाद दो श्रेणियों में चिह्नित लघु और दीर्घ उत्तर वाले प्रश्न, कई संख्यात्मक समस्याओं के माध्यम से असाइनमेंट, संदर्भों की एक सूची और अध्ययन हेतु सुझाव दिये गए हैं। यह भी ध्यान रखा गया है कि रुचि के विभिन्न विषयों पर अधिक जानकारी प्राप्त करने के लिए विभिन्न वर्गों में कुछ क्यूआर कोड (QR codes) प्रदान किए गए हैं जिन्हें प्रासंगिक सहायक ज्ञान के लिए स्कैन किया जा सकता है।

संबंधित प्रैक्टिकल के बाद, सामग्री के आधार पर, “अधिक जानें” अनुभाग है। इस खंड को विवेकपूर्ण ढंग से तैयार किया गया है ताकि इस भाग में दी गई पूरक जानकारी पुस्तक के उपयोगकर्ताओं के लिए फायदेमंद हो। यह खंड मुख्य रूप से प्रारंभिक गतिविधि, कुछ दिलचस्प तथ्यों के उदाहरण, सादृश्य, मुख्य अवलोकन और खोज पर ध्यान केंद्रित करने वाले विषय के विकास का इतिहास, संबंधित विषयों के विकास से लेकर हाल के समय तक, विषय वस्तु के अनुप्रयोगों पर प्रकाश डालता है। इनके अलावा, दैनिक वास्तविक जीवन या/और विभिन्न पहलुओं पर औद्योगिक अनुप्रयोगों के लिए, पर्यावरण, स्थिरता, सामाजिक और नैतिक मुद्दों से संबंधित केस स्टडी, और अंत में जिज्ञासा विषय दिये हैं।

भूमिका

इलेक्ट्रोस्टैटिक्स पर यह मौलिक यूनिट छात्रों को आवेश के परिमाणीकरण और संरक्षण के बारे में एक प्राथमिक विचार प्राप्त करने में मदद करती है और विद्युत क्षेत्र और विभव की अवधारणाओं का परिचय देती है तथा निर्वात में इलेक्ट्रोस्टैटिक्स के मौलिक समीकरणों को प्राप्त करने को भी प्राथमिकता देती है। इलेक्ट्रोस्टैटिक्स के कुछ मौलिक नियम जैसे कूलम्ब का नियम, गॉस नियम के साथ-साथ पॉइसन और लाप्लास के समीकरणों और विभिन्न इलेक्ट्रोस्टैटिक समस्याओं को हल करने के लिए उनके अनुप्रयोगों के अलावा, विशेष रूप से कार्टेशियन, गोलाकार और बेलनाकार सममित प्रणालियों (symmetric systems) में, प्रैक्टिकल भाग भौतिक अवधारणाओं और प्रक्रियाओं को प्रदर्शित करता है। एक अच्छी संख्या में इलेक्ट्रोस्टैटिक उदाहरण दिये हैं। इस यूनिट के लिए एकीकृत अवधारणा अभ्यास को भौतिक सिद्धांतों के एक संकीर्ण सेट से अधिक शामिल सामान्य स्थितियों पर लागू करना दिलचस्प है। उदाहरण के लिए, विद्युत फील्ड आवेशों पर बल लगाता है और इसलिए गतिकी की प्रासंगिकता आती है।

पूर्व-अपेक्षित ज्ञान

गणितः प्रणाली (Co-ordinate Systems), वेक्टर कैलकुलस (कक्षा XII)

भौतिकीः इलेक्ट्रोस्टैटिक्स (कक्षा XI)

यूनिट आउटकम्स

इस यूनिट के आउटकम्स की सूची इस प्रकार है:

U1-O1: आवेश के परिमाणीकरण और संरक्षण का वर्णन करें

U1-O2: कूलम्ब के नियम, इसके सदिश रूप और अध्यारोपण सिद्धांत की व्याख्या करें

U1-O3: इलेक्ट्रोस्टैटिक्स में गॉस नियम, इसके समाकलित और अवकलित रूप की व्याख्या करें

U1-O4: विद्युत क्षेत्र और उसका कर्ल, विद्युत फील्ड की तीव्रता और विभव का वर्णन करें

U1-O5: पॉइसन और लाप्लास के समीकरणों की व्याख्या करें

U1-O6: इलेक्ट्रोस्टैटिक्स की समस्याओं को हल करने के लिए कार्टेशियन, गोलाकार और बेलनाकार निर्देशांक प्रणालियों के लिए लाप्लास के समीकरणों को लागू करें

यूनिट-1 आउटकम्स	यूनिट आउटकम्स तथा कोर्स आउटकम्स का अपेक्षित सहसंबंध *(1-कमजोर सहसंबंध; 2-मध्यम सहसंबंध; 3-मजबूत सहसंबंध)*					
	CO-1	CO-2	CO-3	CO-4	CO-5	CO-6
U1-O1	3	–	1	–	–	–
U1-O2	3	1	–	–	–	–
U1-O3	3	2	–	2	–	–
U1-O4	3	2	1	–	–	1
U1-O5	2	2	–	1	–	1
U1-O6	1	1	–	–	–	–

1.1 प्रस्तावना

विद्युत आवेश का गुण परमाणु विन्यास को बांधने वाले इलेक्ट्रोस्टैटिक बलों के लिए जिम्मेदार है। विद्युत आवेश दो प्रकार के होते हैं – ऋणात्मक आवेश और धनात्मक आवेश। मौलिक ऋणावेशित और धनावेशित कण क्रमशः सुपरिचित इलेक्ट्रॉन और प्रोटॉन हैं। जब समान ध्रुवता के इन आवेशों को समान दूरी पर अलग रखा जाता है, तो दो इलेक्ट्रॉनों और दो प्रोटॉन द्वारा अनुभव किए गए इलेक्ट्रोस्टैटिक बल बिल्कुल समान होते हैं और प्रकृति में प्रतिकारक होते हैं। दो भिन्न प्रकार के आवेशों जैसे इलेक्ट्रॉन और प्रोटॉन के बीच विद्युत बल प्रकृति में आकर्षक होता है। किसी पिंड पर उपस्थित आवेश को इलेक्ट्रॉन के आवेश से तुलना करके मापा जा सकता है। एक इलेक्ट्रॉन और एक प्रोटॉन के आवेश का परिमाण समान होता है, जिसका मान 1.60×10^{-19} C है। अंतर केवल इतना है कि प्रकृति में यह एक इलेक्ट्रॉन के लिए यह ऋणात्मक होता है जबकि एक प्रोटॉन के लिए यह धनात्मक होता है।

1.2 आवेशों का परिमाणीकरण

यदि हम प्राथमिक कणों की परस्पर क्रिया को समझना चाहते हैं तो विद्युत आवेश परिमाणीकरण की सैद्धांतिक समझ महत्वपूर्ण है। प्राथमिक कण अंतः क्रियाओं को समझना सैद्धांतिक भौतिकी के प्रमुख लक्ष्यों में से एक है। यह निश्चित रूप से ज्ञात नहीं है कि विद्युत आवेश की मात्रा क्यों परिमाणित (quantize) की जाती है। लेकिन प्रकृति में उपलब्ध सभी संभावित आवेशों को आवेश की एक इकाई के अभिन्न गुणकों द्वारा दर्शाया जा सकता है, इस प्रकार किसी पिंड पर आवेश q को हमेशा इस प्रकार दर्शाया जा सकता है

$$q = ne \tag{1.1}$$

जहाँ $e = -1.602 \times 10^{-19}$ C और n कोई धनात्मक या ऋणात्मक पूर्णांक है। समीकरण (1.1) आवेशों के परिमाणीकरण के मूल विचार को दर्शाता है जिसे इस प्रकार कहा जा सकता है: किसी निकाय पर आवेश को हमेशा e के अभिन्न गुणज द्वारा दर्शाया जाना चाहिए।

1.3 आवेश का संरक्षण

सभी परमाणु हमेशा विद्युत रूप से नूट्रल (neutral) होते हैं, जिसका अर्थ है कि उन पर धनात्मक और ऋणात्मक आवेश समान मात्रा में होते हैं। इसलिए उनका शुद्ध आवेश शून्य है। चूँकि इलेक्ट्रॉन ऋणात्मक होते हैं, इसलिए परमाणु के किसी अन्य भाग में धनात्मक आवेश होना चाहिए। आवेश की मौलिक यूनिट धनात्मक और ऋणात्मक हैं और यह आवेश क्रमशः प्रोटोनों और इलेक्ट्रॉनों पर होता है, अतः किसी भी सिस्टम में कुल आवेश बदल नहीं सकता है। दो वस्तुओं की परस्पर क्रिया के दौरान, यदि एक वस्तु (या उस वस्तु का कोई हिस्सा) दूसरी वस्तु से आवेश प्राप्त करता है, तो दूसरी वस्तु (या उसका कोई हिस्सा) उतना ही आवेश खो देगा। दूसरे शब्दों में, आवेश को न तो बनाया और न ही नष्ट किया जा सकता है। इस से यह निष्कर्ष निकलता है कि सभी वस्तुओं से अलग किए सिस्टम का आवेश हमेशा संरक्षित होता है। यदि दो वस्तुओं को आपस में रगड़ा जाए तो उनके बीच आवेश स्थानांतरित हो सकते हैं, इलेक्ट्रॉनों को प्राप्त करने वाली वस्तु ऋणात्मक रूप से आवेशित हो जाएगी और दूसरी वस्तु उन इलेक्ट्रॉनों को खोकर सकारात्मक रूप से आवेशित हो जाएगी।

1.4 कूलम्ब का नियम

कूलम्ब (1736–1806) ने दो आवेशित कणों के बीच की दूरी के साथ-साथ उनके आवेशों के परिमाण पर स्थिरवैद्युत बल की निर्भरता की प्रकृति का निर्धारण करने के लिए अपने प्रयोग किए। उन्होंने प्रदर्शित किया कि जब वस्तुएँ अधिक आवेश प्राप्त करती हैं और उनकी दूरी कम होती है तो इलेक्ट्रोस्टैटिक बल बढ़ता है और इस तरह इलेक्ट्रोस्टैटिक बल के बारे में एक कानून का प्रस्ताव किया जिसे इलेक्ट्रोस्टैटिक्स के कूलम्ब के नियम के रूप में जाना जाता है। यह

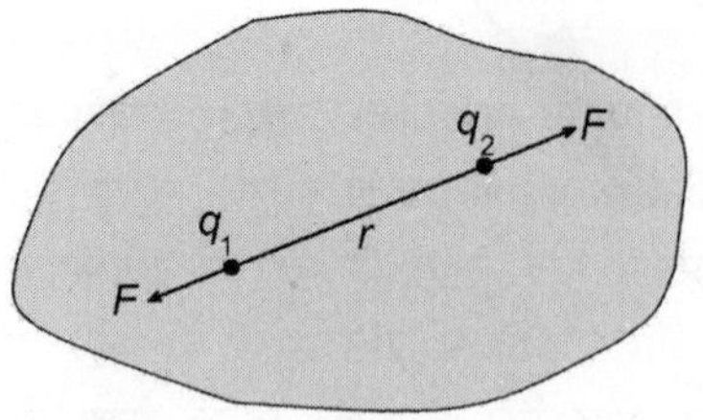

चित्र 1.1: कूलम्ब का नियम

बताता है कि, एक निश्चित दूरी से अलग किए गए दो बिंदु आवेश हमेशा एक दूसरे पर बल लगाते हैं। यह बल आवेशों के गुणनफल के समानुपाती (directly proportional) होता है और उनकी दूरी के वर्ग के प्रतिलोमानुपाती (inversely proportional) होता है।

यह बल आवेशों को मिलाने वाली रेखा के अनुदिश कार्य करता है। बल की प्रकृति समान आवेशों के लिए प्रतिकारक और विपरीत आवेशों के लिए आकर्षक होती है। गणितीय रूप से, यदि दो बिंदु आवेश q_1 और q_2 को दूरी r (चित्र 1.1) से अलग किया जाता है, तो कूलम्ब के नियम के अनुसार q_1 पर आवेश q_2 के कारण लगने वाला बल होगा।

$$F = \frac{q_1 q_2}{4\pi\varepsilon_0 r^2} \tag{1.2}$$

स्थिरांक ε_0 को मुक्त स्थान की विद्युतशीलता (permittivity) कहा जाता है और SI प्रणाली में इसका मान 8.854×10^{-12} $C^2N^{-1}\,m^{-2}$ होता है। SI प्रणाली में $\frac{1}{4\pi\varepsilon_0} = 9\times10^9\ Nm^2C^{-2}$ सी.जी.एस. प्रणाली में, $\frac{1}{4\pi\varepsilon_0} = 1$

उदाहरण 1.1 जब दो बिंदु आवेशों के बीच की दूरी d है, तो उनके बीच का वाला F है। कितनी पारस्परिक दूरी पर उनके बीच प्रभावी बल $F/3$ हो जायेगा?

हल

यदि शुल्क q_1 और q_2 हैं तो प्रारंभ में, $F = \frac{q_1 q_2}{4\pi\varepsilon_0 d^2}$

$$\therefore \qquad \frac{q_1 q_2}{4\pi\varepsilon_0} = Fd^2$$

अब, मान लें कि आवेशों के बीच की पारस्परिक दूरी x है, तो उनके बीच प्रभावी बल $F/3$ तक कम हो जाता है। इस प्रकार,

$$\frac{q_1 q_2}{4\pi\varepsilon_0 x^2} = \frac{F}{3} \Rightarrow 3Fd^2 = Fx^2 \Rightarrow x = \sqrt{3}d.$$

उदाहरण 1.2 हाइड्रोजन परमाणु में इलेक्ट्रॉन और प्रोट्रॉन के बीच प्रभावी इलेक्ट्रास्टैटिक और गुरुत्वाकर्षण बलों की तुलना करें। (दिया गया है, $m_e = 9.1 \times 10–31$ kg, $m_p = 1.7 \times 10–27$ kg और $G = 6.67 \times 10^{-11}\ Nm^2 kg^2$)

हल

यदि इलेक्ट्रॉन और प्रोटॉन के बीच की दूरी r है, तो उनके बीच कार्य करने वाला इलेक्ट्रोस्टैटिक बल होगा, $F_e = \frac{1}{4\pi\varepsilon_0}\frac{q_1 q_2}{r^2} = \frac{1}{4\pi\varepsilon_0}\frac{e^2}{r^2} = 9\times10^9 \cdot \frac{e^2}{r^2}$

और उनके बीच कार्य करने वाला गुरुत्वाकर्षण बल होगा, $F_g = G\frac{m_e m_p}{r^2}$

$$\therefore \qquad \frac{F_e}{F_g} = \frac{9\times10^9}{G} \cdot \frac{e^2}{m_e m_p} = 2.26\times10^{39}$$

यह F_e और F_g के बीच का अनुपात है।

उदाहरण 1.3 थर्मोकोल की गेंद का द्रव्यमान 9×10^{-5} है और इसमें $5\,\mu C$ आवेश है। इसी तरह की एक और गेंद इसके ठीक ऊपर 2 cm की दूरी पर रखी है। दूसरी गेंद में कितना आवेश होना चाहिये ताकि दोनों गेंदों के बीच संतुलन हो?

हल

दो गेंदें संतुलन में होंगी, जब गेंदों के बीच इलेक्ट्रास्टैटिक प्रतिकर्षण बल दूसरी गेंद के भार बल को संतुलित करेगा।

$\therefore$ संतुलन पर $\dfrac{q_1 q_2}{4\pi\varepsilon_0 r^2} = mg$

अब, $mg = 9 \times 10^{-5} \times 9.8\text{ N};\; r = 2 \times 10^{-2} m;\; q_1 = 5 \times 10^{-6}\text{ C}$

और $4\pi\varepsilon_0 = \dfrac{1}{9} \times 10^9.$

$$\therefore \quad q_2 = \frac{9\times10^{-5}\times9.8\times(2\times10^{-2})^2}{5\times10^{-6}\times9}\times10^{-9} = \frac{9.8\times4}{5}\times10^{-12} = 7.84\times12^{-12}\text{C}$$

जो दूसरी गेंद का चार्ज है, जिससे दोनों गेंदों संतुलन में होगी।

उदाहरण 1.3

सापेक्ष विद्युतशीलता स्थिरांक: सापेक्ष विद्युतशीलता (ε_r) को खाली स्थान या निर्वात तथा एक विशिष्ट माध्यम में, एक विशेष दूरी पर रखे गए, दो बिंदु आवेशों के बीच बल के अनुपात के रूप में परिभाषित किया जाता है।

इस प्रकार,
$$\varepsilon_r = \frac{F_{vac}}{F_{med}} = \frac{q_1 q_2}{4\pi\varepsilon_0 r^2} / \frac{q_1 q_2}{4\pi\varepsilon r^2} \tag{1.3}$$

या,
$$\varepsilon_r = \frac{\varepsilon}{\varepsilon_0} \tag{1.4}$$

यहाँ ε_0 मुक्त स्थान विद्युतशीलता और ε उस निर्दिष्ट माध्यम में विद्युतशीलता है।

1.4.1 कूलम्ब के नियम का वेक्टर फॉर्म

चार्ज कणों के बीच बलों की दिशा जानने के लिए कूलम्ब के नियम को वेक्टर नोटेशन में उपयोग करना चाहिये। दूरी r पर रखे दो समान आवेशों q_1 और q_2 (चित्र 1.2) में, आवेश q_2 के कारण q_1 पर लगाया गया बल वेक्टर नोटेशन से प्राप्त किया जा सकता है,

$$\vec{F}_{12} = \frac{q_1 q_2}{4\pi\varepsilon_0 r^2}\hat{r}_{21} \tag{1.5}$$

यहाँ $\hat{r}_{21}$ एक यूनिट वेक्टर है और इस की दिशा q_1 से q_2 की ओर है। इसी प्रकार, q_2 पर q_1 आवेश के कारण बल है,

$$\vec{F}_{21} = \frac{q_1 q_2}{4\pi\varepsilon_0 r^2}\hat{r}_{12} \tag{1.6}$$

यहाँ $\hat{r}_{12}$ यूनिट वेक्टर q_1 से q_2 की की दिशा में है।

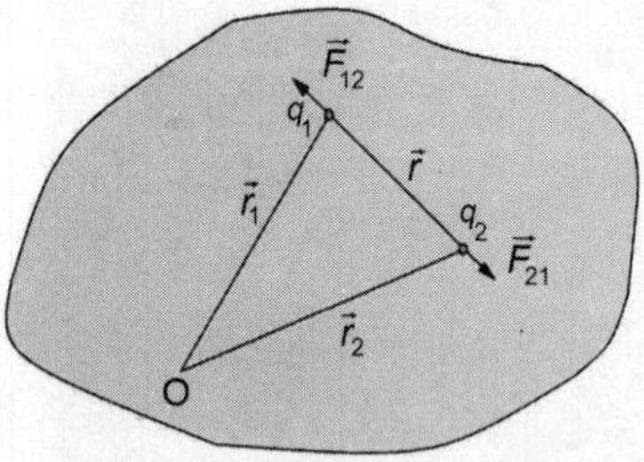

चित्र 1.2: कूलम्ब के नियम का वेक्टर चित्रण

जैसे, $\hat{r}_{12} = \dfrac{\vec{r}_1 - \vec{r}_2}{|\vec{r}_1 - \vec{r}_2|}$

$$= -\frac{\vec{r}_2 - \vec{r}_1}{|\vec{r}_2 - \vec{r}_1|} = -\hat{r}_{21}$$

तथा $\quad r = |\vec{r}_1 - \vec{r}_2| = |\vec{r}_2 - \vec{r}_1|$

$$\therefore \qquad \vec{F}_{12} = -\vec{F}_{21} \tag{1.7}$$

समीकरण (1.7) से यह स्पष्ट है कि आवेश 2 के कारण आवेश 1 पर लगने वाला बल आवेश 1 के कारण आवेश 2 पर लगे बल के बराबर और विपरीत होता है। इस प्रकार j^{th} आवेश के कारण i^{th} आवेश पर लगने वाले बल को सामान्यीकृत (generalise) किया जा सकता है,

$$\vec{F}_{ij} = \frac{1}{4\pi\varepsilon_0}\frac{q_i q_j}{r^2}\hat{r}_{ji} = \frac{1}{4\pi\varepsilon_0}\frac{q_i q_j\left(\vec{r}_j - \vec{r}_i\right)}{\left|\vec{r}_j - \vec{r}_i\right|^3} \tag{1.8}$$

CGS प्रणाली में, j^{th} चार्ज के कारण i^{th} चार्ज पर लगने वाला बल होगा

$$\vec{F}_{ij} = \frac{q_i q_j}{r^2}\hat{r}_{ji} = \frac{q_i q_j\left(\vec{r}_j - \vec{r}_i\right)}{\left|\vec{r}_j - \vec{r}_i\right|^3} \tag{1.9}$$

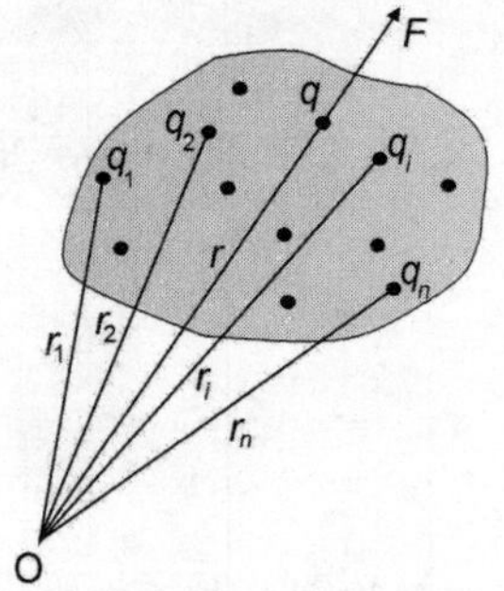

चित्र 1.3: वितरित आवेशों के लिए कूलम्ब का नियम

जब चित्र 1.3 में n आवेश $q_1, q_2, q_3, \ldots\ldots, q_n$ अपने-अपने स्थान $\vec{r}_1, \vec{r}_2, \vec{r}_3, \ldots, \vec{r}_n$ पर स्थित हैं, तो आवेश q पर शेष आवेशों के कारण बल होगा,

$$\vec{F} = \frac{q}{4\pi\varepsilon_0}\sum_{i=1}^{n}\frac{q_i\left(\vec{r} - \vec{r}_i\right)}{\left|\vec{r} - \vec{r}_i\right|^3} \tag{1.10}$$

1.5 सुपरपोजिशन सिद्धांत

यदि हमारे पास बल क्षेत्र में कई बिंदु आवेश हैं, तो शेष आवेशों के कारण किसी विशेष आवेश पर बल का निर्धारण करने के लिए हम आवेशों के अध्यारोपण (सुपरपोजिशन) के सिद्धांत को लागू कर सकते हैं। इस सिद्धांत के अनुसार, बिंदु आवेश q_3 (चित्र 1.4) पर बिंदु आवेश q_1 और q_2 के कारण बल को क्रमश: q_1 और q_2 के कारण q_3 पर कार्य करने वाले बलों के वेक्टर जोड़ द्वारा निर्धारित किया जा सकता है। अर्थात,

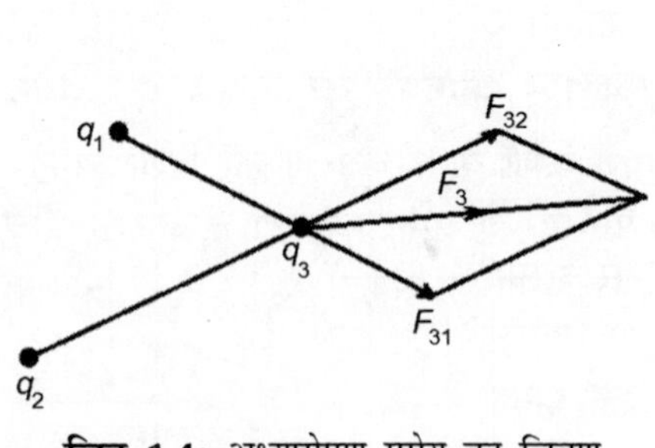

चित्र 1.4: अध्यारोपण प्रमेय का चित्रण

$$\vec{F}_3 = \vec{F}_{31} + \vec{F}_{32}$$

$$= \frac{1}{4\pi\varepsilon_0}\left[\frac{q_1 q_3}{r_{31}^{\,2}}\hat{r}_{31} + \frac{q_2 q_3}{r_{32}^{\,2}}\hat{r}_{32}\right]$$

सामान्य तौर पर, n आवेशों की एक प्रणाली के लिए, शेष आवेशों के कारण j^{th} आवेश पर लगने वाला बल है।

$$\vec{F}_{ij} = \frac{q_j}{4\pi\varepsilon_0} \sum_{\substack{i=1 \\ i\neq j}}^{n} \frac{q_i}{r_{ij}^{\ 2}} \hat{r}_{ij} \tag{1.11}$$

उदाहरण 1.4 आवेश Q, q, Q और q एक वर्ग ABCD के 4 कोनों पर रखे गए है। यदि C पर कुल बल शून्य है, तो आवेश Q ओर q के बीच संबंध ज्ञात कीजिए।

हल

चित्र में, C पर आवेश Q पर कार्य करने वाले सभी बलों को दर्शाया गया है। उस पर कार्य करने वाला कुल बल शून्य होने के लिए हमारे पास होना चाहिए, $\vec{F}_1 + \vec{F}_2 + \vec{F}_3 = 0$

या, $F_1 \cos 45° \hat{i} - F_1 \sin 45° \hat{j} - F_2 \hat{j} + F_3 \hat{i} = 0$

या, $(F_1 \cos 45° + F_3)\hat{i} + (-F_1 \sin 45° - F_2)\hat{j} = 0$

$\therefore$ $F_1 \cos 45° + F_3 = 0 \Rightarrow F_1 \cos 45° = -F_3$

तथा $F_1 \sin 45° + F_2 = 0 \Rightarrow F_1 \sin 45° = -F_2$

और अब, $F_1 = k\frac{Q^2}{2a^2}$ and $F_3 = k\frac{Q_q}{a^2}$

इस प्रकार, $k\frac{Q^2}{2a^2} \cdot \frac{1}{\sqrt{2}} = -k\frac{Qq}{a^2}$

या, $Q = -2\sqrt{2}q$

यह आवश्यक संबंध है।

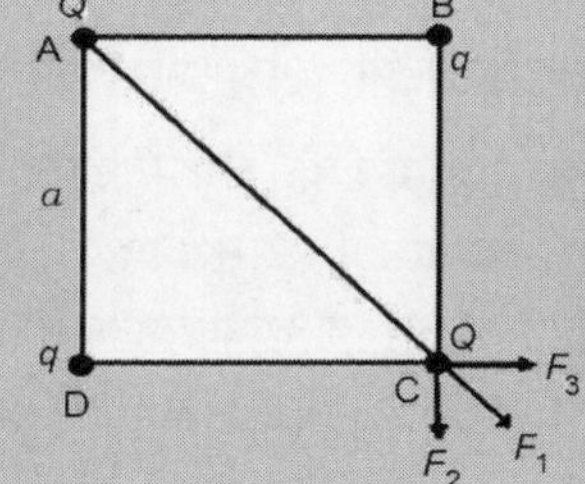

उदाहरण 1.4

1.6 आवेश घनत्व

आवेश क्वांटिजेशन के अनुसार, इलेक्ट्रॉनिक आवेश 'e' के गुणकों के रूप में आवेश एक निकाय में मौजूद होना चाहिए। चूंकि इलेक्ट्रॉनिक चार्ज बहुत छोटा है, किसी भी सूक्ष्म चार्ज वितरण में बड़ी संख्या में ऐसे इलेक्ट्रॉनिक चार्ज होते हैं। तो, एक वस्तु में एक चार्ज को ***आवेश घनत्व फंक्शन*** के रुप में वितरित माना जा सकता है।

कई मामलों में, आवेशित कण (जैसे, इलेक्ट्रॉन, प्रोटॉन, धनात्मक आयन) कुछ मात्रा में असमान रूप से वितरित होते हैं। ऐसे में, हम ***वॉल्यूम आवेश घनत्व*** को परिभाषित कर सकते हैं। एक और संभावना यह है चार्ज किसी सतह पर असमान रूप से वितरित हो सकता है। इस मामले में, हम ***सतह आवेश घनत्व*** को परिभाषित कर सकते हैं। ऐसा भी मामला हो सकता है जहां किसी कंडक्टर की लंबाई के कुछ रैखिक खंड पर असमान रूप से चार्ज वितरित हो। इस मामले में, हम इसे एक ***रैखिक आवेश घनत्व*** के रूप में मान सकते हैं।

यदि एक कंडक्टर के वॉल्यूम ΔV, में वितरित चार्ज Δq हो तो वॉल्यूम चार्ज घनत्व होगा,

$$\rho = \lim_{\Delta V \to 0} \frac{\Delta q}{\Delta V} \tag{1.12}$$

दूसरी ओर, यदि कए कंडक्टर सतह ΔS, पर Δq चार्ज वितरित हो तो सतह चार्ज घनत्व होगा,

$$\sigma = \lim_{\Delta S \to 0} \frac{\Delta q}{\Delta S} \tag{1.13}$$

अब, यदि आवेश Δq को चालक की लंबाई Δl के एक रैखिक खंड में वितरित किया जाता है, तो रैखि आवेश घनत्व होगा,

$$\lambda = \lim_{\Delta l \to 0} \frac{\Delta q}{\Delta l} \tag{1.14}$$

सामान्य तौर पर, किसी भी वस्तु पर आवेश के आयतन वितरण $\rho(\vec{r}_0)$ सतही वितरण $\sigma(\vec{r}_0)$ और रैखिक वितरण $\lambda(\vec{r}_0)$ के कारण एक आवेश बिंदु q पर, जो कि वस्तु से $\vec{r}$ दूरी पर स्थित हो, कुल बल होगा।

$$\vec{F} = \frac{q}{4\pi\varepsilon_0}\left[\int_V \frac{\vec{r}-\vec{r}_0}{\left|\vec{r}-\vec{r}_0\right|^3}\rho dV_0 + \int_S \frac{\vec{r}-\vec{r}_0}{\left|\vec{r}-\vec{r}_0\right|^3}\sigma dS_0 + \int_l \frac{\vec{r}-\vec{r}_0}{\left|\vec{r}-\vec{r}_0\right|^3}\lambda dl_0\right] \tag{1.15}$$

समीकरण (1.15) द्वारा बल की गणना में $\vec{r}_0$ उस स्थान का निर्देशांक (coordinate) है, जहां आवेश वितरित है।

1.7 इलेक्ट्रोस्टैटिक क्षेत्र और क्षेत्र की तीव्रता

एक आवेश के आसपास के क्षेत्र में इसके इलेक्ट्रोस्टैटिक अथवा विद्युत बल का अनुभव किया जा सकता है। यदि एक परीक्षण आवेश के समीप दूसरा आवेश लाया जाए तो विद्युत क्षेत्र का आभास होगा। इस क्षेत्र को उक्त परीक्षण आवेश के विद्युत क्षेत्र के रूप में जाना जाता है। विद्युत क्षेत्र का परिमाण उस भौतिक माध्यम पर निर्भर करता है जिसमें क्षेत्र की गणना की जाती है। विद्युत क्षेत्र को SI इकाइयों में N/C या V/m में मापा जाता है।

एक बिंदु पर *विद्युत क्षेत्र की तीव्रता* उस विशेष बिंदु पर विद्युत क्षेत्र की तीव्रता बताती है। किसी भी बिंदु पर विद्युत क्षेत्र की तीव्रता उस बिंदु पर स्थित एक परीक्षण आवेश पर बल तथा आवेश के अनुपात से प्राप्त की जा सकती है, जब वह आवेश शून्य के करीब पहुंचता है। यदि एक परीक्षण आवेश q पर जो किसी मूल बिंदु O से $\vec{r}$ दूरी पर है, $\vec{F}$ बल हो तो $\vec{r}$ बिंदु पर विद्युत क्षेत्र की तीव्रता होगी,

$$\vec{E}(r) = \lim_{q \to 0} \frac{\vec{F}}{q} \tag{1.16}$$

अवलोकन बिंदु $\vec{r}$ पर विद्युत क्षेत्र $\vec{E}$ की तीव्रता (चित्र 1.5) किसी बिंदु आवेश q के कारण जो स्त्रोत बिंदु $\vec{r'}$ पर स्थित है, समी.-(1.16) को सामान्यीकृत करके प्राप्त की जा सकती है:

$$\vec{E} = \frac{q}{4\pi\varepsilon_0}\frac{\vec{r}-\vec{r'}}{\left|\vec{r}-\vec{r'}\right|^3} \tag{1.17}$$

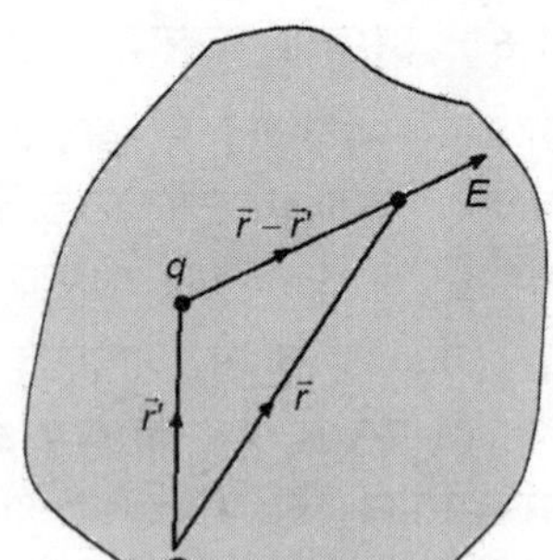

चित्र 1.5: एक बिंदु पर विद्युत क्षेत्र की तीव्रता

यदि n बिंदु आवेश $q_1, q_2, q_3, \ldots\ldots, q_n$ हैं, जो क्रमशः $\vec{r_1}, \vec{r_2}, \vec{r_3}, \ldots\ldots, \vec{r_n}$ पर स्थित हैं और आयतन V में आवेश घनत्व $\rho(\vec{r_0})$ सतह S पर घनत्व $\sigma(\vec{r_0})$ के साथ आवेश का वितरण है और रेखीय खंड l के साथ रैखिक वितरण $\lambda(\vec{r_0})$ है, तो $\vec{r}$ बिंदु पर स्थित परीक्षण आवेश q पर लगने वाला बल इस प्रकार प्राप्त किया जाता जा सकता है,

$$\vec{F} = \frac{q}{4\pi\varepsilon_0}\left[\sum_{i=1}^{n} q_i \frac{\vec{r}-\vec{r}_i}{\left|\vec{r}-\vec{r}_i\right|^3} + \int_V \frac{\vec{r}-\vec{r}_0}{\left|\vec{r}-\vec{r}_0\right|^3}\rho dV_0 + \int_S \frac{\vec{r}-\vec{r}_0}{\left|\vec{r}-\vec{r}_0\right|^3}\sigma dS_0 + \int_l \frac{\vec{r}-\vec{r}_0}{\left|\vec{r}-\vec{r}_0\right|^3}\lambda dl_0\right] \tag{1.18}$$

और इस प्रकार $\vec{r}$ बिंदु पर विद्युत क्षेत्र समी.-(1.16) से प्राप्त कर सकेंगे तथा यह होगा:

$$\vec{E} = \frac{1}{4\pi\varepsilon_0}\left[\sum_{i=1}^{n} q_i \frac{\vec{r}-\vec{r}_i}{|\vec{r}-\vec{r}_i|^3} + \int_V \frac{\vec{r}-\vec{r}_0}{|\vec{r}-\vec{r}_0|^3}\rho dV_0 + \int_S \frac{\vec{r}-\vec{r}_0}{|\vec{r}-\vec{r}_0|^3}\sigma dS_0 + \int_l \frac{\vec{r}-\vec{r}_0}{|\vec{r}-\vec{r}_0|^3}\lambda dl_0\right] \quad (1.19)$$

उदाहरण 1.5 दो आवेश +3 μC और –5 μC को X-अक्ष के अनुदिश $x = 0$ cm और $x = 40$ cm पर रखा गया है। गणना क़ीजिए, किस बिंदु पर निकाय के कारण क्षेत्र की तीव्रता शून्य होगी?

हल

मान लिजिए, बिंदु P पर क्षेत्र की तीव्रता शून्य है, अर्थात् P पर स्थित एक इकाई धनात्मक आवेश पर बल शून्य है।

माना OP = x

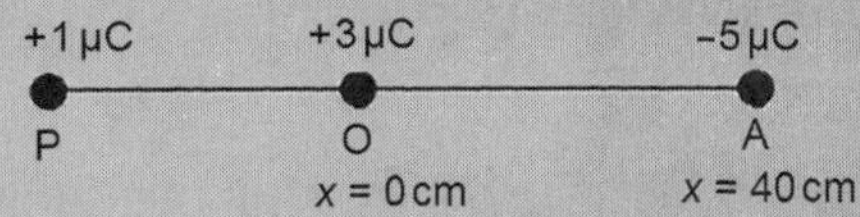

$\therefore \qquad k\frac{3}{(OP)^2} = k\frac{5}{(AP)^2}$

या, $\qquad \frac{3}{x^2} = \frac{5}{(40+x)^2} \Rightarrow \frac{40+x}{x} = \sqrt{\frac{5}{3}} = 1.29$

या, $\qquad 40 + x = 1.29\,x$

या, $\qquad x = 137.91$ cm.

अतः बिंदु 0 से 137.91 cm की दूरी पर निकाय के कारण क्षेत्र की तीव्रता शून्य होगी।

उदाहरण 1.5

उदाहरण 1.6 दो आवेश 5×10^{-11} C और -2.7×10^{-11} C को 20 cm की दूरी से अलग रखा गया है। उन्हें मिलाने वाली रेखा के अनुदिश तीसरा आवेश किस बिंदु पर रखा जा सकता है कि पिछले आवेशों के कारण उस पर कोई शुद्ध बल कार्य न करे?

हल

मान लीजिए, आवेश 5×10^{-11} C और -2.7×10^{-11} C क्रमशः बिंदु A और B पर स्थित हैं। विचार करें कि तीसरा आवेश B से x की दूरी पर रखा जाना है।

अब, इस आवेश q पर A आवेश के कारण लगने वाला बल है,

$$\vec{F}_1 = \frac{1}{4\pi\varepsilon_0}\cdot\frac{5q\times10^{-11}}{(0.2+x)^2}$$

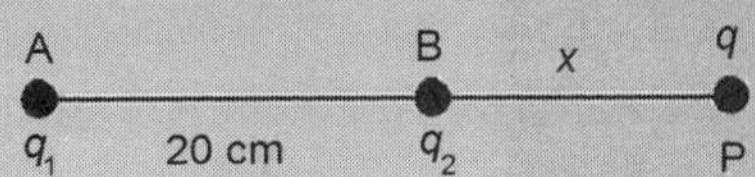

और यह AB के अनुदिश कार्य करता है।

और B के कारण आवेश q पर लगने वाला बल है,

$$\vec{F}_2 = \frac{1}{4\pi\varepsilon_0}\cdot\frac{2.7q\times10^{-11}}{x^2} \quad \text{AB की दिशा में}$$

उदाहरण 1.6

उदाहरण 1.6

दिये अनुसार, $\vec{F}_1 = \vec{F}_2$

या, $$\frac{1}{4\pi\varepsilon_0}\left[\frac{5q\times10^{-11}}{(0.2+x)^2} - \frac{2.7q\times10^{-11}}{x^2}\right] = 0$$

या, $5x^2 = 2.7\,(0.2 + x)^2$

$\therefore$ $x = 55.6$ cm.

उदाहरण 1.7

उदाहरण 1.7 दो बिंदु आवेश +1 μC और –1 μC, 0.7 m भुजाओं वाले एक समबाहु त्रिभुज के आधार के दो कोनों पर रखे गए हैं। त्रिभुज के तीसरे कोने पर उनके कारण विद्युत क्षेत्र की तीव्रता की गणना करें।

हल

मान लीजिए, बिंदु आवेश +1 μC और –1 μC को B और C पर रखा गया है।

यदि E उनके कारण A पर परिणामी तीव्रता हो, तो

$$E^2 = E_1^2 + E_2^2 + 2E_1E_2\cos120^\circ = 2E_1^2 - E_1^2 = E_1^2$$

यहाँ $$E_1 = E_2 = \frac{kq_1}{a^2}$$

$\therefore$ $$E = 9\times10^9\times\frac{10^{-6}}{(0.7)^2} = 18.37\times10^3\,NC^{-1}.$$

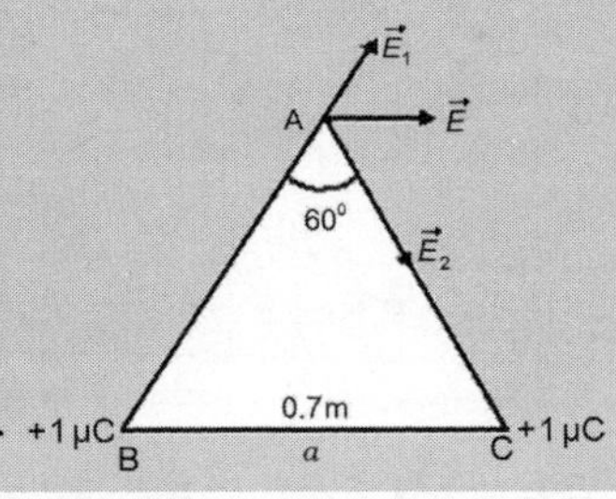

उदाहरण 1.8

उदाहरण 1.8 चार आवेश $Q_1 = +2$ μC, $Q_2 = +2$ μC, $Q_3 = +5$ μC और $Q_4 = -5$ μC एक वर्ग के चारों कोनों पर रखे गए हैं (जैसा कि चित्र में दिखाया गया है)। यदि विकर्ण की लंबाई 2 मीटर है, तो उनके प्रतिच्छेदन बिंदु पर क्षेत्र की तीव्रता की गणना करें।

हल

मान लीजिए, O विकर्णों का प्रतिच्छेदी बिंदु है। अब, O पर A बिंदु आवेश के कारण विद्युत क्षेत्र की तीव्रता है,

$$E_1 = 9\times10^9\times\frac{Q_1}{(OA)^2} = 9\times10^9\times\frac{2\times10^{-6}}{(1)^2} = 18\times10^3\,NC^{-1}$$

O पर B बिंदु आवेश के कारण विद्युत क्षेत्र की तीव्रता है,

$$E_2 = 9\times10^9\times\frac{2\times10^6}{(1)^2} = 18\times10^3\,NC^{-1}$$

C बिंदु आवेश के कारण O पर क्षेत्र की तीव्रता है,

$$E_3 = 9\times10^9\times\frac{5\times10^6}{(1)^2} = 45\times10^3\,NC^{-1}$$

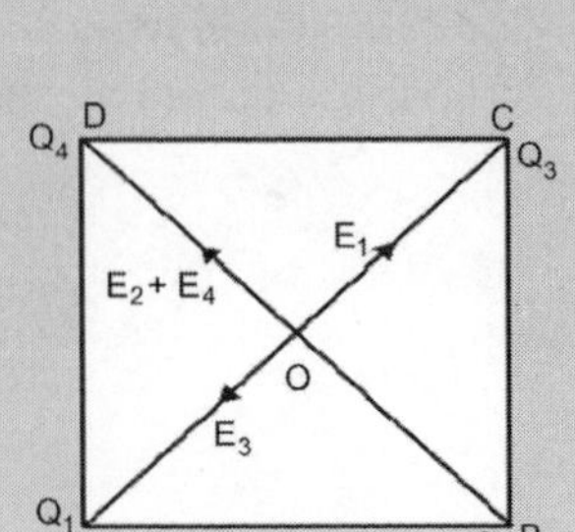

D बिंदु आवेश के कारण O पर क्षेत्र की तीव्रता है,

$$E_4 = 9\times10^9 \times \frac{5\times10^6}{(1)^2} = 45\times10^3\,NC^{-1}$$

तो, OA के अनुदिश शुद्ध तीव्रता है is $E' = E_3 - E_1 = (45 - 18) \times 10^3 = 2.3 \times 10^4\ NC^{-1}$.

और OD के अनुदिश शुद्ध तीव्रता है is $E'' = E_2 - E_4 = (45 - 18) \times 10^3 = 6.3 \times 10^4\ NC^{-1}$.

इसलिए O पर परिणमी तीव्रता है, $E = \sqrt{(E')^2 + (E'')^2}$

$$\therefore \quad E = 10^4\sqrt{(2.3)^2 + (6.3)^2} = 6.71\times10^4\,NC^{-1}.$$

उदाहरण 1.8

उदाहरण 1.9 $x = 0$ पर समान आवेशों q के $x = 1, x = 2, x = 4, x = 8, \ldots\ldots$, X-अक्ष पर अनंत आवेश वितरण के कारण विद्युत क्षेत्र की तीव्रता कितनी होगी?

हल

$x = 0$ पर विद्युत क्षेत्र की तीव्रता, आवेश q की समान मात्रा के अनंत आवेश वितरण $x = 1, x = 2, x = 4, x = 8, \ldots\ldots$ के कारण X-धुरी पर होगी,

$$E = \frac{1}{4\pi\varepsilon_0}\left[\frac{q}{1^2} + \frac{q}{2^2} + \frac{q}{4^2} + \frac{q}{8^2}\right] = \frac{q}{4\pi\varepsilon_0}\left[\frac{1}{1^2} + \frac{1}{2^2} + \frac{1}{4^2} + \frac{1}{8^2} + \ldots\right]$$

$$= \frac{q}{4\pi\varepsilon_0}\left[1 + \frac{1}{4} + \frac{1}{16} + \frac{1}{64} + \ldots\right] = \frac{q}{4\pi\varepsilon_0}\frac{1}{1-\frac{1}{4}} = \frac{1}{4\pi\varepsilon_0}\frac{4q}{3}\ \text{units.}$$

उदाहरण 1.9

उदाहरण 1.10 पानी की एक बूंद, जिसका आवेश इलेक्ट्रॉन के आवेश के समान है, पृथ्वी के 3 V/m के विद्युत क्षेत्र के कारण संतुलन पर लटकी हुई है। यदि इलेक्ट्रॉनिक चार्ज $e = 4.805 \times 10^{-10}$ esu, है, तो पानी की बूंद की त्रिज्या (radius) की गणना करें।

हल

संतुलन पर, $mg = eE \Rightarrow \frac{4}{3}\pi r^3 \times 1 \times g = eE$ (पानी का घनत्व = 1 gm/cc)

या, $$r^3 = \frac{3eE}{4\pi g} = \frac{3\times4.805\times10^{-10}}{4\times3.14\times980}\times\frac{3}{300\times100}$$

$$\therefore \quad r = 0.1054\ \text{cm}$$

जो पानी की बूंद की आवश्यकता त्रिज्या है।

उदाहरण 1.10

1.8 इलेक्ट्रोस्टैटिक क्षेत्र का संरक्षण

एक बिंदु पर एक वेक्टर क्षेत्र का कर्ल उस बिंदु के चारों ओर घूमने के लिए वेक्टर क्षेत्र की प्रवृत्ति को मापता है। जब यह शून्य होता है तो निश्चित रूप से बल क्षेत्र को एक संरक्षी (conservative) बल क्षेत्र माना जा सकता है। इस भाग में हम इलेक्ट्रोस्टैटिक क्षेत्र की तीव्रता का कर्ल निकाल कर व्याख्या करेंगे कि यह एक संरक्षी क्षेत्र है या नहीं। ऐसा करने के लिए हम इलेक्ट्रोस्टैटिक बल क्षेत्र में n बिंदु आवेश $q_1, q_2, q_3, \ldots\ldots, q_n$ लेंगे जो क्रमशः $\vec{r}_1, \vec{r}_2, \vec{r}_3 \ldots\ldots, \vec{r}_n$ पर स्थित हैं। बिंदु $\vec{r}$ पर विद्युत क्षेत्र, जहाँ एक परीक्षण आवेश q रखा गया है, इस प्रकार निकाला जा सकता है,

$$\vec{E}(\vec{r}) = \frac{1}{4\pi\varepsilon_0}\sum_{i=1}^{n} q_i \frac{\vec{r}-\vec{r}_i}{|\vec{r}-\vec{r}_i|^3}$$

अब, नीचे दिये वेक्टर समीकरण का उपयोग करते हुए

$$\vec{\nabla}\times\psi\vec{A} = \vec{\nabla}\psi\times\vec{A} + \psi\vec{\nabla}\times\vec{A}$$

हम पाते हैं, $\vec{\nabla}\times\frac{\vec{r}-\vec{r}_i}{|\vec{r}-\vec{r}_i|^3} = \vec{\nabla}\frac{1}{|\vec{r}-\vec{r}_i|^3}\times(\vec{r}-\vec{r}_i) + \frac{1}{|\vec{r}-\vec{r}_i|^3}\vec{\nabla}\times(\vec{r}-\vec{r}_i)$

उपरोक्त समीकरण में दूसरा पद शून्य है, क्योंकि $\vec{\nabla}\times(\vec{r}-\vec{r}_i) = 0$

और वेक्टर से हम जानते हैं कि, $\vec{\nabla}\frac{1}{|\vec{r}-\vec{r}_i|^3} = -\frac{3(\vec{r}-\vec{r}_i)}{|\vec{r}-\vec{r}_i|^5}$

$$\therefore \quad \vec{\nabla}\times\frac{\vec{r}-\vec{r}_i}{|\vec{r}-\vec{r}_i|^3} = -\frac{3(\vec{r}-\vec{r}_i)}{|\vec{r}-\vec{r}_i|^5}\times(\vec{r}-\vec{r}_i) = 0$$

$$\therefore \quad \vec{\nabla}\times\vec{E}(\vec{r}) = 0$$

चूंकि विद्युत क्षेत्र का कर्ल शून्य है इसलिए हम यह निष्कर्ष निकाल सकते हैं कि विद्युत क्षेत्र संरक्षी (conservative) है। साथ ही, जैसा कि एक संरक्षी बल क्षेत्र में किया गया कार्य पथ से स्वतंत्र होता है, इसलिए एक विद्युत क्षेत्र में एक आवेश को एक बिंदु से दूसरे बिंदु तक ले जाने में क्षेत्र द्वारा किया गया कार्य केवल उन दो बिंदुओं की स्थिति पर निर्भर करता है, लेकिन उस पथ से स्वतंत्र है जिसके साथ आवेश को स्थानांतरित किया जाता है।

उदाहरण 1.11

उदाहरण 1.11 जाँच कीजिए कि विद्युत क्षेत्र $\vec{E} = axy^2(y\hat{i} + x\hat{j})$ संरक्षी (conservative) है या नहीं।

हल

हमारे पास है, $\vec{E} = axy^2(y\hat{i} + x\hat{j})$

अब
$$\vec{\nabla}\times\vec{E} = \begin{vmatrix} \hat{i} & \hat{j} & \hat{k} \\ \frac{\partial}{\partial x} & \frac{\partial}{\partial y} & \frac{\partial}{\partial z} \\ axy^3 & ax^2y^2 & 0 \end{vmatrix} = \left(2axy^2 - 3axy^2\right)\hat{k} = -axy^2\hat{k}$$

इसलिए, दिया गया इलेक्ट्रिक क्षेत्र संरक्षी नहीं है।

1.9 विद्युत फ्लक्स

विद्युत फ्लक्स को विद्युत क्षेत्र में रखी गई सतह से समकोण (normal) गुजरने वाली विद्युत रेखाओं की कुल संख्या के रूप में परिभाषित किया जा सकता है। बंद सतह से निकलने वाला फ्लक्स धनात्मक होता है, जबकि बंद सतह में प्रवेश करने वाला फ्लक्स ऋणात्मक होता है। सतह में शुद्ध फ्लक्स शून्य होगा यदि सतह में प्रवेश करने वाली रेखाओं की संख्या सतह को छोड़ने वाली संख्या के बराबर है। एक सामान्य सतह के क्षेत्रफल $d\vec{S}$ पर विद्युत क्षेत्र $\vec{E}$, का प्रवाह (चित्र 1.6) इस प्रकार व्यक्त किया जा सकता है,

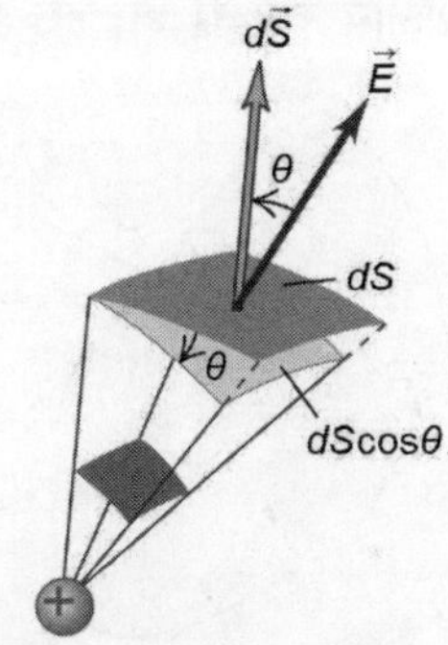

चित्र 1.6: विद्युत क्षेत्र के लिए विद्युत फ्लक्स

$$d\varphi = \vec{E}.d\vec{S} \tag{1.20}$$

और, सतह S से गुजरने वाला कुल फ्लक्स φ, इस प्रकार प्राप्त किया जा सकता है,

$$\varphi = \int d\varphi = \oint_S \vec{E}.d\vec{S} = \oint_S EdS\cos\theta \tag{1.21}$$

जहाँ $\vec{E}$ और $d\vec{S}$ के बीच का कोण θ है।

किसी भी रैखिक आइसोट्रोपिक माध्यम के लिए; फ्लक्स घनत्व या विद्युत विस्थापन, विद्युत क्षेत्र की तीव्रता के अनुसार:

$$\vec{D} = \varepsilon\vec{E} \qquad [\text{जहाँ } \varepsilon \text{ माध्यम की विद्युतशीलता है}] \tag{1.22}$$

और इस तरह के माध्यम के लिए विद्युत फ्लक्स φ को फिर से इस प्रकार परिभाषित किया जा सकता है

$$\varphi = \oint_S \vec{D}.d\vec{S} \tag{1.23}$$

उदाहरण 1.12 यदि विद्युत क्षेत्र $\vec{E} = 8\hat{i} + 4\hat{j} + 5\hat{k}$ दिया है, Y-Z तल में 100 इकाई क्षेत्रफल वाली किसी सतह से विद्युत फ्लक्स ज्ञात कीजिए।

हल

विद्युतीय फ्लक्स, $\varphi = \oint_S \vec{E}d\vec{S}$

यहाँ, $\vec{E} = 8\hat{i} + 4\hat{j} + 5\hat{k}$ and $d\vec{S} = 100\hat{i}$

तो, $\varphi = (8\hat{i} + 4\hat{j} + 5\hat{k}).100\hat{i} = 800$

उदाहरण 1.12

1.10 गॉस का नियम

गॉस का नियम कूलम्ब के नियम का एक विकल्प है। कूलम्ब के नियम के पूर्णतया समतुल्य होने पर, गॉस का नियम विद्युत आवेश और विद्युत क्षेत्र के बीच संबंध को व्यक्त करने का एक अलग तरीका प्रदान करता है। यह कार्ल फ्रेडरिक गॉस (1777-1855) द्वारा तैयार किया गया था, जो अब तक के सबसे महान गणितज्ञों में से एक थे। इस के अनुसार कुल विद्युत फ्लक्स φ, यानी एक बंद सतह पर विद्युत क्षेत्र की तीव्रता का समकोण (normal) घटक, सतह के अन्दर रखे (enclosed) कुल विद्युत आवेश के $1/\varepsilon_0$ गुणा के बराबर होता है।

गणितीय रूप से इसे इस प्रकार कहा जा सकता है,

$$\varphi = \oint_S \vec{E}.d\vec{S} = \frac{q}{\varepsilon_0} \tag{1.24}$$

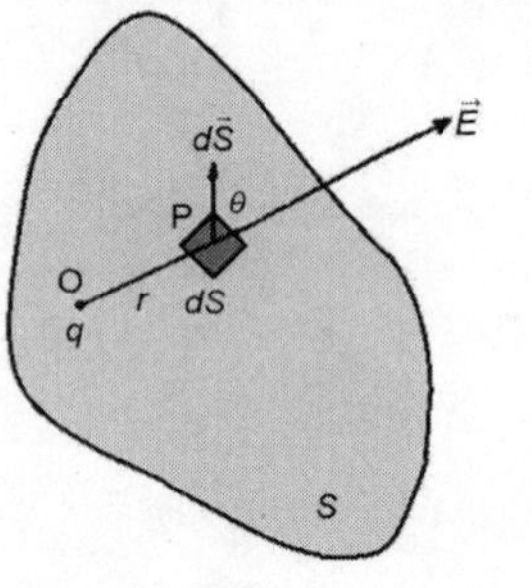

चित्र 1.7: गॉस के नियम का चित्रण

ε_0 मुक्त स्थान की विद्युतशीलता है ।

प्रमाणः मान लीजिए, $+q$ बिंदु आवेश O पर रखा गया है और यह S सतह से घिरा हुआ है जैसा कि चित्र 1.7 में दिखाया गया है । अब एक बिन्दु P पर छोटा क्षेत्र $d\vec{S}$ लेते हैं । मान लीजिए, P पर विद्युत क्षेत्र की तीव्रता आवेश $+q$ के कारण OP की दिशा में है और इसका परिमाण इस प्रकार प्राप्त किया जा सकता है,

$$E = \frac{q}{4\pi\varepsilon_0 r^2}$$

यदि वेक्टर $\vec{E}$ और $d\vec{S}$ के बीच का कोण θ हो तब

$$\varphi = \oint_S \vec{E}.d\vec{S} = \oint_S EdS\cos\theta = \frac{q}{4\pi\varepsilon_0}\oint_S \frac{dS\cos\theta}{r^2} = \frac{q}{4\pi\varepsilon_0}\int d\omega$$

यहाँ $\int d\omega = \oint_S \frac{dS\cos\theta}{r^2}$ बिन्दु O पर S द्वारा बनाया सालिड कोण (solid angle) है तथा इस का मान 4π के बराबर है।

अतः $$\varphi = \frac{q}{4\pi\varepsilon_0}.4\pi = \frac{q}{\varepsilon_0} \tag{1.25}$$

यह गॉस का प्रमेय है।

1.10.1 गॉसियन सतह

एक इलेक्ट्रोस्टैटिक क्षेत्र में काल्पनिक सतह, जहां सतह के हर बिंदु पर विद्युत क्षेत्र की तीव्रता का परिमाण एक समान और समकोण होता है, गॉसियन सतह कहलाती है।

1.10.2 डाइलेक्ट्रिक माध्यम में गॉस का नियम

यह बताता है कि परावैद्युत (dielectric) माध्यम की किसी भी बंद सतह से विद्युत फ्लक्स की कुल मात्रा उस बंद सतह के अन्दर रखे कुल आवेश q का $1/\varepsilon_0$ गुणा होता है।

इस प्रकार, $$\varphi = \oint_S \vec{E}.d\vec{S} = \frac{q}{\varepsilon_0}$$

या, $$\oint_S \vec{D}.d\vec{S} = q$$

SCAN ME

for more on Gauss's law

जहां, $\vec{D} = \varepsilon_0\vec{E}$ विद्युत विस्थापन (displacement) वेक्टर या फ्लक्स घनत्व के रूप में जाना जाता है।

1.10.3 गॉस के नियम का अवकलित (differential) रूप

यदि एक आवेश q एक सतह S से घिरे आयतन V पर वितरित किया जाए और इसके भीतर एक छोटे मौलिक आयतन dV पर आवेश का आयतन घनत्व ρ हो, तो

$$q = \int_V \rho dV$$

इलेक्ट्रोस्टैटिक्स में गॉस के नियम से हम जानते हैं कि,

$$\oint_S \vec{E}.d\vec{S} = \frac{q}{\varepsilon_0}$$

गॉस प्रमेय का प्रयोग करते हुए उपरोक्त समीकरण को इस प्रकार लिखा जाता है,

$$\int_V \vec{\nabla}.\vec{E}dV = \frac{q}{\varepsilon_0} = \frac{1}{\varepsilon_0}\int_V \rho dV$$

अब उपरोक्त समीकरण के दोनों पक्षों के समाकलन को किसी आयतन तत्व dV के लिए बराबर करते हुए,

$$\vec{\nabla}.\vec{E} = \frac{\rho}{\varepsilon_0} \tag{1.26}$$

यह गॉस के नियम का अवकलित (differential) रूप है। इसमें कहा गया है कि किसी भी बिंदु पर विद्युत क्षेत्र की तीव्रता का अपसरण (divergence) उस बिंदु पर आवेश घनत्व के $1/\varepsilon_0$ गुणा होता है।

विद्युत डिसपलसेमेन्ट वेक्टर $\vec{D} = \varepsilon_0\vec{E}$ के लिए समी.-(1.26) को इस प्रकार लिख सकते हैं,

$$\vec{\nabla}.(\varepsilon_0\vec{E}) = \rho$$

या,

$$\vec{\nabla}.\vec{D} = \rho \tag{1.27}$$

यह किसी भी **डाइलेक्ट्रिक माध्यम** के लिए गॉस के नियम का अवकलित रूप है।

उदाहरण 1.13 यदि विद्युत क्षेत्र $\vec{E} = \frac{1}{\varepsilon_0}(x\hat{i} + y\hat{j} - 2z\hat{k})$ है तो आवेश घनत्व ज्ञात कीजिए।

हल

हमारे पास है, $\vec{\nabla}.\vec{E} = \frac{\rho}{\varepsilon_0}$

यहाँ, $\vec{\nabla}.\vec{E} = \frac{1}{\varepsilon_0}(1+1-2) = 0$

तो, $\rho = 0$, जो कि आवश्यक आवेश घनत्व है।

उदाहरण 1.13

1.11 गॉस के नियम का उपयोग

गॉस का नियम आवेशों के किसी भी वितरण और किसी भी बंद सतह के लिए मान्य है। इस नियम का इस्तेमाल दो तरह से किया जा सकता है। यदि हम आवेश वितरण को जानते हैं, और यदि गॉस के नियम में समाकल का मूल्यांकन करने के लिए पर्याप्त समरूपता है, तो हम क्षेत्र का पता लगा सकते हैं। या यदि हम क्षेत्र को जानते हैं, तो हम आवेश वितरण को ज्ञात करने के लिए गॉस के नियम का उपयोग कर सकते हैं, जैसे कि सुचालक सतहों पर आवेश। गॉस नियम विद्युत फ्लक्स की गणना के लिए लागू किया जा सकता है और इसलिए सतह पर आवेश के समान वितरण के कारण विद्युत क्षेत्र की भी इस खंड में हम दोनों प्रकार के उपयोगों के उदाहरण प्रस्तुत करते हैं।

आप इनका अध्ययन करते समय प्रत्येक प्रणाली के समरूपता गुणों द्वारा निभाई गई भूमिका को ध्यान से समझें। हम कई साधारण आवेश वितरणों के कारण विद्युत क्षेत्र की गणना करने के लिए गॉस के नियम का उपयोग करेंगे।

1.11.1 आवेशित सिलेंडर के लिए विद्युत क्षेत्र

आइए त्रिज्या 'a' के एक समान आवेशित बेलन पर विचार करें। इसे अनंत लाइन चार्ज वितरण के रूप में माना जा सकता है। मान लीजिए कि λ बेलन की 'प्रति इकाई लंबाई' (पर यूनिट लेंगथ) का आवेश है। इस तरह के वितरण के लिए विद्युत क्षेत्र की गणना करने के लिए गॉस नियम लागू किया जा सकता है। बेलन के अक्ष से दूरी r पर क्षेत्र की तीव्रता की गणना करने के लिए, आइए हम लंबाई L और त्रिज्या r के साथ एक समाक्षीय गाऊसी बेलनाकार सतह खींचते हैं (चित्र 1.8 का अवलोकन करें)।

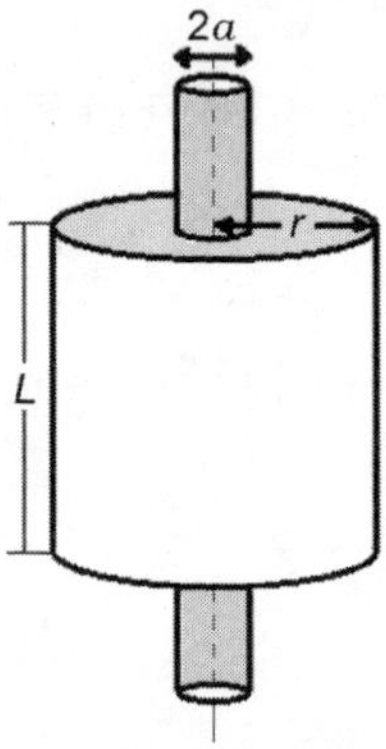

चित्र 1.8: एक आवेशित बेलन के चारों ओर गाऊसी क्षेत्र

गाऊसी सतह पर क्षेत्र का परिमाण समान है और सभी बिंदुओं पर बाहर की ओर है। इसमें कुल संलग्न आवेश, $q = \lambda L$ होगा।

अब, गॉस के नियम का उपयोग कर हमें विद्युत फ्लक्स इस प्रकार प्राप्त होगा है।

$$\varphi = \oint_S \vec{E}.d\vec{S} = \oint_S EdS = E\oint_S dS = E.2\pi rL$$

या, $$\frac{q}{\varepsilon_0} = E.2\pi rL$$

या, $$E = \frac{q}{2\pi\varepsilon_0 rL} = \frac{\lambda L}{2\pi\varepsilon_0 rL}$$

या, $$E = \frac{\lambda}{2\pi\varepsilon_0 r} \quad [\text{for } r > a] \tag{1.28}$$

अब बेलन के अंदर किसी भी बिंदु पर क्षेत्र की तीव्रता की गणना करने के लिए

(*i*) यदि सभी आवेश बेलन की सतह पर स्थित हैं, अर्थात् यदि बेलन खोखला है, तो बेलन के अंदर आवेश शून्य है तो विद्युत फ्लकस,

$$\varphi = \int E.dS = E.2\pi rL = 0$$

$$\therefore \quad E = 0 \tag{1.29}$$

(*ii*) यदि चार्ज पूरे सिलेंडर के अंदर समान रूप से वितरित रूप किया जाता है तो सिलेंडर के भीतर त्रिज्या $r < a$ के साथ संलग्न चार्ज होगा।

$$q' = \frac{q}{\pi a^2}.\pi r^2$$

या, $$q' = \frac{\lambda L r^2}{a^2}$$

SCAN ME

for more exploration of Gauss's law

तो, गॉस के नियम का उपयोग करते हुए, आंतरिक बेलनाकार सतह पर फ्लक्स होगा,

$$E.2\pi rL = \frac{q'}{\varepsilon_0}$$

$$\therefore \quad E = \frac{q'}{2\pi\varepsilon_0 rL}.$$

या, $$E = \frac{\lambda r}{2\pi\varepsilon_0 a^2} \quad [\text{for } r < a] \tag{1.30}$$

खोखले और ठोस बेलन दोनों के लिए दूरी r के साथ विद्युत क्षेत्र E के परिवर्तन क्रमशः चित्रः 1.9(a) और चित्र 1.9(b) में दर्शाए गए हैं।

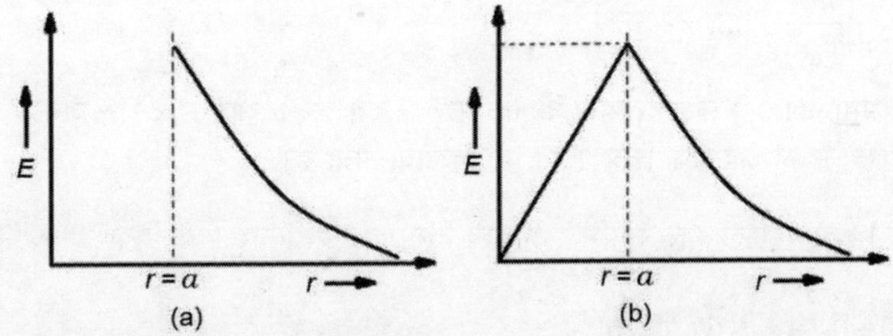

चित्र 1.9: एक आवेशित (a) खोखला और (b) ठोस बेलन के चारों ओर r के साथ E का परिवर्तन

1.11.2 आवेशित ठोस गोले के कारण विद्युत क्षेत्र

विचार करें कि q की मात्रा 'a' त्रिज्या के एक समान रूप से आवेशित ठोस गोले पर वितरित की गई है। अब नीचे दिए गए मामलों के लिए विद्युत क्षेत्र की गणना की जा सकती है:

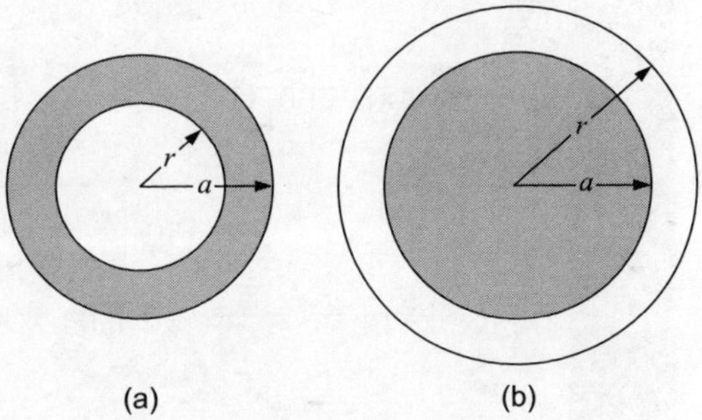

चित्र 1.10: गाऊसी सतह (a) अंदर और (b) एक चार्ज ठोस क्षेत्र के बाहर

(a) सतह के अंदर एक बिंदु पर ($r < a$): यहाँ सभी आवेश q गोले के पूरे आयतन में समान रूप से वितरित होते हैं [चित्र 1.10(a)] और त्रिज्या r वाले गोले के गाऊसी क्षेत्र मैं आवेश होगा,

$$q' = \frac{q}{\frac{4}{3}\pi a^3}\frac{4}{3}\pi r^3 = \frac{qr^3}{a^3}$$

गॉस केनियम का उपयोग करते हुए गोले के अंदर क्षेत्र की तीव्रता होगी,

$$E \cdot 4\pi r^2 = \frac{q'}{\varepsilon_0}$$

या, $$E = \frac{q'}{4\pi\varepsilon_0 r^2} = \frac{qr^3}{4\pi\varepsilon_0 r^2 a^3} = \frac{qr}{4\pi\varepsilon_0 a^3} = \frac{\rho r}{3\varepsilon_0} \qquad \left[\text{यहां } \rho = q/\frac{4}{3}\pi a^3\right]$$

$$\therefore \qquad E = \frac{\rho r}{3\varepsilon_0} \quad [\text{for } r < a] \tag{1.31}$$

(b) गोले के बाहर एक बिंदु पर ($r > a$): हम त्रिज्या $r > a$ आकृति की एक गाऊसी सतह खींचते हैं। [चित्र 1.10(b)] ताकि सतह पर फ्लक्स का प्रवाह हो,

$$\varphi = \int_S \vec{E}.d\vec{S} = \int_S E.dS = E\int_S dS$$

या, $$\varphi = E \cdot 4\pi r^2$$

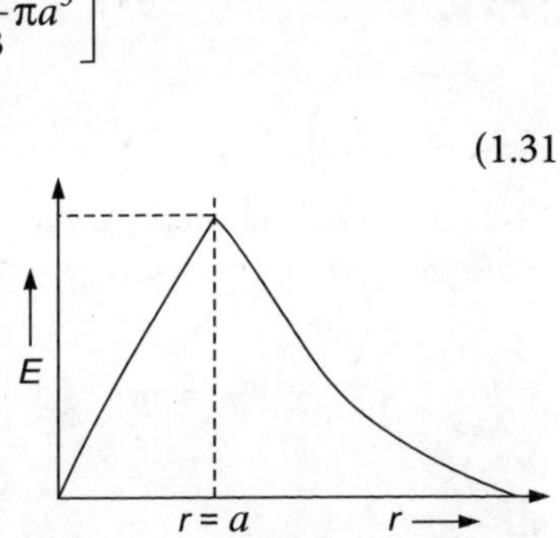

चित्र 1.11: आवेशित ठोस गोले के लिए r के साथ E का परिवर्तन

या, $$\frac{q}{\varepsilon_0} = E \cdot 4\pi r^2$$

या, $$E = \frac{q}{4\pi\varepsilon_0 r^2} \quad [\text{for } r < a] \tag{1.32}$$

समी.-(1.31) और समी.-(1.32) से यह स्पष्ट है कि $E \propto r$ जब $r < a$ और $E \propto 1/r^2$ जब $r > a$ आवेश वितरण के लिए r के साथ विद्युत क्षेत्र E का बदलाव चित्र 1.11 में दिखाया गया है।

उदाहरण 1.14

उदाहरण 1.14 एक गोलाकार सममित आवेश वितरण इस प्रकार दिया गया है

$$\rho(r) = \rho_0\left(1 - \frac{r^3}{a^3}\right) \quad \text{यदि } 0 < r < a$$

और $\rho(r) = 0$ यदि $r > a$

(*i*) कुल आवेश, तथा (*ii*) $r < a$ और $r > a$ के लिए विद्युत क्षेत्र $\vec{E}$ की तीव्रता की गणना करें।

हल

(*i*) कुल आवेश होगा $Q = \int_V \rho dV = \rho_0 \int_{r=0}^{a}\int_{\theta=0}^{\pi}\int_{\varphi=0}^{2\pi}\left(1 - \frac{r^3}{a^3}\right) r^2 \sin\theta d\theta d\varphi dr$

$$= 4\pi\rho_0\left(\frac{a^3}{3} - \frac{a^3}{6}\right) = \frac{2\pi\rho_0}{3}a^3.$$

(*ii*) गॉस नियम के अनुसार हम लिख सकते हैं।

$$\oint_S \vec{E}.\vec{dS} = \frac{Q}{\varepsilon_0}$$

$0 < r < a$, के लिए, $E \times 4\pi r^2 = \frac{2\pi\rho_0}{3\varepsilon_0}a^3$

या, $$E = \frac{\rho_0 a^3}{6\varepsilon_0 r^2}.$$

$r = a$, के लिए, $E = \frac{\rho_0 a}{6\varepsilon_0}.$

$r > a$, के लिए, $E = 0$

उदाहरण 1.15

उदाहरण 1.15 दिए गए गोलाकार सममित आवेश वितरण $\rho(r) = \rho_0\left(1 - \frac{r^2}{a^2}\right)$ के लिए कुल आवेश की गणना करें।

हल

कुल आवेश होगा, $Q = \int_V \rho dV = \rho_0 \int_{r=0}^{a}\int_{\theta=0}^{\pi}\int_{\varphi=0}^{2\pi}\left(1 - \frac{r^2}{a^2}\right) r^2 \sin\theta d\theta d\varphi dr$

$$= 4\pi\rho_0\left(\frac{a^3}{3} - \frac{a^3}{5}\right) = \frac{8\pi\rho_0}{15}a^3.$$

1.11.3 अनंत आवेशित शीट के कारण विद्युत क्षेत्र

असीम रूप से विस्तारित चार्ज शीट के लिए, चार्ज का घनत्व शीट की सतह पर स्थित चार्ज के कारण होता है। आईए अब, P पर विद्युत क्षेत्र ज्ञात करने के लिए (चित्र 1.12), बिंदु Q पर विचार करें जो O से समान दूरी पर है अर्थात $OP = OQ$ चित्र की समरूपता से पता चलता है कि गाऊसी सतह बेलनाकार होगी और इसके विपरीत आधारों पर बिंदु P और Q हैं। चूंकि वक्र सतह का अभिलंब विद्युत क्षेत्र के लंबवत है, वक्र सतह से फ्लक्स शून्य होना चाहिए।

इस प्रकार, कुल फ्लक्स

$$\varphi = 2\vec{E}.\Delta\vec{S} = 2E.\Delta S \qquad [\text{यहां } E \,||\, \Delta S]$$

प्रत्येक आधार का क्षेत्रफल ΔS है। इस प्रकार गॉस के नियम का उपयोग करते हुए, हमें मिलेगा,

$$2E.\Delta S = \frac{q}{\varepsilon_0} = \frac{\sigma.\Delta S}{\varepsilon_0}$$

यहाँ σ सतह आवेश घनत्व है।

$$\therefore \qquad E = \frac{\sigma}{2\varepsilon_0} \qquad (1.33)\ (a)$$

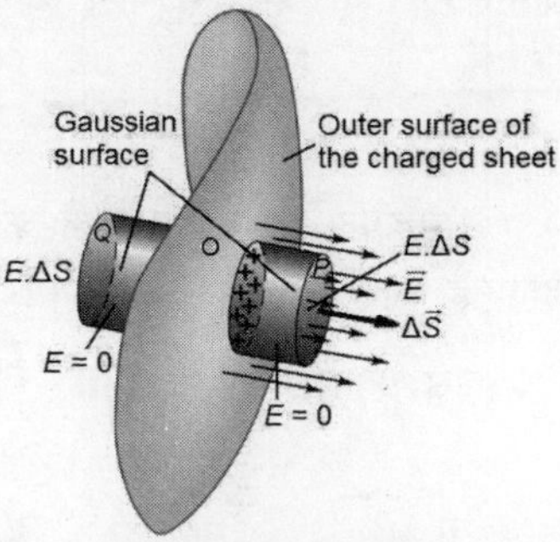

चित्र 1.12: असीमित चार्ज शीट

वेक्टर रूप में, $\vec{E} = \dfrac{\sigma}{2\varepsilon_0}\hat{n}$ [$\hat{n}$ एक इकाई वेक्टर होने के नाते] (1.33) (b)

उदाहरण 1.16 आवेश घनतव σ वाले दो अपरिमित रूप से विस्तारित समानांतर प्लेट संधारित्रों के बीच विद्युत क्षेत्र का मान ज्ञात कीजिए। मान लें कि प्लेटों के बीच की दूरी d है।

हल

आइए चित्र में दिखाई दो अपरिमित रूप से विस्तारित समतल समानांतर शीटों पर विचार करें। पहले एक बिंदु P लेते हैं जो दो प्लेटों के बीच के क्षेत्र में कहीं भी स्थित है, यहाँ प्लेटों पर चार्ज घनत्व $+\sigma$ और $-\sigma$ है।

हम P से क्रॉस सेक्शनल क्षेत्र S का एक नार्मल सिलेंडर खींचते हैं, जिसका एक सिरा कंडक्टिंग प्लेट तक पहुंचता है। तब हमें गॉस के नियम से प्राप्त होता है (जैसा कि अनंत समतल शीट में होता है)।

$$\int_S \vec{E}.d\vec{S} = \frac{q}{\varepsilon_0} \quad (\varepsilon_0 \text{ पर्मिटिविटी है})$$

या, $$ES = \frac{\sigma S}{\varepsilon_0}$$

इसलिए $$E = \frac{\sigma}{\varepsilon_0}$$

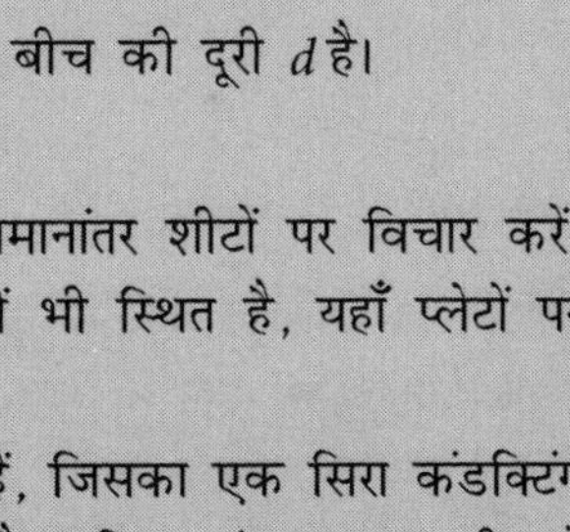

तो, दो प्लेटों के बीच का विद्युत क्षेत्र एक समान है और उनके बीच की दूरी पर निर्भर नहीं है। लेकिन प्लेट फील्ड के बाहर स्थित किसी भी बिंदु पर गॉस नियम के अनुसार शून्य होगा (कोई भी चार्ज इसके भीतर संलग्न नहीं है)।

उदाहरण 1.16

1.12 गॉस के नियम से कूलम्ब का नियम

इलेक्ट्रोस्टैटिक्स में, कूलम्ब का नियम और गॉस का नियम परस्पर संबंधित हैं और एक नियम से दूसरा नियम प्राप्त कर सकते हैं । गॉस के नियम से कूलम्ब के नियम पर पहुंचने के लिए आइए हम दो बिंदु आवेशों q_1 और q_2 पर विचार करें, जो एक इलेक्ट्रोस्टैटिक क्षेत्र में आपसी दूरी r पर स्थित हैं। q_1 के कारण विद्युत क्षेत्र की तीव्रता E की गणना करने के लिए, आइए r त्रिज्या का एक गाऊसी गोला बनाएं, जिसके केंद्र O पर q_1 हो (चित्र 1.13)। इस प्रकार गॉस के प्रमेय से गोले के अंदर से फ्लक्स होगा,

$$\iint_S \vec{E}.d\vec{S} = \frac{q_1}{\varepsilon_0}$$

समरूपता के कारण गोले की सतह के किसी भी बिंदु पर विद्युत क्षेत्र उस बिंदु पर बाहरी अभिलंब के अनुदिश होता है और सतह पर किसी भी बिंदु पर इसका समान परिमाण होता है।

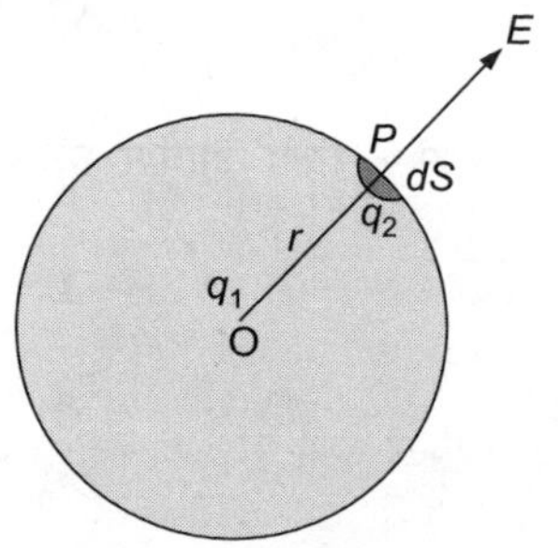

चित्र 1.13: गॉस के नियम से कूलम्ब का नियम

इस प्रकार,
$$\iint_S \vec{E}.d\vec{S} = \iint_S E.dS = \frac{q_1}{\varepsilon_0}$$

या,
$$E.4\pi r^2 = \frac{q_1}{\varepsilon_0}$$

या,
$$E = \frac{q_1}{4\pi\varepsilon_0 r^2}$$

इस प्रकार आवेश q_1 के विद्युत क्षेत्र के कारण बिंदु आवेश q_2 द्वारा अनुभव किया गया बल होगा,

$$F = q_2 E = \frac{q_1 q_2}{4\pi\varepsilon_0 r^2}$$, जो कूलम्ब का नियम है।

1.13 विद्युतस्थैतिक विभव

जब एक आवेशित कण विद्युत क्षेत्र में गति करता है, तो क्षेत्र एक बल लगाता है जो कण पर कार्य करता है। कार्य को विद्युत स्थितिज ऊर्जा के रूप में व्यक्त किया जा सकता है। अत: स्थिरवैद्युत क्षेत्र के किसी भी बिंदु पर स्थिरवैद्युत विभव उस विद्युत क्षेत्र के विरुद्ध किसी अन्य बिंदु से उस बिंदु तक एक इकाई धनात्मक आवेश को ले जाने में किए गए कार्य से संबंधित होता है। दूसरे शब्दों में, इलेक्ट्रोस्टैटिक क्षेत्र में किसी भी बिंदु पर विद्युत विभव, एक इकाई धनात्मक चार्ज को अनंत से उस विशेष बिंदु तक क्षेत्र के खिलाफ लाने के लिए आवश्यक कार्य की मात्रा के रूप में परिभाषित किया जा सकता है। विभव एक बिंदु का गुण है और यह केवल स्रोत आवेशों पर निर्भर करता है।

अब, यदि हम एक धनात्मक परीक्षण आवेश $(+q)$ को विद्युत क्षेत्र में एक निश्चित बिंदु से दूसरे निश्चित बिंदु तक ले जाना चाहते हैं, तो इस आवेश q को बिंदुओं के बीच की दूरी $d\vec{r}$ से स्थानांतरित करने में किया गया कार्य होगा,

$$dW = -q\vec{E}.d\vec{r}$$

ऋणात्मक चिन्ह इस तथ्य के कारण है कि बाहरी एजेंट द्वारा सिस्टम पर काम किया गया है। अत: आवेश q को किसी प्रारंभिक स्थिति i से विद्युत क्षेत्र में अंतिम स्थिति f तक ले जाने में किया गया कुल कार्य होगा,

$$W = -q\int_i^f \vec{E}.d\vec{r}$$

अब, विभव की परिभाषा के अनुसार एक बिंदु पर विभव, एक इकाई घनात्मक आवेश को विद्युत क्षेत्र के खिलाफ अनंत से उस विशेष बिंदु तक लाने के लिए किया गया कार्य होगा। इस प्रकार आवेश q को ∞ से r बिन्दु तक लाने में किया गया कार्य विद्युत विभव होगा। यह उपरोक्त समीकरण में $i=\infty$ और $f=r$ रख कर प्राप्त किया जा सकता है,

$$V=-\int_{\infty}^{r}\vec{E}.d\vec{r}$$

$$=-\int_{\infty}^{r}\frac{q}{4\pi\varepsilon_0 r^2}dr$$

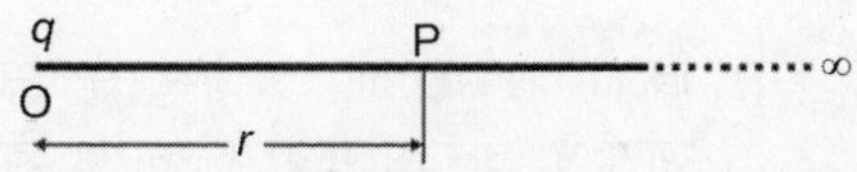

चित्र 1.14: इलेक्ट्रिक पोटेन्सियल की तीव्रता

या, $$V=\frac{q}{4\pi\varepsilon_0 r} \tag{1.34}$$

स्थिरवैद्युत विभव का SI मात्रक J/C या वोल्ट (V) है।

1.14 विद्युत विभवांतर

जब किसी कूलम्ब आवेश (या किसी दी गई आवेश की मात्रा) में एक स्थान पर अपेक्षाकृत बड़ी मात्रा में विभव ऊर्जा होती है, तो उस स्थान को उच्च विद्युत विभव वाला स्थान कहा जाता है। और इसी तरह, यदि किसी कूलम्ब आवेश (या किसी भी आवेश की मात्रा) में किसी दिए गए स्थान पर अपेक्षाकृत कम मात्रा में विभव ऊर्जा होती है, तो उस स्थान को कम विद्युत विभव वाला स्थान कहा जाता है। विद्युत क्षेत्र में किन्हीं दो बिंदुओं (A और B) के बीच विभव के अंतर को एक इकाई सकारात्मक आवेश को विद्युत क्षेत्र के खिलाफ बिंदु B से A तक लाने के लिए किये गए कार्य की मात्रा के रूप में परिभाषित किया जा सकता है (चित्र 1.15)।

इस प्रकार A और B के बीच विभव का अन्तर होगा

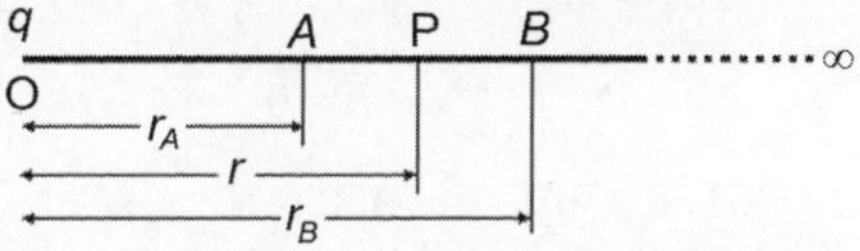

चित्र 1.15: विभव अन्तर

$$V_{AB}=\frac{W}{q}=\int_{A}^{B}dV=-\int_{A}^{B}\vec{E}.d\vec{r}$$

$$\therefore \quad V_{AB}=V_A-V_B=-\int_{r_A}^{r_B}\frac{q}{4\pi\varepsilon_0 r^2}dr$$

$$=\frac{q}{4\pi\varepsilon_0}\left[\frac{1}{r_A}-\frac{1}{r_B}\right] \tag{1.35}$$

विभव अन्तर की इकाई J/C या V है। विभव अन्तर की परिभाषा से हम यह भी कह सकते हैं कि

$$dV=\frac{\partial V}{\partial x}dx+\frac{\partial V}{\partial y}dy+\frac{\partial V}{\partial z}dz=-\vec{E}.d\vec{l}$$

या, $$\left(\hat{i}\frac{\partial V}{\partial x}+\hat{j}\frac{\partial V}{\partial y}+\hat{k}\frac{\partial V}{\partial z}\right).\left(\hat{i}dx+\hat{j}dy+\hat{k}dz\right)=-\vec{E}.d\vec{l}$$

या, $$\vec{\nabla}V.d\vec{l}=-\vec{E}.d\vec{l}$$

इस से हम पाएंगे,

$$\vec{E} = -\vec{\nabla}V \tag{1.36}$$

अत:, किसी भी बिन्दु पर विद्युत क्षेत्र की तीव्रता उस बिन्दु पर विभव के ऋणात्मक ग्रैडीअन्ट के बराबर होगा। ऋणात्मक संकेत इंगित करता है कि $\vec{E}$ उच्च से निम्न विभव (पोटेन्सियल) की ओर निर्देशित है। यह भी ध्यान देने योग्य है कि:

(*i*) किसी आवेश को एक बिंदु से दूसरे बिंदु पर ले जाते समय यदि विभव विभव का अंतर सकारात्मक पाया जाता है, तो उस गति के कारण विभव ऊर्जा में लाभ होगा और बाहरी एजेंट को विद्युत क्षेत्र के विरुद्ध कार्य करना होता है। दूसरी ओर, यदि विभव के अंतर का मान ऋणात्मक होगा, तो विद्युत क्षेत्र द्वारा कार्य किया जाएगा;

(*ii*) इलेक्ट्रोस्टैटिक फील्ड में दो बिंदुओं के बीच विभव केवल बिंदुओं के स्थानीय कॉर्डिनेट पर निर्भर करता है और इसलिए इसे एक बिंदु फलन माना जा सकता है और

(*iii*) दो बिंदुओं के बीच विभव का अंतर पथ स्वतंत्र है।

विभव के अंतर की पथ स्वतंत्रता को ध्यान में रखते हुए, हम किसी भी चुने हुए बंद पथ पर मान सकते हैं, $V_{AB} = -V_{BA}$, यानी,

$$V_{BA} + V_{AB} = \oint_c \vec{E}.d\vec{r} = 0 \tag{1.37}$$

स्टोक (Stoke) के प्रमेय को लागू करते हुए, हम लिख सकते हैं:

$$\oint_c \vec{E}.d\vec{r} = \iint_S \vec{\nabla}\times\vec{E}.d\vec{S} = 0 \tag{1.38}$$

जिससे इलेक्ट्रास्टैटिक फील्ड के लिए पाएंगे कि,

$$\vec{\nabla}\times\vec{E} = 0 \tag{1.39}$$

फिर से, कोई भी सदिश क्षेत्र $\vec{A}$ जो $\vec{\nabla}\times\vec{A} = 0$ संतुष्ट करता है उसे एक अपरिमेय (irrotational) क्षेत्र कहा जाता है। अत: इलेक्ट्रोस्टैटिक फील्ड भी अपरिमेय होता है।

1.15 विद्युत विभव की गणना

1.15.1 पॉइंट चार्ज के लिए

आइए हम दो बिंदुओं A और B पर विचार करें जैसा कि चित्र 1.15 में दिखाया गया है। यदि अब एक आवेश q को B से A पर विस्थापित किया जाता है, तो बिंदुओं के बीच विभव का अंतर इस प्रकार प्राप्त होगा:

$$V_{AB} = -\int_A^B \vec{E}.d\vec{r} = -\int_{r_A}^{r_B} \frac{q}{4\pi\varepsilon_0 r^2}dr = \frac{q}{4\pi\varepsilon_0}\left[\frac{1}{r_A} - \frac{1}{r_B}\right] = V_A - V_B$$

आमतौर पर अनंत पर विभव शून्य माना जाता है। अत: किसी भी बिंदु पर आवेश के कारण विभव, आवेश को अनंत से उस बिंदु तक लाने में किए गए कार्य की मात्रा होगी।

तो, उपरोक्त समीकरण में $r_A = r$ और $r_B = 0$ का उपयोग करने पर, हम प्राप्त करेंगे,

$$V = \frac{q}{4\pi\varepsilon_0 r}$$

यह किसी चुने हुए मूल बिंदु O पर स्थित आवेश q के कारण r पर विभव देता है। अन्यथा, हम निम्नलिखित समीकरण द्वारा भी विभव को परिभाषित कर सकते हैं,

$$V = -\int_{\infty}^{r} \vec{E}.d\vec{r} \tag{1.40}$$

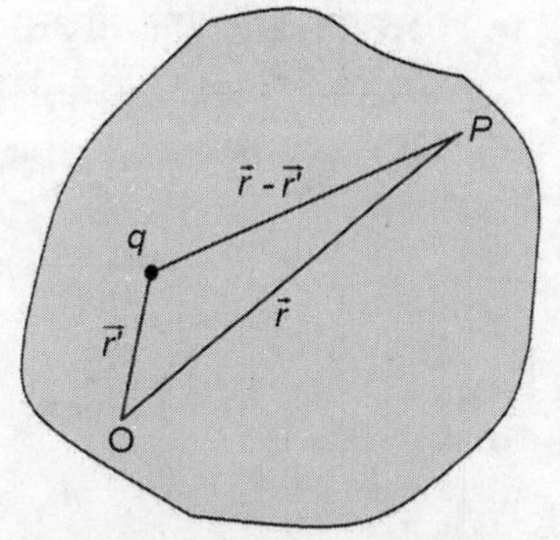

चित्र 1.16: आवेश के मूल स्थान पर नहीं होने के कारण विभव

यदि अब बिंदु आवेश मूल बिंदु O पर स्थित नहीं है (चित्र 1.16), लेकिन किसी अन्य बिंदु पर है जो मूल बिंदु से O दूर है, तो इसके कारण बिंदु P पर विभव को इस प्रकार सामान्यीकृती किया जा सकता है,

$$V(r) = \frac{q}{4\pi\varepsilon_0} \frac{1}{\left|\vec{r}-\vec{r'}\right|} \tag{1.41}$$

यह विभव का सामान्य समीकरण है।

1.15.2 वितरित आवेशों के लिए

अभी तक, हमने केवल एक बिंदु आवेश के कारण होने वाले विभव पर विचार किया है। अब, यदि n बिंदु आवेश $q_1, q_2, q_3, \ldots\ldots, q_n$ क्रमशः अपने-अपने स्थान $\vec{r_1},\vec{r_2},\vec{r_3},\ldots,\vec{r_n}$, पर स्थित हैं, तो उनके द्वारा किसी भी बिंदु जो $\vec{r}$ पर है, विभव को इस प्रकार लिखा जा सकता है:

$$V(\vec{r}) = \frac{1}{4\pi\varepsilon_0}\left[\frac{q_1}{\left|\vec{r}-\vec{r}_1\right|} + \frac{q_2}{\left|\vec{r}-\vec{r}_2\right|} + \ldots + \frac{q_n}{\left|\vec{r}-\vec{r}_n\right|}\right]$$

या,
$$V(\vec{r}) = \frac{1}{4\pi\varepsilon_0}\sum_{i=n}^{n} \frac{q_i}{\left|\vec{r}-\vec{r}_n\right|} \tag{1.42}$$

यदि बिंदु आवेश q_n की बजाय निरंतर आवेश वितरण, जैसे कि एक रैखिक λdl या एक सतह σdS या एक आयतन ρdV आवेश वितरण हो तो हम समैशन (summation) के स्थान पर इंटेगरल (integral) का प्रयोग कर विभव प्राप्त कर सकते हैं। यह इस प्रकार होगा:

लाइन चार्ज के लिए,

$$V(\vec{r}) = \frac{1}{4\pi\varepsilon_0}\int_l \frac{\lambda dl'}{\left|\vec{r}-\vec{r}_n\right|} \tag{1.43}$$

SCAN ME

for more on electric potential

सतह चार्ज के लिए,

$$V(\vec{r}) = \frac{1}{4\pi\varepsilon_0}\int_l \frac{\sigma dS'}{\left|\vec{r}-\vec{r}_n\right|} \tag{1.44}$$

और वॉल्यूम चार्ज के लिए,

$$V(\vec{r}) = \frac{1}{4\pi\varepsilon_0}\int_l \frac{\rho dV'}{\left|\vec{r}-\vec{r}_n\right|} \tag{1.45}$$

उपरोक्त समीकरणों में, प्राइमेड निर्देशांक (*primed coordinates*) स्रोत (*source*) के निर्देशांक हैं। रैखिक चार्ज वितरण (distribution) $\lambda(\vec{r'})$, सतह चार्ज वितरण (distribution) $\sigma(\vec{r'})$, और वॉल्यूम चार्ज वितरण (distribution) $\rho(\vec{r'})$ हैं। अनप्राइमेड (*unprimed*) निर्देशांक फील्ड के निर्देशांक हैं।

1.16 विद्युत क्षेत्र की तीव्रता और पोटेन्सियल के बीच संबंध

एक बिंदु पर विद्युत क्षेत्र की तीव्रता और विद्युत विभव के बीच एक संबंध खोजने के लिए, आइए हम एक आवेश $+q$ जो किसी मूल बिंदु O से r दूरी पर स्थित है, के द्वारा उत्पन्न विद्युत क्षेत्र के समीकरण से शुरू करें। यह होगा,

$$\vec{E}(r) = \frac{q}{4\pi\varepsilon_0 r^2}\hat{r} = \frac{q\vec{r}}{4\pi\varepsilon_0 r^3}$$

अब,
$$\vec{\nabla}\left(\frac{1}{r}\right) = \vec{\nabla}\left(x^2+y^2+z^2\right)^{-1/2}$$

या,
$$\vec{\nabla}\left(\frac{1}{r}\right) = \hat{i}\frac{\partial}{\partial x}\left(x^2+y^2+z^2\right)^{-1/2} + \hat{j}\frac{\partial}{\partial y}\left(x^2+y^2+z^2\right)^{-1/2} + \hat{k}\frac{\partial}{\partial z}\left(x^2+y^2+z^2\right)^{-1/2}$$

$$= -\frac{\hat{i}x+\hat{j}y+\hat{k}z}{\left(x^2+y^2+z^2\right)^{3/2}} = -\frac{\vec{r}}{r^3}$$

$\therefore$
$$\vec{E}(r) = \frac{q\vec{r}}{4\pi\varepsilon_0 r^3} = -\frac{q}{4\pi\varepsilon_0}\vec{\nabla}\left(\frac{1}{r}\right) = -\vec{\nabla}\left(\frac{q}{4\pi\varepsilon_0 r}\right) = -\vec{\nabla}V$$

इस प्रकार, $\vec{E} = -\vec{\nabla}V$

यह विद्युत क्षेत्र की तीव्रता और विद्युत विभव के बीच वही संबंध है जो समी.-(1.36) में दिया गया है। ऋणात्मक चिन्ह इंगित करता है कि E की दिशा V की दिशा के विपरीत है।

उदाहरण 1.17 विद्युत विभव $V(x,y,z) = (2x^2+2y^2+3z^2)^{-\frac{1}{2}}$ के लिए (1, 1, –1) पर विद्युत क्षेत्र की तीव्रता (field intensity) ज्ञात कीजिए।

हल

यहाँ
$$V(x,y,z) = (2x^2+2y^2+3z^2)^{-\frac{1}{2}}$$

इसलिए, विद्युत क्षेत्र की तीव्रता होगी

$$\vec{E} = \vec{\nabla}.V = \frac{\partial V}{\partial x}\hat{i} + \frac{\partial V}{\partial y}\hat{j} + \frac{\partial V}{\partial z}\hat{k}$$

या,
$$\vec{E} = \hat{i}\frac{\partial}{\partial x}\left\{(2\text{x}^2+2y^2+3z^2)^{-\frac{1}{2}}\right\} + \hat{j}\frac{\partial}{\partial y}\left\{(2\text{x}^2+2y^2+3z^2)^{-\frac{1}{2}}\right\} + \hat{k}\frac{\partial}{\partial z}\left\{(2x^2+2y^2+3z^2)^{-\frac{1}{2}}\right\}$$

$$= -(2x^2+2y^2+3z^2)^{-\frac{3}{2}}\left(2x\hat{i}+2y\hat{j}+3z\hat{k}\right)$$

तो, एक बिंदु (1, 1, –1) पर क्षेत्र है (1, 1, –1) $\vec{E}\Big|_{(1,1,-1)} = -(2+2+3)^{-\frac{3}{2}}\left(2\hat{i}+2\hat{j}-3z\hat{k}\right).$

उदाहरण 1.17

उदाहरण 1.18 1 m भुजा वाले वर्ग के केंद्र में विद्युत विभव की गणना करें, यदि $q, 4q, -3q$ और $2q$ आवेश इसके कोनों पर रखे गए हैं (दिया गया $q = 1\ nC$)

हल

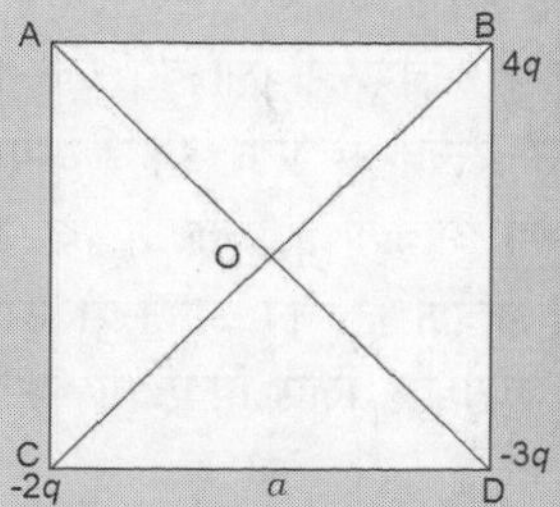

वर्ग की प्रत्येक भुजा (a) है जैसा कि चित्र में दिखाया गया है।

अब, $AO = BO = CD = \frac{a}{\sqrt{2}} = x$ (मान लिजिए)

यहाँ, $$\vec{\nabla}.\vec{E} = \frac{1}{\varepsilon_0}(1+1-2) = 0$$

केंद्र पर O पर विभव की गणना इस प्रकार की जा सकती है।

$$V = \frac{1}{4\pi\varepsilon_0}\left[\frac{q}{x} + \frac{4q}{x} - \frac{3q}{x} - \frac{2q}{x}\right] = 0.$$

उदाहरण 1.18

उदाहरण 1.19 यदि किसी क्षेत्रफल में विद्युत क्षेत्र (electric field) हमेशा X-दिशा में होता है तो सिद्ध कीजिए कि (*i*) विभव Y और Z कॉर्डिनटेस से स्वतंत्र है और (*ii*) यदि विभव का मान स्थिर (constant) है, तो उस क्षेत्रफल में कोई मुक्त आवेश नहीं है।

हल

(*i*) दी गई स्थिति के अनुसार विद्युत क्षेत्र है $\vec{E} = E\hat{i}$, जहां प्रतीकों का अपना सामान्य अर्थ है।

फिर से हम उपयोग कर सकते हैं $\vec{E} = -\vec{\nabla}\varphi$ जहां φ विभव है।

इसलिए, $$E\hat{i} = -\hat{i}\frac{\partial\varphi}{\partial x} - \hat{j}\frac{\partial\varphi}{\partial x} - \hat{k}\frac{\partial\varphi}{\partial x}$$

इकाई वैक्टर के गुणांक की तुलना से पाएंगे,

$$E = -\frac{\partial\varphi}{\partial x}$$

तथा $$\frac{\partial\varphi}{\partial y} = \frac{\partial\varphi}{\partial z} = 0$$

चूंकि विभव में y और x के साथ कोई बदलाव नहीं है इसलिए हम विभव को Y और Z कॉर्डिनटेस से स्वतंत्र कह सकते हैं।

(*ii*) यदि विद्युत क्षेत्र (electric field) स्थिर है अर्थात $E =$ स्थिर (constant) है

अत: x के साथ सापेक्ष (derivative) लेने पर हमें प्राप्त होता है $\frac{\partial^2\varphi}{\partial x^2} = -\frac{\partial E}{\partial x} = 0$

और $$\frac{\partial^2\varphi}{\partial y^2} = \frac{\partial^2\varphi}{\partial z^2} = 0$$

तो कुल मिलाकर हम लिख सकते हैं $\nabla^2\varphi = 0$ जो लाप्लास समीकरण (Laplace's equation) है और जो आवेश से मुक्त क्षेत्र बताता है। तो यह कहा जा सकता है कि यह क्षेत्र आवेश मुक्त है।

उदाहरण 1.19

1.17 इलेक्ट्रोस्टैटिक पोटेन्सियल ऊर्जा

विद्युत क्षेत्र में रखा गया कोई भी आवेश एक बल का अनुभव करेगा, जैसा कि गुरुत्वाकर्षण क्षेत्र में रखा गया कोई भी द्रव्यमान करता है। जैसे गुरुत्वाकर्षण क्षेत्र में द्रव्यमान में कुछ विभव ऊर्जा होती है, वैसे ही विद्युत क्षेत्र में आवेश में भी होती है। बिंदु आवेशों की एक प्रणाली की विद्युत विभव ऊर्जा, उक्त प्रणाली को बनाने के लिए, क्षेत्र के किसी भी बिंदु पर अनंत से एक इकाई सकारात्मक परीक्षण आवेश लाने के लिए किए गए कार्य की मात्रा है। प्रारंभ में, आइए हम दो आवेशों q_1 और q_2 जो कि चित्र 1.17(a) में दिखाए अनुसार r_{12} दूरी पर हैं, के सिस्टम पर विचार करें।

अब, आवेश q_2 को अनंत से उसकी संबंधित स्थिति तक लाने के लिए q_1 द्वारा उत्पादित विद्युत क्षेत्र के विरुद्ध सिस्टम में लाने के लिए किए गए कार्य की मात्रा होगी,

$$W = -q_2 \int_{\infty}^{r_{12}} \vec{E}.d\vec{r} = -\frac{q_1 q_2}{4\pi\varepsilon_0} \int_{\infty}^{r_{12}} \frac{dr}{r^2} = \frac{q_1 q_2}{4\pi\varepsilon_0 r_{12}} \qquad (1.46)$$

यह कार्य दो आवेश प्रणाली में विद्युत स्थितिज (potential) ऊर्जा U के रूप में संचित होगा।

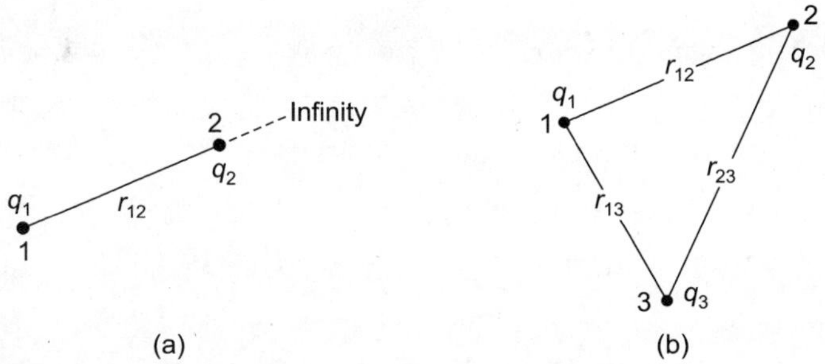

चित्र 1.17: (a) दो चार्ज सिस्टम और (b) तीन चार्ज सिस्टम के लिए विद्युत स्थितिज ऊर्जा

इस प्रकार,
$$U = \frac{q_1 q_2}{4\pi\varepsilon_0 r_{12}} \qquad (1.46)(a)$$

इसी प्रकार, यदि चित्र 1.17(b) में दर्शाए अनुसार उनकी स्थिति के साथ तीन आवेशों का एक निकाय है, तो निकाय की स्थितिज ऊर्जा होगी,

$$U = \frac{1}{4\pi\varepsilon_0}\left[\frac{q_1 q_2}{r_{12}} + \frac{q_1 q_3}{r_{13}} + \frac{q_2 q_3}{r_{23}}\right] \qquad (1.47)(b)$$

1.18 विद्युत द्विध्रुव

जब दो समान और विपरीत बिंदु आवेशों (+ और −) को प्रेक्षण (observation) की दूरी की तुलना में कम दूरी से अलग किया जाता है, तो इसे एक विद्युत द्विध्रुव का गठन कहा जाता है।

द्विध्रुव के आघूर्ण (moment) को किसी एक आवेश के परिमाण और उनके बीच की दूरी के गुणनफल के रूप में परिभाषित किया जा सकता है। यह एक सदिश राशि है और हमेशा ऋणात्मक आवेश से धनात्मक आवेश की ओर निर्देशित होती है।

मान लिजिए, आवेश $+q$ और $-q$ हैं और उनकी परस्पर दूरी $\vec{d}$ है।

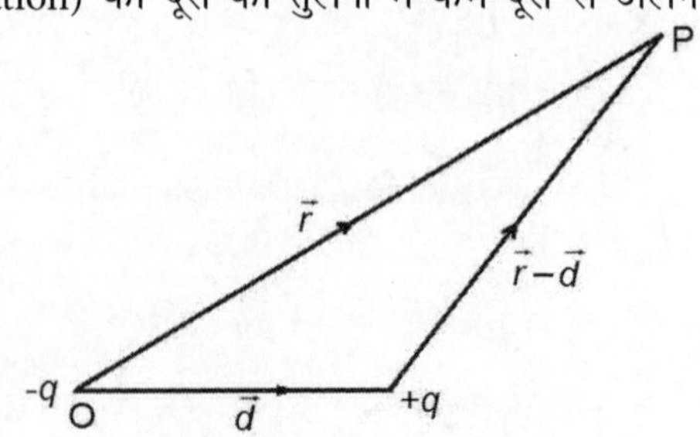

चित्र 1.18: विद्युत द्विध्रुव

प्रेक्षण बिंदु पर विभव की गणना करने के लिए और सरलता के लिए आइए हम आवेश के स्थान पर मूल बिंदु लेते हैं $-q$ और यह भी मान लें कि प्रेक्षण बिंदु P की दूरी मूल O से $\vec{r}$ है [चित्र 1.18]। अब, आवेशों $+q$ और $-q$ (अर्थात संपूर्ण द्विध्रुव) के संयोजन के कारण P पर विभव है,

$$\varphi = \frac{q}{4\pi\varepsilon_0}\left[\frac{1}{\sqrt{r^2+d^2-2\vec{r}.\vec{d}}}-\frac{1}{r}\right]$$

अब चित्र 1.18 से हमें प्राप्त होता है,

$$\sqrt{r^2+d^2-2\vec{r}.\vec{d}} = \frac{1}{r}\left[1-\frac{2\vec{r}.\vec{d}}{r^2}+\frac{d^2}{r^2}\right]^{-\frac{1}{2}} \simeq \frac{1}{r}\left[1-\frac{2\vec{r}.\vec{d}}{r^2}\right]^{-\frac{1}{2}} \simeq \frac{1}{r}\left[1+\frac{\vec{r}.\vec{d}}{r^2}\right]$$

इसलिए,
$$\varphi = \frac{q}{4\pi\varepsilon_0}\left[\frac{1}{r}+\frac{\vec{r}.\vec{d}}{r^3}-\frac{1}{r}\right] = \frac{q}{4\pi\varepsilon_0}\frac{\vec{r}.\vec{d}}{r^3} = \frac{\vec{r}.q\vec{d}}{4\pi\varepsilon_0 r^3} = \frac{\vec{r}.\vec{p}}{4\pi\varepsilon_0 r^3}$$

जहां,
$$\vec{p} = q\vec{d}$$

विद्युत द्विध्रुव आघूर्ण (electric dipole moment) है ओर द्विध्रुव के लिए इलेक्ट्रिक विभव होगा,

$$\varphi = \frac{\vec{r}.\vec{p}}{4\pi\varepsilon_0 r^3} = -\frac{\vec{p}.\vec{\nabla}\left(\frac{1}{r}\right)}{4\pi\varepsilon_0} \tag{1.48}$$

इस प्रकार, विद्युत क्षेत्र की तीव्रता होगी

$$\vec{E} = -\vec{\nabla}\varphi = -\vec{\nabla}\left(\frac{\vec{r}.\vec{p}}{4\pi\varepsilon_0 r^3}\right) = -\frac{1}{4\pi\varepsilon_0}\vec{\nabla}\left(\frac{\vec{r}.\vec{p}}{r^3}\right)$$

अब,
$$\vec{\nabla}\left(\frac{\vec{r}.\vec{p}}{r^3}\right) = \frac{1}{r^3}\vec{\nabla}(\vec{r}.\vec{p})+(\vec{r}.\vec{p})\vec{\nabla}\left(\frac{1}{r^3}\right)$$

फिर से,
$$\vec{\nabla}(\vec{r}.\vec{p}) = \left[\hat{i}\frac{\partial}{\partial x}+\hat{j}\frac{\partial}{\partial y}+\hat{k}\frac{\partial}{\partial z}\right](xp_x+yp_y+zp_z)$$
$$= \hat{i}p_x+\hat{j}p_y+\hat{k}p_z = \vec{p}$$

और,
$$\vec{\nabla}\left(\frac{1}{r^3}\right) = -\frac{3\vec{r}}{r^5}$$

इसलिए,
$$\vec{E} = -\frac{1}{4\pi\varepsilon_0}\left[\frac{1}{r^3}\vec{\nabla}(\vec{r}.\vec{p})+(\vec{r}.\vec{p})\vec{\nabla}\left(\frac{1}{r^3}\right)\right]$$
$$= -\frac{1}{4\pi\varepsilon_0}\left[\frac{\vec{p}}{r^3}-\vec{r}.\vec{p}\frac{3\vec{r}}{r^5}\right]$$

या,
$$\vec{E} = -\frac{1}{4\pi\varepsilon_0 r^3}\left[\vec{p}-\frac{(\vec{p}.\vec{r})\vec{r}}{r^2}\right] = -\frac{q}{4\pi\varepsilon_0 r^3}\left[\vec{d}-\frac{(\vec{d}.\vec{r})\vec{r}}{r^2}\right] \tag{1.49}$$

1.19 पॉइसन और लैपलेस समीकरण

गॉस समी.-(1.26) तथा अदिश विभव समी.-(1.36) के द्वारा अदिश विभव के लिए आंशिक (partial) अवकल समीकरणों का सेट प्राप्त किया जा सकता है।

पॉइसन (Poisson's) का समीकरण: गॉस के नियम का अवकल रूप है, $\vec{\nabla}.\vec{E} = \frac{\rho}{\varepsilon_0}$ जहाँ ρ, आयतन आवेश घनतव है। विद्युत क्षेत्र और विभव का समी. है, $\vec{E} = -\vec{\nabla}V$

$$\therefore \quad \vec{\nabla}.(-\vec{\nabla}V) = \frac{\rho}{\varepsilon_0}$$

या,

$$\nabla^2 V = -\frac{\rho}{\varepsilon_0} \qquad (1.50)\ (a)$$

इसे इलेक्ट्रोस्टैटिक्स में पॉइसन के समीकरण के रूप में जाना जाता है।

लैपलेस (Laplace) का समीकरण: एक चार्ज मुक्त क्षेत्र के लिए चार्ज घनत्व $\rho = 0$ और इस प्रकार पॉइसन के समीकरण से,

$$\nabla^2 V = -\frac{\rho}{\varepsilon_0}$$

हमें मिला,

$$\nabla^2 V = 0 \qquad (1.50)\ (b)$$

इसे लाप्लास समीकरण कहते हैं। इस समीक़रण के समाकलन से हमें $V =$ स्थिरांक (*constant*) प्राप्त होता है। इसलिए, हम यह निष्कर्ष निकाल सकते हैं कि कोई भी सम- विभव सतह लैपलेस के समीकरण को संतुष्ट करती है।

उदाहरण 1.20

उदाहरण 1.20 सिद्ध करें कि विभव $V = V_0(x^2 - 2y^2 + z^2)$ लैपलेस के समीकरण को संतुष्ट करता है। (V_0 एक स्थिरांक है)।

हल

विभव फलन $V = V_0(x^2 - 2y^2 + z^2)$ है

इसलिए, $\frac{\partial^2 V}{\partial x^2} + \frac{\partial^2 V}{\partial y^2} + \frac{\partial^2 V}{\partial z^2} = V_0(2 - 4 + 2) = 0.$

तो, V लाप्लास के समीकरण को संतुष्ट करता है।

उदाहरण 1.21

उदाहरण 1.21 सिद्ध करें कि विभव फलन $V = 2x^2 + 7y - 2z^2$ आवेश मुक्त क्षेत्र में विभव फलन का प्रतिनिधित्व करता है।

हल

विभव $V = 2x^2 + 7y - 2z^2$

इसलिए, $\nabla^2 V = \frac{\partial^2 V}{\partial x^2} + \frac{\partial^2 V}{\partial y^2} + \frac{\partial^2 V}{\partial z^2} = 4 + 0 - 4 = 0$

यह व्यंजक लाप्लास के समीकरण को संतुष्ट करता है जिससे यह निष्कर्ष निकलता है कि आवेश घनतव $\rho = 0$ है।

अतः यह क्षेत्र आवेश मुक्त है।

उदाहरण 1.22 एक मुक्त क्षेत्र (free space) में इलेक्ट्रोस्टैटिक विभव है $\varphi = \alpha - \beta(x^2 + y^2) - \gamma \ln\sqrt{x^2 + y^2}$ यहाँ α, β और γ स्थिरांक हैं। इस क्षेत्र में आवेश घनत्व ज्ञात कीजिए।

हल

φ के दिए गए व्यंजक से हम पाते हैं

$$\frac{\partial \varphi}{\partial x} = -2\beta x - \frac{\gamma}{\sqrt{x^2 + y^2}} \frac{x}{\sqrt{x^2 + y^2}} = -2\beta x - \frac{\gamma x}{x^2 + y^2}$$

या,
$$\frac{\partial^2 \varphi}{\partial x^2} = -2\beta - \frac{\gamma\left[x^2 + y^2 - x \times 2x\right]}{x^2 + y^2} = -2\beta - \gamma \frac{y^2 - x^2}{x^2 + y^2}$$

इसी तरह,
$$\frac{\partial^2 \varphi}{\partial y^2} = -2\beta - \gamma \frac{x^2 - y^2}{x^2 + y^2}$$

फिर से,
$$\frac{\partial^2 \varphi}{\partial z^2} = 0$$

इसलिए,
$$\frac{\partial^2 \varphi}{\partial x^2} + \frac{\partial^2 \varphi}{\partial y^2} + \frac{\partial^2 \varphi}{\partial z^2} = -4\beta$$

या,
$$\nabla^2 \varphi = -4\beta$$

अब उपरोक्त व्यंजक की तुलना पॉइसन के समीकरण $\nabla^2 \varphi = -\frac{\rho}{\varepsilon_0}$ से करते हैं,

$$\frac{\rho}{\varepsilon_0} = 4\beta$$

या,
$$\rho = 4\beta\varepsilon_0$$

जो उक्त क्षेत्र के लिए आवश्यक आवेशित घनत्व है।

उदाहरण 1.22

1.19.1 लाप्लासियन ऑपरेटर

कार्टेशियन (Cartesian) निर्देशांक प्रणाली (x, y, z) में इस प्रकार लिखा जा सकता है,

$$\nabla^2 = \frac{\partial^2}{\partial x^2} + \frac{\partial^2}{\partial y^2} + \frac{\partial^2}{\partial z^2} \tag{1.51}$$

गोलाकार ध्रुवीय निर्देशांक (spherical polar coordinate) (r, θ, φ) में इसे इस प्रकार लिखा जा सकता है,

$$\nabla^2 = \frac{1}{r^2}\frac{\partial}{\partial r}\left(r^2 \frac{\partial}{\partial r}\right) + \frac{1}{r^2 \sin\theta}\frac{\partial}{\partial \theta}\left(\sin\theta \frac{\partial}{\partial \theta}\right) + \frac{1}{r^2 \sin\theta}\frac{\partial^2}{\partial \varphi^2} \tag{1.52}$$

बेलनाकार निर्देशांक प्रणाली (cylindrical coordinate system) (ρ, φ, z) में यह है,

$$\nabla^2 = \frac{1}{\rho}\frac{\partial}{\partial \rho}\left(\rho \frac{\partial}{\partial \rho}\right) + \frac{1}{\rho^2}\frac{\partial^2}{\partial \varphi^2} + \frac{\partial^2}{\partial z^2} \tag{1.53}$$

1.20 अद्वितीयता प्रमेय

कथनः समान सीमा शर्तों (same boundary conditions) का पालन करने वाले लाप्लास समीकरण के दो हल अधिक से अधिक एक स्थिरांक से भिन्न होते हैं।

प्रमाणः अद्वितीयता प्रमेय को साबित करने के लिए हम मानते हैं कि ϕ_1 और ϕ_2 विभिन्न कंडक्टरों की सतह $S_1, S_2, \ldots\ldots, S_n$, के बाहर वॉल्यूम V में लेप्लास समीकरण के दो हल हैं और सतह S के द्वारा बंधे हैं। मान लें कि, ϕ_1 और ϕ_2 उन्हीं सीमा शर्तों को विभिन्न सतहों यानी, $S_1, S_2, \ldots\ldots, S_n$, पर संतुष्ट करते हैं

इन सीमा स्थितियों में या तो डिरिचलेट शर्त (*Dirichlet condition*) विभव ϕ पर लागू होती है जो कि बाउंडिंग सतहों पर विभव की विशिष्टता बताती है या न्यूमैन की शर्त (*Neumann condition*) ϕ, के सामान्य व्युत्पन्न (derivative), $\frac{\partial \phi}{\partial n}$ के विनिर्देशों को देती है।

मान लें $\quad \phi = \phi_1 - \phi_2$

और $\quad \nabla^2\phi = \nabla^2\phi_1 - \nabla^2\phi_2 = 0$

चूंकि दोनों ϕ_1 और ϕ_2 लैपलेस के समीकरण को संतुष्ट करते हैं, यदि डिरिचलेट की स्थिति संतुष्ट है, बाउंडिंग सतहों पर $\phi_1 = \phi_2$ होगा। यानी, $\phi = 0$ बाउंडिंग सतहों पर।

यदि दूसरी ओर, बाउंडिंग सतहों पर न्यूमैन की शर्त $\frac{\partial \phi_1}{\partial n} = \frac{\partial \phi_2}{\partial n}$ संतुष्ट होती है, तो $\frac{\partial \phi}{\partial n}$ या $\hat{n}.\nabla\phi$ सीमाओं पर गायब हो जाना चाहिए, $\hat{n}$ दी गई सतह पर बाहरी दिशा मैं एक नॉर्मल इकाई वेक्टर है।

वेक्टर विश्लेषण में गॉस के विचलन प्रमेय (divergence theorem) को वेक्टर $\phi\vec{\nabla}\phi$ पर लागू करने से, हम प्राप्त करते हैं,

$$\int_V \vec{\nabla}.(\phi\vec{\nabla}\phi)dV = \int_{S+S_1+S_2+\ldots S_n} \phi\vec{\nabla}\phi.\hat{n}dS$$

जैसे सीमाओं पर, $\phi = 0$ (न्यूमैन शर्त) है, समीकरण का दाहिना भाग शून्य हो जाना चाहिए।

अब क्षेत्र वेक्टर V में आइडेंटिटी

$$\vec{\nabla}.(\phi\vec{\nabla}\phi) = \phi\nabla^2\phi + \left|\vec{\nabla}\phi\right|^2$$

और साथ ही $\quad \nabla^2\phi = 0$

का उपयोग कर हम पाते हैं

$$\vec{\nabla}.(\phi\vec{\nabla}\phi) = \left|\vec{\nabla}\phi\right|^2$$

इसलिए उपरोक्त समीकरण देता है,

$$\int_V \left|\vec{\nabla}\phi\right|^2 dV = 0$$

अब $|\vec{\nabla}\phi|^2$ एक पूर्ण वर्ग होने के नाते, पूरी तरह से सकारात्मक या शून्य है। चूंकि इसका इंटीग्रल गायब हो जाता है, इसलिए $\vec{\nabla}\phi^2$ आयतन V में प्रत्येक बिन्दु पर शून्य होना चाहिए। इसलिए, $\phi = \phi_1 - \phi_2 = c$, जहां c एक स्थिरांक है, यानी क्षेत्र V के प्रत्येक बिन्दु पर फलन ϕ का वही मान होगा जो बाउंडिंग सतहों पर है, बाउंडिंग सतहों पर *Dirichelt* की शर्त $\phi = 0$ से।

इस प्रकार इस मामले में, $\phi = 0$, पूरे V में, या $\phi_1 = \phi_2$ पूरे V में, स्पष्ट रूप से $c = 0$।

न्यूमैन शर्त, $\nabla\phi.n = 0$ सीमाओं पर और $\nabla\phi = 0$ आयतन V में सभी बिंदुओं के लिए। तो, केवल संभावना है कि ϕ एक स्थिरांक है। यह विशिष्टता प्रमेय सिद्ध करता है।

1.21 कार्टेसियन निर्देशांक में लैप्लेस समीकरण

कार्टेसियन निर्देशांक में लैप्लेस के समीकरण को इस प्रकार लिखा जा सकता है,

$$\nabla^2 V = \frac{\partial^2 V}{\partial x^2} + \frac{\partial^2 V}{\partial y^2} + \frac{\partial^2 V}{\partial z^2} \tag{1.54}$$

मान लो कि, $V(x, y, z) = X(x)\, Y(y)\, Z(z)$ (1.55)

जहां $X(x)$, $Y(y)$ और $Z(z)$ क्रमशः x, y और z के फंक्शन है। समी.-(1.55) को समी.-(1.54) का प्रयोग कर हम लिख सकते हैं

$$Y(y)Z(z)\frac{\partial^2 X(x)}{\partial x^2} + Z(z)X(x)\frac{\partial^2 Y(y)}{\partial y^2} + X(x)Y(y)\frac{\partial^2 Z(z)}{\partial z^2} = 0$$

अब $X(x)\, Y(y)\, Z(z)$ से भाग देने पर हमें मिलेगा,

$$\frac{1}{X(x)}\frac{\partial^2 X(x)}{\partial x^2} + \frac{1}{Y(y)}\frac{\partial^2 Y(y)}{\partial y^2} + \frac{1}{Z(z)}\frac{\partial^2 Z(z)}{\partial z^2} = 0$$

उपरोक्त समीकरण में, सभी पद केवल एक-एक निर्देशांक के फंक्शन है, इसलिए हम उन्हें अलग से शून्य के बराबर लिख सकते हैं और फिर पुनर्व्यवस्थित करके हम लिख सकते हैं,

$$\frac{\partial^2 X(x)}{\partial x^2} + k_x^2 X(x) = 0 \tag{1.56 (a)}$$

$$\frac{\partial^2 Y(y)}{\partial y^2} + k_y^2 Y(y) = 0 \tag{1.56 (b)}$$

$$\frac{\partial^2 Z(z)}{\partial z^2} + k_z^2 Z(z) = 0 \tag{1.56 (c)}$$

जहाँ k_x, k_y और k_z पृथक्कारण स्थिरांक है जिनसे हम पाएंगे

$$k_x^2 + k_y^2 + k_z^2 = 0 \tag{1.57}$$

सभी 2nd ऑर्डर डिफरेंशियल समी.-(1.56) का एक ही रूप है।

आइए हम समी.-(1.56) (*a*) के लिए एक संभावित हल का पता लगाएं। k_x के मान के आधार पर, हमारे पास विभिन्न संभावित हल हो सकते हैं।

अगर $k_x = 0$; $\quad X(x) = Ax + B$ (1.58)

अगर $k_x = k$; $\quad X(x) = A\sin kx + B\cos kx = Ce^{ikx} + De^{-ikx}$ (1.59)

और अगर $k_x = ik$; $$X(x) = A\sinh kx + B\cosh kx = Ce^{kx} + De^{-kx} \tag{1.60}$$

जहां A, B, C और D स्थिरांक है और सीमा की स्थितियों से इनकी गणना की जा सकती है। इसी प्रकार हमारे पास अन्य दो अवकल समीकरणों के संभावित हल हैं। $X(x), Y(y)$ या $Z(z)$ के हल समस्याओं की प्रकृति के आधार पर चुने जा सकते हैं।

1.22 लैपलेस समीकरण का अनुप्रयोग

कुछ सीमाओं पर इलैक्ट्रॉस्टैटिक क्षमता के ज्ञात मूल्यों के साथ व्यावहारिक इलैक्ट्रॉस्टैटिक समस्याओं को हल करने के लिए ये समीकरण बहुत आवश्यक है। सीमा मानों का उपयोग करते हुए, ये समीकरण इलैक्ट्रॉस्टैटिक क्षेत्र और पूरे आयतन के संभावित हल का पता लगाने में मदद करते हैं। हम निम्नलिखित सीमा मूल्य समस्याओं के संदर्भ में ऐसे अनुप्रयोगों पर विचार करते हैं।

1.22.1 समानान्तर प्लेट संधारित्र

आइए $z = 0$ और $z = d$ पर प्लेटों के साथ Z-अक्ष के साथ समानान्तर प्लेट संधारित्र की कल्पना करें। मान लीजिए, ऊपरी प्लेट में पोटैंशियल V_1 है और निचली प्लेट ग्राउण्ड पोटैंशियल पर है। चूंकि प्लेट्स Z-अक्ष के अनुदिश हैं, इसलिए X-और Y-अक्ष के अनुदिश पोटैंशियल के घटक शून्य हैं और इसलिए लैपलेस के समीकरण से हमें प्राप्त होता है।

$$\frac{d^2V}{dz^2} = 0$$

एकीकृत से हमें मिलता है,

$$\frac{dV}{dz} = A$$

फिर से एकीकृत से हमें मिलता है,

$$V = Az + B \tag{1.61}$$

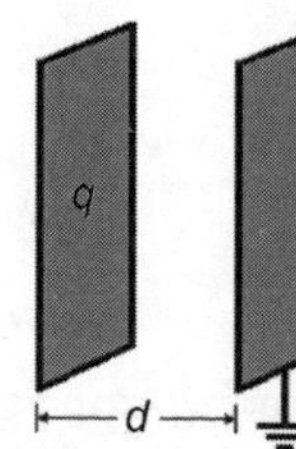

चित्र 1.19: समानांतर प्लेट कैपेसिटर

SCAN ME

for parallel plate capacitor basics

जहां A और B एकीकृत के स्थिरांक है।

अब $z = 0$ पर, $B = 0$ इस प्रकार समी.-(1.61) से $B = 0$

$$\therefore \quad V = Az$$

और $z = d$ पर, $V = V_1$

$$\therefore \quad V_1 = Ad$$

या $$A = \frac{V_1}{d}$$

इस प्रकार $$V = \frac{V_1 z}{d}$$

आगे $$\vec{E} = -\hat{z}\frac{\partial V}{\partial z} = -\hat{z}\frac{V_0}{d} \tag{1.63}$$

अत: $$\rho_s = \varepsilon_0 E = \varepsilon_0 \frac{V_0}{d} \quad (\rho_s = \text{सतह चार्ज घनत्व}) \tag{1.64}$$

तो, संधारित्र के क्षेत्र α के भीतर सलंग्न आवेश होगा,

$$Q = -\varepsilon_0 \frac{V_0 \alpha}{d}$$

और इसका कपैसिटेन्स होगा,

$$C = \frac{|Q|}{V_0} = \frac{\varepsilon_0 \alpha}{d} \tag{1.65}$$

विशेष मामला : प्लेटों के बीच का क्षेत्र दो परावैद्युत परतों से भरा हुआ है

विचार करें कि X-या Y-अक्ष के अनुदिश क्षेत्र में कोई भिन्नता नहीं है और इंटरफेस पर कोई फ्री चार्ज नहीं है (चित्र 1.20)। आइए हम कल्पना करें कि एक इलैक्ट्रॉड ग्राउंडेड है और दूसरा पोटैंशियल V पर रखा गया है। दो क्षेत्रों के लिए, लैपलेस समीकरण के हल को इस प्रकार लिखा जा सकता है :

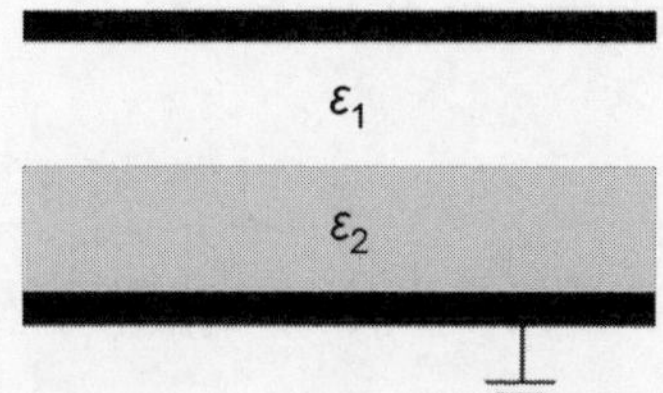

चित्र 1.20: समानांतर प्लेट कैपेसिटर के बीच दो परावैद्युत लेयर्स

$$V_1 = A_1 z + B_1 \qquad z'' \, a \text{ के लिए} \tag{1.66}$$

और $$V_2 = A_2 z + B_2 \qquad a'' \, z'' \, d \text{ के लिए} \tag{1.67}$$

अब, $z = 0$ के लिए सीमा शर्त $V_2 = 0$ और $z = d$ के लिए $V_1 = V_0$ को लागू करते हुए, हम लिख सकते हैं

$$V_0 = A_1 d + B_1$$

और $$B_2 = 0$$

इसलिए $$V_1 = A_1 (z - d) + V_0$$

और $$V_2 = A_2 z$$

चूंकि दोनों विलयनों को $z = a$ पर समान विभव देना चाहिए।

इस प्रकार $$A_1 (a - d) + V_0 = A_2 a \tag{1.68}$$

इसके अलावा, परावैद्युत सीमा $z = a$ पर, इलैक्ट्रिक फ्लक्स घनत्व वैक्टर का सामान्य घटक स्थिर है।

$\vec{D} = -\varepsilon \vec{\nabla} V$, से हम लिख सकते हैं

$$\varepsilon_1 A_1 = \varepsilon_2 A_2 \tag{1.69}$$

समी.-(1.68) और समी.-(1.69) को हल करने से A_1 और A_2 के लिए हमें मिलता है,

$$A_1 = \frac{V_0}{(a-d) + \frac{\varepsilon_1}{\varepsilon_2} a} \quad \text{और} \quad A_2 = \frac{V_0}{(a-d)\frac{\varepsilon_2}{\varepsilon_1} + a} \tag{1.70}$$

A_1 और A_2 के लिए उपरोक्त व्यंजकों का उपयोग करके, हम V_1 और V_2 को इस प्रकार पा सकते हैं,

$$V_1 = \frac{V_0 (z-d)}{(a-d) + \frac{\varepsilon_1}{\varepsilon_2} a} + V_0 \tag{1.71}$$

और $$V_2 = \frac{V_0 z}{(a-d)\frac{\varepsilon_2}{\varepsilon_1} + a} \tag{1.72}$$

1.22.2 गोलाकार संधारित्र

आइए, चित्र 1.21 में दर्शाए अनुसार आंतरिक त्रिज्या a और बाहरी त्रिज्या b वाले एक गोलाकार संधारित्र पर विचार करें। मान लें कि आंतरिक क्षेत्र विभव V_0 पर है और बाहरी क्षेत्र पर शून्य विभव है। चूंकि विभव केवल रेडियल निर्देशांक पर निर्भर करेगा, गोलाकार ध्रुवीय निर्देशांक का उपयोग करके समस्या की समरूपता को देखते हुए लैपलेस के समीकरण से हम पाएंगे,

$$\frac{\partial}{\partial r}\left(r^2\frac{\partial V}{\partial r}\right)=0$$

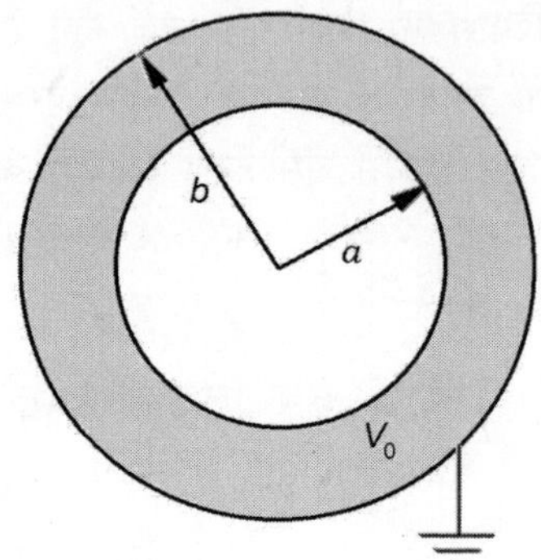

चित्र 1.21: गोलाकार संधारित्र

एकीकृत कर पाएंगे, $$r^2\frac{\partial V}{\partial r}=A$$

अथवा $$\frac{\partial V}{\partial r}=\frac{A}{r^2}$$

फिर एकीकृत करने से हमें मिलता है,

$$V=-\frac{A}{r}+B \tag{1.73}$$

यहाँ A और B स्थिरांक हैं। अब, $r=b$ पर, $V=0$

$$\therefore \quad 0=-\frac{A}{b}+B\Rightarrow B=\frac{A}{b}$$

इसलिए $$V=-\frac{A}{r}+\frac{A}{b}=A\left(\frac{1}{b}-\frac{1}{r}\right) \tag{1.74}$$

फिर से $r=a$ पर, $V=V_0$

$$\therefore \quad V_0=A\left(\frac{1}{b}-\frac{1}{a}\right)\Rightarrow A=\frac{V_0}{\left(\frac{1}{b}-\frac{1}{a}\right)}$$

इस प्रकार समी.-(1.74) से हमारे पास है,

$$V=\frac{V_0}{\left(\frac{1}{b}-\frac{1}{a}\right)}\left(\frac{1}{b}-\frac{1}{r}\right)=\frac{V_0 a}{r}\frac{(r-b)}{(a-b)}=\frac{V_0 a}{r}\frac{(b-r)}{(b-a)} \tag{1.75}$$

आगे $$\vec{E}=-\hat{a}_r\frac{\partial V}{\partial r}=\frac{V_0 ab}{r^2(b-a)}\hat{a}_r \tag{1.76}$$

अतः $$\rho_s=\varepsilon_0 E=\frac{\varepsilon_0 V_0 ab}{r^2(b-a)} \quad (\rho_s = \text{सतह चार्ज घनत्व}) \tag{1.77}$$

इसलिए $$Q=\frac{\varepsilon_0 V_0 ab}{(b-a)}\int_0^{2\pi}\int_0^{\pi}\frac{r^2}{r^2}\sin\theta d\theta d\varphi$$

$$=\frac{4\pi\varepsilon_0 V_0 ab}{(b-a)}$$

और कपैसिटैंस होगा,

$$C=\frac{|Q|}{V_0}=\frac{4\pi\varepsilon_0 ab}{(b-a)} \tag{1.78}$$

1.22.3 बेलनाकार संधारित्र

आओ आंतरिक त्रिज्या a और बाहरी त्रिज्या b के बेलनाकार संधारित्र पर विचार करें जैसा कि चित्र 1.22 में दिखाया गया है। मान लीजिए, आंतरिक सिलेण्डर पोटैंशियल V_0 पर है और बाहरी सिलेण्डर शून्य विभव पर है। अब चूंकि सिलेण्डर में रेडियल समरूपता है, इसलिए बेलनाकार समन्वय प्रणाली के लिए लाप्लास के समीकरण से हम लिख सकते हैं,

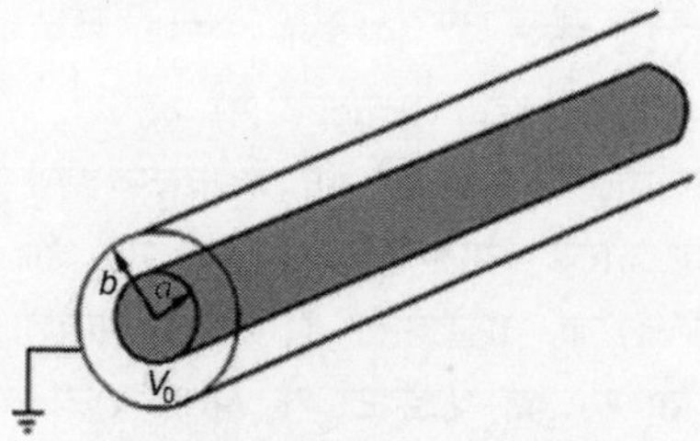

चित्र 1.22: बेलनाकार संधारित्र

$$\frac{1}{r}\frac{d}{dr}\left(\frac{\partial V}{\partial r}\right) = 0$$

या, $$r\frac{\partial V}{\partial r} = A$$

या, $$\frac{\partial V}{\partial r} = \frac{A}{r}$$

या, $$V = A \ln r + B \tag{1.79}$$

SCAN ME

for simulation on cylindrical capacitor

अब, $r = b$ पर, $V = 0$.

$\therefore$ $$0 = A \ln b + B$$

या, $$B = -A \ln b$$

या, $$V = A\ln r - A\ln b = A\ln\frac{r}{b} \tag{1.80}$$

और $r = a$ पर, $V = V_0$.

$\therefore$ $$V_0 = A\ln\frac{a}{b} \Rightarrow A = \frac{V_0}{\ln\frac{a}{b}}$$

तो, समी.-(1.80) से हम पाते हैं,

$$V = \frac{V_0}{\ln\frac{a}{b}}\ln\frac{r}{b} = \frac{V_0}{\ln\frac{b}{a}}\ln\frac{b}{r} \quad [a'' \; r'' \; b] \tag{1.81}$$

आगे, $$\vec{E} = -\hat{r}\frac{\partial V}{\partial r} = -\frac{\hat{r}}{r}\frac{V_0}{\ln\frac{b}{a}} \tag{1.82}$$

इसलिए, $$\rho_s = \varepsilon_0 E_{r=a}$$

$$= \frac{\varepsilon_0}{a}\frac{V_0}{\ln\frac{b}{a}} \quad (\rho_s = \text{सतह आवेश घनत्व}) \tag{1.83}$$

तो, समाक्षीय चालक की लंबाई L के लिए, कपैसिटैंस होगा,

$$C = \frac{Q}{V_0} = \frac{2\pi aL}{V_0}\rho_s = \frac{2\pi\varepsilon_0 L}{\ln\frac{b}{a}} \tag{1.84}$$

1.23 फैराडे केज (पिंजरा)

फैराडे केज पर आवेश: आवेश और चुम्बकत्व की परस्पर क्रिया के प्रयोगों में फराडे द्वारा फैराडे द्वारा यह देखा गया कि एक विद्युत सुचालक पर आवेश केवल बाहरी सतह पर रहता है और सुचालक के अंदर रखे पदार्थ पर सुचालक के बाहर हुए किसी भी *वैद्युतचुम्बकीय* परिवर्तन से कोई प्रभाव नहीं होता है। यह पता लगने के बाद, फैराडे के काम पर फील्ड थ्योरी विकसित की गई और यह स्वीकार किया गया कि एक इलैक्ट्रॉनिक क्षेत्र को एक आवेश से परे क्षेत्र में बढ़ाया जा सकता है। समान आवेशों के स्थिर वैद्युत प्रतिकर्षण के कारण चालक के बाहर आवेश का पुनर्वितरण होता है। यह कंडक्टर के भीतर शून्य नैट इलैक्ट्रॉस्टैटिक क्षेत्र का परिणाम है। जिसका अर्थ है कि कोई भी स्थान जो एक संचालन परत से घिरे हुए केज के भीतर है, वहाँ केज के बाहर मौजूद किसी भी इलेक्ट्रॉनिक नाइस (noise) का प्रभाव नहीं होता है। अर्थात उस स्थान के भीतर इलेक्ट्रॉनिक नोइस पूरी तरह से रद्द हो जाती है। फैराडे केज के प्रभाव का उपयोग अत्यधिक सुचालक इलेक्ट्रोलाइट में इलेक्ट्रोस्टैटिक क्षेत्रों की अवहेलना को सही ठहराने के लिए किया जा सकता है। इस प्रकार हम पिंजरे के अंदर पैदा होने वाले सभी नोइस को पिंजरे के बाहर निकलने से भी रोक सकते हैं।

यहाँ कुछ बिन्दु विचार करने योग्य हैं–पहला यह है कि पिंजरे में कहीं टूट के कारण यदि अंतराल होता है, तो क्या बाहरी वैद्युतचुम्बकीय क्षेत्रों का अंदर असर होगा? एक सुचालक से बने जाल के लिए वैद्युतचुम्बकीय विकिरण का प्रवेश उन दोलनों तक सीमित होता है जिनकी तरंग दैर्ध्य (wavelengths) जाल के छिद्रों में व्यास के दो गुना से कम होती हैं। इसलिए 0.01 मीटर के छिद्र से 0.02 मीटर और उससे कम तरंग दैर्ध्य गुजर पायेंगी, जो 150 गीगाहर्ट्ज (GHz) नोइस के अनुरूप होंगी। दूसरा बिन्दु एक लंबे सुचालक के लिए है। एक लंबाई वाले दरवाजे या छिद्र के माध्यम से फैराडे पिंजरे तक पहुँचने के लिए निरंतरता में एक विराम की संभावना पैदा हो सकती है। यदि एक सतह असंतत है तो आवेश का पुनर्वितरण ठीक से नहीं हो सकता है। उन परिस्थितियों में कैंसिलिंग इफेक्ट मौजूद नहीं होगा और केज के अंदर एक नॉन-जीरो फील्ड मौजूद रहेगा। एक तार को असंतत किनारों से जोड़कर कम आवृत्ति के काम में सहायता की जा सकती है, लेकिन यह उच्च आवृत्तियों में संचालित होने वाले प्रयोगों के लिए अपर्याप्त होगा। अंतिम बात, पिंजरे की चालकता पर विचार करते हैं। जब पिंजरे का आकार बढ़ जाता है तो यह एक विचारणीय विषय बन सकता है। संवाहक परत जितनी अधिक प्रतिरोधक होती है, वह उतने ही धीमे से आवेश का पुनर्वितरण करती है। इससे वैद्युतचुम्बकीय क्षेत्र को गैर-रद्द करने वाला एक क्षेत्र बन जाता है।

अनुप्रयोग–फैराडे केज हमेशा नॉइज़ को कम करता है, विशेष रूप से AC पावर ग्रिड के साथ होने वाली पावर लाइन की नॉइज़। कुछ प्रयोग निम्न करंट (Current) और/या उच्च आवृत्तियों से संबंधित हैं। भौतिक इलैक्ट्रोकैमिस्ट्री बाद की श्रेणी में आती है और जब सूक्ष्म या नैनो-इलेक्ट्रोड शामिल होते हैं, तो दोनों की महत्त्वपूर्ण भूमिका होती है। जंग (rust) को अधिक सटीकता की आवश्यकता नहीं हो सकती है, लेकिन जंग प्रतिरोधी मिश्र धातुओं में नैनो ऐम्पीर (nA) रेंज में करंट पैदा हो सकता है, जहां फैराडे केज की आवश्यकता पड़ती है। यदि सेल करंट 1 μA से अधिक नहीं है, तो फैराडे केज का उपयोग करना महत्त्वपूर्ण होता है।

1.24 कॉफी रिंग प्रभाव

एक कॉफी रिंग एक पैटर्न है जो वाष्पित होने के बाद कणों से भरे तरल के एक पोखर द्वारा छोड़ा जाता है। इस प्रक्रिया द्वारा उत्पन्न कॉफी के स्पिल की परिधि के साथ बनी विशेष रिंग जैसी जमा आकृति को कॉफी रिंग कहा जाता है। यह रेड वाइन फैलाने के बाद भी पाया जाता है। इन छल्लों के निर्माण के पीछे के तंत्र को *कॉफी रिंग* प्रभाव या *कॉफी दाग* प्रभाव या केवल *अंगूठी नुमा* दाग के रूप में जाना जाता है।

कॉफी-रिंग पैटर्न केशिका प्रवाह से उत्पन्न होता है जो ड्रॉप के अंतर वाष्पीकरण दर से प्रेरित होता है। किनारे से वाष्पित होने वाला तरल आंतरिक तरल द्वारा फिर से भर दिया जाता है। इस प्रकार 'परिणामी' प्रवाह लगभग सभी छितरी हुई सामग्री को किनारे तक ले जा सकता है।

समय के साथ, यह प्रक्रिया जल्दी-जल्दी प्रभाव दिखाती है, जिससे सूखने की प्रक्रिया बने रहने पर अंतिम चरण में किनारे के प्रवाह का तेजी से त्वरण होता है। मजबूत प्रवाह कणों को छोटी बूंद के केन्द्र में पुनर्वितरित करता है। कणों के किनारों पर जमा होने के लिए, तरल का प्रवाह कमजोर होना चाहिए या प्रवाह को बाधित करना चाहिए। प्रेरित प्रवाह को बाधित करते हुए, तरल की सतह तनाव ढाल को कम करने के लिए सफैक्टेंट्स को जोड़ा जा सकता है। शुरू में पानी का प्रवाह कमजोर होता है, जिसे बाद में प्राकृतिक सर्फेक्टेंट द्वारा काफी हद तक कम कर दिया जाता है। कॉफी रिंग प्रभाव का उपयोग संवहनी जमाव में केशिका-चालित असैम्बली का उपयोग करके एक सब्सट्रेट पर कणों को व्यवस्थित करने के लिए किया जाता है, एक स्थिर बूंद की जगह। संवहन निक्षेपण कण अभिविन्यास को नियंत्रित कर सकता है, जो सिस्टम द्वारा पतली मेनिस्कस परत में कणों की अधिकतम पैकिंग की स्थिति तक पहुंचने के लिए वहन किया जाता है, जिस पर वाष्पीकरण होता है। यह दिखाया गया था कि संवहनी संयोजन बहु-परतों को इकट्ठा करने में कण अभिविन्यास को नियंत्रित कर सकता है, जिसके परिणामस्वरूप डंबल के आकार के कणों से लंबी दूरी के 3 डी कोलाइडल क्रिस्टल बनते हैं। हाल में हुई प्रगति ने कोलाइडल कणों से अकार्बनिक क्रिस्टल के संगठित पैटर्न में कॉफी-रिंग असैम्बली के अनुप्रयोग को बढ़ावा दिया है।

1.25 छवियों की विधि

लैपलेस और पॉइसन के समीकरण का हल कई तरीकों से प्राप्त किया जा सकता है। सीमा शर्तों के दिए गए सेट का उपयोग करते हुए, पॉइसन के समीकरण या लाप्लास के समीकरण का हल खोजने के लिए, हमें पहले इस तथ्य को स्थापित करना होगा कि उपयोग की गई विधि की परवाह किए बिना प्राप्त किया समाधान एक अनूठा समाधान है। प्रमेय को इस प्रकार कहा जा सकता है कि सीमा स्थितियों के दिए गए सेट के लिए पॉइसन के समीकरण का हल अद्वितीय है।

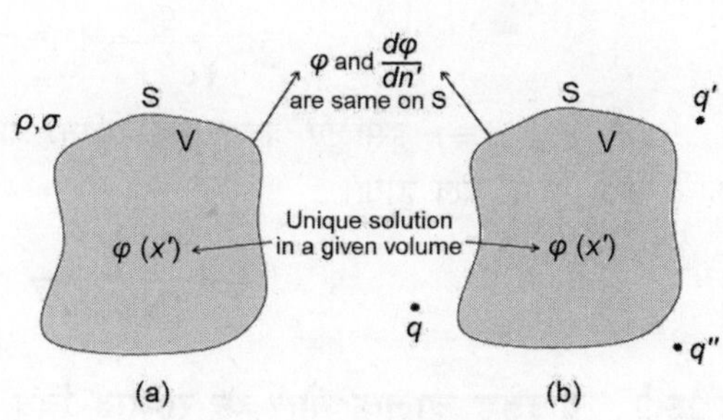

चित्र 1.23: विशिष्टता प्रमेय

चित्र 1.23 द्वारा निर्दिष्ट (*a*) ρ, σ और (*b*) q, q', q'',...., दो अलग-अलग बाहरी आवेश वितरण की तुलना करता है, लेकिन उन प्रणालियों की सीमा की स्थिति एक जैसी है। फिर, क्षेत्रों के अंदर पोटैंशियल समान हैं। छवि आवेश लिए गए क्षेत्र के बाहर होना चाहिए।

1.25.1 चालक सतह के सम्मुख एक बिंदु आवेश

मान लीजिए कि एक बिन्दु आवेश q को चित्र 1.24 में दर्शाए अनुसार अनंत विस्तार के चालक तल के पास रखा गया है। परिसीमा शर्त यह है कि चालक तल की सतह पर $\varphi = 0$ है। मान लीजिए कि चालक तल, YZ-तल और X-अक्ष पर $x = a$ पर बिन्दु आवेश रखा है। अब विचार करें कि दो बिन्दुओं की एक प्रणाली $2a$ की दूरी पर है जैसा कि चित्र में दिखाया गया है।

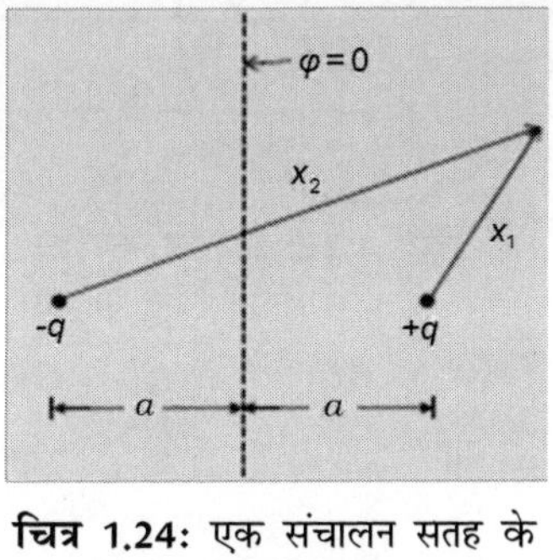

चित्र 1.24: एक संचालन सतह के सामने प्वाइंट आवेश

विभव (potential): दो आवेशों के कारण (x, y, z) पर विभव होगा,

$$\varphi(x,y,z) = \frac{q}{4\pi\varepsilon_0 r_1} + \frac{-q}{4\pi\varepsilon_0 r_2}$$

या

$$\varphi(x,y,z) = \frac{q}{4\pi\varepsilon_0}\left[\frac{1}{\sqrt{(x-a)^2+y^2+z^2}} - \frac{1}{\sqrt{(x+a)^2+y^2+z^2}}\right] \quad (1.85)$$

यह न केवल (*i*) $x > 0$ के लिए पॉइसन समीकरण और (*ii*) आवेशों के बाहरी सभी बिन्दुओं पर सीमा को, बल्कि मूल समस्या की सीमा स्थिति को भी संतुष्ट करता है। इसलिए, समी. (1.85) संवाहक तल $(x > 0)$ के बाहरी आधे-क्षेत्र में सही विभव है।

प्रेरित सतह (induced surface) चार्ज : कंडक्टर पर प्रेरित सतह चार्ज घनत्व

$$\sigma(y,z) = \varepsilon_0 E_x\big|_{x=0} = -\varepsilon_0 \frac{\partial\varphi}{\partial x}\bigg|_{x=0}$$

$$-\frac{qa}{2\pi\left(a^2+y^2+z^2\right)^{3/2}} \tag{1.86}$$

समतल पर प्रेरित कुल आवेश है

$$Q = \iint \sigma(y,z)dydz$$

$$= -\int_0^{2\pi}\int_0^{\infty} \frac{qa}{2\pi\left(a^2+r^2\right)^{3/2}} rdrd\varphi$$

$$= -\frac{qa}{\sqrt{a^2+r^2}}\Bigg|_0^{\infty} = -q \tag{1.87}$$

यहाँ $y^2 + z^2 = r^2$ इसलिए ऋणात्मक प्रेरित आवेश के कारण q समतल की ओर आकर्षित होता है। आवेश पर कार्य करने वाला बल होगा।

$$F = -\frac{q^2}{4\pi\varepsilon_0 (2a)^2} \tag{1.88}$$

1.25.2 ग्राउंडेड चालक गोले के सम्मुख बिंदु आवेश

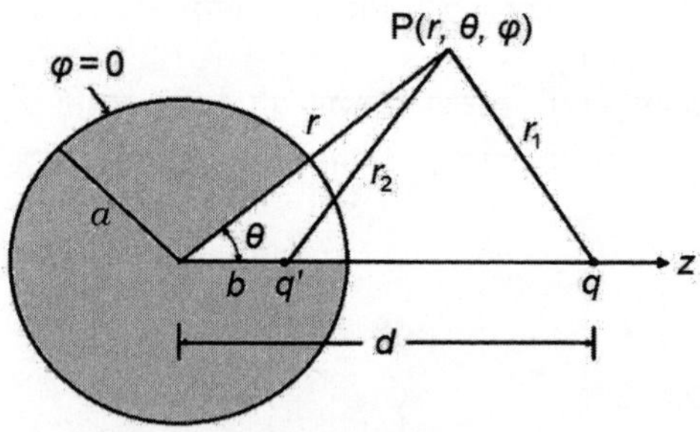

चित्र 1.25: ग्राउंडेड कंडक्टिंग गोले के सामने बिन्दु आवेश

चित्र 1.25 त्रिज्या a के एक ग्राउंडेड कंडक्टिंग क्षेत्र के आसपास के क्षेत्र में एक बिन्दु आवेश को दर्शाता है। गोले के केन्द्र में गोलाकार निर्देशांक का उदम बिन्दु लेकर, गोलाकार निर्देशांक के माध्यम से समस्या को हल सुविधाजनक रहेगा।

मान लीजिए कि z-अक्ष पर $z = d$ पर आवेश q है। सीमा की स्थिति को, $\varphi(r = a) = 0$, गोले के अंदर एक छवि आवेश q' जो $(z = b)$ पर है, से संतुष्ट किया जा सकता है।

विभव : आवेशों q और q' के कारण विभव है।

$$\varphi(r,\theta,\varphi) = \frac{q}{4\pi\varepsilon_0 r_1} + \frac{q'}{4\pi\varepsilon_0 r_2}$$

या

$$\varphi(r,\theta,\varphi) = \frac{1}{4\pi\varepsilon_0}\left[\frac{q}{\sqrt{r^2+d^2-2rd\cos\theta}} - \frac{q'}{\sqrt{r^2+b^2-2rb\cos\theta}}\right] \tag{1.89}$$

अब $\varphi(r = a, \theta, \varphi) = 0$ सभी θ के लिए केवल अगर

$$\sqrt{\frac{a^2+b^2-2ab\cos\theta}{a^2+d^2-2ad\cos\theta}} = -\frac{q'}{q} = \text{constant}$$

यह होगा अगर

$$b = \frac{a^2}{d} \tag{1.90}$$

तब
$$\sqrt{\frac{a^2 + b^2 - 2ab\cos\theta}{a^2 + d^2 - 2ad\cos\theta}} = \frac{a}{d}$$

और
$$q' = -\frac{a}{d}q \tag{1.91}$$

समी.-(1.90) और (1.91) प्रतिबिम (इमेज) आवेश q'. के स्थान और परिमाण को निर्दिष्ट करते हैं

प्रेरित सतह (induced surface) आवेश : कंडक्टर पर प्रेरित सतह आवेश घनत्व होगा,

$$\sigma(\theta,\varphi) = -\varepsilon_0 \frac{\partial\varphi}{\partial r}\bigg|_{r=a} = -\frac{q}{4\pi a^2}\frac{a}{d}\frac{1-\frac{a^2}{d^2}}{2\pi\left(1+\frac{a^2}{d^2}-2\frac{a}{d}\cos\theta\right)^{3/2}} \tag{1.92}$$

सतह पर प्रेरित कुल आवेश है

$$Q = \iint \sigma(\theta,\varphi) a^2 \sin\theta d\theta d\varphi$$

$$= \int_0^{2\pi}\int_0^{\pi} -\frac{qa}{2d}\frac{1-\frac{a^2}{d^2}}{\left(1+\frac{a^2}{d^2}-2\frac{a}{d}\cos\theta\right)^{3/2}}\sin\theta d\theta d\varphi \tag{1.93}$$

$$= -\frac{qa}{d} = q' \tag{1.93}$$

ऋणात्मक प्रेरित आवेश के कारण आवेश q गोले की ओर आकर्षित होता है। अत: आवेश पर आकर्षण बल है।

$$F = -\frac{qq'}{4\pi\varepsilon_0 (d-b)^2}$$

$$= -\frac{q^2 a}{4\pi\varepsilon_0 d^3}\left(1-\frac{a^2}{d^2}\right)^{-2} \tag{1.94}$$

यूनिट सारांश

- **आवेश का परिमाणीकरण**

$$q = ne$$

- **आवेश का संरक्षण**

चार्ज को बनाया या नष्ट नहीं किया जा सकता है, यानी एक पृथक सिस्टम का चार्ज संरक्षित है।

- **कूलम्ब का नियम**

$$F = \frac{q_1 q_2}{4\pi\varepsilon_0 r^2}$$ [दो आवेश q_1 और q_2 के बीच r दूरी के लिए]

- **सुपरपॉजिशन सिद्धांत**

$$\vec{F}_3 = \vec{F}_{31} + \vec{F}_{32} = \frac{1}{4\pi\varepsilon_0}\left[\frac{q_1 q_3}{r_{31}^2}\vec{r}_{31} + \frac{q_2 q_3}{r_{32}^2}\vec{r}_{32}\right]$$ [3 चार्ज सिस्टम के लिए]

- **चार्ज घनत्व**

$$\rho = \lim_{\Delta V \to 0} \frac{\Delta q}{\Delta V} \qquad \sigma = \lim_{\Delta S \to 0} \frac{\Delta q}{\Delta S} \qquad \lambda = \lim_{\Delta l \to 0} \frac{\Delta q}{\Delta l}$$

- **इलैक्ट्रिक क्षेत्र की तीव्रता**

$$\vec{E} = \frac{q}{4\pi\varepsilon_0} \frac{\vec{r} - \vec{r}'}{\left|\vec{r} - \vec{r}'\right|^3}$$

- **इलैक्ट्रॉस्टैटिक फील्ड का कर्ल : विद्युत क्षेत्र का संरक्षण**

$$\vec{\nabla} \times \vec{E}(\vec{r}) = 0$$

- **इलैक्ट्रिक फलक्स**

$$\varphi = \int d\varphi = \oint_S \vec{E} \cdot d\vec{S} = \oint_S E\,dS\cos\theta$$

- **गॉस के नियम का अनुप्रयोग**

एक आवेशित सिलेण्डर के आसपास बिजली का क्षेत्र : $\vec{E} \cdot d\vec{S}$

एक आवेशित ठोस क्षेत्र के कारण इलैक्ट्रिक फील्ड : $E = \frac{\lambda}{2\pi\varepsilon_0 r}$ [$r < a$ के लिए]

$E = \frac{q}{4\pi\varepsilon_0 r^2}$ [$r > a$ के लिए]

एक कुचालक अनंत आवेशित शीट के कारण इलैक्ट्रिक फील्ड: $E = \frac{\sigma}{2\varepsilon_0}$

- **गॉस के नियम से कूलम्ब का नियम**

$$\iint_S \vec{E}.d\vec{S} = \frac{q_1}{\varepsilon_0} \Leftrightarrow F = q_2 E = \frac{q_1 q_2}{4\pi\varepsilon_0 r^2}$$

- **इलैक्ट्रॉस्टैटिक पोटैंशियल**

$$V = \frac{q}{4\pi\varepsilon_0 r}$$ [एक आवेश q के लिए जो r दूरी पर है]

- **इलैक्ट्रॉस्टैटिक पोटैंशियल अंतर**

$$V_{AB} = V_A - V_B = -\int_{r_A}^{r_B} \frac{q}{4\pi\varepsilon_0 r^2} dr = \frac{q}{4\pi\varepsilon_0}\left[\frac{1}{r_A} - \frac{1}{r_B}\right]$$

- **इलैक्ट्रॉस्टैटिक पोटैंशियल की गणना**

लाइन आवेश वितरण के लिए, $V(\vec{r}) = \frac{1}{4\pi\varepsilon_0}\int_l \frac{\lambda(\vec{r'})dl'}{|\vec{r} - \vec{r}_n|}$

सतह आवेश वितरण के लिए, $V(\vec{r}) = \frac{1}{4\pi\varepsilon_0}\int_l \frac{\sigma(\vec{r'})dS'}{|\vec{r} - \vec{r}_n|}$

आयतन आवेश वितरण के लिए, $V(\vec{r}) = \frac{1}{4\pi\varepsilon_0}\int_l \frac{\rho(\vec{r'})dV'}{|\vec{r} - \vec{r}_n|}$

- **इलैक्ट्रिक फील्ड तीव्रता और इलैक्ट्रॉस्टैटिक पोटैंशियल के बीच संबंध**

$$\vec{E} = -\vec{\nabla}V$$

- **इलैक्ट्रॉस्टैटिक पोटैंशियल ऊर्जा**

$$U = \frac{1}{4\pi\varepsilon_0}\left[\frac{q_1 q_2}{r_{12}} + \frac{q_1 q_3}{r_{13}} + \frac{q_2 q_3}{r_{23}}\right]$$

- **इलैक्ट्रॉस्टैटिक द्विध्रुव (डाइपोल)**

$$\vec{E} = -\frac{1}{4\pi\varepsilon_0 r^3}\left[\vec{p} - \frac{(\vec{p}.\vec{r})\vec{r}}{r^2}\right] = -\frac{q}{4\pi\varepsilon_0 r^3}\left[\vec{d} - \frac{(\vec{d}.\vec{r})\vec{r}}{r^2}\right]$$

- **पॉइसन और लैप्लेस के समीकरण**

$$\nabla^2 V = -\frac{\rho}{\varepsilon_0} \qquad \nabla^2 V = 0$$

- **विशिष्टता प्रमेय**

  समान सीमा शर्तों का पालन करने वाले लाप्लास समीकरण के दो हल एक स्थिरांक से भिन्न होते हैं।

- **कार्टेसियन कॉर्डिनेट प्रणाली में लैप्लेस के समीकरण का समाधान**

  अगर $k_x = 0; \quad X(x) = Ax + B$

  अगर $k_x = k; \quad X(x) = A\sin kx + B\cos kx = Ce^{ikx} + De^{-ikx}$

  अगर $k_x = ik; \quad X(x) = A\sinh kx + B\cosh kx = Ce^{kx} + De^{-kx}$

- **पॉइसन और लैप्लेस के समीकरण कार्टेसियन, गोलाकार और बेलनाकार प्रणालियों के लिए**

एक समानांतर प्लेट कैपेसिटर के लिए लाप्लेस के समीकरण का अनुप्रयोग : $V = \frac{V_1 z}{d}$

गोलाकार कैपेसिटर के लिए लाप्लेस के समीकरण का अनुप्रयोग : $V = \frac{V_0 a}{r} \frac{(b-r)}{(b-a)}$

बेलनाकार कैपेसिटर के लिए लाप्लेस के समीकरण का अनुप्रयोग : $V = \frac{V_0}{\ln\frac{b}{a}} \ln\frac{b}{r} \quad [a \le r \le b]$

- **फैराडे केज (पिंजरा)**

फैराडे पिंजरा हमेशा नॉइज़ कम कर देता है, विशेष रूप से बिजली लाइन एसी पावर ग्रिड का नॉइज।

- **कॉफी रिंग प्रभाव**

एक कॉफी रिंग एक पैटर्न है जोकि कणों से लदे तरल के एक पोखर द्वारा वाष्पित होने क बाद छोड़ दिया जाता है।

इस परिघटना को परिधि के साथ विशेषता अंगूठी की तरह जमना कहा जाता है।

यह रेड वाइन गिराने के बाद भी पाया जाता है।

इन छल्लों के बनने वाले सिद्धांत को 'कॉफी की अंगूठी' कहा जाता है।

- **छवियों की विधि**

एक सुचालक सतह के सामने बिन्दु आवेश

$$F = -\frac{q^2}{4\pi\varepsilon_0 (2a)^2}$$

एक ग्राउंडेड सुचालक गोले के सामने बिन्दु आवेश

$$q' = -\frac{a}{d} q$$

$$F = -\frac{qq'}{4\pi\varepsilon_0 (d-b)^2} = -\frac{q^2 a}{4\pi\varepsilon_0 d^3}\left(1 - \frac{a^2}{d^2}\right)^{-2}$$

अभ्यास

बहुविकल्पीय प्रश्न

1.1 यदि (r, θ, ϕ) एक क्षेत्र में एक बिन्दु के गोलाकार ध्रुवीय कोऑर्डिनेटस का प्रतिनिधित्व करता है, जहाँ इलैक्ट्रॉस्टैटिक पोटैंशियल $V = k\phi^2$, द्वारा दिया जाता है, तो उस क्षेत्र से जुड़ा चार्ज घनत्व होगा।

(*a*) केवल ϕ का फंक्शन (*b*) सभी जगह समान

(*c*) सभी कोऑर्डिनेटस (r, θ, ϕ) का फंक्शन (*d*) केवल (r, ϕ) का फंक्शन

1.2 यदि प्रत्येक भुजा 1 m वाले घन के केन्द्र में एक आवेश q कूलॉम रखा जाता है, तो प्रत्येक फलक से विद्युत फ्लक्स होगा।

(*a*) $\frac{q}{4\varepsilon_0}$ (*b*) $4\varepsilon_0 q$

(*c*) $\frac{q}{6\varepsilon_0}$ (*d*) $\frac{q}{\varepsilon_0}$

1.3 विद्युत क्षेत्र $3\hat{i}+\hat{j}$ के एक सतह वैक्टर $\vec{S}$ से फ्लक्स $6\hat{j}$ के माध्यम से विद्युत फ्लक्स है।

(*a*) 10 Nm² C⁻¹ (*b*) 6 Nm²C⁻¹

(*c*) 15 Nm² C⁻¹ (*d*) इनमें से कोई नहीं

1.4 फ्री स्पेस में है पाइपों समीकरण होगा।

(*a*) $\nabla^2 V = 0$ (*b*) $\nabla^2 V = \frac{\rho}{\varepsilon_0}$

(*c*) $\nabla^2 V = -\frac{\rho}{\varepsilon_0}$ (*d*) $\nabla^2 V = \infty$

1.5 इलैक्ट्रॉस्टैटिक फील्ड को स्केलर पोटेंशियल के ग्रैडीएंट के रूप में प्राप्त किया जा सकता है।

(*a*) क्योंकि यह संरक्षित फील्ड है (*b*) क्योंकि यह हमेशा सोलेनॉयड होता है

(*c*) जब फील्ड x, y और z में रैखिक होता (*d*) जहां कोई चुम्बकीय क्षेत्र नहीं होता है

1.6 तीव्रता E के विद्युत क्षेत्र में एक डाइपोल के ध्रुवीय अणुओं पर कार्य करने वाला टॉर्क है,

(*a*) $\tau = p_0 E \tan\theta$ (*b*) $\tau = p_0 E \sin\theta$

(*c*) $\tau = p_0 E \cos\theta$ (*d*) इनमें से कोई नहीं

1.7 त्रिज्या r और $2r$ के दो संवाहक क्षेत्रों में आवेश q और $2q$ हैं। यदि इन दोनों गोलों की सतह के ठीक बाहर विद्युत क्षेत्र क्रमशः E_1 और E_2 हैं, तो

(*a*) $E_1 = E_2$ (*b*) $E_1 = 2E_2$

(*c*) $2E_1 = E_2$ (*d*) $E_1 = 4E_2$

1.8 विद्युत क्षेत्र $\vec{E}$ में द्विध्रुव आघूर्ण $(\vec{p})$ वाले विद्युत द्विध्रुव पर टॉर्क $(\vec{\tau})$ को इस प्रकार व्यक्त किया जा सकता है।

(*a*) $\vec{\tau} = -\vec{p}\times\vec{E}$ (*b*) $\vec{\tau} = -\vec{p}.\vec{E}$

(*c*) $\vec{\tau} = \vec{p}\times\vec{E}$ (*d*) $\vec{\tau} = \vec{p}.\vec{E}$

1.9 समान आवेश घनत्व σ वाली दो विपरीत आवेशित प्लेटों के बीच विद्युत क्षेत्र है।

(*a*) 0 (*b*) $\frac{2\sigma}{\varepsilon_0}$

(*c*) $\frac{\sigma}{\varepsilon_0}$ (*d*) $\frac{\sigma}{2\varepsilon_0}$

1.10 एक निश्चित क्षेत्र में, यदि विद्युत क्षेत्र $E = 0$, तो संगत विभव होगा।

(*a*) 0 (*b*) स्थिर

(*c*) पॉजिशन का फंक्शन (*d*) अनन्त

1.11 $\oiint_S \vec{D}.d\vec{S}$ की इकाई है।

(*a*) C (*b*) F

(*c*) W (*d*) V

1.12 दो आवेश, q_1 और q_2 की आपसी दूरी r है, तो इस सिस्टम की इलैक्ट्रॉस्टैटिक पोटैंशियल ऊर्जा होगी।

(*a*) $\frac{1}{4\pi\varepsilon_0}\frac{q_1 q_2}{r^2}$ (*b*) $\frac{1}{4\pi\varepsilon_0}\frac{q_1 q_2}{r}$

(*c*) $\frac{1}{4\pi\varepsilon_0}\frac{q_1^2 q_2}{r^2}$ (*d*) $\frac{\varepsilon_0}{4\pi}\frac{q_1 q_2}{r^2}$

1.13 एक आवेश q को विभव V_1 वाले बिन्दु P_1 से विभव V_2 वाले बिन्दु P_2 पर विस्थापित करने के लिए किया गया कार्य है।

(*a*) $q(V_1 - V_2)$ (*b*) qV_2
(*c*) qV (*d*) $q(V_1/V_2$

1.14 यदि $+q$ आवेश का एक प्रोटॉन पोटेंशियल V के माध्यम से त्वरित किया जाता है तो इसकी गतिज ऊर्जा है।

(*a*) $\frac{1}{2}qV^2$ (*b*) qV^2
(*c*) qV (*d*) $\frac{1}{2}qV$

1.15 विद्युत क्षेत्र का उपयोग करके हम स्पेस चार्ज वाले क्षेत्र में प्राप्त कर सकते हैं।

(*a*) लाप्लेस समीकरण (*b*) पॉइसन समीकरण
(*c*) हैल्महोल्ट्ज समीकरण (*d*) कूलोम का सिद्धांत

1.16 इलैक्ट्रॉस्टैटिक फील्ड $\vec{E}$ वैक्टर के संबंध में निम्नलिखित में से कौन सा बयान सही नहीं है?

(*a*) $\int_c \vec{E}\cdot d\vec{r} = 0$ यहाँ c एक साधारण बंद वक्र है
(*b*) $\int_a^b \vec{E}.d\vec{r}$ दिए गए अंत बिन्दुओं a और b के लिए पथ से स्वतंत्र है
(*c*) $\vec{E} = \vec{\nabla}\times\vec{A}$ किसी वैक्टर पोटेंशियल $\vec{A}$ के लिए
(*d*) $\vec{E} = \vec{\nabla}\phi$ किसी स्केलर फील्ड लिए ϕ के लिए

1.17 विद्युत क्षेत्र $(\vec{E})$ का सतह S पर कुल इलैक्ट्रिक फ्लक्स (ϕ) है।

(*a*) $\vec{E}.d\vec{S}$ (*b*) $\oint_S \vec{E}\cdot d\vec{S}$
(*c*) $\vec{E}\times d\vec{S}$ (*d*) $\oint_S \vec{E}\times d\vec{S}$

1.18 वॉल्यूम आवेश घनत्व ρ के लिए एक क्षेत्र में पाइसों समीकरण है।

(*a*) $\nabla^2 V = \frac{\rho}{\varepsilon_0}$ (*b*) $\nabla^2 V = -\frac{\rho}{\varepsilon_0}$
(*c*) $\nabla^2 V = 0$ (*d*) $\nabla^2 V = \frac{\rho^2}{\varepsilon_0}$

1.19 एक समान विद्युत क्षेत्र में रखे एक इलैक्ट्रॉन और प्रोटॉन के त्वरण की अनुपात है,

(*a*) 0 (*b*) 1
(*c*) $\frac{m_p}{m_e}$ (*d*) $\frac{m_e}{m_p}$

1.20 यदि एक बिन्दु q से 0.25 मीटर की दूरी पर विद्युत क्षेत्र की तीव्रता $2NC^{-1}$ है, तो बिन्दु आवेश q का मान है।

(*a*) $1.39 \times 10^{-5}\ \mu C$ (*b*) $1.39 \times 10^{5}\ \mu C$
(*c*) 13.9×10^{-5} C (*d*) $10^{-6}\ \mu C$

1.21 वैक्यूम में रखे गए आवेशित धातु क्षेत्र का सतह आवेश घनत्व है σ इसके पास किसी भी बिन्दु पर विद्युत क्षेत्र की तीव्रता की SI इकाई होगी।

(*a*) $\sigma\varepsilon_0$ (*b*) $\frac{\varepsilon_0}{\sigma}$
(*c*) $\frac{\sigma}{\varepsilon_0}$ (*d*) $\varepsilon_0^2\sigma$

1.22 एक 2×10^{-4} किग्रा वजन की तरल बंद, जिस पर $9.8 \times 10^{-2}\,\mu C$ आवेश है, को संतुलित करने के लिए आवश्यक फील्ड होना चाहिए।

(*a*) $10^4\ NC^{-1}$ (*b*) $2 \times 10^4\ NC^{-1}$

(*c*) $4 \times 10^4\ NC^{-1}$ (*d*) $5 \times 10^4\ NC^{-1}$

1.23 दो बिन्दु आवेशों की बीच निर्वात में और परावैद्युत स्थिरांक (Dielectric constant) k के माध्यम में आकर्षण बलों का अनुपात है।

(*a*) $1 : k$ (*b*) $1 : k^2$

(*c*) $k^2 : 1$ (*d*) $k : 1$

1.24 त्रिज्या a के एक ग्राउंडेड कंडक्टिंग क्षेत्र के केन्द्र से d दूरी पर रखे गए बिन्दु आवेश q के लिए छवि आवेश का परिमाण है।

(*a*) $q' = -\frac{d}{a}q$ (*b*) $q' = -\frac{a}{d^2}q$

(*c*) $q' = -\frac{a^2}{d}q$ (*d*) $q' = -\frac{a}{d}q$

उत्तरमाला									
1.1	(*d*)	**1.2**	(*c*)	**1.3**	(*b*)	**1.4**	(*c*)	**1.5**	(*a*)
1.6	(*b*)	**1.7**	(*b*)	**1.8**	(*c*)	**1.9**	(*c*)	**1.10**	(*b*)
1.11	(*a*)	**1.12**	(*b*)	**1.13**	(*a*)	**1.14**	(*c*)	**1.15**	(*b*)
1.16	(*c*)	**1.17**	(*b*)	**1.18**	(*b*)	**1.19**	(*d*)	**1.20**	(*a*)
1.21	(*c*)	**1.22**	(*b*)	**1.23**	(*d*)	**1.24**	(*d*)		

लघु और दीर्घ उत्तरीय प्रश्न

श्रेणी I

1.1 इलैक्ट्रिक फ्लक्स की अवधारणा का उपयोग करके इलैक्ट्रॉस्टैटिक्स के गॉस के नियम को चित्रित करें।

1.2 सत्यापित करें कि संभावित $V(x, y)$ लैप्लेस के समीकरण को संतुष्ट करता है या नहीं। दी गई पोटैंशियल से जुड़े आवेश घनत्व का भी पता लगाएं।

1.3 गॉस के नियम के उचित उपयोग से कूलोम के नियम पर पहुँचे।

1.4 जांच करें कि इलैक्ट्रिक फील्ड $\vec{E} = yz\hat{i} + zx\hat{j} + xy\hat{k}$ सोलेनॉइड (Solenoidal) के साथ-साथ कन्सर्वटिव (Conservative) भी है।

1.5 इलैक्ट्रॉस्टैटिक में गॉस नियम के Differential रूप को इसके Integral रूप से प्राप्त करने का प्रयास करें।

1.6 बेलनाकार और गोलाकार समन्वय प्रणाली के लिए Poisson समीकरण से शुरू कर Laplace समीकरण पर पहुंचें।

1.7 इलैक्ट्रॉस्टैटिक्स में गॉस के नियम से पॉइसन समीकरण स्थापित करें।

1.8 चार्ज घनत्व σ वाले असीमित विस्तारित समानान्तर प्लेट कैपेसिटर के बीच विद्युत क्षेत्र का मूल्यांकन गॉस के नियम को लागू करके करें, मान लें कि d प्लेटों के बीच की दूरी है।

1.9 जांच करें कि Potential function $x^2 - y^2 + z$ लाप्लेस के समीकरण को संतुष्ट करता है या नहीं।

1.10 प्रारंभिक स्थिति से शुरू करने से इलैक्ट्रॉस्टैटिक समस्याओं मे विशिष्टता (Uniqueness) प्रमेय की उपयोगिता पर ठीक जोर दिया जाता है।

1.11 एक त्रिज्या a वाले आवेशित असीम लंबे संवाहक सिलेण्डर, जिस का सतह आवेश घनत्व σ है, के लिए लैपलेस के समीकरण को हल कर अक्ष से r दूरी पर पोटैंशियल निकालें। बेलन का विभव शून्य लीजिए।

1.12 यदि किसी क्षेत्र में विद्युत फील्ड हमेशा X-दिशा में होता है तो सिद्ध कीजिए कि (*i*) विभव y और z निर्देशांकों से स्वतंत्र है और (*ii*) यदि फील्ड स्थिर (Constant) है, तो उस क्षेत्र में कोई मुक्त प्रभार नहीं है।

1.13 मान लीजिए कि किसी क्षेत्र में विद्युत फील्ड $\vec{E} = \alpha r^3 \hat{r}$ गोलाकार निर्देशांक में दिया है (α एक स्थिरांक है। संगत आवेश घनत्व ज्ञात कीजिए।

1.14 एक बहुत लम्बी बेलनाकार वस्तु पर अक्ष (r) से दूरी के समानुपाती आवेश वितरित है। यदि बेलन त्रिज्या a का है, तो इलैक्ट्रॉस्टैटिक्स में गॉस के नियम के अनुप्रयोग द्वारा $r > a$ और $r < a$ दोनों पर विद्युत फील्ड ज्ञात करें।

1.15 बुनियादी बातें (Fundamentals) से Poisson समीकरण और Laplace समीकरण पर पहुंचने की कोशिश करो।

1.16 एक बिन्दु पर विद्युज क्षेत्र की तीव्रता का भौतिक रूप से वर्णन करें। "एक बिन्दु पर 10^4 NC^{-4} विद्युत क्षेत्र की तीव्रता" से आपका क्या तात्पर्य है?

1.17 (a) एक माध्यम में पोटैंशियल $\varphi(r) = \dfrac{qe^{-r/\lambda}}{4\pi\varepsilon_0 r}$. दिया है। इससे इलैक्ट्रिक फील्ड प्राप्त करें।

(b) चार्ज घनत्व भी प्राप्त करें जो ऊपर वर्णित क्षमता का उत्पादन कर सकता है।

1.18 त्रिज्या R के एक समान आवेशित गोले के पोटैंशियल का मूल्यांकन करें, जिसका आवेश घनत्व ρ है जो गोले के केन्द्र से $r\ (r > R)$ की दूरी पर है।

1.19 एक कण पर दो स्थिर बलों $\hat{i}+4\hat{j}-3\hat{k}$ और $3\hat{i}+\hat{j}-\hat{k}$ द्वारा कार्य किया जाता है, जिससे कि वह एक बिन्दु $\hat{i}+3\hat{j}+3\hat{k}$ से दूसरे बिन्दु $4\hat{i}+5\hat{j}+\hat{k}$ पर विस्थापित हो जाता है। किया गया कुल कार्य ज्ञात कीजिए।

श्रेणी II

1.20 यदि विद्युत क्षेत्र कन्सर्वेटिव (Conservative) न होता तो क्या विद्युत स्थितिज ऊर्जा सार्थक होती?

1.21 चर्चा करें कि पोटैंशियल अंतर और विद्युत फील्ड की ताकत कैसे संबंधित है। एक उदाहरण दें।

1.22 उस क्षेत्र में विद्युत फील्ड की ताकत क्या है जहां विद्युत पैटेंशियल स्थिर है?

1.23 यदि दो बिन्दुओं के बीच वोल्टेज शून्य है, तो क्या शून्य नेट कार्य के साथ उनके बीच एक परीक्षण आवेश को स्थानान्तरित किया जा सकता है?

1.24 गॉस का नियम एक डाइपोल के बिजली के फील्ड का निर्धारण करने के लिए उपयोगी होगी? क्यों?

1.25 सिद्ध कीजिए कि चालक के बाहर का विद्युत फील्ड सतह के लम्बवत् निर्देशित होता है।

1.26 त्रिज्या a और b के दो संकेंद्रित गोले पोटैंशियल Va और Vb पर रखे गए हैं। यदि बीच का स्थान निर्वात है, तो उचित डिफरैंशियल समीकरण (Differential equation) लिखिए जो इलैक्ट्रॉस्टैटिक पोटैंशियल को संतुष्ट करता है। गोले के बीच किसी भी बिन्दु पर विभव ज्ञात करने के लिए इस समीकरण को हल करें और सतह के बाहर कुल आवेश की गणना भी करें।

संख्यात्मक प्रश्न

1.1 यदि विद्युत फील्ड $\vec{E} = 2\hat{i} - \hat{j} + \hat{k}$ दिया है, तो 40 यूनिट क्षेत्रफल वाली YZ सतह से कितना फ्लक्स गुजरेगा? [उत्तर: 80 यूनिट]

1.2 एक सुचालक रॉड की लंबाई L है और इस पर Q आवेश समान रूप से वितरित किया गया है। रॉड के एक छोर से a दूरी पर विद्युत के क्षेत्र की तीव्रता ज्ञात करें।

[उत्तर: $\frac{1}{4\pi\varepsilon_0}\frac{Q}{a(L+a)}$]

1.3 भुजा 1 मीटर वाले एक वर्ग के केन्द्र में विभव ज्ञात कीजिए, जिसके कोनों पर आवेश 1nC, 4 nC, – 3 nC और –2 nC है।

1.4 भुजा a के समबाहु त्रिभुज के प्रत्येक कोने पर एक बिन्दु आवेश q स्थित है। सिस्टम की इलैक्ट्रॉस्टैटिक ऊर्जा कितनी है?

1.5 भुजा a के वर्ग के तीन कोनों पर 3 समान धनात्मक आवेश रखे गए हैं। वर्ग के चौथे कोने पर विद्युत क्षेत्र की तीव्रता का परिमाण और दिशा ज्ञात कीजिए।

1.6 एक संधारित्र त्रिज्या a और b $(a > b)$ के दो असीमित रूप से लंबे बेलनाकार कंडक्टर के बना है। बेलनाकार कंडक्टरों के बीच के स्थान में निर्वात है। यदि आंतरिक सिलेण्डर शून्य पोटेंशियल पर है और बाहरी सिलेण डर में चार्ज घनत्व σ है, तो सिलेण्डरों के बीच के स्थान में इलैक्ट्रास्टैटिक पोटेंशियल का पता लगाने के लिए लाप्लास समीकरण को हल करें।

1.7 यदि विद्युत फील्ड $\vec{E} = \frac{1}{\varepsilon_0}\left(x\hat{i} + y\hat{j} - 2z\hat{k}\right)$ है, तो चार्ज घनत्व का पता लगाएं।

1.8 बिन्दु (1, – 2, 1) पर $2x^2 + y^2 - 2z^2 = 100$ के लंबवत् यूनिट वैक्टर ज्ञात कीजिए।

1.9 निर्वात में इलैक्ट्रॉस्टैटिक पोटेंशियल है $\varphi = \alpha - \beta(x^2 + y^2) - \gamma \ln\sqrt{x^2 + y^2}$, यहाँ α, β और γ स्थिरांक है। आवेश घनत्व का पता लगाएं।

1.10 एक गोलाकार सममित आवेश वितरण निम्नलिखित है :

$$\rho(r) = \rho_0\left(1 - \frac{r^2}{a^2}\right) \text{ for } 0 \le r \le a,\ \rho_0 \text{ is a constant}$$
$$= 0 \qquad \text{for } r > a$$

(*i*) कुल आवेश, और (*ii*) विद्युत क्षेत्र की तीव्रता और पोटेंशियल V दोनों, अंदर $(r < a)$ और बाहर $(r > a)$ के क्षेत्र में ज्ञात करें।

प्रायोगिक कार्य

जे.जे. थॉमसन की विधि द्वारा इलेक्ट्रॉन के विशिष्ट चार्ज (e/m) का निर्धारण

किसी भी मौलिक कण का विशिष्ट आवेश एक विशिष्ट गुण होता है। एक इलैक्ट्रॉन के विशिष्ट आवेश को उसके आवेश प्रति इकाई द्रव्यमान (e/m) के रूप में परिभाषित किया जाता है। e/m की इकाई C/kg है। कैथोड रे ट्यूब (CRT) में v वेग से गतिमान इलैक्ट्रॉनों का पुंज ऊर्ध्वाधर (Vertical) विद्युत फील्ड E द्वारा विक्षेपित (Deflect) होता है।

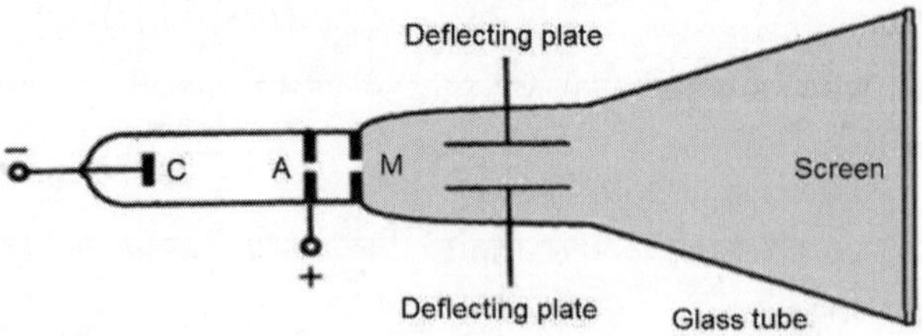

Fig. (i)

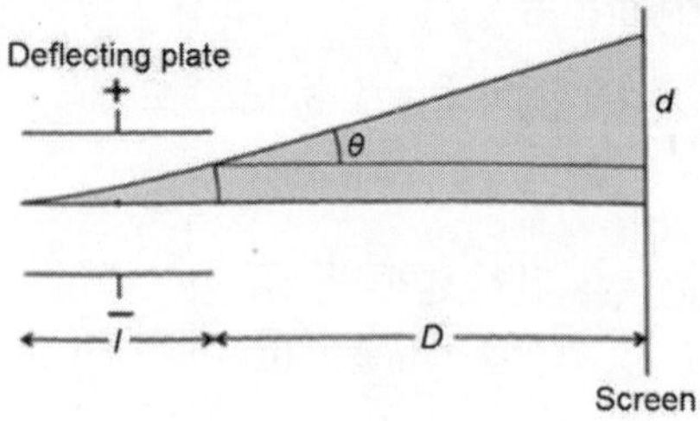

Fig. (ii)

स्क्रीन पर प्रकाश के बिन्दु का विक्षेपण दिया जाता है,

$$\frac{d}{D} = \frac{y}{l/2} = \frac{1}{2}\frac{eE}{m}\left(\frac{l}{v}\right)^2 \frac{2}{l} = \frac{eEl}{mv^2}$$

या $$\frac{e}{m} = \frac{v^2 d}{DlE} \quad (i)$$

यदि चुम्बकीय क्षेत्र B द्वारा विद्युज क्षेत्र के प्रभाव को रद्द किया जा सकता है, तो

$$evB = eE$$

या $$v = \frac{E}{B} \quad (ii)$$

समीकरण (i) और (ii) से हमारे पास है,

$$\frac{e}{m} = \frac{E^2 d}{DlEB^2} = \frac{Ed}{DlB^2}$$

क्योंकि $$E = \frac{V}{h}$$

इसलिए $$\frac{e}{m} = \frac{Vd}{hlDB^2}$$

जहाँ h दो क्षैतिज प्लेटों के बीच की दूरी है, l विद्युत क्षेत्र का विस्तार है, V वोल्टेज है और D विक्षेपित प्लेटों से स्क्रीन की दूरी है।

जब चुम्बकीय क्षेत्र B को स्थापित करने के लिए बार चुम्बकों को ठीक से रखा जाता है और छड़ चुम्बकों का क्षेत्र पृथ्वी के चुम्बकीय क्षेत्र H के क्षैतिज घटक के लंबवत् होता है और यदि θ चुम्बकीय सुई का कोणीय विक्षेपण हो, तो हमारे पास है।

$$B = H\tan\theta \quad (iv)$$

समीकरण से (iii) और (v) से हमारे पाते हैं,

$$\frac{e}{m} = \frac{d}{hlD}\frac{V}{H^2\tan^2\theta} \quad (v)$$

प्रक्रिया

1. सबसे पहले मैग्नेटोमीटर की भुजाओं को चुम्बकीय याम्योत्तर (Meridian) के लंबवत् रखें।
2. फिर सीआरटी (CRT) की विक्षेपित (Deflecting) प्लेटों को क्षैतिज (Horizontal) रखें। इस स्थिति में वोल्टेज के अनुप्रयोग के कारण स्क्रीन पर स्पॉट का विक्षेपण लंबवत् होगा।
3. धनात्मक और ऋणात्मक वोल्टेज विक्षेपण प्लेटों पर लगाए जाते हैं और एक निश्चित वोल्टेज के अनुरूप स्क्रीन में स्पॉट के माध्य (Mean) विक्षेपण को मापा जाता है।
4. विद्युत क्षेत्र के कारण स्पॉट के विक्षेपपण को शून्य करने के लिए मैग्नेटोमीटर की भुजा पर एक बार चुम्बक रखा जाता है।
5. लागू चुम्बकीय क्षेत्र की ताकत की गणना करने के लिए, सीआरटी को हटा दिया जाता है और चुम्बकीय सुई युक्त गोलाकार डिस्क को सीआरटी (मध्य क्षेत्र) की स्थिति में रखा जाता है। मैग्नेटोमीटर के पैमाने पर बार चुम्बक का उपयोग करके चुम्बकीय सुई के विक्षेपण की गणना की जाती है।

प्रायोगिक डेटा

दिया गया है : $H = 0.37 \times 10^{-4}$ T

तालिका 1: चुम्बक के विभिन्न पदों के लिए प्रकाश स्थान और चुम्बकीय सुई के विक्षेप का निर्धारण

क्रम संख्या	वर्टिकल वोल्टेज (V)	स्पॉट का वर्टिकल विक्षेपण (cm)		विद्युत क्षेत्र को बैलेन्स करने के लिए चुम्बक की स्थिति (cm)		मैग्नेटोमीटर सुई का विक्षेप (deg)		औसत ϕ (deg)	e/m (C/kg)
		y_1	y_2	x_1	x_2	θ_1	θ_2		
1									
2									
3									
4									
5									

गणना और परिणाम

मीन (Mean) e/m = ...C/kg

चर्चा

1. मैग्नेटोमीटर भुजाओं की धुरी को पृथ्वी के चुम्बकीय मध्याह्न तल के लंबवत् रखा जाना है।
2. विक्षेप d का एक बड़ा संभावित सीमित मूल्य प्राप्त करने के लिए वोल्टेज का उपयुक्त मान समायोजित किया जाना चाहिए।
3. सटीक परिणाम प्राप्त करने के लिए सुई के दोनों सिरों के विक्षेपण को मापा जाए।

अधिक जानिए

चार्ल्स ऑगस्टीन डी कूलम्ब (Charles Augustine de Coulomb) ने अपने नियम (कूलम्ब का नियम) को साबित किया और यह नियम **इलैक्ट्रॉस्टैटिक्स** के लिए मौलिक सिद्धांत बन गया। बिजली शब्द ग्रीक 'elektron' जो एंबर का मतलब है से आया था। 'एम्बर प्रभाव' को स्थिर बिजली कहा जाता है।

क्रियाकलाप

देखो "चिंगारी:सदमे और विस्मय - बिजली की कहानी" ("Spark: Shock and Awe – The story of Electricity") और फिर प्रकरण में चर्चा विषयों का सरांश लिखें। इसके अलावा ज्ञान के आधार पर "इलैक्ट्रॉस्टैटिक्स और बैटरी" पर एक प्रयोग डिजाइन करें।

कुछ महत्वपूर्ण तथ्य

ओटू वॉन गुएरिक (Otto von Guericke 1601–1674) ने एक इलैक्ट्रॉस्टैटिक जनरेटर का आविष्कार किया। इसमें एक सल्फर (Sulphur) की गेंद को लकड़ी के पालने में घुमाया गया और इसे हाथ से रगड़ दिया गया। इस तरह चार्ज की गई गेंद को एक इंसुलेटिंग रॉड के अंत में ले जाया गया। बेंजामिन फ्रैंकलिन ने अपने प्रसिद्ध पतंग प्रयोग से शुरू करके इलैक्ट्रॉस्टैटिक्स में प्रमुख वैज्ञानिक योगदान दिया।

सादृश्य

ट्राइबोइलैक्ट्रिक प्रभाव के कारण, जब बिल्ली चलती है तो फर की सतह पर इलैक्ट्रॉस्टैटिक चार्ज उत्पन्न होते हैं (चित्र का संदर्भ विकिपीडिया)।

इतिहास

बेंजामिन फ्रैंकलिन (Benjamin Franklin 1706–1790): वे एक भौतिक वैज्ञानिक थे। बिजली पर उनके 1740 के काम ने असंबंधित टिप्पणियों को सुसंगत विज्ञान के क्षेत्र में बदल दिया।

चार्ल्स कूलम्ब (Charles Coulomb 1736–1806): इन्होंने इलैक्ट्रॉस्टैटिक और चुम्बकत्व दोनों का अध्ययन किया। उन्होंने मटीरियल्स की ताकत की जांच की। इस क्षेत्र में वह बीम (Beams) पर काम करने वाली ताकतों की पहचान करने में सक्षम थे।

टाइम लाईन

600 ईसा पूर्व यूनानियों ने पहली बार रबड़कर एम्बर के आकर्षक गुणों की पहचान की।
1600 ईस्वी विद्युत पिंड प्रतिकर्षित और आकर्षित दोनों है।
1735 ईस्वी डू फे (du Fay): दो अलग-अलग प्रकार की बिजली
1750 ईस्वी फ्रैंकलिन (Franklin): धनात्मक और ऋणात्मक आवेश
1770 ईस्वी कूलम्ब (Coulomb): "उल्टा वर्ग नियम"
1890 ईस्वी जे.जे. थॉम्पसन (J.J. Thompson): विद्युत आवेश का परिमाणीकरण - "इलैक्ट्रॉन"

अनुप्रयोग (वास्तविक जीवन/औद्योगिक)

आज हम बिजली की खोज को हर क्षेत्र में लागू कर रहे हैं। 1705 में स्थैतिक बिजली का उत्पादन, वास्तव में, एक बहुत ही आकर्षक खोज का परिणाम था। यह **फ्रांसिस हॉक्सबी** और **बेंजामिन फ्रैंकलिन** जैसे वैज्ञानिकों के साथ शुरूआत की और **थॉमस एडिसन** और **निकोला टेस्ला** तक चली।

एक बहुत ही महत्त्वपूर्ण घटक जो आज उभरा है वह संधारित्र है जिसका इलैक्ट्रॉनिक्स और इलैक्ट्रिकल इंजीनियरिंग के कई क्षेत्रों में व्यापक अनुप्रयोग है। इलैक्ट्रॉस्टैटिक इंडक्शन इलैक्ट्रॉ-मैकेनिक वर्षा (Precipitation) या प्रक्षेपण के लिए उपयोग की जाने लगी। ऐसी तकनीकों में, छोटे आकार के आवेशित कणों को जान-बूझकर सतहों पर जमा या एकत्र किया जाता है। इनके इलैक्ट्रॉस्टैटिक कोटिंग से लेकर इंकजेट प्रिंटिंग तक बहुत सारे एप्लिकेशन हैं।

केस स्टडी (पर्यावरण/स्थिरता/सामाजिक/नैतिक मुद्दे)

कुछ उद्धरण

"And we daily in our experiments electrise bodies *plus or minus,* as we think proper. [These terms we may use till your Philosophers give us better.] To electrise *plus* or *minus,* no more neeosQ to be known than this, that the parts of the tube or Sphere, that are rubb'd, do, in the Instant of Friction, attract the Electrical Fire, and therefore take it from the Thin rubbing; the same parts immediately, as the friction upon them ceases, are disposed to give the fire they have received, to any body that has less". —*Benjamin Franklin*

अन्वेषणशील और कौतुक विषय

दिलचस्प खोज के साथ एक प्रारंभिक पेपर का शीर्षक और सार नीचे दिये गये हैं:

Reference : *Letter 25 May 1747. Quoted in I. Bernard Cohen, Franklin and Newton:An Enquiry into Speculative Newtonian Experimental Science and Franklin's Work in Electricity as an Example Thereof (1956), 439*

"We call that fire of the black thunder-cloud "electricity," and lecture learnedly about it, and grind the like of it out of glass and silk: but what is it? What made it? Whence comes it? Whither goes it?"

—*Thomas Carlyle*

From history of Electrical Engineering II: 18-th Century Electrostatic Experiments and a First Current Source Creation

Alexander G. Mikerov
IEEE Senior Member
Control Department
St.Petersburg State Electrotechnical University "LETI"
5 Prof. Popov str., St.Petersburg, 197376, Russia
a.mikerov@ieee.org

***Abstract* — The paper covers the electrical science development from the middle of the 18-th century to the beginning of the 19-th century. It overviews main inventions made by P. Mushenbroek (Leiden jar), B. Franklin (lightning rod), Ch. Coulomb (Coulomb's balance), A. Volta (Volta's cell, condenser, electrometer) and his followers. It clarified the nature of electricity, created a new electrical discipline – electrostatic and also the sound background for the following important discovery of 19-th century – electromagnetism.**

***Index Terms* — Electrostatics, Leiden jar, lightning rod, Coulomb's balance Volta's cell, History of electrical engineering.**

Pieter van Musschenbroek (1692 – 1761).

Reference: The Carlyle Anthology (1876), 230.

"When the face, the back of the hand, or another part of the body the sensitivity of which is not too weakened by touch is brought near an electrified conductor, there is felt the impression of a fresh breeze, of a light breath, or of a cobweb."

—Pierre Bertholon

Reference: *In biography article by Louis Dulieu, in Charles Coulston Gillispie, Dictionry of Scientific Biography (1980), Vol. 2, 83.*

इलैक्ट्रॉस्टैटिक इंडक्शन की अवधारणा का इस्तेमाल अतीत में उच्च वोल्टेज जनरेटर के निर्माण के लिए किया जाता था जिसे प्रभाव मशीन कहा जाता है। हाल के वर्षों में दूर के द्विध्रुवों के बीच इलैक्ट्रॉस्टैटिक प्रेरण के आधार पर एक नई वायरलेस पावर ट्रांसफर तकनीक विकसित की गई है।

संदर्भ एवं अध्ययन हेतु सुझाव

1. David Griffiths, *Introduction to Electrodynamics*, Pearson, 4th Edition, 2012.
2. David Halliday, Robert Resnick and Jearl Walker, *Halliday and Resnick's Principles of Physics*, 11th Edition, Global Edition, 2020.
3. Wayne Saslow, *Electricity, Magnetism and Light*, Elsevier Science Publishing Co Inc, 1st Edition, 2002.
4. https://nptel.ac.in/courses/115/101/115101005/
5. https://nptel.ac.in/courses/122/101/122101002/
6. http://teacher.pas.rochester.edu/PHY217/LectureNotes/Chapter2/LectureNotesChapter2.pdf
   http://assets.vmou.ac.in/MPH04.pdf

2 एक रैखिक परावैद्युत माध्यम में इलैक्ट्रोस्टैटिक्स

यूनिट विशिष्ट

इस यूनिट में हम निम्नलिखित पहलुओं पर विचार किया करेंगे:

- परावैद्युत
- परावैद्युत ध्रुवीकरण
- ध्रुवीकरण और आवेश घनत्व
- परावैद्युत का वर्गीकरण
- विभिन्न प्रकार के ध्रुवीकरण : इलैक्ट्रॉनिक, आयनिक, अभिविन्यास और स्पेस चार्ज ध्रुवीकरण; D, E और P के बीच संबंध
- संविलियन (Constitutive) संबंध
- प्रत्यावर्ती (Alternating) फील्ड के तहत परावैद्युत का व्यवहार और परावैद्युत हानि (Loss)

समस्याओं को हल करने की क्षमता में सुधार के साथ-साथ जिज्ञासा और रचनात्मकता पैदा करने के लिए विभिन्न विषयों के व्यावहारिक अनुप्रयोगों पर चर्चा भी की गई है।

इस यूनिट में बड़ी संख्या में बहुविकल्पीय प्रश्नों के साथ-साथ ब्लूम वर्गीकरण (Bloom's taxonomy) के निम्न और उच्च क्रम के दो श्रेणियों में विभाजित लघु और दीर्घ उत्तर वाले प्रश्न, कई संख्यात्मक समस्याओं के माध्यम से असाइनमेंट, संदर्भों की एक सूची और सुझाए गए रीडिंग मैटीरियल दिए गए हैं। एक विशेष पहलू भी यह है कि रुचि के विभिन्न विषयों पर अधिक जानकारी प्राप्त करने के लिए विभिन्न वर्गों में कुछ क्यूआर कोड (QR Code) प्रदान किए गए हैं, जिन्हें प्रासंगिक सहायक ज्ञान के लिए स्कैन किया जा सकता है।

संबंधित प्रैक्टिकल के बाद "अधिक जानें" अनुभाग है। इस अनुभाग को विवेकपूर्ण ढंग से तैयार किया गया है, ताकि इस भाग में दी गई पूरक जानकारी पुस्तक के उपयोगकर्ताओं के लिए फायदेमंद हो। इस अनुभाग में मुख्य रूप से प्रारंभिक गतिविधि, कुछ दिलचस्प तथ्यों के उदाहरण, सादृश्य, विषय के इतिहास पर मुख्य टिप्पणियों और खोज पर ध्यान केंद्रित किया है, तथा संबंधित विषयों के विकास से लेकर हाल के समय तक, विषय वस्तु के अनुप्रयोगों पर प्रकाश भी डाला है। हमारे दैनिक जीवन के या/और औद्योगिक अनुप्रयोगों के विभिन्न पहलुओं जैसे कि, पर्यावरण, स्थिरता, सामाजिक और नैतिक मुद्दों से संबंधित केस स्टडी और अंत में यूनिट आधारित जिज्ञासा पर प्रकाश डाला गया है।

भूमिका

यह यूनिट 'एक रैखिक परावैद्युत माध्यम में इलैक्ट्रॉस्टैटिक्स' विषय पर विद्यार्थियों को परावैद्युत, इसके ध्रुवीकरण और चार्ज घनत्व के साथ-साथ परावैद्युत और ध्रुवीकरण के वर्गीकरण के बारे में स्पष्ट विचार प्राप्त करने में मदद करेगी। इस यूनिट में, प्रत्यावर्ती क्षेत्र की उपस्थिति में कुछ सैद्धांतिक संबंधों और परावैद्युत हानि के व्यवहार की चर्चा भी की गई है।

आमतौर पर परावैद्युत शब्द से हमारा मतलब उच्च ध्रुवीकरण वाले पदार्थों से है। इसके साथ एक संबंद्ध शब्द है जिसे सापेक्ष पारगम्यता के रूप में जाना जाता है। यह उल्लेख करना महत्त्वपूर्ण है कि इंसुलेटर शब्द का उपयोग आमतौर पर विद्युत बाधा का प्रतिनिधित्व करने के लिए किया जाता है, जबकि दूसरी ओर शब्दावली में परावैद्युत का संबंध ध्रुवीकरण की प्रणाली के माध्यम से पदार्थ की ऊर्जा भंडारण क्षमता से होता है। परावैद्युत का एक बहुत लोकप्रिय उदाहरण विद्युत कुचालक के रूप में होता है कैपेसिटर की धातु प्लेटों के भीतर रखा जाता है। विद्युत क्षेत्र के अनुप्रयोग के साथ, डाइइलैक्ट्रिक का ध्रुवीकरण दिए गए इलैक्ट्रिक क्षेत्र की ताकत के योगदान के कारण कैपेसिटर के सतही आवेश को बढ़ाता है।

पूर्व-अपेक्षित ज्ञान

गणितः वेक्टर कैलकुलस (कक्षा XII)

भौतिकीः इलैक्ट्रॉस्टैटिक्स (कक्षा XII)

यूनिट आउटकम्स

इस यूनिट के आउटकम्स की सूची इस प्रकार है:

U2-O1: परावैद्युत, परावैद्युत ध्रुवीकरण, ध्रुवीकरण और चार्ज घनत्व का वर्णन करें।

U2-O2: परावैद्युत के वर्गीकरण का वर्णन करें।

U2-O3: विभिन्न प्रकार के ध्रुवीकरणः इलेक्ट्रॉनिक, आयनिक, अभिविन्यास और स्पेस चार्ज ध्रुवीकरण की व्याख्या करें

U2-O4: D, E और P के बीच संबंध स्पष्ट करें।

U2-O5: संविलियन (Constitutive) संबंधों का वर्णन करें

U2-O6: प्रत्यावर्ती क्षेत्र (Alternating field) के अंतर्गत परावैद्युत के व्यवहार की पहचान करें।

यूनिट-2 आउटकम्स	यूनिट आउटकम्स तथा कोर्स आउटकम्स का अपेक्षित सहसंबंध *(1-कमजोर सहसंबंध; 2-मध्यम सहसंबंध; 3-मजबूत सहसंबंध)*					
	CO-1	CO-2	CO-3	CO-4	CO-5	CO-6
U2-O1	3	1	–	1	–	–
U2-O2	3	–	–	–	–	–
U2-O3	3	–	–	–	–	–
U2-O4	2	1	–	1	–	1
U2-O5	2	–	–	1	–	–
U2-O6	1	1	–	–	–	–

2.1 प्रस्तावना

एक कमजोर विद्युत फील्ड की उपस्थित में भी सुचालकों (*Conductors*) में कई मुक्त आवेश गतिमान हो सकते हैं। लेकिन पदार्थों के एक अन्य वर्ग को परावैद्युत या कुचालक (*Dielectrics or insulators*) कहा जाता है, उनके अंदर कोई भी मुक्त इलैक्ट्रॉन नहीं होता है। इस प्रकार के पदार्थों में इलैक्ट्रॉन पदार्थों की रचना करने वाले परमाणुओं या अणुओं से दृढ़ता से बंधे होते हैं और पदार्थों से ब्रेकडाउन वोल्टेज से कम लगाए गए विद्युत फील्ड द्वारा अलग नहीं किए जा सकते हैं। इसलिए आमतौर पर वे विद्युत का संचालन नहीं करते हैं। लेकिन उनके पास कुछ विद्युत प्रभाव होता है जो एक कंडक्टर से अलग होता है और इसलिए इस प्रकार के पदार्थ कई इंजीनियरिंग अनुप्रयोगों में बहुत उपयोगी होते हैं। अतः, विद्युत फील्ड में परावैद्युत का अध्ययन सुचालक के अध्ययन जितना ही महत्त्वपूर्ण है।

2.2 परावैद्युत

वे पदार्थ जिनमें सभी इलैक्ट्रॉन पदार्थ के परमाणओं से बंधे होते हैं, परावैद्युत पदार्थ कहलाते हैं। इस प्रकार के पदार्थों में बिजली के संचालन के लिए कोई मुक्त इलैक्ट्रॉन उपलब्ध नहीं होते हैं। इसलिए वे एक कुचालक की तरह व्यवहार करते हैं। विद्युत फील्ड के प्रभाव में, परावैद्युत आयन या अणु ध्रुवीकृत हो सकते हैं। चूंकि, इस प्रकार के पदार्थ लंबे समय तक इलैक्ट्रॉस्टैटिक फील्ड दर्शाते रहते हैं, वे कई इलेक्ट्रॉनिक उपकरणों में प्रमुख भूमिका निभाते हैं। परावैद्युत पदार्थों की प्रतिरोधकता सीमा $10^6 \Omega m - 10^{16} \Omega m$ रेंज में होती है। आम तौर पर एक परावैद्युत पदार्थ का एक परावैद्युत स्थिरांक (dielectric constant) होता है, जिसे परावैद्युत माध्यम और मुक्त स्थान की पारगम्यता (permittivity) के अनुपात के रूप में परिभाषित किया जाता है। इसे माध्यम की सापेक्ष पारगम्यता भी कहा जाता है और यह एक आयामहीन (dimensionless) मात्रा है। गणितीय रूप से इसे इस प्रकार व्यक्त किया जा सकता है,

$$k = \varepsilon_r = \frac{\varepsilon}{\varepsilon_0} \tag{2.1}$$

यहाँ ε परावैद्युत माध्यम की पारगम्यता है और ε_0 मुक्त स्थान की पारगम्यता है। एसआई (SI) यूनिट सिस्टम में, $\varepsilon_0 = 8.854 \times 10^{-12}\,\text{Fm}^{-1}$.

दूसरी प्रकार से, किसी पदार्थ के परावैद्युत स्थिरांक को किसी दिए गए संधारित्र की धारिता ($C = \varepsilon A/d$) जो पूरी तरह से उसी पदार्थ से भरा हो और निर्वात में उसी संधारित्र की धारिता ($C_0 = \varepsilon_0 A/d$) के अनुपात के रूप में परिभाषित किया जा सकता है।

अतः

$$k = \varepsilon_r = \frac{\varepsilon}{\varepsilon_0} = \frac{C}{C_0} \tag{2.2}$$

हवा, मोम, ग्लास, अभ्रक, कागज, आदि ऐसे परावैद्युत पदार्थों के उदाहरण हैं।

उदाहरण 2.1 एक एयर कैपेसिटर को चार्ज कर इसका पोटैंशियल 250 V तक बढ़ाया गया है। यदि इसके बीच एक परावैद्युत पदार्थ रखने पर इसका पोटैंशियल 50 V तक गिर जाता है, तो पदार्थ का परावैद्युत स्थिरांक क्या है?

हल

हमारे पास पदार्थ का परावैद्युत स्थिरांक है, $k = \frac{C_2}{C_1}$

फिर $C \propto \frac{1}{V}$

इसलिए $k = \frac{V_1}{V_2} = \frac{250}{50} = 5.$

उदाहरण 2.1

उदाहरण 2.2

उदाहरण 2.2 एक समानान्तर प्लेट संधारित्र, जिसका क्षेत्रफल 0.0005 m^2 है और प्लेटों के बीच की दूरी 5 mm है, इस पर जब प्लेटों के बीच 50 V का पोटेंशियल लगाया जाता है तब इस पर 0.1 nC आवेश होता है। संधारित्र बनाने के लिए प्रयुक्त पदार्थ का परावैद्युत स्थिरांक निकालें।

हल

दिया गया है, प्लेट क्षेत्रफल A = 0.0005 m^2, प्लेटों के बीच की दूरी $d = 5$ mm, पोटेंशियल $V = 500$ V, और चार्ज $Q = 0.1$ nC $= 0.1 \times 10^{-9}$ C.

इस प्रकार, प्रयुक्त पदार्थ का परावैद्युत स्थिरांक होगा

$$k = \frac{Cd}{\varepsilon_0 A} = \frac{Qd}{\varepsilon_0 AV}$$

$$= \frac{0.1 \times 10^{-9} \times 5 \times 10^{-3}}{8.854 \times 10^{-12} \times 0.0005 \times 50}$$

$$= \frac{0.5}{8.854 \times 0.025} = 2.26.$$

2.2.1 वर्गीकरण

एक भौतिक माध्यम में मौजूद अणुओं की बड़ी संख्या में नाभिक और उसके चारों ओर घूमने वाले इलैक्ट्रॉन होते हैं। यदि हम किसी पदार्थ में सभी धनात्मक और ऋणात्मक आवेशों को संबंधित धनात्मक और ऋणात्मक आवेशों के गुरुत्वाकर्षण पर प्रतिस्थापित कर सकते हैं, तो धनात्मक और ऋणात्मक आवेश प्रणालियों के गुरुत्वाकर्षण के केन्द्र के बीच की दूरी के आधार पर परावैद्युत पदार्थों को ध्रुवीय और गैर-ध्रुवीय के रूप में वर्गीकृत किया जा सकता है।

***ध्रुवीय परावैद्युत* (Polar Dielectrics):** जब परावैद्युत पदार्थ के धनात्मक और ऋणात्मक चार्ज सिस्टम के गुरुत्वाकर्षण के केन्द्र को एक सीमित दूरी से अलग किया जाता है, तो परावैद्युत पदार्थ को एक आंतरिक द्विध्रुव आघूर्ण (Intrinsic dipole moment) के साथ ध्रुवीय परावैद्युत पदार्थ कहा जाता है। इस प्रकार ध्रुवीय परावैद्युत अणु के लिए हम पाते हैं एक स्थायी द्विध्रुव आघूर्ण।

H_2O, HCl आदि ध्रुवीय परावैद्युत पदार्थ के उदाहरण हैं।

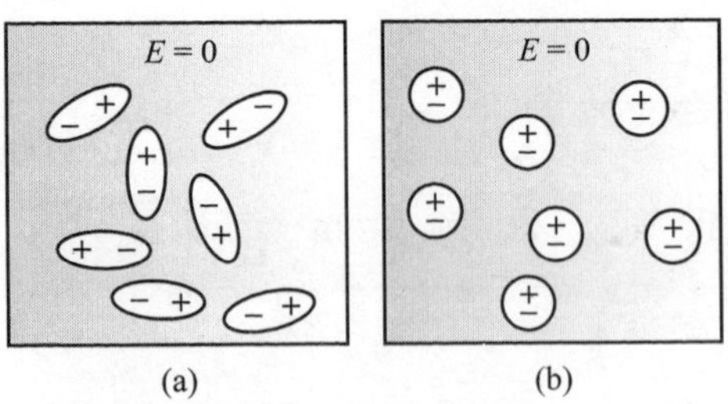

चित्र 2.1: (*a*) द्विध्रुव और (*b*) गैर-ध्रुवीय परावैद्युत

सामान्य स्थिति में ध्रुवीय परावैद्युत अणु के आवेश (धनात्मक और ऋणात्मक) बेतरतीब ढंग से उन्मुख होते हैं [चित्र 2.1 (*a*)] और एक दूसरे की भरपाई करते हैं, ताकि ध्रुवीय परावैद्युत अणु की प्रति इकाई मात्रा का परिणामी द्विध्रुव आघूर्ण शून्य हो, हलांकि इनके पास स्थायी द्विध्रुव आघूर्ण होता है। एक अकेले परमाणु में, धनात्मक आवेशों के गुरुत्वाकर्षण का केन्द्र और परमाणु के इलैक्ट्रॉन क्लाउड के गुरुत्वाकर्षण का केन्द्र एक ही होता है। अतः विद्युत द्विध्रुव आघूर्ण शून्य होता है। इसलिए एक अकेले परमाणु में स्थायी विद्युत द्विध्रुव नहीं हो सकता है।

***गैर-ध्रुवीय परावैद्युत* (Non-Polar Dielectrics) :** जब परावैद्युज पदार्थ के धनात्मक और ऋणात्मक आवेश प्रणालियों के गुरुत्वाकर्षण का केन्द्र बिल्कुल मेल खाता है, तो परावैद्युत पदार्थ को किसी भी विद्युत फील्ड की अनुपस्थिति में शून्य द्विध्रुव आघूर्ण वाले गैर-ध्रुवीय परावैद्युत पदार्थ के रूप में जाना जाता है। इस प्रकार के अणुओं में सममित (Symmetric) संरचना होती है जिसमें कोई स्थायी द्विध्रुव आघूर्ण [चित्र 2.1 (*b*)] नहीं होता है।

H_2, O_2, N_2, *He*, *Ne*, *Ar*, आदि गैर-ध्रुवीय परावैद्युत पदार्थ के उदाहरण हैं।

ध्रुवीय और गैर-ध्रुवीय परावैद्युत पदार्थों के बीच बुनियादी अंतर नीचे दिये गए हैं:

ध्रुवीय परावैद्युत	गैर-ध्रुवीय परावैद्युत
(*i*) इनका विद्युत फील्ड के अभाव में भी स्थाई द्विध्रुव आघूर्ण है। (*ii*) इनका ध्रुवीकरण तापमान पर निर्भर है। (*iii*) उदाहरण हैं : HCl, CO, H_2O आदि।	(*i*) इनका विद्युत फील्ड के अभाव में स्थाई द्विध्रुव आघूर्ण नहीं होता है। (*ii*) इनका ध्रुवीकरण तापमान स्वतंत्र है। (*iii*) उदाहरण हैं : O_2, N_2, H_2 आदि।

2.3 परावैद्युत ध्रुवीकरण

परावैद्युत पदार्थ में, सबसे बाहरी कक्षा के इलैक्ट्रॉन स्वतंत्र रूप से स्थानान्तरित होने में सक्षम नहीं होते हैं क्योंकि वे निश्चित बलों के साथ नाभिक से मजबूती से बंधे होते हैं और इसलिए उन्हें बाध्य आवेश कहा जाता है। जब इस परावैद्युत पदार्थ पर एक बाहरी विद्युत फील्ड लागू किया जाता है, तो ये बाध्य आवेश इलैक्ट्रॉस्टैटिक बलों का अनुभव करते हैं। ध्रुवीय परावैद्युत के लिए, अणु से जुड़े स्थायी द्विध्रुव एक बलाघूर्ण (Torque) का अनुभव करते हैं जो उन्हें विद्युत फील्ड की दिशा में संरेखित करता है [चित्र 2.2 (*a*)]।

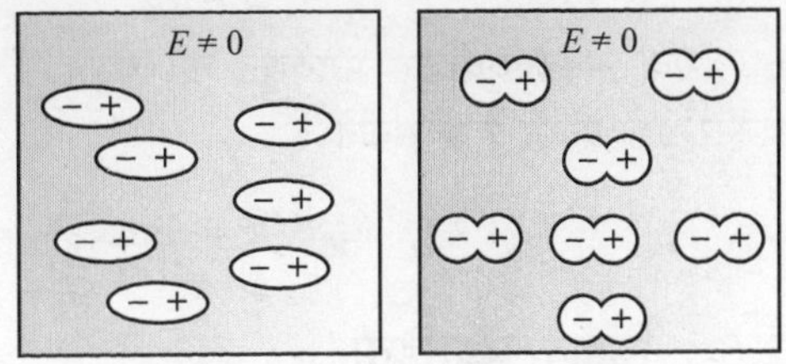

(a) (b)

चित्र 2.2: (*a*) विद्युत फील्ड की उपस्थिति में ध्रुवीय और (*b*) गैर-ध्रुवीय परावैद्युत

ऐसे पदार्थ को ध्रुवीकृत कहा जाता है, जिसमें एक शुद्ध द्विध्रुवीय आघूर्ण होता है। जब एक गैर-ध्रुवीय परावैद्युत पदार्थ पर कोई विद्युत फील्ड नहीं लगा होता है, जैसा कि पहले चर्चा की गई है, धनात्मक आवेशित नाभिक और ऋणात्मक आवेश वाले इलैक्ट्रॉन एक-दूसरे के इतने करीब होते हैं कि उनकी क्रिया निष्प्रभावी हो जाती है। लेकिन जब एक विद्युत फील्ड को गैर-ध्रुवीय परावैद्युत पदार्थ पर बाहर से लागू किया जाता है, तो धनात्मक आवेश लगाए गए विद्युत फील्ड की दिशा में थोड़ा विस्थापित हो जाता है और ऋणात्मक आवेश लागू विद्युत फील्ड की दिशा से थोड़ा विपरीत होता है, जिससे एक विद्युत द्विध्रुव बनता है [चित्र 2.2 (*b*)]। इसलिए, एक गैर-द्विध्रुवीय परावैद्युत पदार्थ के अणु बाहरी विद्युत फील्ड की दिशा में एक प्रेरित विद्युत आघूर्ण प्राप्त करते हैं और इस घटना को गैर-ध्रुवीय परावैद्युत पदार्थ का ध्रुवीकरण या विशेष रूप से परावैद्युत ध्रुवीकरण कहा जाता है।

SCAN ME

एनीमेशन के माध्यम से ध्रुवीकरण-टिपर तंत्र की खोज के लिए

2.4 विद्युत द्विध्रुवीय आघूर्ण

जब किसी परावैद्युत पदार्थ पर बाह्य रूप से विद्युत फील्ड लगाया जाता है, तो समान और विपरीत धनात्मक और ऋणात्मक आवेशों को परावैद्युत पदार्थ में एक दूरी से अलग करने पर एक विद्युत द्विध्रुव बनता है। विद्युत द्विध्रुवीय आघूर्ण मूल रूप से एक सिस्टम के भीतर धनात्मक और ऋणात्मक विद्युत आवेश पृथक्करण का माप है। इस प्रकार विकसित विद्युत द्विध्रुव के विद्युत आघूर्ण को किसी एक आवेश और दोनों आवेशों के बीच की दूरी के गुणनफल के रूप में परिभाषित किया जा सकता है।

इस प्रकार प्रेरित विद्युत द्विध्रुव आघूर्ण होगा,

$$\vec{p} = q\vec{d} \tag{2.3}$$

यह एक सदिश राशि है और इसे ऋणात्मक से धनात्मक आवेश की ओर निर्देशित किया जाता है। यह सिस्टम की समग्र ध्रुवीयता को मापता है।

विद्युत द्विध्रुव आघूर्ण की व्यावहारिक इकाई डेबाई (*Debye*) है।

$$1 \text{ debye} = 10^{-8} \text{ stat C-cm} = 3.33 \times 10^{-30} \text{ C-m}.$$

2.5 ध्रुवीकरण सदिश

किसी परावैद्युत पदार्थ के प्रति इकाई आयतन के विद्युत द्विध्रुव आघूर्ण को विद्युत ध्रुवण सदिश कहा जाता है। अन्यथा, प्रेरित द्विध्रुवीय आघूर्ण प्रति इकाई आयतन या एक परावैद्युत पदार्थ के प्रति इकाई क्षेत्रफल में प्रेरित आवेश विद्युत ध्रुवीकरण वेक्टर के रूप में जाना जाता है। यह एक वेक्टर है, जो ऋणात्मक से धनात्मक आवेश की ओर निर्देशित होती है।

यदि प्रति इकाई आयतन में अणुओं की संख्या n है और बाहरी विद्युत फील्ड के साथ प्रत्येक अणु के विद्युत द्विध्रुवीय आघूर्ण का घटक p है, तो विद्युत ध्रुवीकरण वेक्टर होगा,

$$\vec{P} = n\vec{p} \tag{2.4}$$

एक सतत ध्रुवीकृत परावैद्युत को ध्यान में रखते हुए, एक अतिसूक्ष्म आयतन तत्व ΔV से जुड़े विद्युत ध्रुवीकरण वेक्टर इस प्रकार कर सकते हैं,

$$\vec{P} = \lim_{\Delta V \to 0} \frac{\Delta\vec{p}}{\Delta V} = \frac{d\vec{p}}{dV} \tag{2.5}$$

2.6 विद्युत सुग्राहिता

जब बाहरी इलैक्ट्रिक फील्ड को परावैद्युत पदार्थ पर लागू किया जाता है, तो परावैद्युत पदार्थ के अणु इलैक्ट्रिक फील्ड की दिशा में उन्मुख होते हैं और ध्रुवीकृत हो जाते हैं। एक रैखिक समांगी (Homogeneous) परावैद्युत माध्यम के लिए विद्युत ध्रुवीकरण वेक्टर बाहरी विद्युत क्षेत्र के समानुपाती होता है और इसे इस प्रकार व्यक्त किया जा सकता है,

$$\vec{P} \propto \vec{E}$$

या,

$$\vec{P} = \varepsilon_0 \chi \vec{E} \tag{2.6}$$

यहाँ χ परावैद्युत माध्यम की विद्युत सुग्राहिता है और ε_0 मुक्त स्थान की पारगम्यता है। विद्युत सुग्राहिता (Susceptibility) प्रभावी रूप से एक आयामहीन स्थिरांक का प्रतिनिधित्व करती है और यह बाहरी इलैक्ट्रिक फील्ड की उपस्थिति में एक परावैद्युत पदार्थ के ध्रुवीकरण की डिग्री को इंगित करती है। इसे समी.-(2.6) से इस प्रकार प्राप्त किया जा सकता है।

$$\chi = \frac{P}{\varepsilon_0 E} \tag{2.7}$$

और इसलिए यह वास्तव में परावैद्युत पदार्थ के प्रति इकाई आयतन ध्रुवीकरण और प्रति इकाई इलैक्ट्रिक फील्ड के अनुपात का प्रतिनिधित्व करता है। यह परावैद्युत माध्यम के लिए एक सकारात्मक स्थिरांक है।

2.7 परमाणु ध्रुवीकरण

जब एक इलैक्ट्रिक फील्ड को किसी परावैद्युत पदार्थ पर बाहरी रूप से लागू किया जाता है, तो परावैद्युत के अणु उनपर लगाए इलैक्ट्रिक फील्ड की दिशा में उन्मुख होते हैं और ध्रुवीकृत हो जाते हैं। परावैद्युत माध्यम में एक परमाणु का प्रेरित द्विध्रुवीय आघूर्ण बाहरी इलैक्ट्रिक फील्ड के समानुपाती होता है और इसे इस प्रकार व्यक्त किया जा सकता है,

$$\vec{P} \propto \vec{E}$$

या,

$$\vec{p} = \alpha \vec{E} \tag{2.8}$$

यहाँ α आनुपातिकता स्थिरांक है और इसे परावैद्युत माध्यम के परमाणु ध्रुवीकरण के रूप में जाना जाता है। इसे इलैक्ट्रिक फील्ड के अनुप्रयोग के कारण परमाणु में प्रेरित द्विध्रुवीय आघूर्ण के रूप में परिभाषित किया जा सकता है। मूलरूप से, यह इलैक्ट्रिक फील्ड से प्रेरित परावैद्युत माध्यम के एक परमाणु के प्रति इकाई द्विध्रुवीय आघूर्ण और इलैक्ट्रिक फील्ड का अनुपात है।

इसलिए इसे गणितीय रूप से इस प्रकार व्यक्त किया जा सकता है,

$$\alpha = \frac{p}{E} \tag{2.9}$$

परमाणु ध्रुवीकरण की SI इकाई Fm^2 है।

अब, विद्युत ध्रुवीकरण वेक्टर को परमाणु ध्रुवीकरण के रूप में इस प्रकार व्यक्त किया जा सकता है,

$$\vec{P} = n\vec{p} = n\alpha\vec{E} \tag{2.10}$$

और इसलिए परावैद्युत माध्यम की विद्युत सुग्राहिता है,

$$\chi = \frac{P}{\varepsilon_0 E} = \frac{n\alpha}{\varepsilon_0} \tag{2.11}$$

समी.-(2.11) विद्युत सुग्राहिता और ध्रुवीकरण के बीच संबंध है।

उदाहरण 2.3 He गैस के प्रति इकाई आयतन में प्रेरित द्विध्रुव आघूर्ण ज्ञात करें, यदि इसे 6000 Vcm^{-1} के विद्युत क्षेत्र में रखा जाए। He की परमाणु ध्रुवीकरण क्षमता 0.18×10^{-40} Fm^2 और He का घनत्व 2.6×10^{25} परमाणु/m^3 लें।

हल

यहाँ, He की परमाणु ध्रुवीकरण क्षमता $= \alpha = 0.18 \times 10^{-40}$ Fm^2, He का घनत्व $= N = 2.6 \times 10^{25}$ परमाणु/m^3 और इलैक्ट्रिक फील्ड $= E = 6000$ V $cm^{-1} = 6 \times 10^5$ Vm^{-1}

तो, He गैस का प्रेरित द्विध्रुवीय आघूर्ण प्रति आयतन इकाई है

$$p = N\alpha E = 2.6\times10^{25}\times0.18\times10^{-40}\times6\times10^5$$

या, $$p = 2.81\times10^{-10}\,C/m^2.$$

उदाहरण 2.3

उदाहरण 2.4 एक गैस. की ध्रुवणता ज्ञात करें यदि इसकी सुग्राहिता 4×10^{-4} है। गैस का घनत्व और आण्विक वजन क्रमशः 1.7 kg/m^3 और 49 है।

हल

दिया है, गैस की सुग्राहिता $= \chi = 4 \times 10^{-4}$, इसका घनत्व $= 1.7$ kg/m^3 और आण्विक वजन $= 49$.

तो, प्रति यूनिट मात्रा परमाणुओं की संख्या है

$$n = \frac{\text{Avogadro no.} \times \text{density}}{\text{Atomic weight}} = \frac{6.02\times10^{26}\times1.7}{49} = 2.089\times10^{25}.$$

इस प्रकार, गैस का ध्रुवीकरण होगा

$$\alpha = \frac{\varepsilon_0\chi}{n} = \frac{8.854\times10^{-12}\times4\times10^{-4}}{2.089\times10^{25}}$$
$$= 1.695\times10^{-40}\,Fm^2.$$

उदाहरण 2.4

2.8 विद्युत क्षेत्र में परावैद्युत पदार्थ

आइए हम एक विद्युत क्षेत्र में रखे जाने पर एक परावैद्युत पदार्थ के व्यवहार पर चर्चा करें। इसके लिए, हम पहले एक समानान्तर प्लेट संधारित्र पर विचार करते हैं, जिसे शुरू में एक समान विद्युत क्षेत्र में रखा जाता है ताकि संधारित्र की एक प्लेट सकारात्मक चार्ज प्राप्त करे और संधारित्र की दूसरी प्लेट नकारात्मक चार्ज प्राप्त करे (चित्र 2.3)।

अब, यदि एक परावैद्युत पदार्थ को समानान्तर प्लेट संधारित्र की प्लेटों के बीच में रखा जाता है, तो इसके धनात्मक आवेशों का ऋणात्मक प्लेट की ओर तथा ऋणात्मक आवेशों का धनात्मक प्लेट की ओर थोड़ा सा विस्थापन होगा; ताकि परावैद्युत पदार्थ का स्लैब उसमें आण्विक द्विध्रुव के निर्माण के साथ ध्रुवित हो जाए।

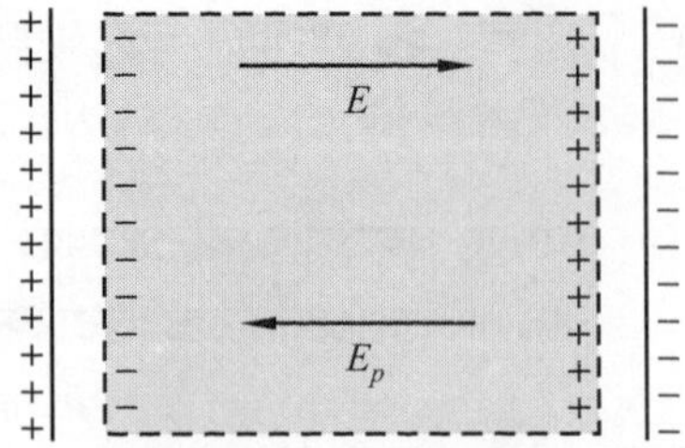

चित्र 2.3: एक बिजली के क्षेत्र में परावैद्युत पदार्थ

इस ध्रुवीकरण के कारण विद्युत क्षेत्र में द्विध्रुव का निर्माण बाहरी विद्युत क्षेत्र की दिशा के विपरीत, परावैद्युत स्लैब के अंदर प्रेरित होगा। यदि E प्रारंभिक विद्युत क्षेत्र की तीव्रता है और E_p परावैद्युत पदार्थ के अंदर उत्पादित विद्युत क्षेत्र की तीव्रता है, तो परावैद्युत पदार्थ के अंदर परिणामी विद्युत क्षेत्र होगा,

$$\overrightarrow{E'} = \vec{E} - \overrightarrow{E_P} \tag{2.12}$$

इस प्रकार जब एक परावैद्युत को एक समान विद्युत क्षेत्र में रखा जाता है, तो परावैद्युत ध्रुवीकरण के कारण परावैद्युत पदार्थ के भीतर का क्षेत्र कम हो जाता है।

2.9 आल्टरनेटिंग क्षेत्र के तहत परावैद्युत

एक आल्टरनेटिंग विद्युत क्षेत्र में रखे जाने पर, परावैद्युत पदार्थ में द्विध्रुव लागू क्षेत्र के साथ संरेखित हो जाते हैं और लागू ऊर्जा का एक हिस्सा खत्म हो जाता है। ऊर्जा के इस नुकसान को परावैद्युत नुकसान कहा जाता है। परावैद्युत से हुआ नुकसान आल्टरनेटिंग विद्युत क्षेत्र की आवृत्ति और ध्रुवीकरण की विधि पर निर्भर करता है। हानि से हुए व्यंजक की गणना करने के लिए आइए हम एक समानान्तर प्लेट कैपेसिटर पर विचार करें जिसमें कैपेसिटेंस C, प्लेट एरिया A और प्लेट्स के बीच की दूरी d है।

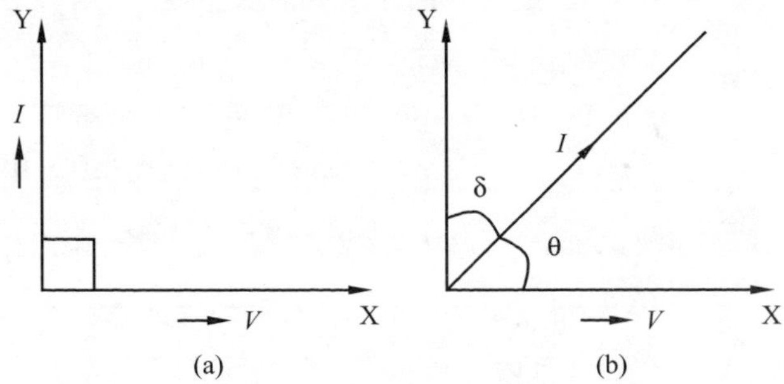

चित्र 2.4: V-I फेज कर्व (*a*) आदर्श और (*b*) वास्तविक परावैद्युत के लिए

जब एक संधारित्र को आल्टरनेटिंग विद्युत क्षेत्र में रखा जाता है, तो संधारित्र के माध्यम से करंट (Current), चालन (Conduction) करंट और विस्थापन (Displacement) करंट का योग होगा और इस प्रकार प्राप्त होगा,

$$I = I_d + I_c = \frac{q}{t} + \frac{V}{R} = \frac{CV}{t} + \frac{V}{R} = \omega CV + \frac{V}{R}$$

एक आदर्श परावैद्युत पदार्थ के लिए $I_C = 0$ ओर तब परिणामी करंट होगा,

$$I = I_d = \omega CV$$

और संधारित्र की धारिता होगी,

$$C = \frac{\varepsilon A}{d} \tag{2.13}$$

इस प्रकार, $$I_d = \frac{\omega \varepsilon AV}{d} \tag{2.14}$$

अब, हानि कोण (Loss angle) होगा

$$\tan\delta = \frac{I_c}{I_d} \quad [\text{चित्र } 2.4\,(b) \text{ से}] \tag{2.15}$$

SCAN ME

to see variation of the dielectric constant in alternating fields

या,

$$I_c = I_d \tan\delta = \frac{\omega\varepsilon AV}{d}\tan\delta \qquad [\text{जैसे } V = Ed] \tag{2.16}$$

इस प्रकार, वास्तविक पावर की हानि समी.-(2.16) का उपयोग करके प्राप्त होगी,

$$\begin{aligned} P_a &= VI_c = \omega\varepsilon AEV\tan\delta = \omega\varepsilon AE^2 d\tan\delta \\ &= \omega\varepsilon vE^2\tan\delta = 2\pi\upsilon\varepsilon vE^2\tan\delta \end{aligned} \tag{2.17}$$

समी.-(2.17) से यह स्पष्ट है कि वास्तविक पावर की हानि परावैद्युत पदार्थ के आयतन ($V = Ad$), प्रत्यावर्ती (alternating) विद्युत क्षेत्र की आवृति $\left(\upsilon = \frac{\omega}{2\pi}\right)$, परावैद्युत माध्यम के परावैद्युत स्थिरांक, वैकल्पिक विद्युत क्षेत्र (E) का वर्ग और लॉस स्पर्शरेखा ($\tan\delta$) के समानुपाती होती है।

2.10 एकरूपता, रैखिकता और आइसोट्रोपी

एक परावैद्युत माध्यम एक एकरूपता (*Homogeneous*) माध्यम कहलाता है जब इसकी भौतिक विशेषताएँ जैसे द्रव्यमान, घनत्व, पारगम्यता आदि एक निश्चित दिशा में सभी बिन्दुओं पर समान रहती हैं, अर्थात्, माध्यम की भौतिक विशेषताएँ स्पेस निर्देशांक से स्वतंत्र होती है।

दूसरी ओर, एक परावैद्युत माध्यम को विषमरूपता (*Inhomegeneous*) माध्यम कहा जाता है यदि इसकी भौतिक विशेषताएँ जैसे द्रव्यमान, घनत्व, पारगम्यता आदि स्थिति में परिवर्तन के साथ बदल जाती हैं, अर्थात्, माध्यम की भौतिक विशेषताएं स्पेस निर्देशांक पर निर्भर होती है।

यदि किसी परावैद्युत माध्यम की पारगम्यता लागू विद्युत क्षेत्र के साथ नहीं बदलती है, तो माध्यम को रैखिक कहा जाता है और यदि एक परावैद्युत माध्यम की पारगम्यता लागू विद्युत क्षेत्र के साथ बदल जाती है, तो माध्यम को गैर-रैखिक कहा जाता है।

एक परावैद्युत माध्यम एक आइसोट्रोपिक माध्यम कहलाता है यदि इसकी भौतिक विशेषताएँ जैसे द्रव्यमान, घनत्व, पारगम्यता आदि सभी दिशाओं में सभी बिन्दुओं पर समान रहती हैं और परावैद्युत माध्यम अनिसोट्रोपिक कहा जाता है यदि इसकी भौतिक विशेषताएँ जैसे द्रव्यमान, घनत्व, पारगम्यता आदि दिशाओं में परिवर्तन के साथ परिवर्तन आता है।

2.11 फ्लक्स घनत्व, तीव्रता और ध्रुवीकरण का संबंध

इस खंड में हम एक परावैद्युत माध्यम के प्रवाह (Flux) घनत्व, क्षेत्र की तीव्रता और ध्रुवीकरण के बीच संबंध खोजना चाहते हैं। इसके लिए, आइए हम समांतर प्लेट संधारित्र की प्लेटों के बीच रखे फेस एरिया A और मोटाई t के एक समरूप, आइसोट्रोपिक परावैद्युत स्लैब पर विचार करें (चित्र 2.5)। अब, यदि समानान्तर प्लेट संधारित्र को प्रारंभ में एक समान विद्युत क्षेत्र में रखा जाता है, तो संधारित्र की एक प्लेट धनात्मक आवेश प्राप्त कर लेगी और संधारित्र की दूसरी प्लेट ऋणात्मक आवेश प्राप्त कर लेगी और परावैद्युत स्लैब ध्रुवीकृत हो जाएगा, जैसा कि पहले चर्चा की गई है।

इस ध्रुवीकरण के कारण, मान लेते हैं कि q_p और $-q_P$ स्लैब के समानान्तर प्लेटों पर प्रेरित आवेश हैं, जो अपनी विद्युत क्षेत्र की तीव्रता $\vec{E_p}$ का उत्पादन करते हैं। इस प्रकार, पूरे स्लैब के लिए द्विध्रुवीय आघूर्ण $q_P t$ है और चूंकि स्लैब का आयतन tA है, इसलिए विद्युत ध्रुवीकरण का परिमाण इस प्रकार प्राप्त किया जा सकता है,

$$|\vec{P}| = \frac{q_P t}{tA} = \frac{q_P}{A} = \sigma_P \tag{2.18}$$

यहाँ $\sigma_P = \dfrac{q_P}{A}$ परावैद्युत स्लैब के ध्रुवीकरण आवेश का सतह घनत्व है।

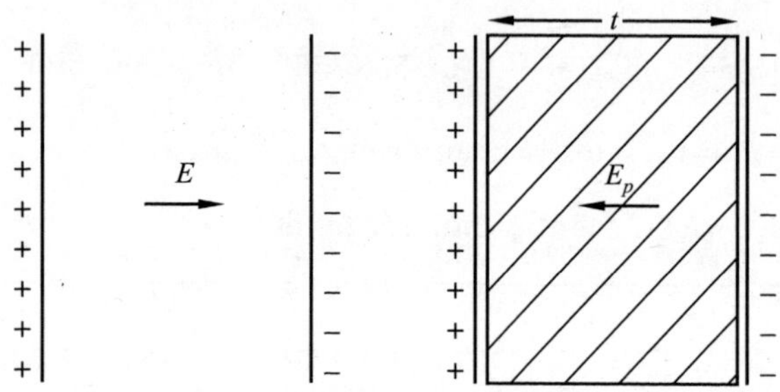

चित्र 2.5: समानांतर प्लेट कैपेसिटर (*a*) बिना परावैद्युत और (*b*) परावैद्युत के साथ

अब, अगर $\vec{E}$ प्रारंभिक विद्युत क्षेत्र की तीव्रता हो और $\overrightarrow{E_P}$ परावैद्युत पदार्थ के अंदर उत्पादित विद्युत क्षेत्र की तीव्रता हो, तो परावैद्युत पदार्थ के अंदर परिणामी विद्युत क्षेत्र होगा,

$$\overrightarrow{E'} = \vec{E} - \overrightarrow{E_P} \tag{2.19}$$

फिर से, अगर σ और σ_P कैपेसिटर प्लेट पर क्रमशः आवेशों का शुल्कों की सतह घनत्व और परावैद्युत स्लैब पर प्रेरित (ध्रुवीकरण) आवेशों का सतह घनत्व हो,

$$E_P = \frac{\sigma_P}{\varepsilon_0} \tag{2.20 (a)}$$

और

$$E = \frac{\sigma}{\varepsilon_0} \tag{2.20 (b)}$$

इसलिए

$$E' = \frac{\sigma}{\varepsilon_0} - \frac{\sigma_P}{\varepsilon_0} \tag{2.21}$$

या

$$\sigma = \varepsilon_0 E' + \sigma_P = \varepsilon_0 E' + P \tag{2.22}$$

$\varepsilon_0 E' + P$ को इलैक्ट्रिक फ्लक्स घनत्व या विद्युत विस्थापन कहा जाता है और इसे D से दर्शाया जाता है। यह मूल रूप से बल की लाइनों की संख्या का प्रतिनिधित्व करता है जो सामान्य रूप से इकाई क्षेत्र के माध्यम से गुजरता है। आमतौर पर, वेक्टर रूप में विद्युत विस्थापन वेक्टर को लिखते हैं,

$$\vec{D} = \varepsilon_0 \vec{E} + \vec{P} \tag{2.23}$$

खाली स्थान अर्थात निर्वात में $\vec{P} = 0$ और विद्युत विस्थापन वेक्टर होगा,

$$\vec{D} = \varepsilon_0 \vec{E} \tag{2.24 (a)}$$

2.12 फ्लक्स घनत्व और वैद्युत फ्लक्स

वैद्युत फ्लक्स घनत्व एक इकाई क्षेत्र के माध्यम से सामान्य रूप से पार करने वाली विद्युत लाइनों की संख्या का प्रतिनिधित्व करता है। एक पारगम्यता ε वाले रैखिक आइसोट्रोपिक माध्यम के लिए; फ्लक्स घनत्व वेक्टर को इस प्रकार परिभाषित किया गया है,

$$\vec{D} = \varepsilon\vec{E} = \varepsilon_0\varepsilon_r\vec{E} \tag{2.24 (b)}$$

एक बंद सतह (S) पर फ्लक्स घनत्व वेक्टर के सामान्य घटक के सतही एकीकरण को सतह से घिरे विद्युत फ्लक्स (φ) के रूप में माना जा सकता है। इसलिए विद्युत फ्लक्स को इस प्रकार व्यक्त किया जा सकता है,

$$\varphi = \int_S \vec{D}.d\vec{S} \tag{2.25}$$

2.13 परावैद्युत पदार्थों में गॉस का नियम

यह इलैक्ट्रॉस्टैटिक्स में गॉस के नियम के समान है और किसी भी परावैद्युत माध्यम के लिए लागू होता है। इस के अनुसार कुल विद्युत प्रवाह यानी, एक परावैद्युत माध्यम की बंद सतह पर फ्लक्स घनत्व वेक्टर के सामान्य घटक का (सतह) एकीकरण सतह से घिरे कुल आवेश के $\frac{1}{\varepsilon_0}$ गुणा के बराबर है।

इस प्रकार
$$\varphi = \int_S \vec{D}.d\vec{S} = q \tag{2.26}$$

यहाँ
$$\vec{D} = \varepsilon\vec{E} = \varepsilon_0 k\vec{E} \tag{2.27}$$

2.14 संविलियन संबंध

एक पैरावैद्युत माध्यम के विभिन्न भौतिक मापदण्ड, जैसे की विद्युत सुग्राहिता, परावैद्युत स्थिरांक, परमाणु ध्रुवीकरण, विद्युत ध्रुवीकरण एक दूसरे से संबंधित होते हैं, जिन्हें आमतौर पर परावैद्युत के लिए संविलियन संबंधों के रूप में संदर्भित किया जाता है। बाद के खण्डों में हम ऐसे कुछ संबंध प्राप्त करेंगे।

2.14.1 विद्युत सुग्राहिता और परावैद्युत कॉन्सटेंट

हम जानते हैं कि विद्युत विस्थापन वेक्टर, $\vec{D} = \varepsilon\vec{E} = \varepsilon_0 k\vec{E}$ और विद्युत ध्रुवीकरण वेक्टर, $\vec{P} = \varepsilon_0\chi\vec{E}$.

तो, विद्युत विस्थापन वेक्टर, $\vec{D} = \varepsilon_0\vec{E} + \vec{P}$ से हमें मिलता है,

$$\varepsilon_0 k\vec{E} = \varepsilon_0\vec{E} + \varepsilon_0\chi\vec{E}$$

इसलिए,
$$k = 1 + \chi \tag{2.28}$$

यह विद्युत सुग्राहिता और परावैद्युत माध्यम के परावैद्युत कॉन्सटेंट के बीच का समीकरण है।

उदाहरण 2.5

उदाहरण 2.5 यदि NTP इकाई में गैस का परावैद्युत स्थिरअंक 1.000056 है, तो इसकी विद्युत सुग्राहिता का पता लगाएं।

हल

NTP इकाई में गैस का परावैद्युत स्थिरअंक 1.0000456 है।

इसलिए, इसकी सुग्राहित होगी $\chi = \varepsilon - 1 = 1.000056 - 1 = 0.000056 = 5.6 \times 10^{-5}$.

2.14.2 इलैक्ट्रिक सुग्राहिता और परमाणु ध्रुवीकरण

परावैद्युत माध्यम की विद्युत सुग्राहिता है,

$$\chi = \frac{P}{\varepsilon_0 E} = \frac{n\alpha}{\varepsilon_0}$$

$$\therefore \quad k = 1 + \chi = 1 + \frac{n\alpha}{\varepsilon_0} \tag{2.29}$$

यह परावैद्युत मीडियम की इलैक्ट्रिक सुग्राहिता और परमाणु ध्रुवीकरण के बीच संबंध है।

उदाहरण 2.6

उदाहरण 2.6 यह मानते हुए कि आर्गन (Ar) परमाणु की विद्युत ध्रुवणता 1.43×10^{-40} F.m^2 है, ठोस आर्गन का परावैद्युत नियतांक ज्ञात कीजिए। आर्गन का घनत्व 1.8 g.cm^{-3} और परमाणु द्रव्यमान 39.95 g.mol^{-1} है।

हल

दिया गया है: एक आर्गन परमाणु की विद्युत ध्रुवीकरण = 1.43×10^{-40} F. m^2, आर्गन का घनत्व = 1.8 g.cm^{-3} और आर्गन का परमाणु द्रव्यमान = 39.95 g.mol^{-1}

अत: प्रति इकाई आयतन में Ar परमाणुओं की संख्या है

$$n = \frac{\text{Avogadro no.} \times \text{density}}{\text{Atomic weight}} = \frac{6.02 \times 10^{26} \times 1.8}{39.95} = 2.7 \times 10^{25}.$$

इस प्रकार, ठोस आर्गन का परावैद्युत नियतांक है

$$k = 1 + \frac{n\alpha}{\varepsilon_0} = 1 + \frac{2.7 \times 10^{25} \times 1.43 \times 10^{-40}}{8.854 \times 10^{-12}} = 1.000436.$$

2.14.3 इलैक्ट्रिक ध्रुवीकरण और परावैद्युत कॉन्सटेंट

हम जानते हैं, $\vec{D} = \varepsilon_0 \vec{E} + \vec{P}$

$$\varepsilon_0 k \vec{E} = \varepsilon_0 \vec{E} + \vec{P}$$

या

$$\vec{P} = (k-1)\varepsilon_0 \vec{E} \tag{2.30}$$

यह विद्युत ध्रुवीकरण और परावैद्युत माध्यम के परावैद्युत कॉन्स्टेंट के बीच संबंध है।

अब, अगर एक विद्युत क्षेत्र की तीव्रता $\vec{E}$ हो और $\vec{E_P}$ परावैद्युत पदार्थ के अंदर उत्पादित विद्युत क्षेत्र की तीव्रता हो, तो परावैद्युत पदार्थ के अंदर परिणामी विद्युत क्षेत्र होगा,

$$\vec{E'} = \vec{E} - \vec{E_P} = \vec{E} - \frac{\vec{P}}{\varepsilon_0} = \vec{E} - \chi\vec{E'}$$

या $$\vec{E'} = \frac{\vec{E}}{1+\chi} = \frac{\vec{E}}{k} \tag{2.31 (a)}$$

अथवा $$\frac{\vec{E'}}{\vec{E}} = 1+\chi = k \tag{2.31 (b)}$$

इस प्रकार बाहर से लगाए गए विद्युत क्षेत्र $\vec{E}$ और इसके कारण परावैद्युत के भीतर उत्पादित विद्युत क्षेत्र $\vec{E'}$ का अनुपात परावैद्युत कॉन्सटेंट है।

2.15 ध्रुवीकरण के प्रकार

यदि एक परावैद्युत पदार्थ को एक विद्युत क्षेत्र में रखा जाता है, तो क्षेत्र द्विध्रुव को संरेखित करता है जिसके परिणामस्वरूप ध्रुवीकरण होता है। इस प्रकार निम्नलिखित प्रभाव होता है,

1. विद्युत क्षेत्र अणुओं के आवेश वितरण को विकृत करता है और प्रत्येक अणु में प्रेरित द्विध्रुव आघूर्ण पैदा करता है और,
2. विद्युत क्षेत्र ध्रुवीय अणुओं के स्थान पर बेतरतीब ढंग से उन्मुख स्थायी द्विध्रुवों पर एक बलाघूर्ण (Torque) लगाता है। बाद के खंडों में कुछ बुनियादी प्रकार के परावैद्युत ध्रुवीकरण को विस्तार से चित्रित किया गया है।

2.15.1 प्रेरित (इलैक्ट्रॉनिक) ध्रुवीकरण

यदि एक परावैद्युत पदार्थ बाहरी विद्युत क्षेत्र में रखा जाता है, तो परावैद्युत पदार्थ के परमाणुओं के इलेक्ट्रान भारी एवं स्थिर नाभिक से अपेक्षाकृत विस्थापित हो जाते हैं। इसके कारण बाहरी विद्युत क्षेत्र की दिशा में एक प्रेरित विद्युत द्विध्रुवीय आघूर्ण का उत्पादन होता है। इस प्रकार परावैद्युत पदार्थ के प्रति इकाई आयतन में प्रेरित द्विध्रुवीय आघूर्ण ही प्रेरित (इलैक्ट्रॉनिक) ध्रुवीकरण का कारण होता है। नाभिक के सापेक्ष इलैक्ट्रॉनों के विस्थापन के कारण बाह्य क्षेत्र की दिशा में एक प्रेरित विद्युत द्विध्रुव आघूर्ण उत्पन्न होता है।

यह प्रेरित विद्युत द्विध्रुव आघूर्ण परावैद्युत पदार्थ के तापमान से स्वतंत्र है, लेकिन परमाणु त्रिज्या पर निर्भर करता है। निर्भरता की प्रकृति की जांच करने के लिए, आइए हम परमाणु संख्या Z और त्रिज्या r के परमाणु पर विचार करें, जिसमें आवेश क्लाउड का समान वितरण चित्र 2.6 (*a*) में दिखाया गया है। तो, आवेश घनत्व होगा,

$$\rho = -\frac{Ze}{\frac{4}{3}\pi r^3} \tag{2.32}$$

अब, जब इस परमाणु को विद्युत क्षेत्र $\vec{E}$ में रखा जाता है, तो मान लीजिए कि नाभिक और इलैक्ट्रॉन क्लाउड एक संख्या x [चित्र 2.6 (*b*)] से विस्थापित हो जाते हैं।

तो, इलैक्ट्रिक फील्ड की दिशा में लोरेंटज (Lorentz) बल होगा,

$$F_L = \text{ZeE} \tag{2.33}$$

और नाभिक और इलैक्ट्रॉन क्लाउड के बीच आकर्षण का बल होगा,

$$F_G = \frac{Ze.\frac{4}{3}\pi x^3\rho}{4\pi\varepsilon_0 x^2} = -\frac{Z^2e^2x}{4\pi\varepsilon_0 r^3} \tag{2.34}$$

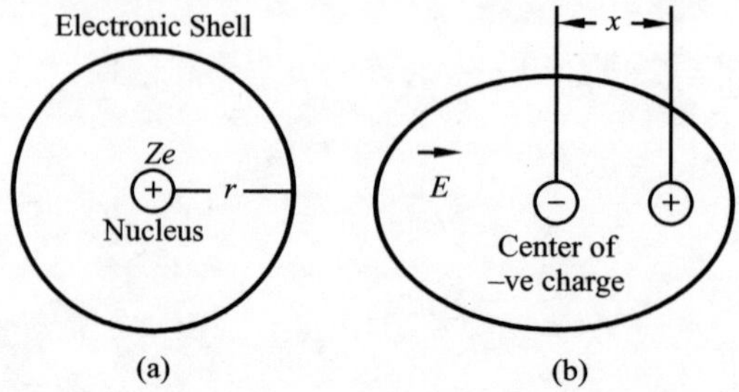

चित्र 2.6: (*a*) नूयट्रल (neutral) परमाणु (E = 0) और (*b*) E-फील्ड की उपस्थिति में प्रेरित ध्रुवीकरण

अब, संतुलन के लिए नाभिक पर शुद्ध बल शून्य होना चाहिए। तो, समी.-(2.33) और समी.-(2.34) की समानता से हमें मिलता है,

$$ZeE = \frac{Z^2e^2x}{4\pi\varepsilon_0 r^3}$$

या
$$x = \frac{4\pi\varepsilon_0 r^3 E}{Ze} \tag{2.35}$$

इसलिए, इलैक्ट्रॉन क्लाउड का विस्थापन लगाए गए विद्युत क्षेत्र के आनुपातिक है। अब प्रेरित विद्युत द्विध्रुव आघूर्ण होगा,

$$p = Zex$$
$$= 4\pi\varepsilon_0 r^3 E \tag{2.36}$$

इस प्रकार प्रेरित विद्युत द्विध्रुव आघूर्ण भी लागू बिजली के क्षेत्र के आनुपातिक है।

फिर से, विद्युत ध्रुवीकरण से,

$$\alpha = \frac{p}{E} = 4\pi\varepsilon_0 r^3 \tag{2.37}$$

यदि प्रति यूनिट मात्रा परमाणुओं की संख्या हो n, तो विद्युत ध्रुवीकरण होगा,

$$P = np = n\alpha E$$
$$= 4\pi\varepsilon_0 n r^3 E \tag{2.38}$$

यह इलैक्ट्रॉनिक ध्रुवीकरण और परमाणु त्रिज्या के बीच संबंध है।

और माध्यम के परावैद्युत कॉन्सटेंट (परावैद्युत स्थिरांक) को लिख सकते हैं,

$$k = 1 + \frac{n\alpha}{\varepsilon_0}$$

∴
$$n\alpha = \varepsilon_0 (k - 1)$$

या
$$4\pi\varepsilon_0 r^3 n = \varepsilon_0 (k - 1)$$

या
$$(k - 1) = 4\pi\, nr^3$$

या
$$k = 1 + 4\pi nr^3 \tag{2.39}$$

समी.-(2.39) परावैद्युत कॉन्सटेंट (परावैद्युत स्थिरांक) और परमाणु त्रिज्या के बीच संबंध है।

उदाहरण 2.7 Helium (He) गैस का परावैद्युत स्थिरांक 0°C और 1 वायुमण्डलीय दबाव पर 1.0000684 है और इन परिस्थितियों में गैस के 2.7×10^{25} atoms/m³ हैं। जब He गैस पर इलैक्ट्रिक फील्ड 10^6 V/m लगाया गया, तब इलैक्ट्रॉन क्लाउड की त्रिज्या और विस्थापन का मान क्या होगा?

हल

यहां, परावैद्युत स्थिरांक $= k = 1.0000684$, प्रति यूनिट मात्रा परमाणुओं की संख्या $= n = 2.7 \times 10^{25}$ atoms/m³, लगाया हुआ इलैक्ट्रिक फील्ड $= E = 10^6$ V/m.

हमें ज्ञात है, $$k = 1 + 4\pi n r^3$$

या $$a^3 = \frac{k-1}{4\pi n} = \frac{1.0000684 - 1}{4\pi \times 2.7 \times 10^{25}} = 20.2 \times 10^{-36}$$

या $$a = 2.72 \times 10^{-12} \text{ m}.$$

जो इलैक्ट्रॉन क्लाउड की त्रिज्या है।

फिर, इलैक्ट्रॉन बादल का विस्थापन है

$$x = \frac{4\pi\varepsilon_0 a^3 E}{Ze}$$

$$= \frac{4\pi \times 8.854 \times 10^{-12} \times 20.2 \times 10^{-36} \times 10^6}{2 \times 1.6 \times 10^{-19}} = 0.7 \times 10^{-22} \text{ m}.$$

2.15.2 परमाणु ध्रुवीकरण

परावैद्युत पदार्थ जिनमें आयनिक बंध (Bonds) होते हैं (जैसे *NaCl*, *KCl* आदि); इन पदार्थों में परमाणु या आयनिक ध्रुवीकरण उत्पन्न हो सकते हैं। इस प्रकार के क्रिस्टल में एक परमाणु से दूसरे परमाणु में इलैक्ट्रॉनों का स्थानान्तरण होता है। जब इस प्रकार के क्रिस्टल पर एक विद्युत क्षेत्र लगाया जाता है, तो धनात्मक और ऋणात्मक आयन क्रमशः विद्युत क्षेत्र की दिशा के साथ और विपरीत विस्थापित होते हैं [चित्र 2.7 (*b*)], जब तक आयनिक बंध का बल इसे रोक नहीं सकता। इसके कारण एक प्रेरित विद्युत द्विध्रुवीय आघूर्ण और इसलिए प्रेरित ध्रुवीकरण (Polarization, p_i) उत्पन्न होते हैं। यह प्रेरित विद्युत ध्रुवीकरण लेटिस (Lattice) के धनात्मक और ऋणात्मक आयनों के पारस्परिक विस्थापन के कारण होता है और तापमान से स्वतंत्र होता है। आयनिक क्रिस्टल का प्रेरित द्विध्रुवीय आघूर्ण लगाए गए विद्युत क्षेत्र के समानुपाती होता है और इस प्रकार, $p_i \propto E$

या $$P_i = \alpha_i E \qquad [\text{यहाँ } \alpha_i \text{ आयनिक ध्रुवीकरण है}] \tag{2.40}$$

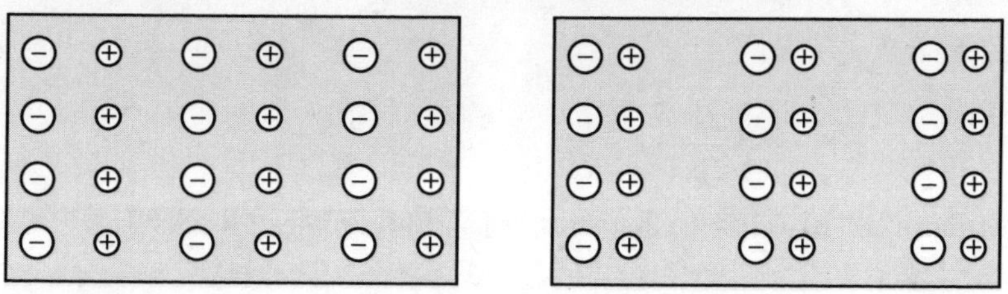

(a) (b)

चित्र 2.7: आयनिक ध्रुवीकरण (*a*) कोई क्षेत्र नहीं (E = 0), (*b*) लगाए गए क्षेत्र (E ≠ 0) के साथ

यदि क्रिस्टल के प्रति इकाई आयतन में द्विध्रुवों की संख्या *n* है, तो आयनिक ध्रुवीकरण है,

$$p_i = np_i = n\alpha_i E \tag{2.41}$$

आयनिक ध्रुवीकरण के अलावा, एक आयनिक अणु में विद्युत क्षेत्र की क्रिया के तहत इलैक्ट्रॉन क्लाउड की गति के कारण इलैक्ट्रॉनिक ध्रुवीकरण भी होता है। तो, कुल ध्रुवीकरण आयनिक और इलैक्ट्रॉनिक ध्रुवीकरण का योग होगा और इसको लिख सकते हैं,

$$P = P_e + P_i = n(\alpha_e + \alpha_i)E \tag{2.42}$$

2.15.3 द्विध्रुवीय ध्रुवीकरण

इस प्रकार का ध्रुवीकरण ध्रुवीय परावैद्युत के लिए होता है, जिसमें स्थायी इलैक्ट्रिक डाइपोल (Dipole) होते हैं (जैसे HCl, NO_2 आदि)। आम तौर पर बाहरी विद्युत के क्षेत्र की अनुपस्थिति में, ये डाइपोल एक दूसरे के प्रभाव को रद्द करने के लिए बेतरतीब ढंग से उन्मुख होते हैं, इससे इलैक्ट्रिक डाइपोल मोमेंट (Dipole moment) शून्य हो जाता है। लेकिन जब एक बाहरी विद्युत क्षेत्र लागू किया जाता है, तो ये द्विध्रुव विद्युत क्षेत्र की दिशा में उन्मुख होते हैं, जिससे एक शुद्ध द्विध्रुवीय आघूर्ण उत्पन्न होता है और इसलिए उन पर एक टॉर्क (Torque) लगता है (चित्र 2.8)। इस प्रकार विकसित ध्रुवीकरण को अभिविन्यास (Orientation) ध्रुवीकरण के रूप में जाना जाता है। यह ध्रुवीकरण तापमान बढ़ने से घटता है। जब इलैक्ट्रिक फील्ड E लगाया जाता है तो डाइपोल के ध्रुवीय अणुओं पर कार्य करने वाला बलाघूर्ण (Torque) होगा,

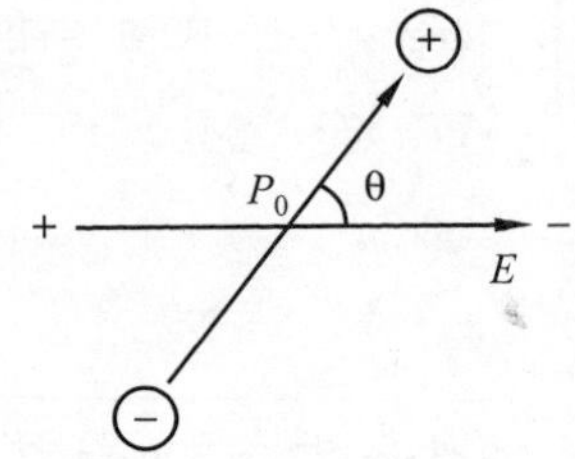

चित्र 2.8: इलेक्ट्रिक फील्ड की उपस्थिति में डाइपोलर (dipolar) ओरिएंटेशन

$$\tau = p_0 E \sin\theta \tag{2.43}$$

p_0 ओरिएंटेशनल डाइपोल मोमेंट है। जब डाइपोल को 180° से घुमाया जाता है, तब अधिकतम किया गया कार्य और अधिकतम अभिविन्यास डाइपोल होगा,

$$E_{\max} = \int_0^{\pi} p_0 E \sin\theta = 2p_0 E \tag{2.44}$$

और जब डाइपोल E-क्षेत्र की दिशा में होगा तो किया गया कार्य शून्य होगा। इसलिए, औसत ओरिएंटेशन डाइपोल ऊर्जा, होगी,

$$E_{av} = \frac{2p_0 E}{2} = p_0 E \tag{2.45}$$

अब, अभिविन्यास ध्रुवीकरण तब प्रभावी होगा जब औसत अभिविन्यास द्विध्रु ऊर्जा और औसत थर्मल ऊर्जा का अनुपात एक से अधिक होगा। इस प्रकार, औसत अभिविन्यास ध्रुवीकरण होगा,

$$P_o \propto \frac{p_0 E_{av}}{E_{th(av)}}$$

या

$$E_{th(av)} = \frac{5}{2}kT$$

इसलिए

$$P_o \propto \frac{p_0^2 E}{(5/2)kT}$$

Maxwell-Boltzmann (M-B) स्टैटिक्स (Statistics) का उपयोग करके, हम औसत अभिविन्यास ध्रुवीकरण प्राप्त कर सकते हैं,

$$P_o = \frac{n}{3}\frac{p_0^2 E}{kT} = n\alpha_o E \tag{2.46}$$

यहाँ n क्रिस्टल की प्रति यूनिट मात्रा में डाइपोल की संख्या है। इस प्रकार अभिविन्यास ध्रुवीकरण है,

$$\alpha_o = \frac{p_0^2}{3kT} \tag{2.47}$$

2.15.4 अंतरफेशियल ध्रुवीकरण

इस प्रकार का ध्रुवीकरण बहु-चरण परौवद्युत पदार्थ में होता है, जिसमें विभिन्न चरणों के लिए अलग-अलग प्रतिरोधकता होती है। विद्युत क्षेत्र की अनुपस्थिति में पदार्थ के भीतर धनात्मक और ऋणात्मक आवेशों के बीच कोई अलगाव नहीं होता है। लेकिन विद्युत क्षेत्र की उपस्थिति में अपेक्षाकृत उच्च तापमान पर, सीमा से अधिक चालकता में अचानक परिवर्तन के कारण, परावैद्युत पदार्थ के विपरीत किनारों पर धनात्मक और ऋणात्मक आवेश जमा हो जाते हैं [चित्र 2.9 (*b*)] आयनों के विस्थापन के कारण, एक प्रेरित द्विध्रुवीय आघूर्ण उत्पन्न होता है ओर इस प्रकार विकसित ध्रुवीकरण को इंटरफेशियल या स्पेस चार्ज ध्रुवीकरण कहा जाता है। परावैद्युत पदार्थ के इस प्रकार वाले ध्रुवीकरण पर तापमान का गहरा प्रभाव होता है।

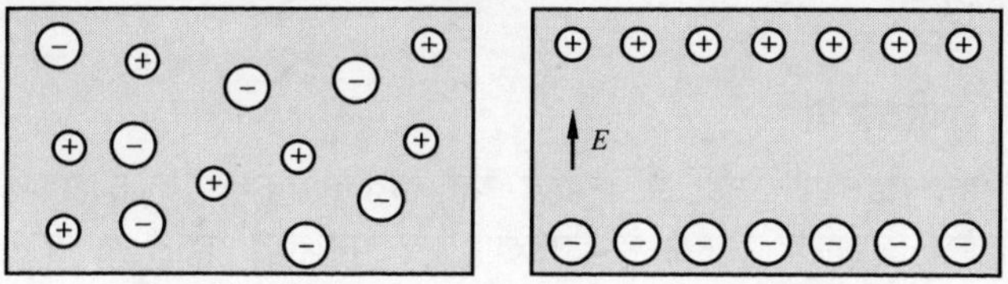

चित्र 2.9: अंत:मुखी(इंटरफेसियल) ध्रुवीकरण (*a*) कोई क्षेत्र नहीं (E = 0), (*b*) क्षेत्र (E ≠ 0) के साथ

विभिन्न प्रकार के ध्रुवीकरण में, इलैक्ट्रॉनिक ध्रुवीकरण सबसे तेज़ है और आमतौर पर $\sim 10^{13} - 10^{15}$ Hz के बीच आवृत्तियों पर बना रहता है। दूसरी ओर, आयनिक ध्रुवीकरण धीमा होता है और आमतौर पर $\sim 10^{9} - 10^{13}$ Hz के बीच आवृत्तियों पर होता है, जबकि अणुओं की गति को शामिल करते हुए द्विध्रुवी या Orientational ध्रुवीकरण 10^9 Hz से नीचे होता है और इंटरफेस या स्पेस चार्ज ध्रुवीकरण 10 हर्ट्ज से नीचे की आवृत्तियों पर होता है [चित्र 2.10]

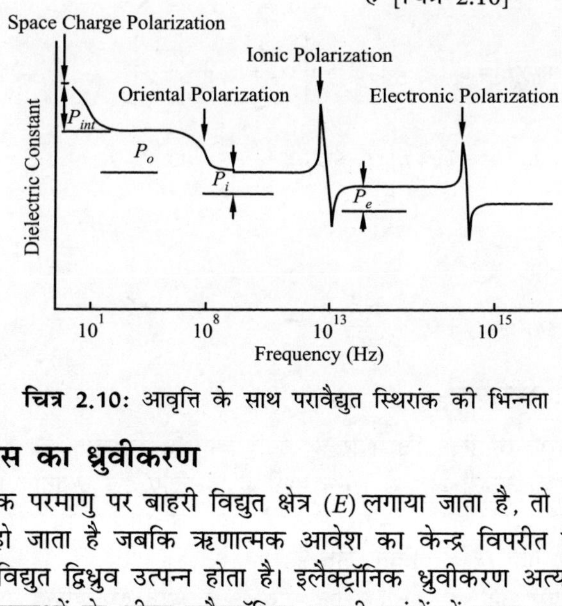

चित्र 2.10: आवृत्ति के साथ परावैद्युत स्थिरांक की भिन्नता

2.16 मोनोआटोमिक गैस का ध्रुवीकरण

यदि परमाणु क्रमांक Z वाले एक परमाणु पर बाहरी विद्युत क्षेत्र (E) लगाया जाता है, तो धनात्मक आवेश का केन्द्र लागू क्षेत्र की दिशा में विस्थापित हो जाता है जबकि ऋणात्मक आवेश का केन्द्र विपरीत दिशा में विस्थापित हो जाता है (चित्र 2.6 देखें)। इस प्रकार विद्युत द्विध्रुव उत्पन्न होता है। इलैक्ट्रॉनिक ध्रुवीकरण अत्यधिक उच्च क्षेत्र आवृत्तियों तक बना रह सकता है क्योंकि परमाणुओं के भीतर इलैक्ट्रॉनिक स्थायी तरंगों में उच्च प्राकृतिक आवृत्तियाँ होती है। जब परमाणु को बाहरी विद्युत क्षेत्र E में रखा जाता है, तो नाभिक और इलैक्ट्रॉन विपरीत दिशा में गति कर सकते हैं। यह उल्लेख करना महत्त्वपूर्ण है कि संतुलन को नाभिक के साथ स्थानान्तरित किया जा सकता है। यह इलैक्ट्रॉन के केन्द्र से थोड़ी दूरी पर स्थानान्तरित हो जाता है और लगाए गए विद्युत क्षेत्र के अनुपात में होता है। स्थानान्तरित दूरी x को इस प्रकार व्यक्त किया जा सकता है,

$$x = \frac{4\pi\varepsilon_0 r^3 E}{Ze}$$

परिणामस्वरूप, यहाँ सम्मिलित द्विध्रुव आघूर्ण जो लगाए गए क्षेत्र के समानुपाती होता है, को इस प्रकार लिखा जा सकता है,

$$p = Zex = 4\pi\varepsilon_0 r^3 E$$

और विद्युत ध्रुवीकरण होगा,

$$\alpha = \frac{p}{E} = 4\pi\varepsilon_0 r^3$$

यदि प्रति इकाई आयतन में परमाणुओं की संख्या n हो, तो विद्युत ध्रुवीकरण होगा,

$$P = np = n\alpha E = 4\pi\varepsilon_0 nr^3 E$$

2.17 बहुपरमाणुक (Polyatomic) गैसों का ध्रुवीकरण

आम परावैद्युत पदार्थ के लिए, स्पेस चार्ज ध्रुवीकरण बहुत महत्त्वपूर्ण नहीं है क्योंकि यह केवल एक परावैद्युत पदार्थ के इंटरफेस पर देखा जाता है और कम होने के कारण इसे छोड़ा जा सकता है। इसलिए एक परावैद्युत पदार्थ के कुल ध्रुवीकरण को परमाणु, आयनिक और ओरिएंटल ध्रुवीकरण के संयुक्त प्रभाव के रूप में माना जा सकता है। तो, n परमाणु, आयनिक और ओरिएंटल ध्रुवीकरण के प्रभाव पर विचार करते हुए प्रति इकाई आयतन वाले पॉलीएटोमिक गैस के लिए कुल ध्रुवीकरण होता है,

$$P = P_e + P_i + P_o = n\alpha_e E + n\alpha_i E + n\alpha_o E = n(\alpha_e + a_i + \alpha_o)\, E \tag{2.48}$$

या
$$\varepsilon_0\chi E = \varepsilon_0(\varepsilon_r - 1)E = n\left[\alpha_e + \alpha_i + \frac{{p_0}^2}{3kT}\right]E$$

या
$$\varepsilon_0(\varepsilon_r - 1) = n\left[\alpha_e + \alpha_i + \frac{{p_0}^2}{3kT}\right] = n\alpha_T \tag{2.49}$$

अतः कुल ध्रुवीकरण होता है,

$$\alpha_T = \alpha_e + \alpha_i + \frac{{p_0}^2}{3kT} \tag{2.50}$$

2.18 क्लॉसियस मोसोट्टी रिलेशन

विद्युत क्षेत्र, जो अणु के ध्रुवीकरण के लिए जिम्मेदार है, आण्विक क्षेत्र कहलाता है। इस खंड में हम इसे $\vec{E}_m$ कहेंगे। यह एक मैक्रोस्कोपिक मात्रा है जो बाहरी क्षेत्र से भिन्न होती है, इसलिए इसे स्थानीय क्षेत्र कहा जाता है। इसके लिए एक व्यंजक (Expression) प्राप्त करने के लिए, परावैद्युत में एक विचाराधीन बिन्दु के चारों ओर त्रिज्या r का एक गोलाकार छोटा टुकड़ा काट कर गुहा (cavity) बना लेते हैं।

अब, हम परावैद्युत को वापस गुहा (Cavity) में एक-एक अणु करते हुए डालते हैं, केवल उस अणु को छोड़कर जहां हम $\vec{E}_m$ निकालना चाहते हैं। इन अणुओं को एक सातत्य (Continuum) के रूप में नहीं बल्कि व्यक्तिगत द्विध्रुव के रूप में माना जा सकता है। मान लीजिए, परावैद्युत में O गोलाकार गुहा का केंद्र है [चित्र 2.11] और इसकी त्रिज्या आण्विकों की आपसी दूरी की तुलना में बड़ी है लेकिन पूरे परावैद्युत के आयाम की तुलना में छोटी है। मान लीजिए, परावैद्युत को दो समानान्तर प्लेटों के बीच रखा गया है।

अब, परावैद्युत के अणु द्वारा, जिसे गुहा के केन्द्र में रखा गया है, अनुभव किया गया विद्युत क्षेत्र है,

$$\vec{E}_m = \vec{E}_1 + \vec{E}_2 + \vec{E}_3 + \vec{E}_4$$

यहाँ $\vec{E}_1$ कोई परावैद्युत के साथ दो समानान्तर आवेशित प्लेटों के बीच का विद्युत क्षेत्र है, $\vec{E}_2$ परावैद्युत की बाहरी सतहों पर ध्रुवीकरण आवेशों के कारण विद्युत क्षेत्र है, $\vec{E}_3$ गोलाकार गुहा की भीतरी सतहों पर ध्रुवीकृत आवेश के कारण विद्युत क्षेत्र है और $\vec{E}_4$ गोलाकार गुहा के अंदर सभी डाइपोल (Dipoles) के कारण विद्युत क्षेत्र है।

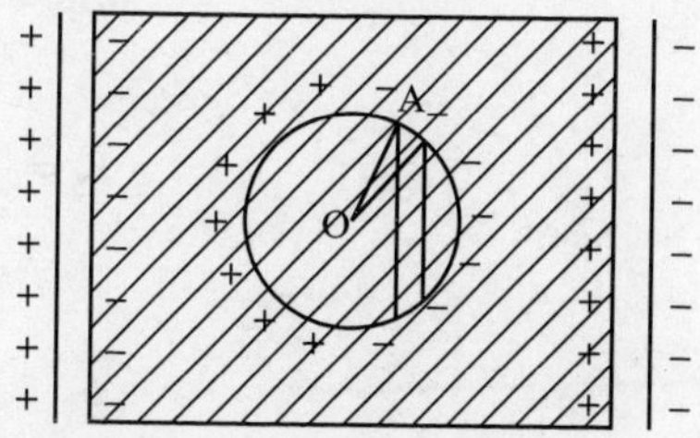

चित्र 2.11: गोलाकार गुहा (cavity)

इस अवस्था में, $\vec{E}_1 = \dfrac{\sigma}{\varepsilon_0}$

जहां σ सतह आवेश घनत्व है,

$$\vec{E}_2 = \frac{\vec{P}}{\varepsilon_0}$$

जहां $\vec{P}$ बाहरी विद्युत क्षेत्र $\vec{E}_1$ के भीतर रखे जाने पर परावैद्युत के ध्रुवीकरण के कारण ध्रुवीकरण वेक्टर है

$$\therefore \qquad \vec{E}_m = \vec{E}_1 - \frac{\vec{P}}{\varepsilon_0} + \vec{E}_3 + \vec{E}_4 \qquad (2.51)$$

यदि गुहा में डाइपोल एक घन (Cubic) क्रिस्टल की नियमित परमाणु पॉजिशन पर स्थित हैं, $\vec{E}_4 = 0$, लेकिन एनिसोट्रोपिक (unisotropic) माध्यम के मामले में $\vec{E}_4 \uparrow 0$.

मान लीजिए, जब परावैद्युत क्षेत्र को बाहरी क्षेत्र $\vec{E}_1$ में रखा जाता है तो परावैद्युत में विद्युत क्षेत्र $\vec{E}$ है। यह लेते हुए कि विद्युत विस्थापन (Displacement) का सामान्य घटक $\vec{D}$ निर्वात-परावैद्युत इंटरफेस में सतत् (Continuous) है, क्योंकि $\vec{D}$ सतह के लंबवत है, इसलिए $\vec{D}$ परावैद्युत के ठीक बाहर के निर्वात में परावैद्युत के अंदर के बराबर होना चाहिए, अर्थात्,

$$\varepsilon_0 \vec{E}_1 = \varepsilon_0 \vec{E} + \vec{P}$$

उपरोक्त समीकरणों के संयोजन और $\vec{E}_4 = 0$, का उपयोग कर हमें मिलता है,

$$\vec{E}_m = \vec{E} + \frac{\vec{P}}{\varepsilon_0} - \frac{\vec{P}}{\varepsilon_0} + \vec{E}_3 + 0 = \vec{E} + \vec{E}_3 \qquad (2.52)$$

ध्रुवीकरण से उत्पन्न विद्युत क्षेत्र $\vec{E}_3$ ध्रुवीकरण से जुड़े आवेश वितरण द्वारा उत्पादित क्षेत्र के बराबर है। यदि परावैद्युत के पूरे आयतन में यह मान स्थिर है, तो

$$\rho_P = -\vec{\nabla}.\vec{P} = 0 \quad \text{और} \quad \sigma_P = \vec{P}.\hat{r} = P\cos\theta$$

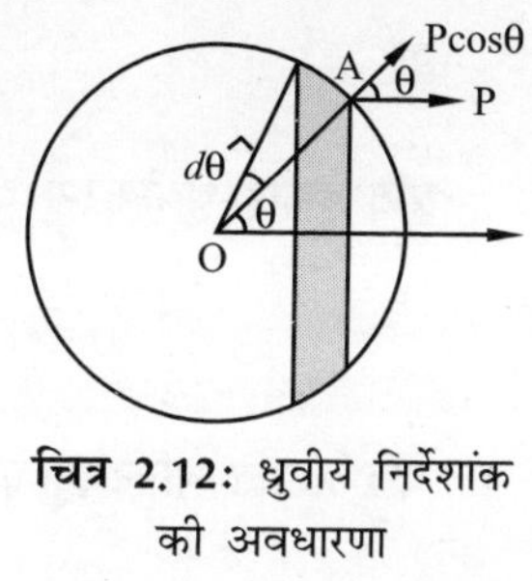

चित्र 2.12: ध्रुवीय निर्देशांक की अवधारणा

इस प्रकार, केन्द्र O पर स्थित बिन्दु A के सतह क्षेत्र S के कारण ध्रुवीय निर्देशांक (r, θ) में विद्युत क्षेत्र है,

$$dE' = \frac{1}{4\pi\varepsilon_0}\frac{\sigma_P dS}{r^2}\hat{r}$$

अब

$$dS = 2\pi r\sin\theta . r d\theta = 2\pi r^2 \sin\theta d\theta$$

$$\therefore \qquad dE' = \frac{1}{4\pi\varepsilon_0}\frac{P\cos\theta . 2\pi r^2 \sin\theta d\theta}{r^2}\hat{r} = \frac{P\cos\theta\sin\theta d\theta}{2\varepsilon_0}\hat{r}$$

समरूपता से यह स्पष्ट है कि E' के केवल P की दिशा के अनुदिश घटक ही कुल क्षेत्र E_3 में योगदान करेंगे,

$\therefore$ $$dE_3 = dE'\cos\theta = \frac{P\cos^2\theta\sin\theta d\theta}{2\varepsilon_0}$$

$\therefore$ $$E_3 = \frac{P}{2\varepsilon_0}\int_0^{\pi}\cos^2\theta\sin\theta d\theta = \frac{P}{3\varepsilon_0}$$

या $$\vec{E}_3 = \frac{\vec{P}}{3\varepsilon_0} \tag{2.53}$$

$\therefore$ $$\vec{E}_m = \vec{E} + \frac{\vec{P}}{3\varepsilon_0} \tag{2.54}$$

अब, आदर्श परावैद्युत के लिए $\vec{D} = \varepsilon_0\vec{E} + \vec{P}$ और $\vec{D} = \varepsilon\vec{E}$

$\therefore$ $$\varepsilon\vec{E} = \varepsilon_0\vec{E} + \vec{P}$$

या $$\vec{P} = (\varepsilon - \varepsilon_0)\vec{E} = \varepsilon_0\left(\frac{\varepsilon}{\varepsilon_0} - 1\right)\vec{E} = \varepsilon_0(k-1)\vec{E}$$

अत: $$\vec{E}_m = \vec{E} + \frac{\varepsilon_0(k-1)\vec{E}}{3\varepsilon_0} = \frac{(k+2)\vec{E}}{3} \tag{2.55}$$

$\therefore$ $$\vec{E} = \frac{3\vec{E}_m}{(k+2)} \tag{2.56}$$

समी.-(2.54) में प्रतिस्थापन से हमें मिलता है,

$$\vec{E}_m = \vec{E} + \frac{\vec{P}}{3\varepsilon_0} = \frac{3\vec{E}_m}{(k+2)} + \frac{\vec{P}}{3\varepsilon_0}$$

या $$\vec{P} = 3\varepsilon_0\vec{E}_m\left(\frac{k-1}{k+2}\right) \tag{2.57}$$

प्रति इकाई ध्रुवीकरण क्षेत्र एक अणु के डाइपोल मोमेंट को आण्विक ध्रुवीकरण कहा जाता है, अर्थात्

$$\alpha = \frac{\vec{p}_m}{\vec{E}_m}$$

यदि n प्रति यूनिट मात्रा अणुओं की संख्या हो, तो ध्रुवीकरण

$$\vec{P} = n\vec{p}_m = n\alpha\vec{E}_m$$

$\therefore$ $$n\alpha\vec{E}_m = 3\varepsilon_0\vec{E}_m\left(\frac{k-1}{k+2}\right)$$

या
$$\frac{n\alpha}{3\varepsilon_0} = \frac{k-1}{k+2} \tag{2.58}$$

इस समीकरण को **क्लॉसियस मोसोट्टी रिलेशन (Clausius Mossotti Relation)** के नाम से जाना जाता है।

इस फंक्शन को वॉल्यूम ध्रुवीकरण के रूप में भी जाना जाता है। प्रकाशीय (optical) आवृत्तियों पर $k = \mu^2$, यहाँ μ माध्यम का अपर्वनांक (Refractive) इंडैक्स है।

∴
$$\frac{n\alpha}{3\varepsilon_0} = \frac{\mu^2-1}{\mu^2+2} \tag{2.59}$$

इस समीकरण को लोरेन्ट्ज-लोरेन्ट्ज (Lorentz-Lorentz) रिलेशन के नाम से जाना जाता है।

2.19 समान विद्युत क्षेत्र में परावैद्युत गोला

यदि एक परावैद्युत गोले को एक समान विद्युत क्षेत्र में रखा जाये, तो गोले के समीप क्षेत्र विकृत हो जाएगा।

मान लीजिए कि त्रिज्या a और पारगम्यता ε_1 का एक परावैद्युत गोला एक समान विद्युत क्षेत्र की तीव्रता $\overline{E_0}$ में रखा गया है जो z-दिशा में कार्य करता है जैसा कि चित्र 2.13 में दिखाया गया है। चूंकि प्रेरित आवेश अक्ष के सभी ओर सममित होता है, इसलिए किसी भी बिन्दु पर विभव को जोनल हार्मोनिक्स के रूप में व्यक्त किया जा सकता है। आइए हम गोले के बाहर एक बिन्दु P पर विचार करें, जिसके ध्रुवीय निर्देशांक (r, θ) गोले के केन्द्र में स्थित माने गए मूल बिन्दु के संबंध में हैं।

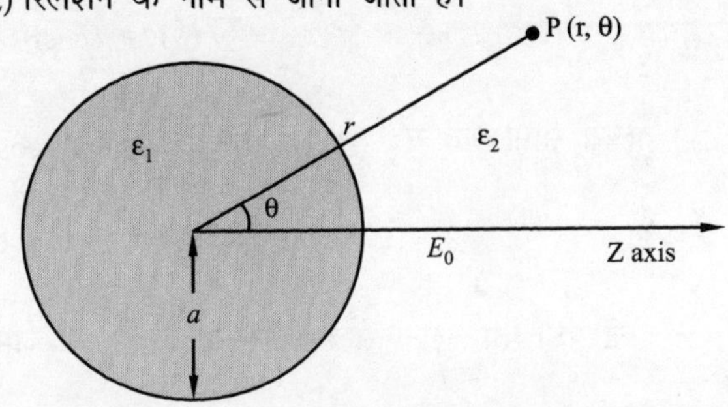

चित्र 2.13: परावैद्युत गोला एक समान विद्युत क्षेत्र में

बिन्दु P पर विभव को इस प्रकार लिखा जा सकता है,

$$\phi(r,\theta) = \sum_{n=0}^{\infty}\left[A_n r^n + B_n r^{-(n+1)}\right]p_n(\cos\theta) \tag{2.60}$$

जहाँ, उचित सीमा शर्तों का उपयोग करके गुणांक A_n और B_n को निर्धारित किया जा सकता है। समी.-(2.60) में $p_n(\cos\theta)$ Legendre polynominal है। (विवरण के लिए अनुलग्नक IV देखें)।

गुणांक A_n और B_n का मूल्यांकन करने के लिए उपयोग की जा सकने वाली सीमा शर्तें हैं,

(*i*) लैपलेस का समीकरण गोले के अंदर और बाहर हर बिन्दु पर अर्थात् $\nabla^2\phi_1 = 0$ और $\nabla^2\phi_2 = 0$, गोले के अंदर और बाहर हर बिन्दु पर संतुष्ट होगा।

(*ii*) ϕ_1 क्षेत्र के अंदर हर बिन्दुओं पर परिमित (Finite) है अर्थात्, $r < a$ के लिए

(*iii*) जैसे $r \to a, \phi_2 \to -E_0 Z = -E_0 r\cos\theta$.

(*iv*) इलैक्ट्रिक फील्ड तीव्रता का स्पर्शरेखा घटक दो मीडिया के इंटरफेस में निरंतर है, अर्थात, $r = a$ पर $\phi_1 = \phi_2$

(*v*) चूंकि क्षेत्र के आसपास कोई स्वछन्द (Free) आवेश उपलब्ध नहीं है, इसलिए बिजली विस्थापन का सामान्य घटक दो मीडिया के इंटरफेस में निरंतर है अर्थात, $\varepsilon_1 \dfrac{\partial\phi_1}{\partial r} = \varepsilon_2 \dfrac{\partial\phi_2}{\partial r}$

दूसरी सीमा की स्थिति से, अंदर की क्षमता को ϕ_1 के रूप में लिखा जा सकता है,

$$\phi_1 = \sum_{n=0}^{\infty}\left[A_n r^n p_n(\cos\theta)\right] \tag{2.61}$$

और बाहर की क्षमता को ϕ_2 के रूप में लिखा जा सकता है,

$$\phi_2 = \sum_{n=0}^{\infty}\left[C_n r^n + B_n r^{-(n+1)}\right]p_n(\cos\theta) \tag{2.62}$$

चूंकि यहाँ कोई नेट आवेश नहीं है इसलिए ϕ_2 में $\frac{1}{r}$ वाली कोई term नहीं होगी।

$$\therefore \qquad \phi_2 = \sum_{n=0}^{\infty} C_n r^n p_n(\cos\theta) + \sum_{n=1}^{\infty} D_n r^{-(n+1)} p_n(\cos\theta) \tag{2.63}$$

तीसरी सीमा शर्त से, $-E_0 r\cos\theta = \sum_{n=0}^{\infty} C_n r^n p_n(\cos\theta)$

या
$$-E_0 r\cos\theta = C_0 + C_1 r\cos\theta + \ldots\ldots\ldots$$

दोनों पक्षों की तुलना से हमें मिलता है, $C_0 = 0$ और $C_1 = -E_0$ और $C_n = 0, n \geq 2$ के लिए

$$\therefore \qquad \phi_2 = -E_0 r\cos\theta + \sum_{n=1}^{\infty} D_n r^{-(n+1)} p_n(\cos\theta) \tag{2.64}$$

4th और 5th सीमा शर्तों की एक साथ संतुष्टि के लिए, हम लिख सकते हैं, $A_n = 0, D_n = 0, n \geq 2$ के लिए।

अब, समी.-(2.61) और (2.63) को लिखा जा सकता है,

$$\phi_1 = A_0 + A_1 r\cos\theta \tag{2.65}$$

और
$$\phi_2 = -E_0 r\cos\theta + \frac{D_1}{r^2}\cos\theta \tag{2.66}$$

अब, चौथी सीमा शर्त से, $A_0 + A_1 a\cos\theta = -E_0 a\cos\theta + \frac{D_1}{a^2}\cos\theta$

दोनों पक्षों की तुलना से, हमें मिलता है $A_0 = 0$ और $A_1 = \frac{D_1}{a^3} - E_0$

इसलिए
$$\frac{\partial\phi_1}{\partial r} = A_1\cos\theta$$

और
$$\frac{\partial\phi_2}{\partial r} = -E_0\cos\theta - \frac{2D_1}{r^3}\cos\theta$$

इस प्रकार, पांचवीं सीमा शर्त से $\varepsilon_1 A_1\cos\theta = \varepsilon_2(-E_0\cos\theta - \frac{2D_1}{a^3}\cos\theta)$

दोनों पक्षों की तुलना से, हमें मिलता है, $\varepsilon_1 A_1 = -\varepsilon_2(E_0 + \frac{2D_1}{a^3})$

या $$\varepsilon_1\left(\frac{D_1}{a^3} - E_0\right) = -\varepsilon_2\left(E_0 + \frac{2D_1}{a^3}\right)$$

या $$-\varepsilon_1 E_0 + \varepsilon_2 E_0 = -\varepsilon_2 \frac{2D_1}{a^3} - \varepsilon_1 \frac{D_1}{a^3} = -\frac{1}{a^3}(2\varepsilon_2 + \varepsilon_1)D_1$$

$\therefore$ $$D_1 = -\frac{(-\varepsilon_1 + \varepsilon_2)E_0 a^3}{2\varepsilon_2 + \varepsilon_1}$$

$\therefore$ $$A_1 = \frac{(\varepsilon_1 - \varepsilon_2)E_0}{2\varepsilon_2 + \varepsilon_1} - E_0 = \frac{(\varepsilon_1 - \varepsilon_2 - 2\varepsilon_2 - \varepsilon_1)E_0}{2\varepsilon_2 + \varepsilon_1} = -\frac{3\varepsilon_2 E_0}{2\varepsilon_2 + \varepsilon_1}$$

$\therefore$ $$\phi_1 = -\frac{3\varepsilon_2 E_0 r\cos\theta}{2\varepsilon_2 + \varepsilon_1} \tag{2.67}$$

और $$\phi_2 = -E_0 r\cos\theta + \frac{(\varepsilon_1 - \varepsilon_2)E_0 a^3}{2\varepsilon_2 + \varepsilon_1}\frac{\cos\theta}{r^2} \tag{2.68}$$

तो, परावैद्युत क्षेत्र के अंदर क्षेत्र होगा,

$$\vec{E_1} = -\frac{\partial\phi_1}{\partial z}\hat{z}$$

यहां $z = r\cos\theta$

$\therefore$ $$\vec{E_1} = \frac{\partial}{\partial z}\left[\frac{3\varepsilon_2 E_0 z}{2\varepsilon_2 + \varepsilon_1}\right]\hat{z} = \frac{3\varepsilon_2 E_0}{2\varepsilon_2 + \varepsilon_1}\hat{z} \tag{2.69}$$

फिर $$\vec{E_2} = E_{2z}\hat{z} + E_{2r}\hat{r} + E_{2\theta}\hat{\theta}$$

यहाँ $$E_{2z} = -\frac{\partial}{\partial z}(-E_0 r\cos\theta) = E_0$$

$$E_{2r} = -\frac{\partial}{\partial r}\left[\frac{(\varepsilon_1 - \varepsilon_2)E_0 a^3}{2\varepsilon_2 + \varepsilon_1}\frac{\cos\theta}{r^2}\right] = \frac{2E_0 a^3(\varepsilon_1 - \varepsilon_2)}{2\varepsilon_2 + \varepsilon_1}\frac{\cos\theta}{r^3}$$

और $$E_{2\theta} = -\frac{1}{r}\frac{\partial}{\partial\theta}\left[\frac{(\varepsilon_1 - \varepsilon_2)E_0 a^3}{2\varepsilon_2 + \varepsilon_1}\frac{\cos\theta}{r^2}\right] = \frac{E_0 a^3(\varepsilon_1 - \varepsilon_2)}{2\varepsilon_2 + \varepsilon_1}\frac{\sin\theta}{r^3}$$

इस प्रकार $$\vec{E_2} = E_0\hat{z} + \frac{2E_0 a^3(\varepsilon_1 - \varepsilon_2)}{2\varepsilon_2 + \varepsilon_1}\frac{\cos\theta}{r^3}\hat{r} + \frac{E_0 a^3(\varepsilon_1 - \varepsilon_2)}{2\varepsilon_2 + \varepsilon_1}\frac{\sin\theta}{r^3}\hat{\theta}$$

या
$$\overrightarrow{E_2} = E_0\hat{z} + \frac{E_0 a^3(\varepsilon_1 - \varepsilon_2)}{(2\varepsilon_2 + \varepsilon_1)r^3}\left[2\cos\theta\hat{r} + \sin\theta\hat{\theta}\right] \tag{2.70}$$

इसके अलावा हम जानते हैं कि क्षेत्र की तीव्रता का रेडियल घटक है,

$$E_{2r} = \frac{2E_0 a^3(\varepsilon_1 - \varepsilon_2)}{2\varepsilon_2 + \varepsilon_1}\frac{\cos\theta}{r^3} = \frac{p\cos\theta}{2\pi\varepsilon_2 r^3}$$ [जहाँ p प्रेरित डाइपोल मोमेंट है]

या
$$\vec{p} = \frac{4\pi E_0\varepsilon_2 a^3(\varepsilon_1 - \varepsilon_2)}{2\varepsilon_2 + \varepsilon_1}\hat{z} \tag{2.71}$$

तो, ध्रुवीकरण है

$$\vec{P} = \frac{\vec{p}}{\frac{4}{3}\pi a^3} = \frac{3\pi E_0\varepsilon_2(\varepsilon_1 - \varepsilon_2)}{2\varepsilon_2 + \varepsilon_1}\hat{z} \tag{2.72}$$

2.20 परावैद्युत सामर्थ्य और ब्रेकडाउन

जब एक परावैद्युत पदार्थ पर लगाया गया विद्युत क्षेत्र बहुत अधिक होता है, तो यह चालकता उत्पन्न करने के लिए इलेक्ट्रॉनों को अणु से बाहर खींच सकता है, और तब इस प्रक्रिया को परावैद्युत पदार्थ का ब्रेकडाउन (breakdown) कहा जाता है। विद्युत क्षेत्र का वह अधिकतम मान जिसे बिना ब्रेकडाउन के सहन किया जा सकता है, परावैद्युत पदार्थ की परावैद्युत शक्ति कहलाती है।

SCAN ME

to see dielectric breakdown through animation

यदि कोई परावैद्युत पदार्थ अपनी प्रतिरोधकता खो देता है और उसके माध्यम से एक बड़ी धारा प्रवाहित होने देता है, तो परावैद्युत का टूटना (electric breakdown) देखा जाता है। आमतौर पर उच्च विद्युत क्षेत्र ऐसे परावैद्युत को टूटने के लिए जिम्मेदार होता है। अन्य महत्त्वपूर्ण कारक तापमान और अशुद्धता है। उच्च वोल्टेज ट्रांसफार्मर में इन्सुलेट करने के लिए परावैद्युत के रूप में तेल भरा होता है। जब एक नाजुक (Critical) विद्युत क्षेत्र पार हो जाता है, तो चालन ध राएं (streams of conduction current) तेल के माध्यम से पेड़ों की शाखाओं के रूप में तीव्र गति से फैलती हैं, जिन्हें स्ट्रीमर (streamer) कहा जाता है। ये तोड़ फोड़ अथवा विघटन का कारण बन सकते हैं।

2.21 परावैद्युत्व (डायइलैक्ट्रिक्स) के उपयोग

तापमान पर निर्भरता, पारगम्यता की सीमा, परावैद्युत की ताकत, इन्सुलेशन, आदि जैसे गुणों के आधार पर विभिन्न विद्युत उपकरणों के निर्माण के लिए एवं विभिन्न औद्योगिक उद्देश्यों के लिए परावैद्युत पदार्थ का उपयोग किया जाता है। इन पदार्थों का सबसे आम उपयोग कैपेसिटर, पावर ट्रांसफॉर्मर, केबल, स्पार्क जेनरेटर, ट्रांसड्यूसर, इलेक्ट्रिक वायरिंग, इलेक्ट्रिक हीटिंग, इलेक्ट्रिक डिस्ट्रीब्यूशन लाइन, आदि में होता है। विशेष रूप से, ट्रांसफॉर्मर में, डाइइलेक्ट्रिक पदार्थों का उपयोग इन्सुलेटर के साथ-साथ कूलिंग एजेंट के रूप में किया जाता है। कैपेसिटर में, विद्युत ऊर्जा को स्टोर करने के लिए परावैद्युत पदार्थों का उपयोग किया जाता है।

यूनिट सारांश

- **परावैद्युत**

  सापेक्ष पारगम्यता $k = \varepsilon_r = \frac{\varepsilon}{\varepsilon_0} = \frac{C}{C_0}$

- **परावैद्युत में ध्रुवीकरण**

  ध्रुवीय परावैद्युत

  विद्युत क्षेत्र के अभाव में भी स्थायी डाइपोल मोमेंट है।

  गैर ध्रुवीय परावैद्युत

  विद्युत क्षेत्र के अभाव में स्थायी डाइपोल मोमेंट नहीं है

- **वैद्युत परावैद्युत मोमेंट** (*Electric Dipole Moment*)

  $\vec{p} = q\vec{d}$

- **ध्रुवीकरण वेक्टर**

  $\vec{P} = n\vec{p}$ $\qquad \vec{P} = \lim_{\Delta V \to 0} \frac{\Delta \vec{p}}{\Delta V} = \frac{d\vec{p}}{dV}$

- **विद्युत सुग्राहिता** (*Electric susceptibility*)

  $\chi = \frac{P}{\varepsilon_0 E}$

- **परमाणु ध्रुवीकरण**

  $\alpha = \frac{p}{E}$

- **विद्युत क्षेत्र में परावैद्युत पदार्थ का व्यवहार**

  $\overrightarrow{E'} = \vec{E} - \overrightarrow{E_P}$

- **परावैद्युत हानि: प्रत्यावर्ती (alternating) विद्युत क्षेत्र में परावैद्युत का व्यवहार**

  $P_a = 2\pi \upsilon \varepsilon \nu E^2 \tan\delta$

- **एकरूपता (Homogeneity), रेखीयता और आइसोट्रोपी**

  होमोजीनिस (Homogeneous) माध्यम

  किसी दी गई दिशा में सभी बिन्दुओं पर भौतिक विशेषता समान रहती है

  नोन-होमोजीनिस (non-homogeneous) माध्यम

  स्थिति में परिवर्तन के साथ भौतिक विशेषताओं में परिवर्तन

  रैखिक माध्यम

  एक माध्यम की पारगम्यता लागू विद्युत क्षेत्र के साथ नहीं बदलती है

  गैर-रैखिक माध्यम

  एक माध्यम की पारगम्यता लागू विद्युत क्षेत्र के साथ बदलती है

  आइसोट्रोपिक माध्यम

  भौतिक विशेषताएँ सभी दिशाओं में समान रहती हैं

  अन-आइसोट्रोपिक माध्यम

  दिशाओं में परिवर्तन के साथ भौतिक विशेषताओं में परिवर्तन

- **प्रवाह (*flux*) घनत्व, क्षेत्र की तीव्रता और ध्रुवीकरण के बीच संबंध**

$$\vec{D} = \varepsilon_0 \vec{E} + \vec{P}$$

- **इलैक्ट्रिक फ्लक्स घनत्व और इलैक्ट्रिक फ्लक्स**

$$\varphi = \int_S \vec{D}.d\vec{S}$$

- **परावैद्युत (*Dielectrics*) में गॉस नियम**

$$\varphi = \int_S \vec{D}.d\vec{S} = q$$

- **विभिन्न भौतिक मापदण्डों के बीच संबंधः संविलियन (constitutive) संबंध**

$$\frac{\vec{E}'}{\vec{E}} = 1 + \chi = k$$

- **ध्रुवीकरण के प्रकार**

प्रेरित (इलैक्ट्रॉनिक) ध्रुवीकरण : $p = Zex = 4\pi\varepsilon_0 r^3 E$

परमाणु (आयनिक) ध्रुवीकरण : $P_i = np_i = n\alpha_i E$

डाइपोलर (ओरिएंटेशनल) ध्रुवीकरण : $P_o = \frac{n}{3}\frac{p_0{}^2 E}{kT} = n\alpha_o E$

- **मोनोएटॉमिक गैस का ध्रुवीकरण**

$$p = Zex = 4\pi\varepsilon_0 r^3 E$$

- **पॉलीएटॉमिक गैस का ध्रुवीकरण**

$$P = P_e + P_i + P_o$$
$$= n(\alpha_e + \alpha_i + \alpha_o)E$$

- **गोलाकार गुहा : क्लासियस मोसोट्टी संबंध (Spherical cavity : Clausius Mossotti Relation)**

$$\frac{n\alpha}{3\varepsilon_0} = \frac{k-1}{k+2}$$

- **एक परावैद्युत गोला जो एक समान विद्युत क्षेत्र में रखा गया हो**

$$\vec{P} = \frac{\vec{p}}{V} = \frac{3\pi E_0 \varepsilon_2 (\varepsilon_1 - \varepsilon_2)}{2\varepsilon_2 + \varepsilon_1}\hat{z}$$

- **परावैद्युत स्ट्रेंथ और परावैद्युत ब्रेकडाउन**

परावैद्युत स्ट्रेंथ

अधिकतम विद्युत क्षेत्र की तीव्रता जिसे बिना ब्रेकडाउन के सहन किया जा सकता है

परावैद्युत ब्रेकडाउन

बहुत उच्च विद्युत क्षेत्र द्वारा अणु से इलैक्ट्रॉनों को बाहर खींचना

- **परावैद्युत के उपयोग**

इन पदार्थों का उपयोग कैपेसिटर, पावर ट्रांसफॉर्मर, केबल, स्पार्क जनरेटर, ट्रांसड्यूसर, इलैक्ट्रिक वायरिंग, इलैक्ट्रिक हीटिंग, इलैक्ट्रिक वितरण लाइनें, आदि में किया जाता है।

अभ्यास

बहुविकल्पीय प्रश्न

2.1 अगर $\vec{P}$ ध्रुवीकरण वेक्टर का प्रतिनिधित्व करता है और $\vec{\nabla}.\vec{P} = \rho$ तब ρ किसका घनत्व है?

(*a*) फ्री चार्ज (*b*) बाउण्ड चार्ज

(*c*) परावैद्युत की सीमा पर फ्री आवेश (*d*) फ्री और बाउण्ड आवेशों का योग

2.2 एक आदर्श कंडक्टर के लिए परावैद्युत स्थिरअंक है

(*a*) 0 (*b*) 1

(*c*) – 1 (*d*) अनंत

2.3 एक कण (परमाणु या अणु) के विद्युत द्विध्रुवीय आघूर्ण को प्रति इकाई विद्युत क्षेत्र ध्रुवीकरण में क्या कहेंगे?

(*a*) polarization (*b*) polarizability

(*c*) net dipole moment (*d*) susceptibility

2.4 इलैक्ट्रॉनिक ध्रुवीकरण (α_e) का इसके परमाणु की त्रिज्या (R) से संबंध है

(*a*) $\alpha_e \propto R^3$ (*b*) $\alpha_e \propto R^2$

(*c*) $\alpha_e \propto R$ (*d*) $\alpha_e \propto R^0$

2.5 निम्नलिखित में कौन से परावैद्युत पदार्थ हैं?

(*a*) सेमीकंडक्टर (*b*) कंडक्टर

(*c*) इंसुलेटर (*d*) दोनों (*b*) और (*c*)

2.6 इंसुलेटर की विद्युत चालकता किनकी अनुपस्थिति के कारण शून्य है?

(*a*) बाध्य इलैक्ट्रॉन (*b*) मुक्त इलैक्ट्रॉन

(*c*) प्रोटॉन (*d*) न्यूट्रॉन

2.7 आयनिक ध्रुवीकरण (polarizability) के लिए क्या सही है?

(*a*) तापमान पर निर्भर (*b*) तापमान से स्वतंत्र

(*c*) धारा के घनत्व (current density) पर निर्भर (*d*) आयनों की सांद्रता (concentration) पर निर्भर

2.8 यदि परावैद्युत पर बाहर से $\vec{E}$ इलैक्ट्रिक फील्ड लगाया है, तो परावैद्युत के भीतर नेट इलैक्ट्रिक फील्ड $\vec{E'}$ है।

(*a*) $\vec{E'} = \vec{E} - \varepsilon_0 \vec{P}$ (*b*) $\vec{E'} = \vec{E} + \varepsilon_0 \vec{P}$

(*c*) $\vec{E'} = \vec{E} + \frac{\vec{P}}{\varepsilon_0}$ (*d*) $\vec{E'} = \vec{E} - \frac{\vec{P}}{\varepsilon_0}$

2.9 ध्रुवीकरण (polarizability) की इकाई है

(*a*) Nm^2/C^2 (*b*) debye

(*c*) Fm^2 (*d*) V/m

2.10 ध्रुवीय परावैद्युत के लिए, ओरिएंटेशनल ध्रुवीकरण (polarizability) α_o होता है

(*a*) $\alpha_o = 3\mu_p kT$ (*b*) $\alpha_o = \frac{\mu_p}{3kT}$

(*c*) $\alpha_o = \frac{\mu_p^2}{3kT}$ (*d*) $\alpha_o = \frac{\mu_p^2}{kT}$

2.11 कम आवृत्ति (~100 Hz) पर मौजूद है।

(*a*) केवल अभिविन्यास (orientational) ध्रुवीकरण

(*b*) केवल आयनिक ध्रुवीकरण

(*c*) केवल इलैक्ट्रिक ध्रुवीकरण

(*d*) इन सभी प्रकार के ध्रुवीकरण

2.12 विद्युत सुग्राहिता (susceptibility) χ_e है

(*a*) $\chi_e = \dfrac{P}{\varepsilon_0 E}$ (*b*) $\chi_e = \dfrac{P}{3\varepsilon_0 E}$

(c) $\chi_e = \varepsilon_0 EP$ (*d*) $\chi_e = \dfrac{3\varepsilon_0 E}{P}$

2.13 एक monoatomic गैस का इलैक्ट्रॉनिक ध्रुवीकरण (polarizabiity) है

(*a*) $4\pi\varepsilon_0$ (*b*) $4\pi\varepsilon_0 R$

(*c*) $4\pi\varepsilon_0 R^3$ (*d*) $4\pi\varepsilon_0 R^2$

2.14 ध्रुवीकरण की SI इकाई है

(*a*) Fm^{-2} (*b*) Fm

(*c*) Fm^{-1} (*d*) Fm^2

2.15 परावैद्युत माध्यम की विद्युत सुग्राहिता का समीकरण है,

(*a*) $\chi = \dfrac{n\alpha}{\varepsilon_0}$ (*b*) $\chi = \dfrac{n\alpha}{3\varepsilon_0}$

(*c*) $\chi = \dfrac{\alpha}{n\varepsilon_0}$ (*d*) $\chi = \dfrac{n\varepsilon_0}{\alpha}$

2.16 विद्युत विस्थापन वेक्टर और ध्रुवीकरण वेक्टर के बीच संबंध है,

(*a*) $\vec{P} = \varepsilon_0 \vec{E} + \vec{D}$ (*b*) $\vec{D} = \varepsilon_0 \vec{E} + \vec{P}$

(*c*) $\vec{D} = \vec{E} + \varepsilon_0 \vec{P}$ (*d*) $\varepsilon_0 \vec{D} = \vec{E} + \vec{P}$

2.17 विद्युत सुग्राहिता और परावैद्युत माध्यम के परावैद्युत स्थिरअंक के बीच संबंध है

(*a*) $k = 1 - \chi$ (*b*) $k = 1 + \chi$

(*c*) $k = \chi - 1$ (*d*) $\dfrac{1}{k} = \chi - 1$

2.18 परावैद्युत माध्यम और परमाणु ध्रुवीकरण की विद्युत सुग्राहिता के बीच संबंध है,

(*a*) $k = 1 + \dfrac{\alpha}{n\varepsilon_0}$ (*b*) $k = 1 + \dfrac{n}{\alpha\varepsilon_0}$

(*c*) $k = 1 + \dfrac{n\alpha}{\varepsilon_0}$ (*d*) $k = 1 + \dfrac{\varepsilon_0 n}{\alpha}$

2.19 वैक्यूम में इलैक्ट्रिक susceptibility है

(*a*) > 1 (*b*) 0

(*c*) < 1 (*d*) नकारात्मक

2.20 ओरिएंटेशनल ध्रुवीकरण ओर ओरिएंटेशन द्विध्रुवीय आघूर्ण का संबंध है

(*a*) $\alpha_o = \dfrac{p_0^{\,2}}{kT}$ (*b*) $\alpha_o = \dfrac{p_0^{\,2}}{2kT}$

(*c*) $\alpha_o = \dfrac{p_0^{\,2}}{3kT}$ (*d*) $\alpha_o = \dfrac{3p_0^{\,2}}{kT}$

2.21 परावैद्युत स्थिरअंक और परमाणु त्रिज्या के बीच संबंध है

(a) $k = 1 + 4\pi na^3$ (b) $k = 1 + 4\pi na^2$

(c) $k = 1 - \frac{4\pi a^3}{n}$ (d) $k = 1 - 4\pi a^3$

2.22 एक माध्यम का परावैद्युत स्थिरांक किस-किस के अनुपात से प्राप्त किया जा सकता है?

(a) नेट इलैक्ट्रिक फील्ड $\vec{E}'$ और परावैद्युत के भीतर लगे इलैक्ट्रिक फील्ड $\vec{E}$

(b) लगाए गए इलैक्ट्रिक फील्ड $\vec{E}$ और परावैद्युत के भीतर इलैक्ट्रिक फील्ड $\vec{E}'$

(c) लगाए गए इलैक्ट्रिक फील्ड $\vec{E}$ और परावैद्युत के भीतर शुद्ध विद्युत क्षेत्र $\vec{E}'$ के अंतर से

(d) इनमें से कोई नहीं

2.23 निर्वात में विद्युत विस्थापन वेक्टर है,

(a) $\vec{D} = \varepsilon\vec{E}$ (b) $\vec{D} = \varepsilon_0\vec{P}$

(c) $\vec{D} = \varepsilon_0\vec{E}$ (d) $\vec{D} = \frac{\vec{E}}{\varepsilon_0}$

उत्तरमाला									
2.1	(b)	**2.2**	(d)	**2.3**	(b)	**2.4**	(a)	**2.5**	(c)
2.6	(b)	**2.7**	(b)	**2.8**	(d)	**2.9**	(c)	**2.10**	(c)
2.11	(a)	**2.12**	(a)	**2.13**	(c)	**2.14**	(d)	**2.15**	(a)
2.16	(b)	**2.17**	(b)	**2.18**	(c)	**2.19**	(d)	**2.20**	(c)
2.21	(a)	**2.22**	(b)	**2.23**	(c)				

लघु और दीर्घ उत्तरीय प्रश्न

श्रेणी I

2.1 एक परावैद्युत माध्यम के फ्लक्स घनत्व, क्षेत्र की तीव्रता ओर ध्रुवीकरण की व्याख्या करें।

2.2 विस्थापन वेक्टर के संदर्भ में कुलम्ब के नियम के अवकलन (Differential) रूप को फिर से लिखें।

2.3 इलैक्ट्रॉनिक ध्रुवीकरण (polarizability) से मिलने वाला एक विचार प्रस्तुत करें। आप मोनोएटोमिक गैसों का ध्रुवीकरण किस प्रकार कर सकते हैं?

2.4 परमाणु ध्रुवीकरण शब्द की व्याख्या करें। ध्रुवीकरण और परमाणु ध्रुवीकरण के बीच परस्पर संबंध बताएं।

2.5 परमाणु के आयतन और इलैक्ट्रॉनिक ध्रुवीकरण के बीच संबंध बताएं।

2.6 परावैद्युत ध्रुवीकरण का क्या लाभ है?

2.7 परावैद्युत पदार्थों की महत्त्वपूर्ण विशेषताओं का उल्लेख करें।

2.8 विद्युत विस्थापन वेक्टर की व्याख्या करें।

2.9 $k = 1 + \chi_e$ किस प्रकार प्राप्त किया जा सकता है? यहाँ k और χ_e माध्यम के क्रमशः परावैद्युत स्थिरांक और परावैद्युत susceptibility हैं।

2.10 "एक आइसोट्रोपिक परावैद्युत माध्यम में विस्थापन वेक्टर है $\vec{D} = \varepsilon_0\vec{E} + \vec{P}$, यहाँ $\vec{P}$ ध्रुवीकरण वेक्टर है"। इस समीकरण के पदों की व्याख्या करें।

2.11 एक परावैद्युत माध्यम में ध्रुवीकरण की भूमिका की व्याख्या करें।

2.12 परावैद्युत में गॉस के नियम की भूमिका पर चर्चा करें।

2.13 परावैद्युत स्थिरांक विद्युत सुग्राहिता (susceptibility) से संबंधित है। इस रिलेशन को स्थापित करें।

2.14 समझाओ कि ध्रुवीकरण की अवधारणा को इतना महत्त्व कैसे मिला है।

2.15 ध्रुवीय और गैर-ध्रुवीय परावैद्युत के बीच अंतर करें।

2.16 ओरिएंटेशनल ध्रुवीकरण को नीचे दिए गए मानक संबंध का उपयोग करके व्यक्त किया जा सकता है, $\alpha_o = \frac{p_0^2}{3kT}$. अभिव्यक्ति में विभिन्न नोटेशन की पहचान करें।

2.17 $k = 1 + \frac{n\alpha}{\varepsilon_0}$, में प्रयुक्त अभिव्यक्ति के पदों का उल्लेख करें, यहाँ प्रतीकों का अपना सामान्य महत्त्व क्या है।

2.18 क्लॉसियस-मोसोट्टी (Clausius-Mossotti) समीकरण की क्या उपयोगिता है?

2.19 ध्रुवीय और गैर ध्रुवीय अणुओं के बीच क्या मतभेद है?

2.20 गैर-ध्रुवीय परावैद्युत गैसों के इलैक्ट्रॉनिक ध्रुवीकरण के उपयोग की व्याख्या करें।

2.21 परावैद्युत पदार्थ के वैद्युत ब्रेकडाउन को विस्तार से समझाएं।

2.22 अभिव्यक्ति, $\chi_e = \varepsilon_r - 1$ में उपयोग किए गए विभिन्न प्रतीकों को परिभाषित करें।

2.23 मोनाटोमिक गैसों में ध्रुवीकरण की व्याख्या करें? इलैक्ट्रॉनिक ध्रुवीकरण और परमाणु आयतन के बीच संबंध बताएं।

2.24 शर्तों को वर्गीकृत करें (*a*) परावैद्युत स्ट्रेंथ (*b*) परावैद्युत अवशोषण और (*c*) द्विध्रुवीय आघूर्ण।

श्रेणी II

2.25 "जब एक परावैद्युत को बिजली के क्षेत्र में रखा जाता है, तो परावैद्युत के भीतर का क्षेत्र मूल क्षेत्र की तुलना में कमजोर हो जाता है"। क्यों?

2.26 "जब एक परावैद्युत को विद्युत क्षेत्र में रखा जाता है, तो परावैद्युत क्षेत्र के भीतर का क्षेत्र मूल क्षेत्र की तुलना में कमजोर/मजबूत हो जाता है"। सही कथन चुनिए और औचित्य दीजिए।

2.27 परावैद्युत लॉस (Loss) के बारे में बताएं और इस लॉस के क्या कारण हैं?

2.28 "He का परावैद्युत कॉन्स्टेंट 1.0000684 है"। इस वक्तव्य का क्या तात्पर्य है?

2.29 विद्युत विस्थापन में फ्लक्स और फ्लक्स घनत्व की भूमिकाओं पर चर्चा करें।

2.30 कृत्रिम परावैद्युत की आवश्यकता का उल्लेख करें।

2.31 क्या एक पृथक परमाणु में स्थायी विद्युत द्विध्रुव आघूर्ण हो सकता है? क्यों?

2.32 संधारित्र की प्लेटों के बीच परावैद्युत डालने पर संधारित्र की धारिता कैसे बढ़ जाती है?

संख्यात्मक प्रश्न

2.1 एक वायु संधारित्र को 60 μC का आवेश दिया जाता है जिससे इसका विभव 200V हो जाता है। यदि एक परावैद्युत माध्यम डालने पर उसका विभव 50V तक गिर जाता है, तो माध्यम का परावैद्युत नियतांक क्या होगा?

[उत्तर: 4]

2.2 एक गैस का घनत्व, आणविक भार, सुग्राहिता (susceptibility) क्रमशः 2kg/m^3, 43.98 kg और 10^{-3} हैं। इस गैस की ध्रुवणता कितनी है?

[उत्तर: 3.23 10^{-37}Fm^2]

2.3 यदि NTP पर गैस का परावैद्युत स्थिरांक 1.000456 है, तो इसकी विद्युत सुग्राहिता (susceptibility) कितनी है?

[उत्तर: 4.56×10^{-5}]

2.4 एक अक्रिय (inert) गैस की ध्रुवीकरण क्षमता 1.5×10^{-40} है और गैस में 2×10^{25} atoms/m^3 हैं। गैस परमाणु का परावैद्युत स्थिरांक कितना है? [उत्तर: 1.00034]

2.5 एक गैस में NTP पर 4×10^{25} परमाणु/घन मीटर हैं और इस का परावैद्युत नियतांक 1.006 है। गैस के परमाणुओं की इलेक्ट्रॉनिक ध्रुवता कितनी है? [उत्तर: 1.33×10^{-39} Fm^2]

2.6 जब एक सामानन्तर प्लेट कैपेसिटर पर 50 V लगाया तो इस पर 0.5 nC आवेश हो गया। कैपेसिटर प्लेटों के बीच की दूरी 5 mm और प्लेट का क्षेत्रफल 0.0005 m^2 है। कैपेसिटर में प्रयुक्त परावैद्युत पदार्थ का स्थिरांक कितना है।?

2.7 0°C और 1 atmosphere प्रेशर पर हीलियम गैस का परावैद्युत स्थिरांक 1.0000684 है। इन शर्तों के तहत, गैस में 2.7×10^{25} atoms/m^3 हैं। जब हीलियम परमाणु पर 10^6V/m का फील्ड लगाया जाए तो इलेक्ट्रॉन क्लाउड की त्रिज्या (परमाणु त्रिज्या) और विस्थापन x की गणना करें।

[उत्तर: 2.72 5 10^{-12}m, 0.7×10^{-22}m]

2.8 He गैस के प्रति इकाई आयतन में प्रेरित द्विध्रुव आघूर्ण की गणना करें यदि इसे 6000 Vcm^{-1} के विद्युत क्षेत्र में रखा जाए। He गैस परमाणु ध्रुवीकरण 0.18×10^{-40} Fm^2 है और He गैस का घनत्व 2.6×10^{-25} atoms/m^3 है। [उत्तर: 2.81×10^{-10}C/m^2]

2.9 यह मानते हुए कि आर्गन (Argon) परमाणु की विद्युत ध्रुवणता 1.43×10^{-40} F.m^2 है, ठोस आर्गन का परावैद्युत नियतांक ज्ञात कीजिए। आर्गन का घनत्व 1.8 g.cm^{-3} दिया गया है और Argon का परमाणु द्रव्यमान 39.95 g.mol^{-1} है। [उत्तर: 1.000436]

2.10 यदि एक आर्गन (Argon) परमाणु का व्यास 3.84×10^{-10} m है, तो STP पर इसकी ध्रुवणता ज्ञात कीजिए। आर्गन का परावैद्युत स्थिरांक 1.00044 दिया गया है।

प्रायोगिक कार्य

दिए गए परावैद्युत पदार्थ का परावैद्युत स्थिरांक ज्ञात करना

उपकरण

डिजिटल वोल्टमीटर, ग्लास मीडियम, गोल्ड प्लेटेड डिस्क, सीआरओ, ऑडियो ऑसिलेटर

सिद्धांत

ऑडियो के लिए ऑसिलेटर को उपकरण के भीतर ठीक से रखा गया है। यदि C_{SC} और C_{DC} क्रमशः स्टैन्डर्ड संधारित्र और परावैद्युत सेल की क्षमता का प्रतिनिधित्व करते हैं और यदि SC और DC पर (चित्र (*i*)) वोल्टेज V_{SC} और V_{DC} हैं तो

$$\frac{V_{SC}}{I} = \frac{1}{\omega C_{SC}}$$

या

$$I = \omega C_{SC} V_{SC} \qquad (i)$$

यही करंट डाइइलेक्ट्रिक सेल से होकर गुजरता है यानी,

$$\frac{V_{DC}}{I} = \frac{1}{\omega C_{DC}}$$

या

$$C_{DC} = \frac{I}{w V_{DC}}$$

$$= \frac{w C_{SC} V_{SC}}{w V_{DC}}$$

या
$$C_{DC} = \left(\frac{V_{SC}}{V_{DC}}\right) C_{SC} \qquad (ii)$$

जब प्लेटों के बीच परावैद्युत के रूप में वायु है, तो स्टैन्डर्ड समानांतर प्लेट संधारित्र की धारिता है,

$$C_0 = \frac{\varepsilon_0 A}{d}$$

$$= \frac{\varepsilon_0 \pi r^2}{d}$$

$$= \frac{r^2}{36d} \times 10^{-9}\,\text{F}$$

$$= \frac{r^2}{36d}\,\text{nF} \qquad (iii)$$

यहाँ r कैपेसिटर प्लेट की त्रिज्या है और d (metre) प्लेटों के बीच की दूरी है।

इसके अलावा हम निम्नलिखित तरीके से पदार्थ के परावैद्युत स्थिरांक को व्यक्त कर सकते हैं।

$$\varepsilon_r = \frac{C_{DC}}{C_0} \qquad (iv)$$

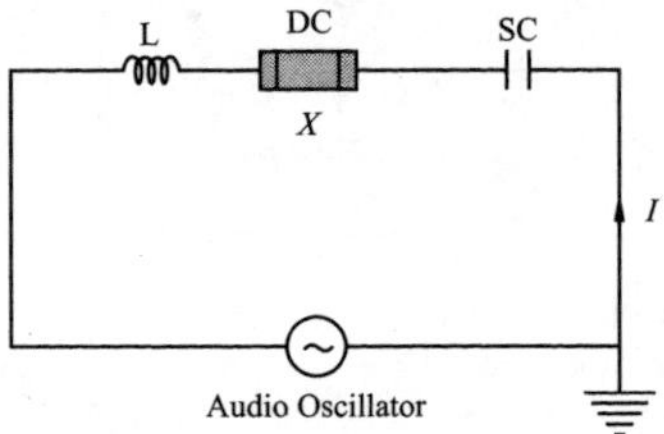

चित्र (i)

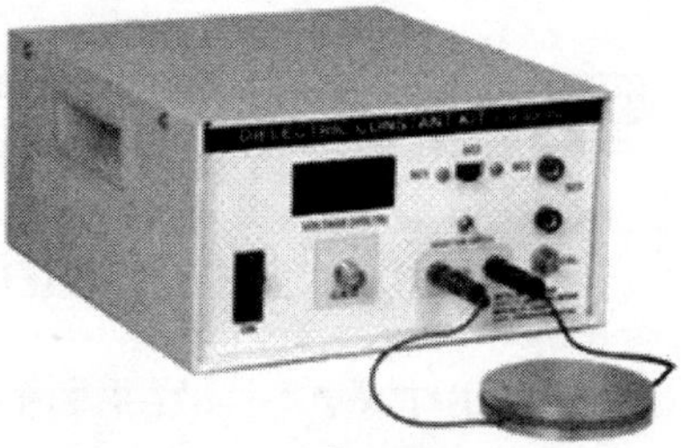

चित्र (ii)

प्रक्रिया

1. गोलाकार कैपेसिटर की प्लेटों की त्रिज्या (r) ज्ञात करने के लिए प्लेटों का व्यास मापें।
2. परावैद्युत स्लैब की मोटाई (d) को मापें।
3. परावैद्युत सेल में वह पदार्थ डालें जिसका परावैद्युत नियतांक मापा जाना है।
3. ऑसिलेटर के साथ स्टैन्डर्ड कैपेसिटर, परावैद्युत सेल और रसिसटेन्स को सीरीज में कनेक्ट करें।
4. ऑसिलेटर चालू करें, आवृत्ति और इनपुट वोल्टेज सेट करें। स्टैन्डर्ड कैपेसिटर और परावैद्युत सेल में वोल्टेज को नोट करें।
5. इनपुट वोल्टेज को बदलते हुए स्टैन्डर्ड कैपेसिटर और परावैद्युत सेल की वोल्टेज को नोट करें। V_{SC} और V_{DC} के बीच ग्राफ खींचें।
6. इनपुट फ्रीक्वेंसी बदलें और serial नंबर 4 पर की गई प्रक्रिया दोहराएं।
7. V_{SC} और V_{DC} के ग्राफ से V_{DC} निकालें।

प्रायोगिक डेटा

तालिका 1: परावैद्युत ब्लॉक की मोटाई

क्रमांक	स्क्रू गैज द्वारा मापी गई मोटाई (cm)			औसत मोटाई (d) (cm)	*d* (metre)
	रैखिक पैमाना	वृत्तीय पैमाना	कुल		

तालिका 2: मानक (standard) कैपेसिटर का व्यास

क्रमांक	वर्नियर कैलिपर द्वारा नापा गया व्यास (cm)			औसत व्यास (*d*) (cm)	$r = D/2$ (metre)
	M.S.R.	V.S.R.	कुल		

तालिका 3: C_{DC} और C_{SC} का वोल्टेज

C_{DC} = ...

इनपुट फ्रीक्वेंसी (Hz)	इनपुट वोल्टेज (V)	C_{DC} और C_{SC} का वोल्टेज (V)		$C_{DC} = (V_{SC}/V_{DC})\, C_{SC}$	औसत C_{DC} (pF)
		C_{DC}	C_{SC}		

गणना

$\varepsilon_r = C_{DC}/C_0$ = ...pF.

सावधानियाँ

1. कांच/PZT जैसे परावैद्युत पदार्थ भंगुर होते हैं और डिस्क के बीच ठीक से नहीं रखे जाने पर क्षतिग्रस्त हो सकते हैं। इसलिए, ऐसे परावैद्युत पदार्थों को गोलाकार कैपेसिटर के बीच रखते हुए विशेष सावधानी बरतें।
2. डिस्क से कम व्यास वाले परावैद्युत नमूने गोल्ड प्लेटेड डिस्क के बीच न रखें।

अधिक जानिए

परावैद्युत पदार्थ विद्युत कुचालक होते हैं जिन्हें विद्युत क्षेत्र द्वारा ध्रुवीकृत किया जा सकता है। यदि परावैद्युत पदार्थ एक विद्युत क्षेत्र में रखा जाता है, तो विद्युत आवेश पदार्थ के माध्यम से प्रवाहित नहीं होते हैं, जैसा कि वे एक विद्युत सुचालक में करते हैं, लेकिन परावैद्युत पदार्थ में ध्रुवीकरण के कारण विद्युत आवेश अपनी औसत संतुलन स्थिति से थोड़ा सा स्थानांतरित हो जाते हैं।

क्रियाकलाप

एक परावैद्युत रेजोनेटर ओसिलेटर (resonator oscillator) एक इलेक्ट्रॉनिक उपकरण है जो आमतौर पर माइक्रोवेव बैंड में आवृत्तियों की एक संकीर्ण श्रेणी में ध्रुवीकरण प्रतिक्रिया की प्रतिध्वनि उत्पन्न करता है। इसमें सिरेमिक का एक बड़े परावैद्युत स्थिरांक और कम अपव्यय कारक (dissipation factor) वाला "पक" ("puck") होता है।

इस प्रकार के अनुनादक का उपयोग अक्सर ऑसिलेटर सर्किट में आवृत्ति संदर्भ (frequency reference) प्रदान करने के लिए किया जाता है। एक अनशील्ड परावैद्युत अनुनादक का इलेक्ट्रॉनिक्स और संचार इंजीनियरिंग के लिए एक परावैद्युत resonator एंटीना के रूप में इस्तेमाल किया जा सकता है।

कुछ महत्वपूर्ण तथ्य

विद्युत क्षेत्र में रखे परावैद्युत पदार्थ, जिनमें गोलक भी शामिल हैं, उल्लेखनीय और दिलचस्प कार्यों के लिए उपयोग में लाए जाते हैं। अधिक विवरण निम्नलिखित से प्राप्त किया जा सकता है:

1. Dielectric Sphere in an Electric Field
2. DoITPoMS Teaching and Learning Package "Dielectric Materials"
3. Texts on Wikisource:
   a. *"Dielectric". Encyclopedia Americana. 1920.*
   b. *"Dielectric". Encyclopædia Britannica (11th ed.). 1911.*

सादृश्य

Army Research Laboratory (ARL) ने 2002 से 2004 तक पतली फिल्म तकनीक पर शोध किया। बेरियम स्ट्रोंटियम टाइटेनेट की एक फेरोइलेक्ट्रिक पतली फिल्म का वोल्टेज नियंत्रित दोलनों (oscillators) ट्यूनेबल फिल्टर, रेडियो फ्रीक्वेंसी फेज शिफ्टर्स और माइक्रोवेव घटकों (components) के निर्माण तथा जांच करने में इस्तेमाल किया गया था।

यह अध्ययन सेना को ब्रॉडबैंड इलेक्ट्रिक-फील्ड ट्यूनेबल उपकरणों के लिए अत्यधिक ट्यूनेबल माइक्रोवेव-संगत (compatible) सामग्री प्रदान करने के प्रयास का हिस्सा था जो अत्यधिक तापमान में लगातार काम कर सकें। इस काम ने इलेक्ट्रॉनिक्स घटकों (components) के लिए एक पतली फिल्म के संबल (enabler) और बेरियम स्ट्रोंटियम टाइटेनेट की ट्यूनेबिलिटी में सुधार किया।

2004 में ARL ने पता लगाया कि कैसे स्वीकारकर्ता डोपैंट (acceptor dopants) की कम कन्सन्ट्रैशन फेरोइलेक्ट्रिक पदार्थों के गुणों को संशोधित कर सकती है।

इतिहास

अठारहवीं शताब्दी के अंत में, वैज्ञानिकों ने "विद्युतीकरण" का पता लगाने के लिए अत्यधिंक सटीक उपकरण विकसित किए। संपर्क द्वारा विद्युतीकरण की प्रक्रिया, जिसे संपर्क विद्युतीकरण या संपर्क तनाव (tension) के रूप में जाना जाता है, की खोज की गई। जब दो वस्तुओं को एक साथ स्पर्श किया जाता है, तो कभी-कभी वे अनायास आवेशित हो जाती हैं, एक पर शुद्ध ऋणात्मक आवेश विकसित हो जाता है और दूसरी पर एक समान और विपरीत धनात्मक आवेश विकसित हो जाता है।

टाइम लाइन

1750 - 1774: एक प्रसिद्ध पतंग प्रयोग के साथ, *बेंजामिन फ्रैंकलिन* ने बिजली के ज्ञान को आगे बढ़ाया, अपने अंग्रेजी मित्र *जोसेफ प्रीस्टली* को उसी क्षेत्र में अध्ययन करने के लिए प्रेरित किया।

1800 - 1819: *एलेसेंड्रो वोल्टा* ने पहली आदिम (primitive) बैटरी का आविष्कार किया, जिससे पता चला कि रासायनिक प्रक्रियाओं के माध्यम से बिजली उत्पन्न की जा सकती है; वैज्ञानिकों ने जल्द ही इलेक्ट्रिक लाइटिंग का आविष्कार करने के लिए नए उपकरण बनाए। इसके अलावा, बिजली और चुंबकत्व के बीच संबंधों में गहन अंतर्दृष्टि पर काफी हद तक किसी का ध्यान नहीं गया।

1840-1849: महान *फैराडे* ने अपने विपुल अनुसंधान के साथ बड़े पैमाने पर योगदान दिया और टेलीग्राफ एक मील के पत्थर पर पहुंच गया, जब *वाशिंगटन, डीसी* और *बाल्टीमोर, एमडी* के बीच एक संदेश भेजा गया।

1850-1869: औद्योगिक क्रांति पूरी जोरों पर थी, *ग्रैमे* ने अपने डायनेमो का आविष्कार किया और *जेम्स क्लर्क मैक्सवेल* ने इलेक्ट्रोडायनामिक्स पर समीकरणों की अपनी श्रृंखला तैयार की।

1870-1879: टेलीफोन और पहले व्यावहारिक चमकनेवाले (incandescent) प्रकाश बल्ब का आविष्कार किया गया था, जबकि "इलेक्ट्रॉन" शब्द वैज्ञानिक शब्दावली में प्रवेश हुआ।

1880-1889: *निकोला टेस्ला* और *थॉमस एडिसन* ने बिजली संचारित करने का तरीका विकसित किया और *हेनरिक हट्‌र्ज* रेडियो तरंगों को प्रसारित करने और प्राप्त करने वाले पहले व्यक्ति बने।

1890-1899: वैज्ञानिकों ने एक्स-रे और रेडियोधर्मिता की खोज की, जबकि आविष्कारकों ने पहले रेडियो के निर्माण के लिए प्रतिस्पर्धा की।

1900-1909: *अल्बर्ट आइंस्टीन* ने सापेक्षता के अपने विशेष सिद्धांत और प्रकाश की क्वांटम प्रकृति पर अपने सिद्धांत को प्रकाशित किया, जिसे उन्होंने एक कण और एक तरंग दोनों के रूप में पहचाना । इस दशक में नए उपकरणों के साथ, बिजली ने रोजमर्रा की जिंदगी को बदलना शुरू कर दिया।

1910-1929: परमाणु की संरचना और उसके घटक कणों की समझ विकसित हुई, फोन और रेडियो आम हो गए और आधुनिक *टेलीविजन* का जन्म हुआ।

1930-1939: विशेष *सूक्ष्मदर्शी* और *साइक्लोट्रॉन* जैसे नए उपकरणों ने उच्च स्तर पर शोध किया, जबकि औसत नागरिकों ने *एफएम रेडियो* जैसी नई सुविधाओं का आनंद लिया।

1940-1959: रक्षा संबंधी अनुसंधान ने *कंप्यूटर* की ओर अग्रसर किया, दुनिया ने परमाणु युग में प्रवेश किया और टीवी ने अमेरिका को जीत लिया।

1960-1979: *कंप्यूटर पीसी* में विकसित हुए, शोधकर्ताओं ने एक के बाद एक नए उप-परमाणु कणों की खोज की और *अंतरिक्ष युग* ने विज्ञान को एक नया संदर्भ दिया।

1980-2003: वैज्ञानिकों ने *नए ऊर्जा स्रोतों* की खोज की, *वर्ल्ड वाइड वेब* ने एक विशाल नेटवर्क का निर्माण किया और *नैनो तकनीक* ने अपनी यात्रा शुरू की।

अनुप्रयोग (वास्तविक जीवन/औद्योगिक)

विद्युत उपकरणों के निर्माण के लिए विभिन्न औद्योगिक पदार्थों का उपयोग उनके विभिन्न गुणों जैसे इन्सुलेशन, पारगम्यता, तापमान निर्भरता, परावैद्युत पदार्थ की स्ट्रेंथ के आधार पर किया जाता है। इन पदार्थों का सबसे आम और बड़े पैमाने पर उपयोग बिजली ट्रांसफार्मर, कैपेसिटर, केबल, स्पार्क जनरेटर, ट्रांसड्यूसर आदि में होता है।

केस स्टडी (पर्यावरण/स्थिरता/सामाजिक/नैतिक मुद्दे)

परावैद्युत पदार्थ ठोस, तरल या गैस हो सकते हैं। सॉलिड परावैद्युत इलेक्ट्रिकल और इलेक्ट्रॉनिक्स इंजीनियरिंग में सबसे अधिक इस्तेमाल किया जाने वाला परावैद्युत पदार्थ है। चीनी मिट्टी के बरतन, कांच के प्लास्टिक जैसे कई ठोस बहुत अच्छी गुणवत्ता वाले इन्सुलेटर हैं। वायु, नाइट्रोजन और सल्फर हेक्साफ्लोराइड तीन सबसे अधिक इस्तेमाल किए जाने वाले गैसीय डाइलेक्ट्रिक्स हैं। यह ध्यान रखना महत्वपूर्ण है कि Parylene जैसे औद्योगिक परावैद्युत पदार्थ के कोटिंग्स सब्सट्रेट और उसके पर्यावरण के बीच अवरोध पैदा सकते हैं। खनिज तेल का उपयोग बड़े पैमाने पर विद्युत ट्रांसफार्मर के अंदर द्रव परावैद्युत के रूप में और शीतलन में सहायता के लिए किया जाता है।

उच्च परावैद्युत स्थिरांक वाले परावैद्युत तरल पदार्थ, जैसे विद्युत ग्रेड अरंडी का तेल, अक्सर उच्च वोल्टेज कैपेसिटर में कोरोना डिस्चार्ज को रोकने और कपैसिटन्स बढ़ाने में मदद करने के लिए उपयोग किया जाता है। जैसा कि डाइलेक्ट्रिक्स बिजली के प्रवाह का विरोध करते हैं, एक परावैद्युत की सतह फंसे हुए (trapped) अतिरिक्त विद्युत आवेशों को बनाए रख सकती है, जो कि परावैद्युत को रगड़ने पर उत्पन्न हो सकते हैं। यह ट्राइबो-इलेक्ट्रिक प्रभाव वैन डे ग्रैफ जनरेटर (*Van de Graaff generator*) या इलेक्ट्रोफोरस के रूप में उपयोगी हो सकता है या इलेक्ट्रोस्टैटिक डिस्चार्ज के मामले में संभावित रूप से हानिकारक हो सकता है।

अन्वेषणशील और कौतुक विषय

विशेष रूप से संसाधित परावैद्युत, जिन्हें इलेक्ट्रेट के रूप में जाना जाता है, अतिरिक्त आंतरिक चार्ज या "फ्रोजन इन" ध्रुवीकरण को बनाए रख सकते हैं। इलेक्ट्रेट्स में एक अर्ध-स्थायी विद्युत क्षेत्र होता है और ये चुम्बक के समतुल्य इलेक्ट्रोस्टैटिक होते हैं। इलेक्ट्रेट के घर और उद्योग में कई व्यावहारिक उपयोग हैं।

कुछ परावैद्युत यांत्रिक तनाव (stress) या भौतिक आकार के परिवर्तन के कारण पोटेन्सियल डिफरेंस (potential difference) उत्पन्न कर सकते हैं, जब उनपर बाहरी वोल्टेज लगाया जाता है। इसे पीजोइलेक्ट्रिसीटी (piezoelectricity) के रूप में जाना जाता है। कुछ आयनिक क्रिस्टल और बहुलक डाइलेक्ट्रिक्स एक सहज द्विध्रुवीय आघूर्ण दिखाते हैं, जिसे बाहरी रूप से लागू विद्युत क्षेत्र द्वारा उल्टा किया जा सकता है। इस व्यवहार को फेरोइलेक्ट्रिक प्रभाव कहा जाता है। ये पदार्थ फेरोमैग्नेटिक पदार्थ के अनुरूप हैं और इनका परावैद्युत स्थिरांक बहुत अधिक होता है, इस कारण ये कैपेसिटर के लिए उपयोगी होते हैं।

संदर्भ एवं अध्ययन हेतु सुझाव

1. D. Griffiths, *Introduction to Electrodynamics*, Pearson, 4th Edition, 2012.
2. D. Halliday, Robert Resnick and Jearl Walker, *Halliday and Resnick's Principles of Physics*, 11th Edition, Global Edition, 2020.
3. W. Saslow, *Electricity, Magnetism and Light*, Elsevier Science Publishing Co Inc, 1st Edition, 2002.
4. K. C. Kao, *Dielectric Phenomena in Solids*. London: Elsevier Academic Press. pp. 92–93, 2004.
5. J. D. Jackson, *Classical Electrodynamics*, 3rd Edition, John Wiley and Sons, 1998.
6. B. Scaife, *Principles of Dielectrics* (Monographs on the Physics and Chemistry of Materials), 2nd Edition, Oxford University Press, 1998.
7. https://web.mit.edu/8.02t/www/802TEAL3D/visualizations/coursenotes/modules/guide05.pdf
8. https://physics.iitm.ac.in/~manianvs/PH102-3.pdf
9. https://uomustansiriyah.edu.iq/media/lectures/9/9_2018_12_19!12_27_30_AM.pdf
10. https://nptel.ac.in/content/storage2/courses/115101005/downloads/lectures-doc/Lecture-22.pdf

3 स्थैतिक चुम्बकत्व

यूनिट विशिष्ट

इस यूनिट में निम्नलिखित विषयों पर विचार किया गया है:

- विद्युत धारा, अनुगमन वेग, धारा घनत्व;
- सातत्य समीकरण;
- चुम्बकीय क्षेत्र में रखे एक छोटे धारा तत्व पर बल और लॉरेंज बल;
- चुम्बकीय क्षेत्र का विचलन;
- चुम्बकीय अदिश विभव;
- चुम्बकीय वेक्टर विभव;
- मैग्नेटोस्टेटिक समस्याओं को हल करने के लिए बायो-सावार्ट के नियम का अनुप्रयोग;

अध्याय के अंत में सम्बंधित विषयों के प्रति जिज्ञासा और रचनात्मकता पैदा करने के उद्देश्य से, व्यावहारिक अनुप्रयोगों पर चर्चा की गई है, जिससे विषयिक ज्ञान के माध्यम से वास्तविक धटनाओं को सुलझाने की क्षमता में सुधार हो।

इस यूनिट में आगे अभ्यास के लिए बड़ी संख्या में बहुविकल्पीय प्रश्नों के साथ-साथ ब्लूम के वर्गीकरण के अनुसार निचले और उच्च क्रम के दो श्रेणियों में चिह्नित लघु और दीर्घ उत्तर प्रकार के प्रश्न, कई संख्यात्मक प्रश्नों, संदर्भों की एक सूची और पाठन के लिए संदर्भ सुझाए गए हैं। यह ध्यान रखना महत्वपूर्ण है कि रुचि के विभिन्न विषयों पर अधिक जानकारी प्राप्त करने के लिए सभी वर्गों में कुछ क्यूआर कोड प्रदान किए गए हैं जिन्हें प्रासंगिक सहायक ज्ञान के लिए स्कैन किया जा सकता है।

विषय वस्तु के आधार पर, संबंधित प्रयोगों के विवरण के बाद, एक "अधिक जानिए" अनुभाग है। इस भाग को विवेकपूर्ण तरीके से प्रस्तुत किया गया है ताकि इस हिस्से में दी गई पूरक जानकारी किताब के पाठकों के लिए लाभदायक हो। यहाँ मुख्य रूप से प्रारंभिक गतिविधि पर प्रकाश डाला गया है। कुछ रोचक तथ्यों के उदाहरण, सादृश्य, प्रमुख टिप्पणियों और शोध पर ध्यान केंद्रित करने के उद्देश्य से विषय के विकास के इतिहास, संबंधित विषयों के विकास से शुरू होने वाली समयावली हाल के समय तक, हमारे दिन-प्रतिदिन के वास्तविक जीवन में इनके अनुप्रयोग और विभिन्न पहलुओं जैसे औद्योगिक, पर्यावरण, सस्टेनिबिलिटी, सामाजिक और नैतिक मुद्दों पर विषयवस्तु से संबंधित बातों का अध्ययन और अंत में अन्वेषणशील और कौतुक विषयों पर प्रकाश डाला गया है।

भूमिका

स्थैतिक चुम्बकत्व पर यह मौलिक इकाई विद्यार्थियों को विद्युत धारा, अनुगमन वेग, धारा घनत्व के बारे में प्राथमिक विचार प्राप्त करने में मदद करेगी और फिर इस ज्ञान के आधार पर वे एक चुंबकीय क्षेत्र में निरंतरता समीकरण और लोरंट्ज बल के साथ-साथ एक छोटे धारावाही चालक पर लग रहे बल को समझने में सक्षम होंगे। चुंबकीय क्षेत्र के विचलन, चुंबकीय सदिश और अदिश विभव जैसे कुछ अन्य बुनियादी विचारों को भी बायो-सावार्ट के नियम, एम्पीयर के परिपथ नियम जैसे कुछ प्राथमिक नियमों के अनुप्रयोगों के अलावा कई विद्युत चुम्बकत्व में उपयोग होने वाले प्रश्नों के हल दिये गए हैं।

स्थैतिक विद्युत, जो अनिवार्य रूप से स्थिर विद्युत आवेश से संबंधित है, के विपरीत स्थैतिक चुम्बकत्व में नियत विद्युत धाराओं को लोकप्रिय रूप से एम्पेरियन दृष्टिकोण के रूप में जाना जाता है। 1820 में ओरस्टेड ने विद्युत और चुंबकीय क्षेत्रों के बीच संबंध की उल्लेखनीय खोज की जिसमें दर्शाया गया कि गतिमान आवेश चुंबकीय क्षेत्र से घिरे होते हैं। वास्तविक रूप में, धारावाही चालक हमेशा एक चुंबकीय क्षेत्र से घिरा होता है।

जब एक नियत या समय परिवर्तनीय धारा किसी चालक में से प्रवाहित होती है तो चालक के आस पास एक स्थिर चुंबकीय क्षेत्र विकसित हो जाता है। इस प्रकार विकसित संबंधित नियत धारा, असल में दिष्ट धारा (DC) होती है।

पूर्व-अपेक्षित ज्ञान

गणितः सदिश कलन (कक्षा XI)

भौतिकीः विद्युत चुंबकत्व (कक्षा XII)

यूनिट आउटकम्स

इस यूनिट के आउटकम्स की सूची इस प्रकार हैः

U3-O1: विद्युत धारा, अनुगमन वेग, धारा घनत्व का वर्णन

U3-O2: सातत्य समीकरण की व्याख्या

U3-O3: चुम्बकीय क्षेत्र में रखे एक छोटे धारा वाही चालक पर बल और लोरेंत्ज बल की व्याख्या

U3-O4: चुम्बकीय क्षेत्र और चुम्बकीय सदिश एवं अदिश विभव के विचलन का वर्णन

U3-O5: चुम्बकीय घटनाओं को हल करने के लिए बायो-सावार्ट के नियम, एम्पीयर के परिपथ नियम का उपयोग

यूनिट-3 आउटकम्स	प्रोग्राम आउटकम्स (PO) के साथ अपेक्षित संबंध *(1-कमजोर सहसंबंध; 2-मध्यम सहसंबंध; 3-मजबूत सहसंबंध)*					
	CO-1	CO-2	CO-3	CO-4	CO-5	CO-6
U3-O1	3	1	–	1	–	–
U3-O2	1	2	–	1	–	1
U3-O3	2	1	–	–	–	–
U3-O4	1	2	–	1	1	1
U3-O5	1	1	–	1	–	1

3.1 प्रस्तावना

प्रयोगों से पता चलता है कि स्थैतिक चुम्बकीय क्षेत्र की उत्पत्ति स्थिर विद्युत धारा से होती है। वास्तव में एक स्थायी चुंबक द्वारा उत्पादित चुंबकीय क्षेत्र को भी उसमें वितरित धारा के माध्यम से समझाया जा सकता है और इस प्रकार स्थिर विद्युत धारा के चुंबकीय प्रभाव का अध्ययन स्थैतिक चुम्बकत्व को विकसित करता है। गतिक आवेश अर्थात, विद्युत धारा का प्रवाह वैसे ही स्थिर चुंबकीय क्षेत्र विकसित कर सकता है जैसे कि स्थिर आवेश, स्थिर विद्युत क्षेत्र विकसित करते हैं। उत्पादित चुंबकीय क्षेत्र का परिमाण और दिशा को बायो-सावार्ट के नियम या एम्पीयर के परिपथ नियम की मदद से निर्धारित किया जा सकता है। इस इकाई में हम चुंबकत्व और उसके अनुप्रयोगों के कुछ महत्वपूर्ण नियमों पर विस्तार से चर्चा करेंगे।

3.2 धारा और धारा घनत्व

चालक के एक विशेष अनुभाग के माध्यम से प्रति इकाई समय में बहने वाले विद्युत आवेश को उस चालक में से प्रवाहित होने वाली धारा के रूप में जाना जाता है। इसकी व्याख्या करने के लिये किसी चालक के एक अनुभाग में गतिमान विद्युत आवेश की कल्पना करें। अब चूंकि धारा चालक के किसी अनुभाग के माध्यम से प्रवाहित होने वाले आवेश की दर है, तो इसे हम निम्न रूप में परिभाषित कर सकते है– $I = \frac{q}{t}$ (3.1)

जहाँ q चालक के उस विशेष खण्ड के माध्यम से समय t में प्रवाहित होने वाले आवेश की मात्रा है। अतिसूक्ष्म आवेश वितरण के लिए, धारा को इस प्रकार व्यक्त किया जा सकता है,

$$I = \lim_{\Delta t \to 0} \frac{\Delta q}{\Delta t} = \frac{dq}{dt} \tag{3.2}$$

विद्युत धारा की SI इकाई एम्पीयर (A) है।

किसी चालक के एकांक क्षेत्रफल से प्रवाहित विद्युत धारा की मात्रा को धारा घनत्व कहते हैं और इसे इस प्रकार व्यक्त किया जा सकता है,

$$J = \frac{I}{S} \tag{3.3}$$

जहां 'S' चालक का अनुप्रस्थ काट का क्षेत्रफल है।

अतिसूक्ष्म आवेश वितरण के लिए, धारा घनत्व को इस प्रकार व्यक्त किया जा सकता है,

$$J = \lim_{\Delta S \to 0} \frac{\Delta I}{\Delta S} = \frac{dI}{dS} \tag{3.4}$$

यह एक सदिश राशि है और इसकी SI इकाई A/m^2 है।

समी.-(3.4) का उपयोग करके चालक की पूरी सतह S से बहने वाली कुल धारा को इस प्रकार व्यक्त किया जा सकता है,

$$I = \int dI = \int_S \vec{J}.d\vec{S} \tag{3.5}$$

यह चालक के एक विशेष अनुभाग के माध्यम से धारा को परिभाषित करने के लिए एक और तरीके को प्रदर्शित करता है, अगर हमें धारा घनत्व पता हो तो।

3.3 विद्युत चालकता

किसी चालक की विद्युत धारा को प्रवाहित करने की क्षमता को उसकी विद्युत चालकता कहते हैं। भौतिक रूप से इसे प्रति इकाई विद्युत क्षेत्र में धारा घनत्व के रूप में परिभाषित किया जा सकता है।

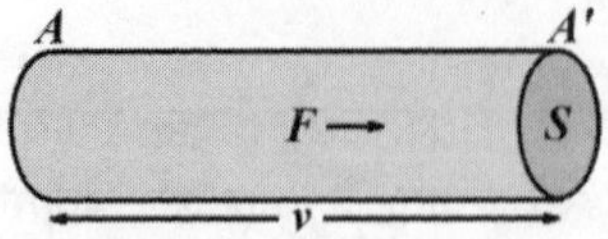

चित्र 3.1: एक कंडक्टर के माध्यम से इलेक्ट्रॉन का बहाव

इसकी गणनात्मक अभिव्यक्ति के लिए, एक धारा प्रवाहक चालक AA' पर विचार करें जिसका संकल अनुभागीय क्षेत्र (S) हो। (चित्र 3.1) यदि विद्युत क्षेत्र F आरोपित करने के कारण, आवेश वाहकों का अनुगमन वेग V हो तो चालक के चुने हुए अनुभाग के भीतर वाहकों की संख्या होगी $n_0 vS$, (जहां n_0 प्रति इकाई आयतन में वाहकों की संख्या है)।

एक लागू विद्युत क्षेत्र F के कारण, आवेशवाहकों का अनुगमन वेग v हो तो चालक के चुने हुए अनुभाग के भीतर वाहकों की संख्या होगी, $n_0 vS$। इस प्रकार, चालक AA' के बेलनाकार अनुभाग में निहित कुल आवेश होगा $n_0 evS$ जब यह आवेश चालक AA' को प्रति सैकण्ड पार करता है, तो उसके माध्यम से बहने वाली विद्युत धारा होगी,

$$I = n_0 evS \tag{3.6}$$

इस प्रकार धारा घनत्व अर्थात, इकाई संकल अनुभागीय क्षेत्र के माध्यम से प्रवाहित धारा होगी,

$$J = \frac{I}{S} = n_0 ev \tag{3.7}$$

SCAN ME

for more on electrical conductivity

अब, वाहक की गतिशीलता यानि इकाई विद्युत क्षेत्र में औसत अनुगमन वेग है।

$$\mu = \frac{v}{F}$$

इसलिए

$$v = \mu F \tag{3.8}$$

इस प्रकार, समी.-(3.8) का उपयोग करके समी.-(3.7) से हमें धारा घनत्व मिलता है

$$J = n_0 e\mu F \tag{3.9}$$

यह विद्युत चालकता प्रति इकाई विद्युत क्षेत्र धारा घनत्व है। इस प्रकार, समी.-(3.9) से विद्युत चालकता को निम्न रूप से व्यक्त किया जा सकता है,

$$\sigma = \frac{J}{F} = n_0 e\mu \tag{3.10}$$

विद्युत चालकता की इकाई S/m (siemens per meter) है।

3.4 सातत्य समीकरण

एक सातत्य समीकरण, जिसे वैकल्पिक रूप से अभिगमन समीकरण के रूप में जाना जाता है, वास्तव में यह समीकरण है जो किसी भौतिक मात्रा के परिवहन का वर्णन करता है। इसे संरक्षित मात्रा में बहुत महत्त्वपूर्ण रूप से लागू किया जा सकता है। यहां, हम एक बिन्दु पर आवेश घनत्व और धारा घनत्व के बीच संबंध स्थापित करेंगे जो आवेश संरक्षण सिद्धांतों को प्रभावी ढंग से व्यक्त करेगा। इस तरह के समीकरण को प्राप्त करने के लिए आइए हम विद्युत धारा की परिभाषा से शुरू करें। जैसा कि हम समीकरण (समी.-3.2) के प्रयोग द्वारा अपनी पिछली चर्चा से जानते हैं, कि किसी सतह के माध्यम से प्रवाहित धारा को निम्नानुसार लिखा जा सकता है,

$$I = \int dI = \int_S \vec{J}.d\vec{S} = \int_S \vec{J}.\hat{n}dS \tag{3.11}$$

जहाँ $\hat{n}$ किसी सतह S पर इकाई लम्ब है।

इस प्रकार S द्वारा परिबद्ध आयतन V में प्रवेश करने वाली धारा निम्नानुसार दी जाती है,

$$I = \int dI = \int_S \vec{J}.d\vec{S} = \int_S \vec{J}.\hat{n}dS \tag{3.12}$$

ऋणात्मक चिन्ह का अर्थ है कि धारा S के माध्यम से अंतर्गामी है न कि बहिर्गामी है।

अब सदिश कलन में विचलन प्रमेय का उपयोग करते हुए समी.-(3.12) से प्राप्त होता है-

$$I = -\int_S \vec{J}.\hat{n}dS \tag{3.13}$$

यह धारा दिए गए आयतन V में निहित कुल आवेश को बढ़ा देगी और आयतन में आवेश के बढ़ने की दर को समी.-(3.2) की सहायता से निम्नानुसार दर्शाया जा सकता है।

$$I = \frac{dq}{dt} = \frac{d}{dt}\int_V \rho dV \tag{3.14}$$

यहां 'dV' संबंधित आतयन आवेश घनत्व है।

इसलिए, समी.-(3.13) और (3.14) की तुलना से हम लिख सकते हैं,

$$-\int_V \vec{\nabla}.\vec{J}dV = \frac{d}{dt}\int_V \rho dV = \int_V \frac{\partial\rho}{\partial t}dV$$ [ρ केवल स्थिति निर्देशांक का ही फलन है]

या

$$\int_V \left(\vec{\nabla}.\vec{J} + \frac{\partial\rho}{\partial t}\right)dV = 0$$

उपरोक्त समीकरण का किसी भी यादृच्छिक आयतन V के लिए समाकलन शून्य होना चाहिए, इसलिये इस प्रकार,

$$\vec{\nabla}.\vec{J} + \frac{\partial\rho}{\partial t} = 0 \tag{3.15}$$

यह सातत्य समीकरण एक बिन्दु पर आवेश घनत्व और धारा घनत्व से संबंध के रूप में जाना जाता है। यह दर्शाता है कि किसी चालक के दिए गए आयतन में एक बिन्दु पर आवेश की वृद्धि इसमें आवेश के अंतर्गामी प्रवाह के कारण है और इसके विपरीतता से भी और इस प्रकार अवकल रूप में आवेश संरक्षण के नियम को व्यक्त किया जाता है।

3.5 स्थिर धारा

स्थिर धारा का अर्थ है एक नियत धारा जो समय के साथ परिवर्तित नहीं होती। जब एक चालक में स्थिर धारा प्रवाहित हो रही हो तो $\frac{\partial\rho}{\partial t} = 0$ और इसलिए सातत्य समीकरण बन जाता है,

$$\vec{\nabla}.\vec{J} = 0 \tag{3.16}$$

यह समीकरण किसी चालक के माध्यम से स्थिर विद्युत धारा के प्रवाह की स्थिति को दर्शाता है।

समी.-(3.16) में $\vec{J} = \sigma\vec{E}$ का उपयोग करके, हम पाते हैं,

$$\vec{\nabla}.\vec{E} = 0$$

अब, $\vec{E} = -\vec{\nabla}\phi$ (जहाँ ϕ स्थैतिक विद्युत विभव है) का उपयोग करते हुए, हम पाते हैं

$$\nabla^2\phi = 0 \tag{3.17}$$

जो लाप्लास का समीकरण है। इसलिए, किसी चालक के माध्यम से स्थिर विद्युत धारा प्रवाहित होने के लिये लाप्लास के समीकरण को संतुष्ट होना चाहिए।

3.6 लॉरेंज बल

लॉरेंज बल, एक बिन्दु आवेश को विद्युत चुम्बकीय क्षेत्र में रखे जाने पर उस पर कार्य करने वाले विद्युत और चुम्बकीय बलों का योग होता है। विद्युत क्षेत्र $\vec{E}$ और चुम्बकीय क्षेत्र $\vec{B}$ दोनों की उपस्थिति में वेग $\vec{v}$ से गतिमान आवेश q द्वारा अनुभव किए गए बल का व्यंजक इस प्रकार दिया जा सकता है,

$$\vec{F} = q(\vec{E} + \vec{v} \times \vec{B}) \tag{3.18}$$

जहाँ $\vec{F_e} = q\vec{E}$ विद्युत लॉरेंज बल है और $\vec{F_m} = q\vec{v} \times \vec{B}$ चुम्बकीय लॉरेंज बल है।

समी.-(3.18) प्रभावी रूप से विद्युत और चुम्बकीय क्षेत्रों की उपस्थिति में आवेश कण द्वारा अनुभव किया जाने वाला लोरेंट्ज़ बल देता है।

उदाहरण 3.1

उदाहरण 3.1 एक 1 μC आवेश के चुम्बकीय क्षेत्र $\left(2\hat{j}+3\hat{k}\right)$ Wb/m² में वेग $\left(2\hat{j}+3\hat{k}\right)$ m/s से गति कर रहा है। आवेश पर लगने वाले बल का पता लगाएं।

हल

दिया है, आवेश $q = 1\ \mu C$, वेग $\vec{v} = \left(2\hat{j}+3\hat{k}\right)$ m/s और

चुम्बकीय क्षेत्र $\vec{B} = \left(2\hat{j}+3\hat{k}\right)$ Wb/m²

आवेश पर बल निम्न रूप में प्राप्त किया जाएगा

$$\vec{F} = q\vec{v}\times\vec{B} = 1\times10^{-6}\times\left(2\hat{j}+3\hat{k}\right)\times\left(2\hat{j}+3\hat{k}\right) = 0.$$

उदाहरण 3.2

उदाहरण 3.2 0.4 C आवेश वाला एक परीक्षण आवेश $10\hat{i}+10\hat{k}$ तीव्रता के विद्युत क्षेत्र और $2\hat{i}-6\hat{j}-6\hat{k}$ के चुम्बकीय क्षेत्र के प्रेरण के माध्यम से ($4\hat{i}-\hat{j}-2\hat{k}$) m/s वेग से गतिमान है। परीक्षण आवेश पर कार्य करने वाले लॉरेंज बल के परिमाण और दिशा का निर्धारण करें।

हल

लोरेंन्ज बल के लिए अभिव्यक्ति है, $\vec{F} = q(\vec{E}+\vec{v}\times\vec{B})$

यहाँ $\vec{E} = 10\hat{i}+10\hat{k}, \vec{v} = 4\hat{i}-\hat{j}+2\hat{k}$ and $\vec{B} = 2\hat{i}-6\hat{j}-6\hat{k}$

इसलिए
$$\vec{v}\times\vec{B} = \begin{vmatrix} \hat{i} & \hat{j} & \hat{k} \\ 4 & -1 & 2 \\ 2 & -6 & -6 \end{vmatrix} = 18\hat{i}+28\hat{j}-22\hat{k}$$

और इस प्रकार
$$\vec{F} = q(\vec{E}+\vec{v}\times\vec{B}) = 0.4\times(10\hat{i}+10\hat{k}+18\hat{i}+28\hat{j}-22\hat{k})$$
$$= 11.2\hat{i}+11.2\hat{j}-4.8\hat{k}.$$

तो, अनुभव किए जा रहे लॉरेंज बल का परिमाण है $\left|\vec{F}\right| = \sqrt{11.2^2+11.2^2+4.8^2} = 16.6$ इकाई

3.7 बायो-सावार्ट नियम

बायो-सावार्ट नियम किसी चालक में लगातार विद्युत धारा बहने के कारण उत्पन्न चुम्बकीय क्षेत्र की गणना करने के लिए एक गणितीय सूत्रीकरण देता है। एक मुक्त स्थान में किसी निश्चित बिन्दु पर चुम्बकीय क्षेत्र की एक सामान्यीकृत अभिव्यक्ति खोजने के लिए, आइए एक चालक पर विचार करें जिसमें I धारा प्रवाहित हो रही हो और वह

(चित्र 3.2) में दर्शाए अनुसार, किसी बिन्दु p से r दूरी पर स्थित है। अब, धारा के प्रवाह के कारण, (dl) लंबाई के चालक तत्व के आसपास विकसित चुम्बकीय क्षेत्र (dB), उसमें प्रवाहित धारा (I), चालक तत्व की लंबाई (dl) और चालक के प्रेक्षण बिन्दु के बीच के कोण की ज्या के आनुपातिक तथा चालक व अवलोकन बिन्दु के बीच की दूरी के वर्ग के व्युत्क्रमानुपाती होता है।

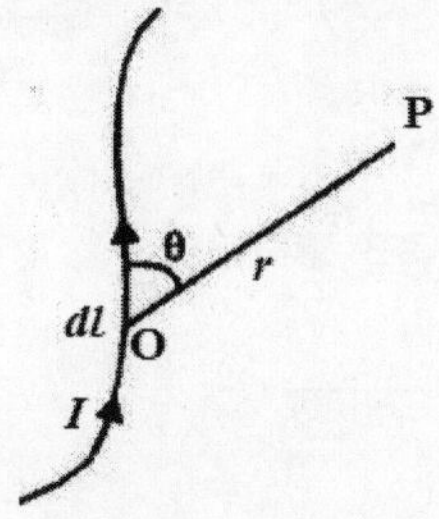

चित्र 3.2: बायो-सावार्ट नियम का चित्रण

इसलिए $$dB \propto I$$
$$\propto dl$$
$$\propto \sin\theta$$
$$\propto \frac{1}{r^2}$$

या $$dB = \frac{\mu_0}{4\pi}\frac{Idl\sin\theta}{r^2}$$

या $$d\vec{B} = \frac{\mu_0}{4\pi}\frac{\vec{I}\times d\vec{l}}{r^2} \tag{3.19}$$

जहां μ_0 मुक्त आकाश की पारगम्यता और θ पर चालक तत्व की लंबाई एवम उसे बिन्दु P से जोड़ने वाली रेखा के बीच का कोण है।

अब, धारा घनत्व की परिभाषा का उपयोग करके हम लिख सकते हैं,

$$Idl = JSdl = JdV \tag{3.20}$$

इस प्रकार $$d\vec{B} = \frac{\mu_0}{4\pi}\frac{Idl}{r^3}\hat{r} = \frac{\mu_0}{4\pi}\frac{JdV}{r^3}\hat{r}\ 9 \tag{3.21}$$

अत:, बायो-सावार्ट के नियम के अनुसार बिन्दु P पर पूर्ण धारा वाहक चालक के कारण कुल चुम्बकीय क्षेत्र समी.-(3.21) के समाकलन से प्राप्त किया जा सकता है,

$$\vec{B} = \frac{\mu_0}{4\pi}\int_l \frac{Idl}{r^3}\hat{r} = \frac{\mu_0}{4\pi}\int_V \frac{JdV}{r^3}\hat{r} \tag{3.22}$$

समी.-(3.22) किसी धारावाही चालक से एक निश्चित दूरी पर विकसित चुम्बकीय क्षेत्र के परिमाण को निर्धारित करने के लिए बहुत उपयोगी है। अगले भाग में हम बायो-सावार्ट के नियम के कुछ ऐसे ही अनुप्रयोगों पर विस्तार से चर्चा करेंगे।

3.7.1 अनुप्रयोग

1. **लंबे सीधे धारावाही चालक के कारण चुम्बकीय क्षेत्र :** बायोट-सावर्ट के नियम को एक लंबे सीधे धारावाही चालक के कारण एक बिन्दु पर चुम्बकीय क्षेत्र का पता लगाने के लिए लागू किया जा सकता है। मान लीजिए कि XY एक धारावाही चालक है, जो धारा I को वहन करता है। हमें इसके कारण, इससे D दूरी पर स्थित बिन्दु P पर चुम्बकीय क्षेत्र की गणना करनी है। (चित्र 3.3)।

   अब, तार की मौलिक लंबाई के कारण P पर चुम्बकीय क्षेत्र बायो-सावार्ट के नियम का उपयोग करके प्राप्त किया जा सकता है,

$$dB = \frac{\mu_0}{4\pi}\frac{Idl_0}{l^2}\sin\left(\frac{\pi}{2}+\theta\right) \tag{3.23}$$

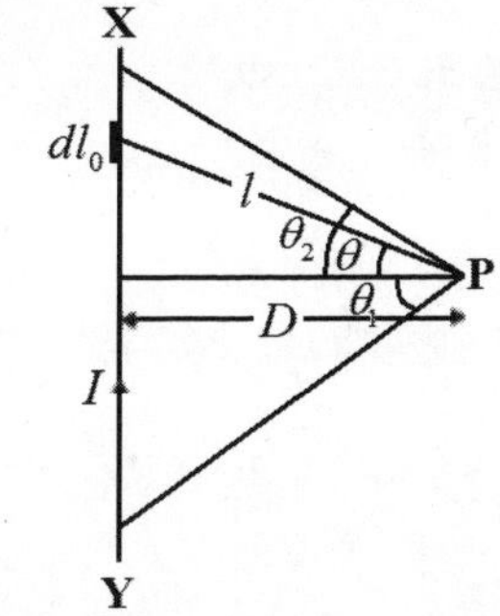

चित्र 3.3: लम्बा सीधा धारा वाही चालक

चित्र 3.3 की ज्यामिति से हमें मिलता है,

$$\tan\theta = \frac{l_0}{D}$$

और $$\sec\theta = \frac{l}{D}$$

इस प्रकार $$l_0 = D\tan\theta \text{ और } l = D\sec\theta \tag{3.24}$$

इसलिए $$dl_0 = D\sec^2\theta d\theta \tag{3.25}$$

इसलिए समी.-(3.23) का उपयोग कर हमें मिलता है,

$$dB = \frac{\mu_0}{4\pi}\frac{ID\sec^2\theta d\theta}{D^2\sec^2\theta}\sin\left(\frac{\pi}{2}+\theta\right)$$

या $$dB = \frac{\mu_0 I}{4\pi D}\cos\theta d\theta \tag{3.26}$$

इसलिए पूरे धारा वाहक चालक के कारण P पर कुल क्षेत्र होगा,

$$B = \frac{\mu_0 I}{4\pi D}\int_{-\theta_1}^{\theta_2}\cos\theta d\theta = \frac{\mu_0 I}{4\pi D}(\sin\theta_1 + \sin\theta_2) \tag{3.27}$$

एक अनंत लंबाई के तार के लिए, $\theta_1 = \theta_2 = \frac{\pi}{2}$ और इस प्रकार समी.-(3.27) का उपयोग करने पर चुम्बकीय क्षेत्र होगा,

$$B = \frac{\mu_0 I}{2\pi D} \tag{3.28}$$

यह एक अनंत लंबाई के सीधे 'I' धारा वाहक चालक के कारण D दूरी पर चुम्बकीय क्षेत्र देता है। समी.-(3.28) से स्पष्ट है कि चुम्बकीय क्षेत्र 'I' के आनुक्रमानुपातिक है और D के व्युत्क्रमानुपाती है।

उदाहरण 3.3

उदाहरण 3.3 एक लंबे पतले तार से 1 सेमी की दूरी पर चुम्बकीय क्षेत्र का पता लगाएं, जिसमें 1A धारा प्रवाहित हो रही हो।

हल

यहाँ $I = 1A$ और $D = 1$ सेमी $= 0.01$ मीटर।

तो, बायो-सावार्ट के नियम के उपयोग से वांछित बिन्दु पर चुम्बकीय क्षेत्र होगा

$$B = \frac{\mu_0 I}{2\pi D} = \frac{4\pi\times10^{-7}\times1}{2\pi\times0.01} = 2\times10^{-5}\text{T}.$$

उउदाहरण 3.4 एक 0.2 m भुजा के वर्गाकार रूप के चालक के केंद्र पर चुम्बकीय क्षेत्र ज्ञात कीजिए जिसमें 1A धारा प्रवाहित हो रही हो।

हल

समी.-(3.27) द्वारा दिए गए बायोट-सावर्ट के नियम का उपयोग करके O पर चुम्बकीय क्षेत्र निम्न द्वारा दिया जाता है,

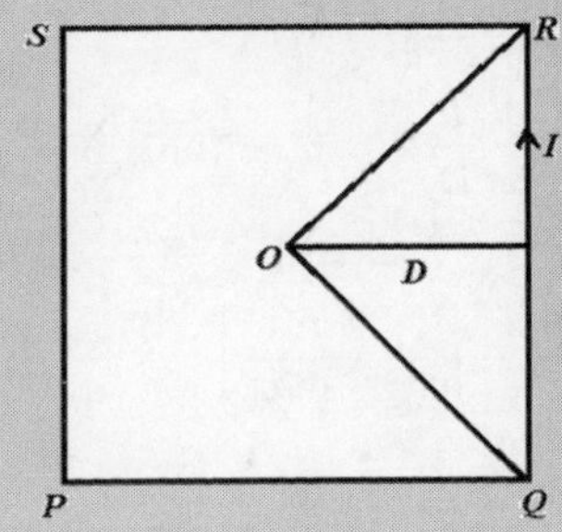

$$B = \frac{\mu_0 I}{4\pi D}(\sin\theta_1 + \sin\theta_2)$$

यहाँ $\theta_1 = \theta_2 = 45°, D = 0.2$ मीटर $I = 1\text{A}$

$$\therefore \quad B = \frac{4\pi\times10^{-7}\times1}{4\pi\times0.1}\times\frac{2}{\sqrt{2}} = \sqrt{2}\times10^{-6}\,\text{Wb/m}^2.$$

उदाहरण 3.4

उदाहरण 3.5 एक प्रोटॉन, धारावाही चालक से 10 सेमी की दूरी पर एक सीधी धारा 1A के समानान्तर 0.6C के वेग से गति करता है। प्रोटॉन पर चुम्बकीय बल कितना होगा?

हल

यहाँ $I = 1\text{A}$ और $D = 10$ सेमी $= 0.1$ m

I धारा के कारण चुम्बकीय क्षेत्र समी.-(3.28) का उपयोग करके प्राप्त किया जा सकता है

$$B = \frac{\mu_0 I}{2\pi D} = \frac{4\pi\times10^{-7}\times1}{2\pi\times0.1} = 2\times10^{-6}\,\text{Wb/m}^2.$$

B की दिशा मैक्सवेल के स्क्रू के नियम से दी जा सकती है।

प्रोटॉन पर कार्य करने वाला चुम्बकीय बल है।

$$F = qvB \quad [\text{यहाँ } \vec{v} \text{ के लंबवत है}]$$

यहाँ $v = 06c = 0.6 \times 3 \times 10^8$ m/s

अतः बल का परिमाण होगा

$$F = (1.6 \times 10^{-19}) \times (0.6 \times 3 \times 10^8) \times (2 \times 10^{-6}) = 5.78 \text{ N}$$

और बल की दिशा तार की ओर अर्थात् प्रकृति में आकर्षक होगी।

उदाहरण 3.5

उदाहरण 3.6 दो समानान्तर तारों में एक ही दिशा में 10 A की समान धारा प्रवाहित होती है और वे 2.0 सेमी की दूरी पर है। इनमें से किसी भी तार से 2 सेमी की दूरी पर स्थित एक बिन्दु पर चुम्बकीय क्षेत्र का पता लगाएं।

हल

चूंकि दोनों तारों में धारा की दिशा समान है इसलिए हमें दो तारों द्वारा निर्मित चुम्बकीय क्षेत्रों को जोड़ना होगा।

$B=\dfrac{\mu_0 I}{2\pi D}$ सूत्र का उपयोग करके हम किसी दूरी पर परिणामी चुम्बकीय क्षेत्र ज्ञात कर सकते हैं।

तार से दूरी 2 सेमी है तो $\quad B=\dfrac{\mu_0 I}{2\pi\times 0.02}+\dfrac{\mu_0 I}{2\pi\times 0.04}$

$$=\frac{\mu_0 I}{2\pi}\left[\frac{1}{0.02}+\frac{1}{0.04}\right]$$

$$=\frac{3\mu_0 I}{8\pi}\times 10^2=\frac{3\times 4\pi\times 10^{-7}\times 10}{8\pi}\times 10^2=1.5\times 10^{-4}\,\text{T}.$$

उदाहरण 3.6

(*ii*) **धारा वाहक वृत्ताकार चालक के अक्ष पर चुम्बकीय क्षेत्र:** आइए हम एक I धारा वाहक a त्रिज्या वाले वृत्ताकार लूप रूप के चालक के कारण चुम्बकीय क्षेत्र की गणना करते हैं। इस हेतु चित्र 3.4 में दर्शाए अनुसार लूप के dl लंबाई के तत्व पर विचार करें। अब, लूप की इस मौलिक लंबाई dl_0 के कारण बिन्दु P पर चुम्बकीय क्षेत्र बायो-सावार्ट के नियम का उपयोग करके प्राप्त किया जा सकता है,

$$d\vec{B}=\frac{\mu_0 I}{4\pi}\frac{d\vec{l}_0\times\vec{l}}{l^3}=\frac{\mu_0 I}{4\pi}\frac{dl_0}{l^2} \qquad (3.29)$$

[चूंकि dl_0 और l के बीच का कोण $\dfrac{\pi}{2}$ है]

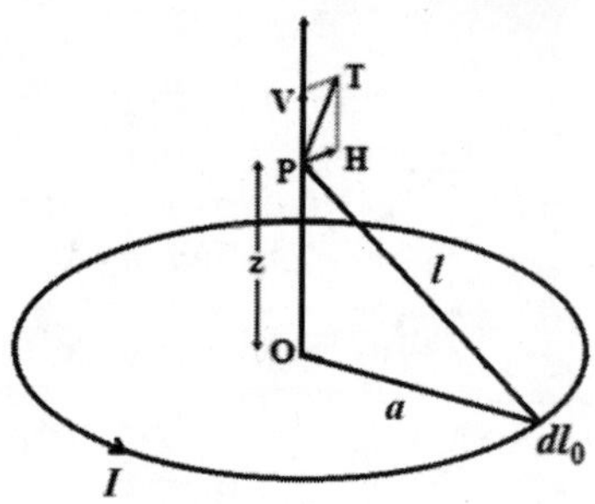

चित्र 3.4: वृत्ताकार धारावाहक लूप

(चित्र 3.4) में दिखाए अनुसार, इस चुम्बकीय क्षेत्र का ऊर्ध्वाधर घटक PV लूप की अक्षीय दिशा PT में और क्षैतिज घटक PH लूप के अक्ष के लंबवत कार्य करेगा। सममिती के कारण PH घटक एक दूसरे को निरस्त कर देंगे और केवल अक्षीय घटक ही योगदान देंगे। इसलिए बिन्दु P पर dl_0 के कारण कुल चुम्बकीय क्षेत्र होगा–

$$dB\sin\angle HPT=dB\frac{a}{l}=\frac{\mu_0 Ia}{4\pi l^3}dl_0 \qquad (3.30)$$

इस प्रकार पूरे पाश के कारण चुम्बकीय क्षेत्र होगा,

$$B=\frac{\mu_0 Ia}{4\pi l^3}\int dl_0=\frac{\mu_0 Ia}{4\pi l^3}.2\pi a=\frac{\mu_0 Ia^2}{2l^3}=\frac{\mu_0 Ia^2}{2(z^2+a^2)^{3/2}} \qquad (3.31)$$

इसे समी.-(3.31) के अनुसार, n फेरों वाले पाश के लिए निम्नानुसार सामान्यीकृत किया जा सकता है,

$$B=\frac{\mu_0 nIa^2}{2(z^2+a^2)^{3/2}} \qquad (3.32)$$

अब लूप के केन्द्र पर चुम्बकीय क्षेत्र समी.-(3.32) में $z = 0$ को रख कर प्राप्त किया जा सकता है–

$$B_0 = \frac{\mu_0 nI}{2a} \tag{3.33}$$

इसलिए लूप के अक्ष पर चुम्बकीय क्षेत्र बढ़ जाता है क्योंकि लूप में बहने वाली धारा बढ़ जाती है और लूप की त्रिज्या बढ़ने के साथ यह घट जाती है।

उदाहरण 3.7 10 सेमी त्रिज्या के एक वृत्ताकार धारा वाहक चालक लूप के केन्द्र पर चुम्बकीय क्षेत्र की गणना करें। दिया गया है कि लूप के माध्यम से बहने वाली धारा 2A है।

हल

बायो-सावार्ट के नियम का उपयोग करके एक वृत्ताकार धारा वाहक चालक लूप के कारण किसी भी अक्षीय बिन्दु पर चुम्बकीय क्षेत्र को निम्न रूप में लिखा जा सकता है,

$$B = \frac{\mu_0}{4\pi}\frac{2\pi nr^2 I}{(r^2 + x^2)^{3/2}} \text{Wb/m}^2$$

कुण्डली के केन्द्र में, $x = 0$

इसलिए $$B = \frac{\mu_0}{4\pi}\frac{2\pi ni}{r} = \frac{\mu_0 nI}{2r} \text{Wb/m}^2.$$

यहाँ $n = 1, I = 2\text{ A}, r = 10\text{ cm} = 0.01\text{ m}$

इसलिए, दिए गए मानों का उपयोग करके, हमें मिलेगा

$$B = \frac{4\pi \times 10^{-7} \times 1 \times 2}{2 \times 0.01} = 4\pi \times 10^{-7}\text{ Wb/m}^2.$$

उदाहरण 3.7

उदाहरण 3.8 50 फेरे वाली धारा वाहक कुण्डली में 0.1 A की धारा प्रवाहित होती है। यदि कुण्डली की त्रिज्या 4 सेमी है, तो अक्ष से 5 सेमी की दूरी पर इसके कारण चुम्बकीय क्षेत्र की गणना करें।

हल

एक n फेरों वाले लूप के लिये हमें प्राप्त है,

$$B = \frac{\mu_0 nIa^2}{2(z^2 + a^2)^{3/2}}$$

यहाँ $n = 50, I = 0.1\text{ A}, a = 4\text{ cm}$ और $z = 5\text{ cm}$

$$\therefore \quad B = \frac{\mu_0 nIa^2}{2(z^2 + a^2)^{3/2}} = \frac{4\pi \times 10^{-7} \times 50 \times 0.1 \times (0.04)^2}{2 \times \left[(0.05)^2 + (0.04)^2\right]^{3/2}} = 3.14\text{T}.$$

उदाहरण 3.8

उदाहरण 3.9 एक 1 सेमी त्रिज्या के स्टील के रॉड को गोलाकार लूप के रूप में मोड़ दिया जाता है और उसे 200 फेरे वाले कुंडली के साथ लपेटा जाता है। यदि लूप की माध्य त्रिज्या 10 सेमी है, तो धारा के उस मान की गणना करें जो कोर में 0.5 mWb का फ्लक्स पैदा करेगी। दिया गया है इस्पात के लिए $\mu_r = 1000$.

हल

जब 1 सेमी त्रिज्या के स्टील के रॉड को गोलाकार लूप के रूप में मोड़ दिया जाता है तो एक टॉरॉइड बनेगा। अब, बायो–सावार्ट के नियम के अनुसार इस टॉरॉइड के कोर के केंद्र में चुंबकीय क्षेत्र होगा,

$$B = \frac{\mu_r nI}{2\pi r}$$

जहाँ $\mu_r = 1000,\ r = 10 \times 10^{-2}\text{m},\ n = 200.$

अत: परिनालिका के कोर में उत्पादित फ्लक्स होगा

$$\pi R^2 B = 0.5 \text{ m Wb} = 0.5 \times 10^{-3} \text{ Wb}$$

दिया है रॉड की त्रिज्या $R = 1 \text{ cm} = 1 \times 10^{-2}\text{m}.$

$$\therefore \quad 0.5\times10^{-3} = \frac{\mu_r nI}{2r}R^2 = \frac{1000\times200\times I}{2\times10\times10^{-2}}\times\left(1\times10^{-2}\right)^2$$

जहाँ $$I = \frac{2\times0.5\times10}{1000\times200\times10^{-2}} = 0.5\mu\text{A}$$

जो धारा का वह मान देता है जो कोर में 0.5m Wb का फ्लक्स उत्पन्न करेगा।

उदाहरण 3.9

(*iii*) एक परिनालिका का अक्षीय चुंबकीय क्षेत्र: मान लें कि l लम्बाई की परिनालिका में फेरों की संख्या n है। चित्र 3.5 में दर्शाये अनुसार 'a' त्रिज्या वाली इस परिनालिका के माध्यम से 'I' धारा प्रवाहित हो रही है।

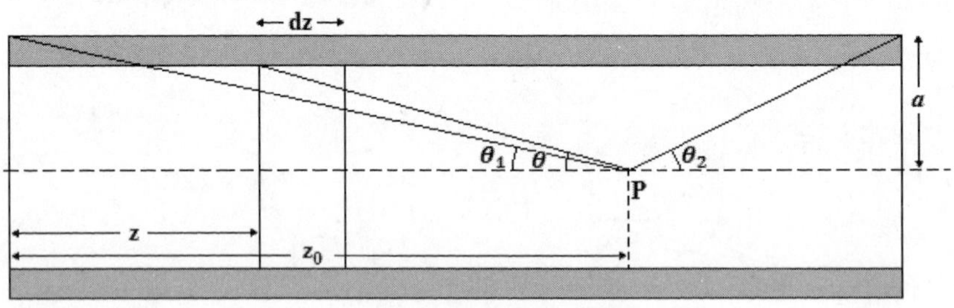

चित्र 3.5: लम्बी परिनालिका

इसके अक्ष के किसी भी बिंदु P पर चुंबकीय क्षेत्र की गणना करने के लिए, इसके 'dz' मोटाई के छोटे से हिस्से पर विचार करें। इस छोटे से हिस्से में फेरों की संख्या होगी $\left(\frac{n}{L}\right)dz$

इसलिए समी.-(3.32) का उपयोग कर हम परिनालिका की dz मोटाई के छोटे से हिस्से के माध्यम से प्रवाहित धारा के कारण बिंदु P पर चुंबकीय क्षेत्र के लिए अभिव्यक्ति लिख सकते हैं जैसे–

$$dB = \frac{\mu_0 nIa^2 dz}{2L\left[\left(z_0 - z\right)^2 + a^2\right]^{3/2}} \tag{3.34}$$

अब चित्र 3.5 से हमारे पास है, $\tan\theta = \dfrac{a}{z_0 - z}$

या $$dz = a\,\text{cosec}^2\theta d\theta \tag{3.35}$$

फिर $$\sin\theta = \frac{a}{\left[\left(z_0 - z\right)^2 + a^2\right]^{1/2}} \tag{3.36}$$

इस प्रकार समी.-(3.35) और (3.36) को समी.-(3.34) में रखने से हमें मिलता है,

$$dB = \frac{\mu_0 nI \sin\theta d\theta}{2L} \tag{3.37}$$

इसलिए पूरी परिनालिका के कारण P पर कुल चुंबकीय क्षेत्र होगा,

$$B = \frac{\mu_0 nI}{2L}\int_{\theta_1}^{\pi-\theta_2} \sin\theta d\theta$$

$$= \frac{\mu_0 nI}{2L}\left(\cos\theta_1 + \cos\theta_2\right) \tag{3.38}$$

यदि P परिनालिका की मध्यबिंदु है तो $\theta_1 = \theta_2 = \theta$

इसलिए $$B_{mid} = \frac{\mu_0 nI}{L}\cos\theta \tag{3.39}$$

एक असीम रूप से लम्बी परिनालिका के लिए $\theta \to \dot{0}$ और $\cos\theta \to 0$

इसलिए $$B_{\text{inf}} = \frac{\mu_0 nI}{L} \tag{3.40}$$

उदाहरण 3.10 एक 0.6 मीटर लंबाई और 0.4 मीटर के व्यास की एक लंबी परिनालिका में 5mA धारा प्रवाहित होती है। यदि फेरों की संख्या 1000 है, तो परिनालिका के बीच में चुंबकीय क्षेत्र की गणना करें।

हल

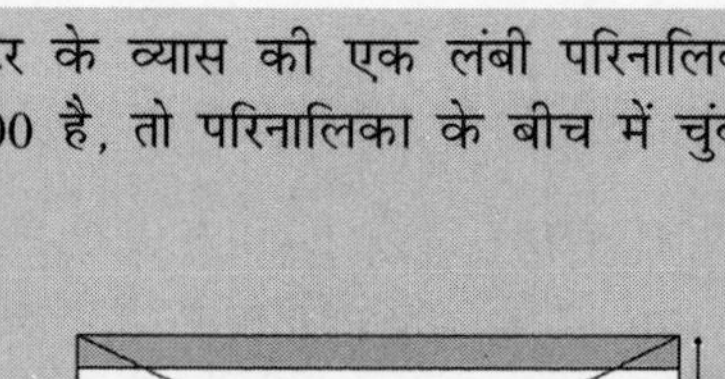

हमारे पास है $\quad B = \dfrac{\mu_0 nI}{2L}\left(\cos\theta_1 + \cos\theta_2\right)$

परिनालिका के मध्य बिंदु पर $\theta_1 = \theta_2 = \theta$

इसलिए $$B_{mid} = \frac{\mu_0 nI}{L}\cos\theta$$

$$= \frac{\mu_0 nI}{L}\frac{L/2}{\sqrt{a^2 + (L/2)^2}}$$

$$= \frac{\mu_0 nI}{2}\frac{1}{\sqrt{a^2 + (L/2)^2}}$$

यहां परिनालिका की लंबाई $L = 0.6$ मीटर और परिनालिका का व्यास $2a = 0.4$ m

$$B_{mid} = \frac{4\pi\times10^{-7}\times\dfrac{1000}{0.6}\times5\times10^{-3}}{2}\frac{1}{\sqrt{(0.2)^2 + (0.6/2)^2}}$$

$$= 1.45 \times 10^{-5}\ \text{Wb/m}^2.$$

उदाहरण 3.10

उदाहरण 3.11

उदाहरण 3.11 एक 40 cm लंबाई की लंबी परिनालिका में 300 फेरे हैं। यदि परिनालिका में 3.5 A की धारा प्रवाहित होती है, तो परिनालिका के एक छोर पर चुंबकीय क्षेत्र का पता लगाएं।

हल

यहाँ $n = 300/0.4 = 750$ फेरे प्रति मीटर है और $I = 3.5$ A

तो, परिनालिका के अक्ष पर किसी भी बिंदु पर चुंबकीय क्षेत्र है

$$B = \mu_0 nI = 4\pi \times 10^{-7} \times 750 \times 3.5$$
$$= 3.3 \times 10^{-3}\text{T}$$

इस प्रकार, परिनालिका के एक छोर पर चुंबकीय क्षेत्र होगा

$$B = \frac{\mu_0 nI}{2} = \frac{4\pi \times 10^{-7} \times 750 \times 3.5}{2}$$
$$= 1.65 \times 10^{-3}\text{T}$$

(*iv*) एक षट्कोणीय धारा वाहक चालक के कारण इसके क्रेंद्र पर चुंबकीय क्षेत्र: आइए हम एक षट्कोणीय धारा वाहक चालक पर विचार करें, जिसकी लंबाई x है, जिसमें धारा 'I' प्रवाहित हो रही है। अब, इसके केंद्र O पर PQ के कारण चुंबकीय क्षेत्र समी.-(3.27) का उपयोग करके निम्न रूप से प्राप्त किया जा सकता है।

$$B_1 = \frac{\mu_0 I}{4\pi D}(\sin\theta + \sin\theta) = \frac{\mu_0 I}{2\pi D}\sin\theta \qquad (3.41)$$

तो, पूरे चालक के कारण 'O' पर कुल चुम्बकीय क्षेत्र होगा–

$$B = 6B_1 = \frac{3\mu_0 I}{\pi D}\sin\theta \qquad (3.42)$$

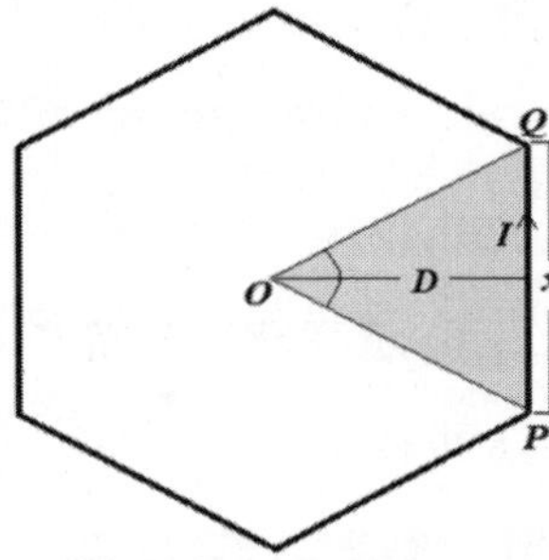

चित्र 3.6: षट्कोणीय लूप

पुनः चित्रानुसार,

$$\tan\theta = \frac{x}{2D}$$

या $$\frac{1}{\sqrt{3}} = \frac{x}{2D} \text{ (यहां, } \theta = 30°)$$

या $$D = \frac{\sqrt{3}x}{2}$$

इस प्रकार $$B = \frac{6\mu_0 I}{\pi\sqrt{3}x}\frac{1}{2}$$

$$= \frac{\sqrt{3}\mu_0 I}{\pi x} \qquad (3.43)$$

SCAN ME

for 3D magneto-static field simulation

जो षट्कोणीय लूप के केंद्र में वांछित चुंबकीय क्षेत्र को, उसमें बहने वाली धारा और उसकी भुजा की लम्बाई के पदों में व्यक्त करता है।

उदाहरण 3.12 एक a भुजा के समबाहु त्रिभुज के आकार के संवाहक तार में धारा I प्रवाहित होती है। इसके केन्द्रक पर चुंबकीय क्षेत्र की गणना करें।

हल

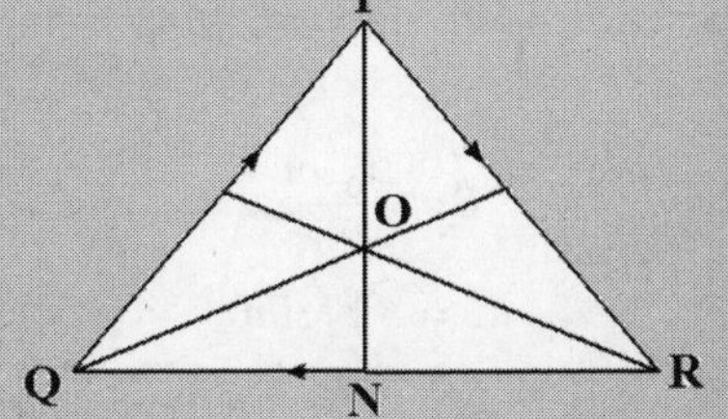

दिए गए आंकाड़ों में अगर a भुजा के समबाहु त्रिभुज का केंद्रक O हो तो

$$ON = r = \frac{a}{2\sqrt{3}}$$

अब, बिंदु पर QR भाग के कारण चुंबकीय क्षेत्र होगा,

$$\frac{\mu_0 I}{4\pi r}[\sin\theta]_{-\pi/3}^{\pi/3}$$

अब समबाहु त्रिभुज के आकार के संवाहक तार की भुजाएँ (PQ, QR और PR) बराबर हैं, इसलिए तीनों धारावाहक तारों के कारण बिंदु O पर चुम्बकीय क्षेत्र होगा।

$$B = 3\frac{\mu_0 I}{4\pi r}[\sin\theta]_{-\pi/3}^{\pi/3} = 3\frac{\mu_0 I}{4\pi\frac{a}{2\sqrt{3}}}2\sin\frac{\pi}{3} = 3\frac{\mu_0 I}{4\pi\frac{a}{2\sqrt{3}}}\times\sqrt{3} = \frac{9\mu_0 I}{2\pi a}.$$

बिंदु O पर आवश्यक चुंबकीय क्षेत्र है $B = \frac{9\mu_0 I}{2\pi a}$.

उदाहरण 3.12

3.8 धारा वाहक चालक

जब एक धारा वाहक चालक को चुंबकीय क्षेत्र में रखा जाता है, तो वह एक बल का अनुभव करता है। एम्पीयर ने पहली बार प्रदर्शित किया कि जब एक धारा वाहक चालक को चुंबकीय क्षेत्र में रखा जाता है, तो वह एक बल का अनुभव करता है। जब चालक में धारा स्थापित हो जाती है तो वह विस्थापित हो जाता है। इस तरह, कोई भी चालक पर बल के अस्तित्व को सत्यापित किया जा सकता है।

इस प्रकार विकसित इस बल की दिशा फ्लेमिंग के बाएँ हाथ के नियम का उपयोग करके निर्धारित की जा सकती है। जब चुंबकीय क्षेत्र प्रवाहित धारा की लंबवत दिशा में कार्य करता है, तो चालक पर लगने वाला बल चुंबकीय क्षेत्र और धारा दोनों के लंबवत होता है। आइए इसकी विवेचनात्मक जांच करें।

ऐसे बल का व्यंजक निर्धारित करने के लिए, हम अंतरिक्ष में कहीं भी एक धारावाही चालक AB पर विचार करते हैं जिसमें धारा 'I' प्रवाहित हो रही हो [चित्र (3.7)]। चालक के dl लंबाई के तत्व के कारण P पर चुंबकीय क्षेत्र बायोट-सावर्ट के नियम का उपयोग करके दिया जाएगा–

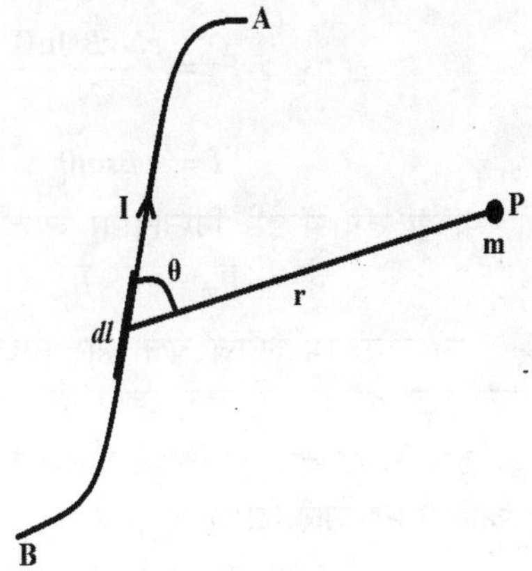

चित्र 3.7: एक धारा पर बल कंडक्टर ले जाना

$$dB = \frac{\mu_0}{4\pi}\frac{Idl\sin\theta}{r^2}$$

तो, बिंदु P पर स्थित, एक चुंबकीय ध्रुव प्राबल्य 'm' पर लगने वाला बल होगा–

$$dF = mdB = \frac{\mu_0}{4\pi}\frac{mIdl\sin\theta}{r^2} \tag{3.44}$$

यह चुंबकीय ध्रुव भी वही बल dl पर लगाएगा। अब चुंबकीय ध्रुव प्राबल्य *'m'* के कारण r दूरी पर चुंबकीय क्षेत्र होगा,

$$B = \frac{\mu_0}{4\pi}\frac{m}{r^2} \tag{3.45}$$

इसलिए $$dF = BIdl\ sin\theta \qquad (3.46)\ (a)$$

इसे सदिश रूप में हम लिख सकते हैं

$$d\vec{F} = Id\vec{l}\times\vec{B} \qquad (3.46)\ (b)$$

इसलिए, चालक पर कार्य करने वाला बल चुंबकीय क्षेत्र और चालक में बहने वाली धारा दोनों के लंबवत होता है।

3.9 चुंबकीय क्षेत्र में गतिमान चालक

जब किसी धारा वाहक चालक पर कुछ चुंबकीय बल आरोपित होता है, तो यह चुम्बकीय बल प्रभावी रूप से आवेशित कण को एक गोलाकार या सर्पिल पथ में गति करने के लिए बाध्य करता है। हमें ज्ञात है कि चुंबकीय क्षेत्र "B" में dl लंबाई के 'I' धारा प्रवहित होने वाले एक धारा वाहक चालक पर बल होगा–

$$dF = BIdl\sin\theta$$

अब $$I = neAv$$

जहाँ, A चालक के अनुप्रस्थ काट का क्षेत्रफल है, e वाहक का आवेश है, v वाहक का अनुगमन वेग है और n चालक के प्रति इकाई आयतन में उपस्थित आवेश वाहकों की संख्या है। इसलिए

$$dF = B(neAv)dl\sin\theta = e(nAdl)nB\sin\theta = eNvB\sin\theta \tag{3.47}$$

यहां $N = nAdl$ चालक के भीतर कुल आवेशों की संख्या।

तो, चुंबकीय क्षेत्र में गतिमान आवेश वाहक द्वारा अनुभव किया जाने वाला बल होगा

$$F_m = \frac{eNvB\sin\theta}{N}$$

$$I = evBsin\theta \tag{3.48}$$

या, सदिश रूप में इसे निम्नानुसार व्यक्त किया जा सकता है

$$\vec{F}_m = e\vec{v}\times\vec{B} \tag{3.49}$$

इसे चुंबकीय लॉरेंज बल और विद्युत चुम्बकीय क्षेत्र में एक आवेश वाहक द्वारा अनुभवी कुल लॉरेंज बल के रूप में जाना जाता है।

इसे विद्युत बल या विद्युत लॉरेंज बल और चुंबकीय लोरेंट्ज बल को जोड़कर प्राप्त किया जाता है और निम्नानुसार लिखा जाता है

$$\vec{F} = \vec{F}_e + \vec{F}_m$$

$$= e\left(\vec{E} + \vec{v}\times\vec{B}\right) \tag{3.50}$$

यहां $\vec{F}_e = e\vec{E}$ विद्युत लॉरेंज बल है।

SCAN ME

for viewing the motion of a charge in a magnetic field

3.10 एम्पीयर का परिपथ नियम

स्थैतिक चुम्बकत्व में, एम्पीयर का परिपथ नियम एक बंद परिपथ के चारों ओर एकीकृत चुंबकीय क्षेत्र को उस पथ से गुजरने वाले विद्युत फ्लक्स से संबंधित करता है।

इसमें कहा गया है कि किसी बंद परिपथ के चारों ओर किसी दिए गए चुंबकीय क्षेत्र के स्पर्शरेखा घटक का रेखीय समकल उस बंद परिपथ के भीतर संलग्न धारा और मुक्त स्थान की पारगम्यता के गुणा के बराबर होता है। गणितीय रूप से इसे इस प्रकार व्यक्त किया जा सकता है,

$$\oint \vec{B}.d\vec{l} = \mu_0 I \tag{3.51}$$

यह स्थैतिक विद्युत (इलेक्ट्रोस्टैटिक्स) में गॉस के नियम के अनुरूप है। इस नियम का उपयोग करके आसानी से बायो-सावार्ट नियम को प्राप्त किया जा सकता है। ऐसा करने के लिए हमें एक लंबे सीधे धारा वाहक चालक पर विचार करना चाहिए जिसके माध्यम से I धारा प्रवाहित हो रही है। इससे r दूरी पर इसके कारण चुंबकीय क्षेत्र को बायो-सावार्ट के नियम का उपयोग करके निकाला जाता है,

$$B = \frac{\mu_0 I}{2\pi r}$$

यह दर्शा रहा है कि B सभी रेडियल बिंदुओं पर स्थिर है। अतः r त्रिज्या वाले बंद वृत्तीय लूप C के चारों ओर का रेखीय समाकलन होगा

$$\oint_C \vec{B}.d\vec{l} = \oint_C B dl$$

$$= B\oint_C dl = B.2\pi r = \frac{\mu_0 I}{2\pi r}.2\pi r \quad \text{चूँकि } B \text{ सभी रेडियल बिंदुओं पर स्थिर}$$

या $$\oint_C \vec{B}.d\vec{l} = \mu_0 I$$

यह समकल रूप में एम्पीयर का परिपथ नियम है।

3.10.1 अवकल रूप में एम्पीयर का परिपथ नियम

एम्पियर के परिपथीय नियम का समाकलित रूप समी.-(3.51) में दिया गया है। इसे अवकल रूप में पुनः परिभाषित किया जा सकता है। जैसे, एक चालक की सतह से बहने वाली कुल धारा को इस प्रकार व्यक्त किया जा सकता है–

$$I = \int_S \vec{J}.d\vec{S}$$

इस प्रकार एम्पीयर के परिपथ नियम को व्यक्त किया जा सकता है–

$$\oint_C \vec{B}.d\vec{l} = \mu_0 \int_S \vec{J}.d\vec{S} \tag{3.52}$$

पुनः सदिश कलन के स्टोक के नियम के उपयोग से चुंबकीय क्षेत्र को हम लिख सकते हैं–

$$\oint_C \vec{B}.d\vec{l} = \int_S \vec{\nabla} \times \vec{B}.d\vec{S} \tag{3.53}$$

इस प्रकार समी.-(3.52) और समी.-(3.53) से हमें मिलता है–

$$\int_S \vec{\nabla} \times \vec{B}.d\vec{S} = \int_S \mu_0 \vec{J}.d\vec{S} \quad (3.53)$$

क्योंकि उपरोक्त समीकरण किसी भी सतह के लिए सही है, इसलिए दोनों पक्षों की एकीकृत समानता से हमें मिलता है,

$$\vec{\nabla}\times\vec{B}=\mu_0\vec{J} \tag{3.54}$$

यह एम्पीयर का परीपथ नियम का अवकल रूप है। इस समीकरण से यह स्पष्ट है कि चुंबकीय क्षेत्र संरक्षी नहीं है।

3.10.2 एम्पीयर के नियम के अनुप्रयोग

एम्पीयर का परिपथ नियम धारा वाहक से एक निश्चित दूरी पर विकसित चुंबकीय क्षेत्र के परिमाण को निर्धारित करने के लिए भी बहुत उपयोगी है। इस खंड में हम ऐसे कुछ उदाहरणों पर विचार करेंगे।

(*i*) एक लंबे सीधे धारा वाहक चालक के कारण चुंबकीय क्षेत्र: एक I धारा वाहक अनंत लम्बाई के लंबे सीधे तार पर विचार करें। अगर इस तार की त्रिज्या a हो धारा घनत्व हो जाएगा–

$$J=\frac{I}{\pi a^2} \tag{3.55}$$

अब चुंबकीय क्षेत्र B केवल दूरी r का ही फलन है। गॉस के नियम को लागू करने पर चित्र 3.8 के पिलबॉक्स में दिखाए गए अनुसार हमारे पास होगा

$$B_r.2\pi rl=0$$

अब एम्पीयर के परिपथ के नियम का उपयोग लूप $PQRS$ में चित्र 3.8 के अनुसार करने पर हमें प्राप्त होगा।

$$\oint\vec{B}.d\vec{l}=\left[B_z(r_2)-B_z(r_1)\right]z=0$$

या

$$B_z(r_2)=B_z(r_1) \tag{3.56}$$

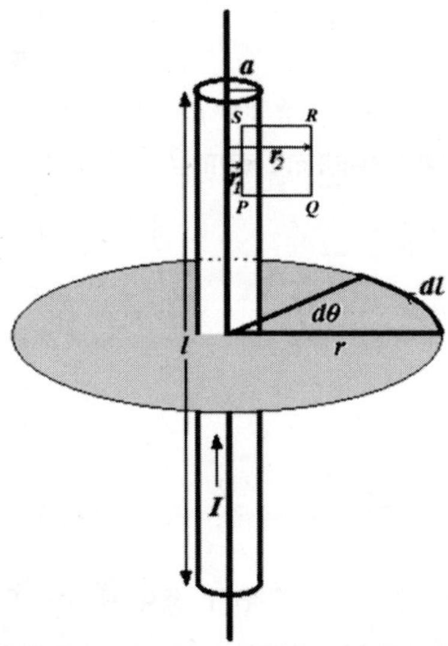

चित्र 3.8: एम्पेरियन लूप: लम्बा सीधा चालक

इस प्रकार B_z एक स्थिरांक है और हमें इसे शून्य के बराबर रखना चाहिए। हम चुंबकीय क्षेत्र के तल से लंबवत तार के संकेंद्रित r त्रिज्या का एक वृत्त खींचते हैं। यह क्षेत्र हर बिंदु पर एक समान और इसके स्पर्शरेखीय होगा। इसलिए

$$\oint\vec{B}.d\vec{l}=\int_0^{2\pi}B_r d\theta=2\pi rB=\mu_0 I_e \tag{3.57}$$

यहां I_e संलग्न धारा है

अगर $r>A, I_e=I$ इस प्रकार समी.-(3.57) से हमें प्राप्त होगा–

$$B=\frac{\mu_0 I}{2\pi r}\quad [r\geq a \text{ के लिए}]$$

यदि $r<a$ तो $I_e=\pi r^2 J=\frac{r^2}{a^2}I$ (3.58)

इस प्रकार समी.-(3.57) से हमें प्राप्त है,

$$B=\frac{\mu_0 Ir}{2\pi a^2}\quad [r\leq a \text{ के लिए}] \tag{3.59}$$

एक लंबे सीधे धारा वाहक चालक के कारण चुम्बकीय क्षेत्र में उससे अक्षीय दूरी के साथ परिवर्तन को चित्र 3.9 में दिखया गया है।

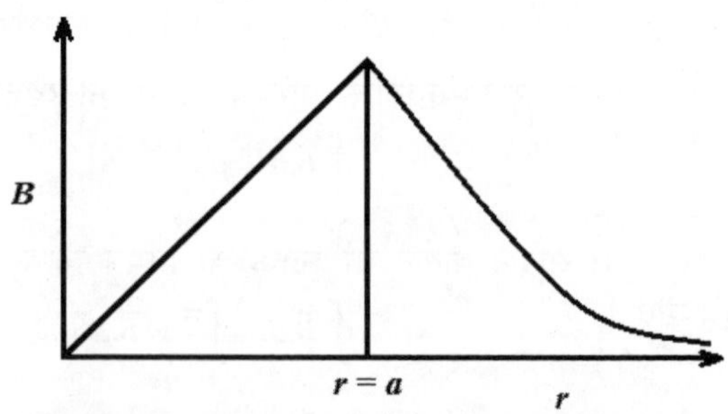

चित्र 3.9: लंबे सीधे धारा वाहक चालक के कारण चुम्बकीय क्षेत्र में उससे अक्षीय दूरी के साथ परिवर्तन

उदाहरण 3.13 एक 4 सेमी त्रिज्या के खोखले बेलन के ठीक बाहर और अंदर चुंबकीय क्षेत्र की गणना करें यदि इसमें 50 A धारा प्रवाहित होती है

हल

(a) खोखले बेलन के बाहर एक बिंदु के लिए, एम्पीयर के परिपथ नियम के अनुसार हम लिख सकते हैं।

$$\oint_C \vec{B}.d\vec{l} = \mu_0 I$$

या
$$\oint_C \vec{H}.d\vec{l} = I$$

या
$$H.2\pi r = I$$

या
$$H = \frac{I}{2\pi r} = \frac{50}{2\pi \times 0.04} = 198.04\,\text{A/m.}$$

इसलिए, चुंबकीय क्षेत्र का प्रेरण होगा

$$B = \mu_0 H = 4\pi \times 10^{-7} \times \frac{50}{2\pi \times 0.04}$$

$$= 2.5 \times 10^{-4}\text{T}$$

(b) सिलेंडर के अंदर, $B = 0$, चूंकि धारा केवल सतह पर मौजूद है।

उदाहरण 3.13

***(ii)* दो अनंत लम्बाई के धारावाही चालकों के बीच चुम्बकीय क्षेत्र:** मान लीजिए कि दो तार x और y मुक्त स्थान में एक दूसरे से d दूरी पर हैं, जिनमें I_1 और I_2 धाराएँ प्रवाहित हो रही हैं (चित्र 3.10)। अब, x में किसी भी बिंदु पर Y की धारा I_2 के कारण उत्पन्न चुंबकीय क्षेत्र निम्नानुसार दिया जा सकता है–

$$B = \frac{\mu_0 I_2}{2\pi d}$$

इसलिए, तार की प्रति इकाई लंबाई पर लगाया गया बल होगा,

$$\vec{F} = I_1 \hat{z} \times \vec{B}$$

या
$$\vec{F} = \frac{\mu_0 I_1 I_2}{2\pi d} \hat{z} \times \hat{x}$$

$$= -\frac{\mu_0 I_1 I_2}{2\pi d} \hat{y} \qquad (3.60)$$

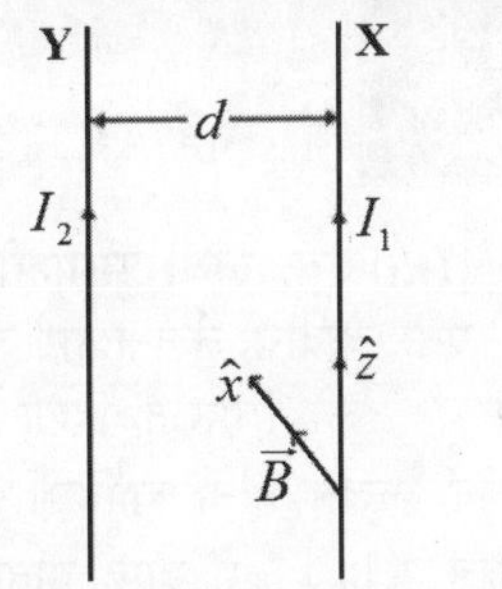

चित्र 3.10: दो लंबे धारावाही चालक एक दूसरे से d दूरी से अलग

जहां $\hat{z}$, धारा I_1 की दिशा में एक इकाई सदिश है और $\hat{x}$, क्षेत्र $\vec{B}$ की दिशा में एक इकाई सदिश है (चित्र 3.10) यदि I_1 और I_2 एक ही दिशा में प्रवाहित होते हैं तो इन तारों के बीच बल F, Y की ओर निर्देशित होगा, और यदि वे विपरीत दिशा में हैं तो यह Y से विपरीत दिशा में निर्देशित होता है।

इस प्रकार, समानांतर धारा ले जाने वाले तार एक दूसरे को आकर्षित करेंगे जबकि समानांतर-विरोधी धारा ले जाने वाले तार एक दूसरे को प्रतिकर्षित करेंगे। प्रति इकाई लंबाई बल का परिमाण निम्न द्वारा दिया जा सकता है–

$$B = \frac{\mu_0 n I}{2\pi r} \qquad (3.61)$$

उदाहरण 3.14 1 A धारावाही दो सीधे लंबे समानांतर तारों को 2 cm की दूरी से अलग रखा जाता है। उनमें से किसी एक द्वारा अनुभव किए गए बल की गणना करें।

हल

यहाँ $I_1 = I_2 = 1\text{A}, r = 2\text{ cm} = 0.02\text{ m}$

इसलिए किसी भी एक तार द्वारा अनुभव किए गए बल का परिमाण होगा–

$$F = \frac{\mu_0 I_1 I_2}{2\pi r} = \frac{4\pi\times10^{-7}\times1\times1}{2\pi\times0.02} = \frac{2\times10^{-7}}{0.02} = 10^{-5}\text{N}.$$

उदाहरण 3.15 एक लंबे क्षैतिज तार में 100 A की धारा प्रवाहित होती है। एक और समानांतर धारावही तार में 20 A की धारा प्रवाहित हो रही है जिसका भार 0.03 N/m है। यदि दूसरे तार को पहले तार के चुंबकीय प्रतिकर्षण द्वारा सन्तुलित किया जाना है, तो उनकी मध्यवर्ती दूरी की गणना करें।

हल

यदि दो I_1 और I_2 धारा वाही तारों के बीच मध्यवर्ती दूरी "r" हो तो दिये गए प्रश्नानुसार–

किसी भी तारों द्वारा अनुभव किए गए बल का परिमाण होगा–

$$\frac{\mu_0 I_1 I_2}{2\pi r} = 0.03$$

या
$$\frac{4\pi\times10^{-7}\times100\times20}{2\pi r} = 0.03$$

या
$$r = \frac{4\times10^{-7}\times10^{3}}{0.03}$$
$$= 1.33\times10^{-2}\text{ m}.$$

जो आवश्यक मध्यवर्ती दूरी है।

***(iii)* एक लंबी समाक्षीय केबल के लिए चुंबकीय क्षेत्र:** एक समाक्षीय केबल पर विचार करें जिसमें a त्रिज्या का एक केंद्रीय बेलनाकार चालक होता है और b त्रिज्या का एक समाक्षीय बाहरी बेलनाकार चालक है जो समान धारा "I" को विपरीत दिशा मे धारण किए हुए हैं। सममिति के कारण दूरी $r(a < r < b)$ पर चुंबकीय क्षेत्र केवल r का फलन होना चाहिए। त्रिज्या r के बंद लूप C के लिए एम्पीयर के परिपथीय नियम का उपयोग करते हुए (चित्र 3.11) हमें प्राप्त होता है–

$$\oint_C \vec{B}.d\vec{l} = \mu_0 I$$

या
$$B.2\pi r = \mu_0 I$$

या
$$B = \frac{\mu_0 I}{2\pi r} \quad [\text{जहां } (a < r < b)] \tag{3.62}$$

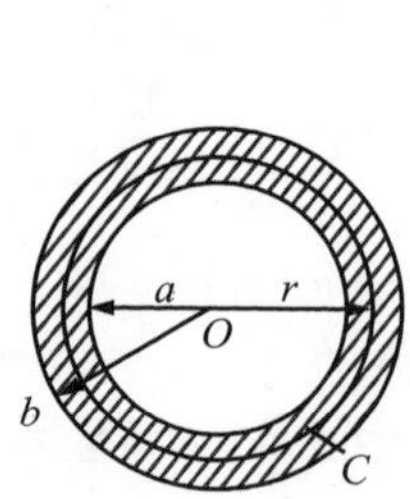

चित्र 3.11: समाक्षीय केबल

जब $r > b$ तो, एम्पीयर के परिपथ नियम से हमारे पास है,

$$B.2\pi r = \mu_0(I - I) = 0$$

या
$$B = 0 \tag{3.63}$$

(iv) अनंत लम्बाई की परिनालिका के कारण चुंबकीय क्षेत्र: लंबाई L के एक परिनालिका पर विचार करें। आइए हम इसमें एक बंद लूप *abcd* लें, जैसा कि चित्र 3.12 में दिखाया गया है। इस लूप पर एम्पीयर का परिपथ नियम लागू होने पर हमें मिलता है,

$$\oint \vec{B}.d\vec{l} = \mu_0 \times 0 = 0$$

इस प्रकार $\vec{B} = 0$ जैसा $d\vec{l} \neq 0$

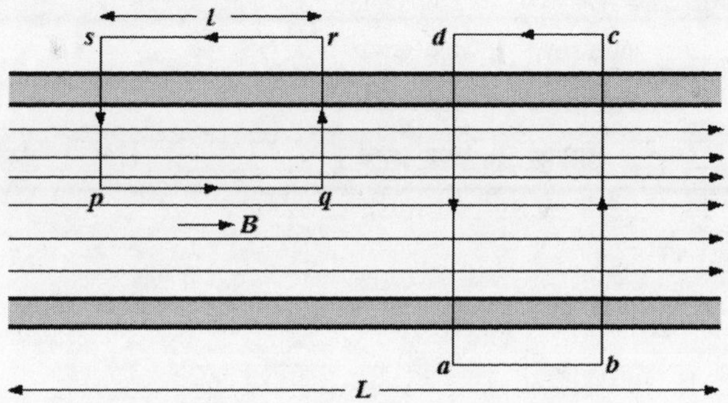

चित्र 3.12: एम्पेरियन लूप: लम्बी परिनालिका

इसका मतलब है कि परिनालिका के बाहर चुंबकीय क्षेत्र शून्य होगा। परिनालिका के अंदर चुंबकीय क्षेत्र खोजने के लिए एक और बंद पाश *pqrs* पर विचार करें (चित्र 3.12) एम्पीयर का परिपथ नियम जब इस लूप पर लागू होता है, तो हमें मिलता है–

$$\oint \vec{B}.d\vec{l} = \int_{pq} \vec{B}.d\vec{l} + \int_{qr} \vec{B}.d\vec{l} + \int_{rs} \vec{B}.d\vec{l} + \int_{sp} \vec{B}.d\vec{l} \tag{3.64}$$

पथ *pq* के लिए $\vec{B}$ और $d\vec{l}$, एक ही दिशा में है। इस प्रकार

$$\int_{pq} \vec{B}.d\vec{l} = \int_{pq} Bdl = Bl$$

पथ *pr* और *sp* के लिए $d\vec{l}$, विपरीत दिशा में है। इस प्रकार

$$\int_{qr} \vec{B}.d\vec{l} = -\int_{sp} \vec{B}.d\vec{l}$$

या
$$\int_{qr} \vec{B}.d\vec{l} + \int_{sp} \vec{B}.d\vec{l} = 0$$

पथ *pr* के लिए (चूंकि यह परिनालिका के बाहर है),

$$\int_{rs} \vec{B}.d\vec{l} = 0$$

तो, समी.-(3.64) एम्पीयर के नियम का उपयोग करने से मिलता है–

$$\oint \vec{B}.d\vec{l} = \int_{pq} \vec{B}.d\vec{l} = Bl = \mu_0 nIl$$ [यहां n इकाई लंबाई में फेरों की संख्या है]

$$B = \mu_0 nI \tag{3.65}$$

उदाहरण 3.16

उदाहरण 3.16 एक 2 m लंबाई की लम्बी परिनालिका में 3000 फेरे हैं और उसमें 1 A धारा प्रवाहित हो रही है। इसके अक्ष के किसी बिंदु पर चुम्बकीय क्षेत्र का पता लगाएं।

हल

यहां, प्रति इकाई लंबाई में फेरों की संख्या है $n = 3000/2 =$ फेरे/मीटर और $I = 1\text{ A}$

इसलिए, परिनालिका के अक्ष के किसी भी बिदुं पर चुंबकीय प्रेरण होगा

$$B = \mu_0 nI = 4\pi \times 10^{-7} \times 1500 \times 1 = 1.9 \times 10^{-3}\text{T}.$$

उदाहरण 3.17

उदाहरण 3.17 एक 1.5 मीटर लम्बी और 3000 फेरों की संख्या वाली परिनालिका में 4A की एक धारा प्रवाहित हो रही है। इसके किसी भी बिंदु पर चुंबकीय क्षेत्र का पता लगाएं (i) इसके अंदर (ii) परिनालिका के अंत में और (iii) इसके बाहर।

हल

यहां, प्रति इकाई लंबाई में फेरों की संख्या है $n = 3000/1.5 =$ फेरे/मीटर और $I = 4\text{ A}$

(i) तो, परिनालिका के अंदर किसी भी बिंदु पर चुंबकीय प्रेरण है।

$$B_{in} = \mu_0 nI = 4\pi \times 10^{-7} \times 2000 \times 4 = 1.005 \times 10^{-2}\text{T}.$$

(ii) परिनालिका के अंत में चुंबकीय प्रेरण है

$$B_{end} = \frac{\mu_0 nI}{2} = \frac{1.005 \times 10^{-2}}{2}\text{T} = 5.025 \times 10^{-3}\text{T}.$$

(iii) परिनालिका के बाहर किसी भी बिंदु पर चुंबकीय प्रेरण है $B_{out} = 0$ [चूंकि धारा केवल सतह पर मौजूद है]

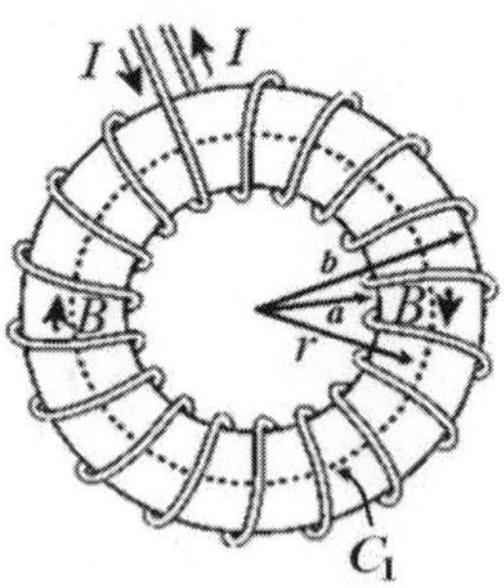

चित्र 3.13: टॉरॉइड

(v) एक टॉरॉइड के कारण चुंबकीय क्षेत्र: एक रिंग पर तार को बारीकी सी दूरी से लपेटा गया हो तो इसे टॉरॉइड कहा जाता है और इसे एक अंतहीन सोलेनोइड माना जा सकता है। मान लीजिए कि C, के अनुदिश वाइंडिंग्स से I मात्रा की धारा प्रवाहित हो रही है [चित्र 3.13] और टॉरॉइड में फेरों की कुल संख्या N है। फिर हमें पथ C_1 के लिए एम्पीयर के परिपथीय नियम का उपयोग करके प्राप्त होता है–

$$\oint \vec{B}.d\vec{l} = \mu_0 NI$$

या
$$B.2\pi r = \mu_0 NI$$

या
$$B = \frac{\mu_0 NI}{2\pi r} = \mu_0 nI \qquad (3.66)$$

SCAN ME

for viewing toroidal B field andAmpere's circuital law

यहां $n = \dfrac{N}{2\pi r}$ टॉरॉइड की प्रति इकाई लंबाई में फेरों की संख्या है।

3.11 चुंबकीय क्षेत्र के कर्ल

सबसे सरल कथन जो चुंबकीय क्षेत्र और चलित आवेशों को सम्बंधित करता है, किसी भी बिंदु पर चुंबकीय क्षेत्र के कर्ल को लेकर संबोधित किया जा सकता है। यह व्यावहारिक रूप से उस बिंदु पर धारा घनत्व देता है। इसे न्यायोचित ठहराने के लिए हमें एम्पीयर के परिपथ के नियम के साथ शुरू करना चाहिए, जिसके अनुसार हमारे पास है–

$$\oint_C \vec{B}.d\vec{l} = \mu_0 I = \mu_0 \iint_s \vec{J}.d\vec{S} \tag{3.67}$$

अब स्टोक्स के प्रमेय से

$$\oint_C \vec{B}.d\vec{l} = \iint_s \vec{\nabla}\times\vec{B}.d\vec{S} \tag{3.68}$$

इस प्रकार $$\oint_C \vec{B}.d\vec{l} = \iint_s \vec{\nabla}\times\vec{B}.d\vec{S}$$

या $$\iint_s \left(\vec{\nabla}\times\vec{B} - \mu_0\vec{J}\right).d\vec{S}$$

यहां कोई भी सतह S के लिए,

$$\vec{\nabla}\times\vec{B} - \mu_0\vec{J} = 0$$

या $$\vec{\nabla}\times\vec{B} = \mu_0\vec{J} \tag{3.69}$$

इससे हम अंतरिक्ष के किसी भी बिंदु पर धारा घनत्व को परिभाषित कर सकते हैं ।

यदि अंतरिक्ष के किसी क्षेत्र में कोई धारा घनत्व नहीं है अर्थात अगर $\vec{J} = 0$ तब

$$\vec{\nabla}\times\vec{B} = 0 \tag{3.70}$$

3.12 स्थैतिक चुम्बकत्व में गॉस का नियम

स्थैतिक चुम्बकत्व के लिए गॉस का नियम मैक्सवेल के चार समीकरणों में से एक है (इस पर यूनिट 7 में विस्तार से चर्चा की जाएगी) जिसमें कहा गया है कि चुंबकीय क्षेत्र का डाइवर्जेन्स शून्य होता है। इसे स्थापित करने के लिए हम बायो-सावार्ट के नियम को एक धारावाही चालक पर लागू करेंगे। एक I धारा के धारावाही चालक को किसी बिंदु P से r दूरी पर रखा गया है (चित्र 3.14)। धारा के प्रवाह के कारण बिंदु के आसपास विकसित चुंबकीय क्षेत्र होगा-

$$d\vec{B} = \frac{\mu_0}{4\pi}\frac{Id\vec{l}\times\vec{r}}{r^3}$$

इस प्रकार पूरे पथ के कारण चुंबकीय क्षेत्र है-

$$\vec{B} = \frac{\mu_0}{4\pi}\oint\frac{Id\vec{l}\times\vec{r}}{r^3}$$

इस प्रकार $$\vec{\nabla}.\vec{B} = \frac{\mu_0}{4\pi}\vec{\nabla}.\oint\frac{Id\vec{l}\times\vec{r}}{r^3} = \frac{\mu_0 I}{4\pi}\oint\vec{\nabla}.\frac{d\vec{l}\times\vec{r}}{r^3} \tag{3.71}$$

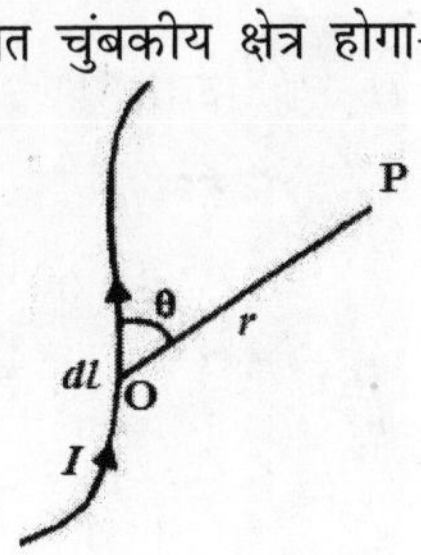

चित्र 3.14: धारा वाही चालक

अब, सदिश राशियों का उपयोग कर,

$$\vec{\nabla}.\left(\vec{A}\times\vec{B}\right) = \vec{B}.\vec{\nabla}\times\vec{A} - \vec{A}.\vec{\nabla}\times\vec{B} \tag{3.72}$$

हमारे पास है $$\vec{\nabla}.\left(d\vec{l}\times\frac{\vec{r}}{r^3}\right) = \frac{\vec{r}}{r^3}.\vec{\nabla}\times d\vec{l} - d\vec{l}.\vec{\nabla}\times\frac{\vec{r}}{r^3}$$

इस प्रकार $$\vec{\nabla}.\vec{B} = \frac{\mu_0 I}{4\pi}\oint\left[\frac{\vec{r}}{r^3}.\vec{\nabla}\times d\vec{l} - d\vec{l}.\vec{\nabla}\times\frac{\vec{r}}{r^3}\right] \quad (3.73)$$

लेकिन $\vec{\nabla}\times d\vec{l} = 0$ क्योंकि $d\vec{l}$ निर्देशांक (x, y, z) के क्षेत्रीय बिंदु P का फलन नहीं है। यहां हम प्राप्त करना चाहते हैं $\vec{\nabla}\times\vec{B}$

एवं $\vec{\nabla}\times\frac{\vec{r}}{r^3} = 0$ और इसलिए समी.-(3.73) से हमें मिलता है,

$$\vec{\nabla}.\vec{B} = 0 \quad (3.74)$$

इस प्रकार हम यह निष्कर्ष निकाल सकते हैं कि चुंबकीय क्षेत्र का डाइवर्जेन्स शून्य है, जिसका तात्पर्य है कि यह चुंबकीय क्षेत्र परिनालिका है। समी.-(3.74) को गॉस के स्थैतिक चुम्बकत्व का अवकल रूप माना जा सकता है।

अब डयवर्जेंस प्रमेय से हम लिख सकते हैं,

$$\int_V \vec{\nabla}.\vec{B}dV = \iint_S \vec{B}.d\vec{S}$$

इस प्रकार,चुंबकीय फ्लक्स $$\varphi = \iint_S \vec{B}.d\vec{S} = 0 \quad (3.75)$$

समीकरण (3.75) को स्थैतिक चुम्बकत्व में गॉस के नियम का समकल रूप माना जा सकता है। यह दर्शाता है कि नेट फ्लक्स शून्य है यानी किसी विशेष आयतन में अंतर्गामी और बहिर्गामी नेट फ्लक्स समान होता है। तो, चुंबकीय फ्लक्स का कोई स्रोत या सिंक नहीं है। समी.-(3.75) की तुलना गॉस के स्थैतिक चुम्बकत्व के नियम $\left[\vec{\nabla}.\vec{E} = \rho/\varepsilon_0\right]$ से करने पर प्राप्त होता है।

$$\rho_m = 0$$

जो चुंबकीय एकलध्रुव के अस्तित्वहीन होने का प्रतीक है।

उदाहरण 3.18

उदाहरण 3.18 सिद्ध करें कि $\oint_C \vec{B}.d\vec{S} = 0$ जहाँ $\vec{B}$ चुंबकीय क्षेत्र है और $\vec{S}$ एक बंद सतह है।

हल

$\vec{\nabla}.\vec{B} = 0$ के अनुसार इसके दोनो पक्षों का आयतन समकल लेने पर हमें प्राप्त होता है $\int_V \vec{\nabla}.\vec{B}dV = 0$

अब, गॉस के विचलन डाइवर्जेन्स प्रमेय का उपयोग करके हम लिख सकते हैं।

$$\int_V \vec{\nabla}.\vec{B}dV = \oint_C \vec{B}.d\vec{S} = 0.$$

3.13 चुंबकीय अदिश विभव

स्थैतिक चुम्बकत्व में चुंबकीय अदिश विभव स्थैतिक विद्युत्व में विद्युत विभव के अनुरूप है। जिस प्रकार स्थैतिक विद्युत्व में विद्युत विभव का प्रयोग विद्युत क्षेत्र निकालने में करते है उसी प्रकार स्थैतिक चुम्बकत्व में चुम्बकीय अदिश विभव का प्रयोग चुम्बकीय क्षेत्र निकालने में किया जाता है, जहाँ मुक्त धारा न हो।

इस प्रकार के क्षेत्र में एक धारावाही चालक में, $\vec{\nabla}\times\vec{B}\neq 0$ लेकिन अगर यह धारावाही चालक मुक्त आकाश से घिरा हुआ है, तो इसके बाहर $\vec{\nabla}\times\vec{B}\neq 0$ जहाँ $\vec{B}$ को हम एक अदिश फलन के ऋणात्मक प्रवणता के रूप में लिख सकते हैं

$$\vec{B}=-\vec{\nabla}\varphi_m \qquad (3.76)$$

जहां φ_m चुंबकीय अदिश विभव कहलाता है। इसे एक ऐसे विभव के रूप में माना जा सकता है जिसका चुंबकीय क्षेत्र में किसी भी बिंदु पर ऋणात्मक ग्रेडियंट एक बंद धारावाही लूप के कारण उस बिंदु पर चुंबकीय क्षेत्र देता है। इसे ज्ञात करने के लिए, आइए हम एक धारा I को वहन करने वाले धारावाही पर विचार करें जैसा कि चित्र 3.15 में दिखाया गया है। बायो-सावार्ट के नियम के अनुसार, धारावाही तत्व dl के सापेक्ष, उससे r दूरी पर स्थित बिंदु A पर चुंबकीय प्रेरण, प्राप्त किया जा सकता हैं-

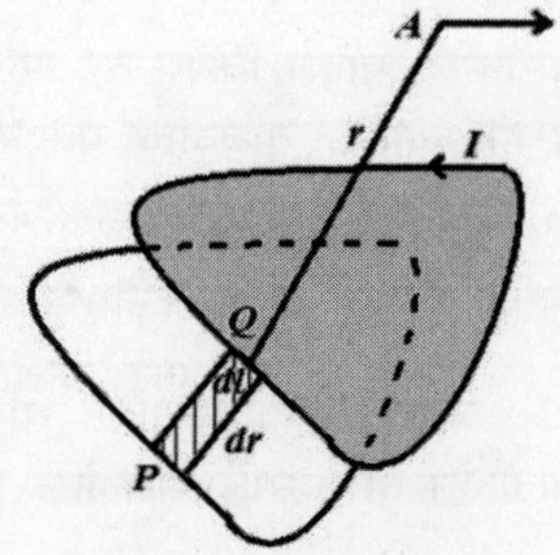

चित्र 3.15: चुंबकीय अदिश विभव

$$\vec{B}=\frac{\mu_0}{4\pi}\oint\frac{I d\vec{l}\times\vec{r}}{r^3}=\frac{\mu_0 I}{4\pi}\oint\frac{d\vec{l}\times\vec{r}}{r^3} \qquad (3.77)$$

अब यदि अवलोकन का बिंदु dr दूरी से बिंदु Q पर स्थानांतरित हो गया हो तो

$$\vec{B}.d\vec{r}=\frac{\mu_0 I}{4\pi}\oint\frac{d\vec{l}\times\vec{r}}{r^3}.d\vec{r}=\frac{\mu_0 I}{4\pi}\oint\frac{d\vec{l}\times\vec{r}}{r^3}.d\vec{r}=\frac{\mu_0 I}{4\pi}\oint\frac{d\vec{r}.\left(d\vec{l}\times\vec{r}\right)}{r^3}$$

या
$$\vec{B}.d\vec{r}=\frac{\mu_0 I}{4\pi}\oint\frac{\left(d\vec{r}\times d\vec{l}\right)}{r^3}.\vec{r}$$

$$=-\frac{\mu_0 I}{4\pi}\oint\frac{\left(d\vec{r}\times -d\vec{l}\right)}{r^3}.\vec{r} \qquad (3.78)$$

स्पष्ट है कि जब P को Q पर स्थानान्तरित कर दिया गया है, तो अवलोकन के बिन्दु पर लूप द्वारा बनाया गया ठोस कोण $d\Omega$ से बदल जाएगा और विस्थापन $-dr$ के दौरान धारा तत्व dl द्वारा घेरा गया क्षेत्र होगा।

और इसलिए
$$\vec{B}.d\vec{r}=-\frac{\mu_0 I}{4\pi}\oint\frac{d\vec{a}.\vec{r}}{r^3}=-\frac{\mu_0 I}{4\pi}d\Omega \qquad (3.79)$$

जहाँ
$$d\Omega=\oint\frac{d\vec{a}.\vec{r}}{r^3} \qquad (3.80)$$

या
$$\vec{B}.d\vec{r}=-\frac{\mu_0 I}{4\pi}\vec{\nabla}\Omega.d\vec{r}$$

या
$$\vec{B}=-\frac{\mu_0 I}{4\pi}\vec{\nabla}\Omega=-\vec{\nabla}\left(\frac{\mu_0 I}{4\pi}\Omega\right) \qquad (3.81)$$

समी.-(3.79) की तुलना समी.-(3.81) से करने पर हमें चुम्बकीय अदिश विभव मिलता है–

$$\varphi_m = \frac{\mu_0 I}{4\pi}\Omega \tag{3.82}$$

3.14 चुम्बकीय सदिश विभव

चुम्बकीय सदिश विभव वह सदिश क्षेत्र है जो चुम्बकीय क्षेत्र की क्षमता के रूप में कार्य करता है। जैसा कि हम पहले से ही स्थैतिक चुम्बकत्व में गॉस के नियम से जानते हैं कि, $\vec{\nabla}.\vec{B}=0$ और सदिश कलन से भी हमें ज्ञात है कि सदिश के कर्ल का विचलन (डाइवर्जेन्स) शून्य होता है, इस प्रकार $\vec{B}$ को निम्न रूप में व्यक्त किया जा सकता है

$$\vec{B} = \vec{\nabla}\times\vec{A} \tag{3.83}$$

जहां $\vec{A}$ एक संभावित सदिश के रूप में माना जा सकता है और इसे चुम्बकीय सदिश विभव के रूप में जाना जाता है। अब हमारे पास है,

$$\vec{\nabla}\times\vec{B} = \mu_0\vec{J}$$

इस प्रकार $$\vec{\nabla}\times\vec{\nabla}\times\vec{A} = \mu_0\vec{J} \tag{3.84}$$

अब, सदिश राशि के लिये–

$$\vec{\nabla}\times\vec{\nabla}\times\vec{A} = \vec{\nabla}(\vec{\nabla}.\vec{A}) - \nabla^2\vec{A}$$

अगर हम चुनते हैं $$\vec{\nabla}.\vec{A} = 0$$

हमें मिलता है $$\nabla^2\vec{A} = -\mu_0\vec{J} \tag{3.85}$$

उपरोक्त समीकरण के कार्टेसियन घटक को निम्न रूप में लिखा जा सकता है–

$$\nabla^2 A_x = -\mu_0 J_x, \nabla^2 A_y = -\mu_0 J_y \text{ and } \nabla^2 A_z = -\mu_0 J_z \tag{3.86}$$

इन समीकरणों में से प्रत्येक पाइसन समीकरण के समान है $\nabla^2\phi = -\frac{\rho}{\varepsilon_0}$ स्थैतिक चुम्बकत्व में इनका हल निम्न रूप में लिखा जा सकता है

$$\phi(\vec{r}) = \frac{1}{4\pi\varepsilon_0}\int\frac{\rho(\vec{r}_0)dV_0}{|\vec{r}-\vec{r}_0|} \tag{3.87}$$

इस प्रकार समी.-(3.86) के हल को इसी तरह से लिखा जा सकता है,

$$A(\vec{r}) = \frac{\mu_0}{4\pi}\int\frac{J(\vec{r}_0)dV_0}{|\vec{r}-\vec{r}_0|} \tag{3.88}$$

अब लंबाई तत्व dl_0 के एक तार के माध्यम से बहने वाली एक लाइन धारा के लिए, हम JdV_0 को Idl_0 से बदल सकते हैं और इस प्रकार उपरोक्त समीकरण को फिर से लिखा जा सकता है,

$$A(\vec{r}) = \frac{\mu_0}{4\pi}\int\frac{I(\vec{r}_0)dl_0}{l} \tag{3.89}$$

जहां $l = |\vec{r}-\vec{r}_0|$ अवलोकन के बिन्दु से लंबाई तत्व की दूरी है।

समी.-(3.89) धारा I को वहन करने वाले किसी धारावाही चालक से l दूरी पर चुम्बकीय सदिश विभव का व्यंजक दे रहा है।

उदाहरण 3.19 यदि किसी दिए गए चुम्बकीय क्षेत्र में बिंदु (x, y, z) पर, सदिश विभव $\vec{A} = (x^2 + y^2 - z^2)\hat{j}$ है, तो $(1, 1, 1)$ पर चुम्बकीय क्षेत्र ज्ञात कीजिए।

हल

हमारे पास है $\vec{B} = \vec{\nabla} \times \vec{A}$

यहाँ $\vec{A} = (x^2 + y^2 - z^2)\hat{j}$

तो, चुम्बकीय क्षेत्र $\vec{B} = \vec{\nabla} \times \vec{A} = \begin{vmatrix} \hat{i} & \hat{j} & \hat{k} \\ \frac{\partial}{\partial x} & \frac{\partial}{\partial y} & \frac{\partial}{\partial z} \\ x^2 & y^2 & -z^2 \end{vmatrix} = 0$

इस प्रकार, बिन्दु (1, 1, 1) पर चुम्बकीय क्षेत्र शून्य होगा।

उदाहरण 319

उदाहरण 3.20 यदि चुम्बकीय क्षेत्र में किसी बिंदु का सदिश विभव $\vec{A} = \left(10x^2 + y^2 - z^2\right)\hat{j}$ है, तो (1, 1, 2) पर चुम्बकीय क्षेत्र ज्ञात कीजिए।

हल

हमारे पास है $\vec{B} = \vec{\nabla} \times \vec{A}$

यहाँ $\vec{A} = \left(10x^2 + y^2 - z^2\right)\hat{j}$

तो, चुम्बकीय क्षेत्र $\vec{B} = \vec{\nabla} \times \vec{A} = \begin{vmatrix} \hat{i} & \hat{j} & \hat{k} \\ \frac{\partial}{\partial x} & \frac{\partial}{\partial y} & \frac{\partial}{\partial z} \\ 0 & 10x^2 + y^2 - z^2 & 0 \end{vmatrix}$

$= 2\hat{i} + 20\hat{k}$

इसलिए, बिन्दु (1, 1, 2) पर चुम्बकीय क्षेत्र है $= 2\hat{i} + 20\hat{k}$

उदाहरण 3.20

उदाहरण 3.21 यदि एक बिन्दु पर चुम्बकीय सदिश विभव $\vec{A}=\vec{a}\times\vec{r}$ है, जहाँ $\vec{a}$ एक स्थिर सदिश है; उस बिन्दु पर चुम्बकीय प्रेरण सदिश का पता लगाएं।

हल

हमारे पास है $\quad \vec{B}=\vec{\nabla}\times\vec{A}$

जहाँ
$$\vec{A}=\vec{a}\times\vec{r}=\begin{vmatrix}\hat{i} & \hat{j} & \hat{k}\\ a_x & a_y & a_z\\ x & y & z\end{vmatrix}$$
$$=\hat{i}(a_y z-a_z y)+\hat{j}(a_z x-a_x z)+\hat{k}(a_x y-a_y x)$$

इसलिए
$$\vec{B}=\vec{\nabla}\times\vec{A}=\begin{vmatrix}\hat{i} & \hat{j} & \hat{k}\\ \dfrac{\partial}{\partial x} & \dfrac{\partial}{\partial y} & \dfrac{\partial}{\partial z}\\ (a_y z-a_z y) & (a_z x-a_x z) & (a_x y-a_y x)\end{vmatrix}$$
$$=2a_x\hat{i}+2a_y\hat{j}+2a_z\hat{k}=2\vec{a}$$

जो उस बिन्दु पर आवश्यक चुम्बकीय प्रेरण सदिश है।

उदाहरण 3.21

3.15 विद्युत और चुम्बकीय क्षेत्रों की तुलना

विद्युत क्षेत्र	चुम्बकीय क्षेत्र
(i) यह स्थिर आवेशों अर्थात विराम अवस्था में आवेशों के कारण विकसित होता है।	*(i)* यह स्थिर विद्युत धारा या गतिमान आवेश के कारण विकसित होता है।
(ii) स्थैतिक विद्युत क्षेत्र को इस प्रकार व्यक्त किया जा सकता है $\vec{\nabla}.\vec{E}=\rho/\varepsilon_0$ जहां ρ आवेश का आयतन घनत्व है। इसका तात्पर्य यह है कि स्थैतिक विद्युत बल रेखाएँ धनात्मक आवेश से उत्पन्न होंगी और विद्युत एकलध्रुव के अस्तित्व को संतुष्ट करते हुए ऋणात्मक आवेश पर समाप्त होंगी।	*(ii)* चुम्बकीय क्षेत्र को इस रूप में व्यक्त किया जा सकता है। $\vec{\nabla}.\vec{B}=0$ इसका तात्पर्य है कि एक बंद सतह पर चुम्बकीय फ्लक्स शून्य है यानी चुम्बकीय एकलध्रुव मौजूद नहीं हो सकता है क्योंकि बल की चुम्बकीय रेखाओं का कोई स्रोत या सिंक नहीं होता है।
(iii) स्थैतिक विद्युत क्षेत्र संरक्षी क्षेत्र होते हैं, अर्थात $\vec{\nabla}\times\vec{E}=0$ अत: विद्युत क्षेत्र को किसी भी बिन्दु पर अदिश विभव (V) की ऋणात्मक प्रवणता के रूप में व्यक्त किया जा सकता है अर्थात् $\vec{E}=-\vec{\nabla}V$.	*(iii)* चुम्बकीय क्षेत्र संरक्षित नहीं होते क्योंकि $\vec{\nabla}\times\vec{B}=\mu_0\vec{J}$ (जहाँ $\vec{J}$ विद्युत धारा घनत्व है)। अत: चुम्बकीय क्षेत्र को किसी बिन्दु पर किसी अदिश विभव की ऋणात्मक प्रवणता के रूप में व्यक्त नहीं किया जा सकता है।

यूनिट सारांश

- **विद्युत धारा और धारा घनत्व**

$$I = \int dI = \int_S \vec{J}.d\vec{S}$$

- **विद्युत चालकता**

$$\sigma = \frac{J}{F} = n_0 e\mu$$

- **सातत्य समीकरण**

$$\vec{\nabla}.\vec{J} + \frac{\partial \rho}{\partial t} = 0$$

- **स्थिर धारा**

$$\nabla^2 \phi = 0$$

- **लॉरेंज बल**

$$\vec{F} = q(\vec{E} + \vec{v} \times \vec{B})$$

- **बायो-सावार्ट नियम**

$$\vec{B} = \frac{\mu_0}{4\pi} \int_l \frac{Idl}{r^3} \hat{r} = \frac{\mu_0}{4\pi} \int_V \frac{JdV}{r^3} \hat{r}$$

- **चुम्बकीय क्षेत्र में रखे धारावाही चालक पर बल**

$$d\vec{F} = Id\vec{l} \times \vec{B}$$

- **चुम्बकीय क्षेत्र में रखे गतिमान आवेश पर बल**

$$\vec{F}_m = e\vec{v} \times \vec{B}$$

- **एम्पीयर का परिपथ नियम**

$$\oint \vec{B}.d\vec{l} = \mu_0 I$$

$$\vec{\nabla} \times \vec{B} = \mu_0 \vec{J}$$

- **चुम्बकीय क्षेत्र का कर्ल**

$$\vec{\nabla} \times \vec{B} = 0$$

- **B का विचलन (डाइवर्जेन्स) : स्थैतिक चुम्बकत्व में गॉस का नियम**

$$\vec{\nabla}.\vec{B} = 0$$

- **चुम्बकीय अदिश विभव**

$$\vec{B} = -\vec{\nabla}\varphi_m$$

- **चुम्बकीय सदिश विभव**

$$A(\vec{r}) = \frac{\mu_0}{4\pi} \int \frac{I(\vec{r}_0)dl_0}{l}$$

• स्थैतिक विद्युत क्षेत्र और चुम्बकीय क्षेत्र के बीच तुलना

स्थैतिक विद्युत क्षेत्र	चुम्बकीय क्षेत्र
(*i*) यह स्थैतिक आवेशों के कारण उत्पादित होता है (*ii*) स्थैतिक विद्युत क्षेत्र संरक्षी होते है	(*i*) यह स्थिर विद्युत धारा के कारण उत्पादित होता है (*ii*) चुम्बकीय क्षेत्र संरक्षी नहीं है।

अभ्यास

बहु विकल्पीय प्रश्न

3.1 यदि $\vec{B}=\vec{\nabla}\times\vec{A}$, $\vec{B}$ और $\vec{A}$ दोनों सदिश हैं तो

(*a*) $\vec{\nabla}.\vec{B}=0$ (*b*) $\vec{\nabla}.\vec{B}=1$

(*c*) $\vec{\nabla}.\vec{B}=-1$ (*d*) $\vec{\nabla}.\vec{B}=A$

3.2 निम्नलिखित कथन में से कौनसी स्थिर चुम्बकीय क्षेत्र की विशेषता नहीं है?

(*a*) यह परिनालिकीय है

(*b*) यह संरक्षी है

(*c*) चुम्बकीय फ्लक्स रेखाएं हमेशा बंद होती है

(*d*) इसका कोई सिंक या स्रोत नहीं है

3.3 धारावाही चलक तार के ठीक बाहर एक बिन्दु पर

(*a*) विद्युत क्षेत्र शून्य है जबकि चुम्बकीय क्षेत्र शून्य नहीं है

(*b*) चुम्बकीय क्षेत्र शून्य है जबकि विद्युत क्षेत्र नहीं है

(*c*) विद्युत और चुम्बकीय दोनों क्षेत्र शून्य है

(*d*) न तो विद्युत क्षेत्र शून्य है और न ही चुम्बकीय क्षेत्र शून्य है

3.4 एक तांबे के कार को λ तरंग दैर्ध्य की साइन तरंग के रूप में मोड़ा जाता है और शिखर से शिखर का मान a है, जैसा कि चित्र में दिखाया गया है। दिखाए गए चित्र के पूरे क्षेत्र पर तल से लम्बवत् B टेस्ला फ्लक्स घनत्व का एक चुम्बकीय क्षेत्र कार्य करता है। यदि तार में एक सिथर धारा I एम्पीयर है, तो तार पर चुम्बकीय बल होगा।

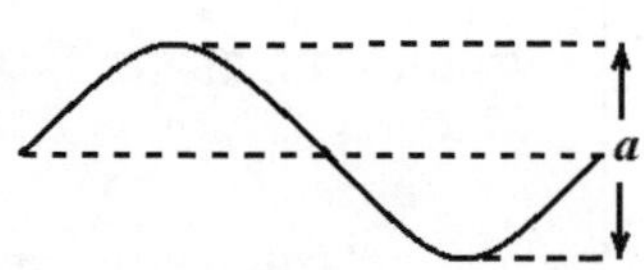

(*a*) $I\sqrt{(a^2+\lambda^2)}B$ (*b*) IaB

(*c*) $I(a+\lambda)B$ (*d*) $I\lambda B$

3.5 धारा I वाही चालक लूप, एक समान चुम्बकीय क्षेत्र में रखा गया है जो कागज के तल की ओर निर्देशित करता है जैसा कि दिखाया गया है। लूप की प्रवृत्ति होगी।

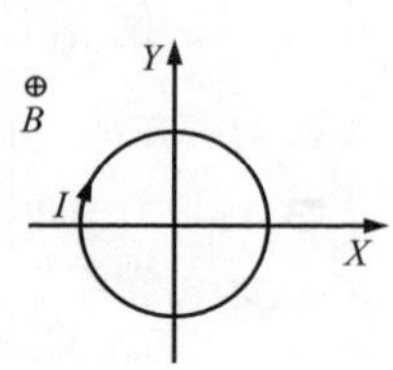

(*a*) अनुबंध

(*b*) विस्तारक

(*c*) धनात्मक x-की ओर बढ़ता हुआ

(*d*) ऋणात्मक x-की ओर बढ़ता हुआ

3.6 चुम्बकीय फ्लक्स घनत्व का विचलन (डाइवर्जेन्स) है

(*a*) 0 (*b*) 1

(*c*) –1 (*d*) इनमें से कोई नहीं

3.7 सीधे अनंत रूप से लंबे धारावाही तार के कारण चुम्बकीय प्रेरण की दिशा है।

(*a*) तार के लंबवत (*b*) तार के समानान्तर

(*c*) तार के लिए 30° के झुकाव पर (*d*) इनमें से कोई नहीं

3.8 एक धारावाही सीधा तार नहीं चल सकता है, लेकिन इससे सटा एक धारावाही वर्गाकार लूप चुम्बकीय बल के प्रभाव में चल सकता है। वर्गाकार लूप होगा

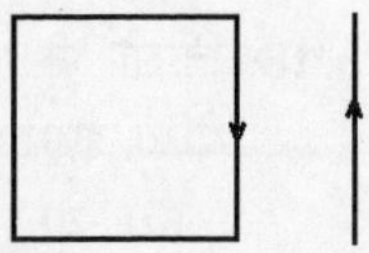

(*a*) स्थिर रहेगा (*b*) तार की ओर बढ़ेगा

(*c*) तार से दूर चलेगा (*d*) इनमें से कोई नहीं

3.9. $\vec{\nabla}.\vec{B}=0$ की भौतिक व्याख्या है (जहां $\vec{B}$ चुम्बकीय क्षेत्र है।)

(*a*) चुम्बकीय एकलध्रुव मौजूद नहीं हो सकता है (*b*) चुम्बकीय क्षेत्र अघूर्णी है

(*c*) चुम्बकीय क्षेत्र संरक्षी है (*d*) चुम्बकीय बल रेखाएं खुले वक्र हैं

3.10 एक प्रोटॉन ऊर्ध्वाधर दिशा में नीचे की ओर गति करते हुए, अपने पथ के समकोण की ओर निर्देशित चुम्बकीय क्षेत्र के कारण, एक दक्षिणावर्ती बल का अनुभव करता है। इसी चुम्बकीय क्षेत्र में उत्तर की ओर गति करता एक इलैक्ट्रॉन किस ओर निर्देशित चुम्बकीय बल का अनुभव करेगा।

(*a*) ऊपर की ओर (*b*) नीचे की ओर

(*c*) पूर्व की ओर (*d*) पश्चिम की ओर

3.11 एम्पीयर का परिपथ नियम लागू होता है जब धारा घनत्व होता है

(*a*) अंतरिक्ष में स्थिर (*b*) समय स्वतंत्र

(*c*) परिनालिक (सोलेनॉयडल) (*d*) अघूर्णी

3.12 एक स्थिर चुम्बकीय क्षेत्र $\vec{B}$ के अनुरूप *z*-अक्ष की दिशा में सदिश विभव को निम्न से प्रदर्शित किया जा सकता है।

(*a*) $-Bz\hat{k}$ (*b*) $\frac{B}{2}\left(x\hat{i}-y\hat{j}\right)$

(*c*) $B\left(x\hat{j}-y\hat{i}\right)$ (*d*) $\frac{B}{2}\left(x\hat{j}-y\hat{i}\right)$

3.13 चुम्बकीय क्षेत्र में आवेशित कण द्वारा अनुभव किया गया बल निम्न में से किस से स्वतंत्र होता है।

(*a*) कण का वेग (*b*) क्षेत्र की तीव्रता

(*c*) कण का आवेश (*d*) कण का द्रव्यमान

3.14 सातत्य समीकरण अनिवार्य रूप से प्रतिनिधित्व करता है

(*a*) द्रव्यमान का संरक्षण (*b*) आवेश का संरक्षण

(*c*) विभव का संरक्षण (*d*) बल का संरक्षण

3.15 स्थिर धारा के लिए सातत्य समीकरण है

(*a*) $\vec{\nabla}.\vec{J}+\frac{\partial\rho}{\partial t}=0$ (*b*) $\vec{\nabla}.\vec{J}=0$

(*c*) $\frac{\partial\rho}{\partial t}=0$ (*d*) $\vec{\nabla}\times\vec{J}=0$

3.16 चुम्बकीय क्षेत्र से संबंद्ध ऊर्जा $\vec{H}$ है।

(a) $\frac{1}{2}H^2$ (b) $\propto_0 H^2$

(c) $\frac{1}{2}\propto_0 H^2$ (d) $\frac{1}{2\propto_0}H^2$

3.17 एक गतिमान आवेश उत्पादित करता है

(a) केवल विद्युत क्षेत्र (b) केवल चुम्बकीय क्षेत्र

(c) उन दोनों को (d) इनमें से कोई नहीं

3.18 किसी भी पल t पर सेल से संबंध चुम्बकीय फ्लक्स $\varphi = 10t^2 - 100t + 50$ है, तो $t = 4$ सैकण्ड में कुंडली में प्रेरित ईएमएफ कितना होगा।

(a) 20 V (b) 10 V

(c) 100 V (d) 200 V

3.19 एक r त्रिज्या की वृत्ताकार कुण्डली I धारा वहन करती है और इसमें फेरों की संख्या N है। इसके केन्द्र में प्रेरण का चुम्बकीय क्षेत्र होगा

(a) $\frac{\mu_0 NI}{2\pi r}$ (b) $\frac{\propto_0 I}{2r}$

(c) $\frac{\propto_0 NI}{2r}$ (d) $\frac{\propto_0 N^2 I^2}{2r}$

3.20 L लंबाई का एक तार जिसमें I धारा प्रवाहित होती है, एक वृत्त के रूप में मुड़ा हुआ है। वृत्त के केन्द्र में चुम्बकीय क्षेत्र का परिमाण है

(a) $\frac{\pi\mu_0 I}{L}$ (b) $\frac{\mu_0 I}{2\pi L}$

(c) $\frac{\propto_0 I}{2L}$ (d) $\frac{2\pi\mu_0 I}{L}$

3.21 लोरेन्ज् बल $\vec{F}$ द्वारा एक आवेशित कण पर किया गया कार्य है।

(a) $\vec{F}.d\vec{r}$ (b) शून्य

(c) $\frac{q}{\varepsilon_0}$ (d) qF

3.22 यदि किसी निकाय में कुल आवेश संरक्षित रहता है, तो

(a) $\vec{\nabla}.\vec{J} = 0$ (b) $\vec{\nabla}.\vec{J} = \frac{\partial\rho}{\partial t}$

(c) $\vec{\nabla}.\vec{J} = -\frac{\partial^2\rho}{\partial t^2}$ (d) $\vec{\nabla}.\vec{J} = -\frac{\partial\rho}{\partial t}$

3.23 एक अदिश विभव ϕ और सदिश विभव $\vec{A}$ के बीच संबंध है

(a) $\vec{\nabla}\times\vec{A} = \mu_0\varepsilon_0\frac{\partial\phi}{\partial t}$ (b) $\vec{\nabla}\times\vec{A} = -\mu_0\varepsilon_0\frac{\partial\phi}{\partial t}$

(c) $\vec{\nabla}.\vec{A} = \mu_0\varepsilon_0\frac{\partial\phi}{\partial t}$ (d) $\vec{\nabla}.\vec{A} = -\mu_0\varepsilon_0\frac{\partial\phi}{\partial t}$

3.24 यदि धारा घनत्व $J = k\hat{r}$ जहां $x\hat{i} + y\hat{j}$ की दिशा में $\hat{r}$ एक इकाई सदिश है, तो $z = 0$ और $z = h$ से घिरी एक सतह $x^2 + y^2 = a^2$ के माध्यम से प्रवाहित धारा होगी–

(*a*) $\pi a^2 hk$ (*b*) शून्य

(*c*) $2\pi ahk$ (*d*) $\frac{a^3\hat{k}}{\neq h}$

3.25 एक ही दिशा में I_1 और I_2 धाराओं को वहन करने वाले दो अनंत रूप से लंबे चालक एक दूसरे के समानान्तर r दूरी पर रखे जाते हैं। एक चालक में दूसरे के कारण धारा होगी,

(*a*) $\frac{\mu_0 I_1 I_2}{2\pi r}$ N पहले चालक से दूर (*b*) $\frac{\mu_0 I_1 I_2}{2\pi r}$ N पहले चालक की ओर

(*c*) $\frac{\mu_0 I_1 I_2}{2\pi r}$ N दूसरे चालक से दूर (*d*) इनमें से कोई नहीं

3.26 एक टॉरॉयड की आंतरिक और बाहरी त्रिज्याएँ क्रमशः r और R है। इसमें N फेरे हैं और इसके माध्यम से I धारा प्रवाहित हो रही हैं इसमें r से R के बीच का चुम्बकीय क्षेत्र है।

(*a*) $\frac{N\mu I}{\pi r}$ (*b*) $\frac{N\mu I}{\pi R}$

(*c*) $\frac{N\mu I}{\pi(R+r)}$ (*d*) $\frac{N\mu I}{\pi(R-r)}$

3.27 गतिमान आवेश का सदिश विभव इस पर निर्भर करता है

(*a*) आवेश (*b*) वेग

(*c*) (*a*) और (*b*) दोनों (*d*) इनमें से कोई नहीं

3.28 त्रिज्या R का एक तार धारा I वहन करता है। तार के अंदर $r\,(< R)$ दूरी पर चुम्बकीय प्रेरण है।

(*a*) $1/R$ के आनुपातिक (*b*) r के आनुपातिक

(*c*) $1/r$ के आनुपातिक (*d*) इनमें से कोई नहीं

3.29 जब एक आवेश कण चुम्बकीय क्षेत्र के लंबवत गति कर रहा है

(*a*) इसकी ऊर्जा और संवेग स्थिर रहती है

(*b*) इसकी ऊर्जा और संवेग परिवर्तित होते हैं

(*c*) इसका संवेग परिवर्तित होगा है लेकिन ऊर्जा स्थिर रहती है

(*d*) इनमें से कोई नहीं

3.30 एक n फेरों वाली I धारा वाही परिनालिका के मुख के अक्ष पर एक बिन्दु पर चुम्बकीय क्षेत्र होगा।

(*a*) μ_0NI (*b*) $\frac{\propto_0 NI}{2}$

(*c*) $\frac{\propto_0 NI}{3}$ (*d*) $\frac{\propto_0 NI}{4}$

3.31 चुम्बकीय सदिश विभव संतुष्ट करता है

(*a*) पॉइसन समीकरण (*b*) लाप्लास का समीकरण

(*c*) (*a*) और (*b*) दोनों (*d*) इनमें से कोई नहीं

3.32 एक I धारावाही R त्रिज्या वाले वृत्ताकार लूप के केन्द्र में चुम्बकीय प्रेरण निम्न से दिया जाता है

(*a*) $\frac{\mu_0 I}{4\pi R}$ (*b*) $\frac{\mu_0 I}{2\pi R}$

(*c*) $\frac{\propto_0 I}{2R}$ (*d*) $\frac{\propto_0 I}{2R^2}$

उत्तरमाला									
3.1	(*a*)	**3.2**	(*b*)	**3.3**	(*a*)	**3.4**	(*d*)	**3.5**	(*b*)
3.6	(*b*)	**3.7**	(*a*)	**3.8**	(*c*)	**3.9**	(*a*)	**3.10**	(*a*)
3.11	(*c*)	**3.12**	(*d*)	**3.13**	(*d*)	**3.14**	(*b*)	**3.15**	(*b*)
3.16	(*c*)	**3.17**	(*c*)	**3.18**	(*a*)	**3.19**	(*c*)	**3.20**	(*a*)
3.21	(*b*)	**3.22**	(*d*)	**3.23**	(*b*)	**3.24**	(*c*)	**3.25**	(*b*)
3.26	(*c*)	**3.27**	(*c*)	**3.28**	(*c*)	**3.29**	(*c*)	**3.30**	(*b*)
3.31	(*a*)	**3.32**	(*c*)						

लघु और दीर्घ उत्तरीय प्रश्न

श्रेणी-1

3.1 बायो-सावार्ट के नियम का उपयोग करके लंबे सीधे धारावाही तार के कारण चुंबकीय क्षेत्र के माप की विधि की रूपरेखा तैयार करें।

3.2 बायो-सावार्ट के नियम का प्रयोग करते हुए एक वृत्ताकार कुंडली के केंद्र में चुंबकीय क्षेत्र का व्यंजक लिखिए जिसमें धारा I प्रवाहित हो रही हो।

3.3 स्थैतिक चुम्बकत्व में एम्पीयर के नियम के समकल व अवकल रूप के बीच अंतर खोजें।

3.4 आपको एक समबाहु त्रिभुज के आकार का एक संवाहक तार दिया गया है जहाँ प्रत्येक भुजा में धारा I प्रवाहित होती है। इसके केन्द्रक पर चुंबकीय क्षेत्र क्या होगा?

3.5 विद्युत चुंबकत्व में बायो-सावार्ट के नियम के महत्व का उल्लेख कीजिए।

3.6 विद्युत धारावाही एक सीधे अनंत लम्बाई के तार से r दूरी पर, लम्बाई की दिशा में चुंबकीय क्षेत्र के गणितीय रूप को व्यक्त करें।

3.7 एक अनंत लम्बाई की I धारावाही परिनालिका के प्रति इकाई लंबाई में फेरों की संख्या n मानते हुए, उसके अक्ष पर स्थित किसी बिंदु पर चुंबकीय प्रेरण का पता लगाएं।

3.8 एक I धारावाही वृत्ताकार लूप के अक्ष पर किसी बिंदु पर चुंबकीय क्षेत्र ज्ञात कीजिए।

3.9 स्थैतिक विद्युत क्षेत्र और चुंबकीय क्षेत्र के बीच का अंतर स्पष्ट करें।

3.10 चुंबकीय सदिश विभव से आप क्या समझते हैं?

3.11 धारा घनत्व की परिभाषा से शुरू करके $\vec{\nabla}.\vec{J}+\frac{\partial\rho}{\partial t}=0$ संबंध का व्यंजक प्राप्त करें, जहां प्रतीकों का अपना सामान्य अर्थ है। नियत धारा के लिए आवश्यक शर्तें क्या है?

3.12 स्थैतिक चुम्बकत्च के एम्पीयर के नियम को लागू करते हुए, अनंत लंबाई के एक सीधे I धारावाही चालक के कारण चुंबकीय क्षेत्र B का व्यंजक व्युत्पन्न करें।

3.13 एक वृत्ताकार धारावाही चालक के अक्ष पर स्थित बिंदु $P(z)$ पर चुंबकीय क्षेत्र ज्ञात कीजिए। अतः वृत्ताकार वलय के केंद्र में चुंबकीय क्षेत्र ज्ञात कीजिए।

3.14 टॉराइड के कारण किसी बाहरी बिंदु पर चुंबकीय क्षेत्र ज्ञात करने के लिए एम्पीयर का नियम लागू करें।

3.15 चुंबकीय क्षेत्र में रखे किसी धारा तत्व द्वारा अनुभव किए गए बल का पता लगाएं।

3.16 विद्युत और चुंबकीय लोरेंत्ज बल के बीच अंतर ज्ञात कीजिए।

3.17 बायो-सावार्ट के नियम को लागू करने पर अक्षीय बिंदु पर धारावाहक एक वृत्ताकार संवाहक लूप के कारण चुंबकीय प्रेरण का पता लगाएं।

3.18 बायो-सावार्ट के नियम का उपयोग करके एक लंबी धारावाही परिनालिका के केंद्र में चुंबकीय फ्लक्स की तीव्रता के लिए व्यंजक प्राप्त करें। अतः दर्शाइए कि इस प्रकार की परिनालिका के सिरे पर स्थित क्षेत्र, इसके केंद्र पर चुम्बकीय क्षेत्रफल का आधा होता है।

3.19 एक 'n' फेरे वाले धारावाही वृत्ताकार चालक (लूप) के अक्ष पर किसी बिंदु पर चुंबकीय क्षेत्र प्रेरण का व्यंजक प्राप्त करें।

श्रेणी-II

3.20 सदिश विभव का प्रासंगिक औचित्य बताइए तथा इसका महत्व लिखिए।

3.21 'चुंबकीय बल कोई कार्य नहीं करता है'। गणितीय रूप से समझाइए।

3.22 दो समानांतर धारावाही चालकों के बीच बल को विचार में रखते हुए एम्पीयर को परिभाषित करें।

3.23 एक प्रोटॉन धारा से 1 मीटर की दूरी पर एक सीधी धारा $1A$ के समानांतर 0.8 c वेग से गति करता है। प्रोटॉन पर चुंबकीय बल कितना होगा? उपरोक्त प्राश्निक परिस्थिति को हल करने में आपने जिस नियम का प्रयोग किया है, उसका उल्लेख कीजिए।

3.24 ऐम्पियर के परिपथीय नियम को चुंबकीय सदिश विभव के रूप में व्यक्त कीजिए।

3.25 दिखाएँ कि एम्पीयर के नियम का अर्थ है कि धारा नियत रूप से स्थिर अवस्था में है।

3.26 बायो-सावार्ट के नियम को धारा घनत्व के रूप में व्यक्त करें और इस प्रकार सिद्ध करें कि चुंबकीय क्षेत्र का औचित्य परिनालिक क्यों है?

संख्यात्मक प्रश्न

3.1 0.4 c आवेश वाला एक परीक्षण आवेश $4\hat{i}-\hat{j}-2\hat{k}$ तीव्रता के विद्युत क्षेत्र और $10\hat{i}+10\hat{k}$ प्रेरण के चुंबकीय क्षेत्र के माध्यम से $2\hat{i}-6\hat{j}-6\hat{k}$ वेग के साथ घूम रहा है। परीक्षण आवेश पर कार्य करने वाले लोरेंत्ज बल के परिमाण और दिशा का निर्धारण करें।

3.2 बायो-सावार्ट के नियम का उपयोग करते हुए एक 2A धारावाही वृत्ताकार चालक के किसी भी अक्षीय बिंदु पर क्षेत्र की गणना करें और $a = 10$ सेमी त्रिज्या के वृत्त के केंद्र पर B की गणना करें।

3.3 एक 4 cm सेमी त्रिज्या वाले 50 A धारावाही खोखले बेलन के ठीक बाहर और अंदर चुंबकीय क्षेत्र की तीव्रता की गणना करें।

3.4 एक आवेश $q=(1.6\times10^{-19}\text{C})$, $\vec{E}=2\vec{i}+3j+k$ और $\vec{B}=2\vec{i}+5j$ के विद्युत चुम्बकीय क्षेत्र में $\vec{v}=\hat{i}+2\hat{j}+2\hat{k}$ m/s वेग से बढ़ रहा है। इसके द्वारा अनुभव किए जा रहे बल का पता लगाएं।

3.5 एक बिंदु (1, 1, 1) पर चुंबकीय क्षेत्र का पता लगाएं यदि उस स्थिति का सदिश विभव $\vec{A}=\left(10x^2+y^2-z^2\right)\hat{j}$. है ।

3.6 एक प्रोटॉन 0.6c के वेग से एक सीधी धारा 1A के समानांतर, 10 सेमी की दूरी पर चलता है। प्रोटॉन पर चुंबकीय बल कितना होगा?

3.7 दो समानांतर तार एक ही दिशा में 10A की समान धारा प्रवाहित करते हैं और एक दूसरे से 2.0 सेमी की दूरी से अलग हैं। इनमें से किसी भी तार से 2 सेमी की दूरी पर स्थित एक बिंदु पर चुंबकीय क्षेत्र का पता लगाएं।

3.8 एक 40 सेमी लंबाई की लम्बी परिनालिका में 300 फेरे हैं। यदि इस परिनालिका में 3.5 A की धारा प्रवाहित होती है, तो परिनालिका के एक सिरे पर चुंबकीय क्षेत्र ज्ञात कीजिए।

3.9 एक अर्धवृत्ताकार संवाहक लूप के केंद्र पर चुंबकीय क्षेत्र का पता लगाएं, जिसकी त्रिज्या 3.14 सेमी है, जिसमें $1/\pi$ एम्पीयर धारा प्रवाहित हो रही है।

3.10 एक वृत्ताकार वलय जिसका व्यास 0.2 मीटर है, अनुप्रस्थ काट 0.02 m^2 है, जिसमें 1A धारा प्रवाहित होती है और जिसमें 200 फेरे हैं। इस वलय में चुंबकीय फ्लक्स का पता लगाएं।

3.11 0.02 मीटर की दूरी पर एक दूसरे से समानांतर 1A धारावाही सीधे समानांतर तारों की प्रति इकाई लंबाई पर बल ज्ञात कीजिए।

3.12 1 सेमी त्रिज्या की एक स्टील की छड़ को एक वृत्ताकार लूप के रूप में मोड़ा जाता है और एक कुंडली के साथ लपेटा जाता है जिसमें 200 फेरे हैं। यदि लूप की माध्य त्रिज्या 10 सेमी है, तो धारा का परिमाण की गणना करें जो कोर में 0.5 mWb का फ्लक्स उत्पन्न करेगी। दिया गया है कि स्टील के लिए $\mu_r = 1000$.

प्रायोगिक कार्य

प्रयोग कथन 1. हेल्महोल्ट्ज कुंडली का उपयोग करके चुंबकीय क्षेत्र की भिन्नता का अध्ययन

उद्देश्य

1. अपनी धुरी पर धारावाही युग्मित कुंडलियों की स्थिति के साथ चुंबकीय क्षेत्र भिन्नता का अध्ययन करना।
2. कुंडली की त्रिज्या ज्ञात करना।
3. चुंबकीय क्षेत्र के अध्यारोपण के सिद्धांत की जांच करना।

उपकरण

दो कुंडलियाँ, नियत धारा स्रोत, गॉस मीटर, मूवेवल चुंबकीय क्षेत्र सेंसर।

सिद्धांत

एक प्राथमिक धारावाही चालक से r दूरी पर एक बिंदु पर चुंबकीय क्षेत्र बायो-सावार्ट के नियम का उपयोग करके प्राप्त किया जा सकता है और सदिश रूप में इसे निम्न प्रकार से व्यक्त किया जा सकता है:

$$\vec{B} = \frac{\mu_0 I}{4\pi} \frac{d\vec{l} \times \vec{r}}{r^3} \qquad (i)$$

त्रिज्या a और n फेरों की संख्या वाली एक वृत्ताकार धारावाही कुण्डली पर नियम लागू करने पर कुण्डली के केंद्र से r की दूरी पर चुंबकीय क्षेत्र निम्न द्वारा दिया जाता है:

$$B = \frac{\mu_0}{4\pi} \frac{2\pi n I a^2}{\left(a^2 + r^2\right)^{3/2}} \qquad (ii)$$

जहाँ $I =$ कुण्डली में प्रवाहित धारा और $\mu_0 =$ मुक्त स्थान की पारगम्यता। B को टेस्ला या Wb/m^2 में व्यक्त किया जाता है। चुंबकीय क्षेत्र का मान कुंडली के केंद्र पर अधिकतम होता है और निम्न द्वारा दिया जाता है

$$B = \frac{\mu_0 n I}{2a} = \frac{4\pi \times 10^{-7} n I}{2a} \qquad (iii)(\text{क})$$

या

$$B = \frac{4\pi \times 10^{-3} n I}{2a} \qquad (iv)(\text{ख})$$

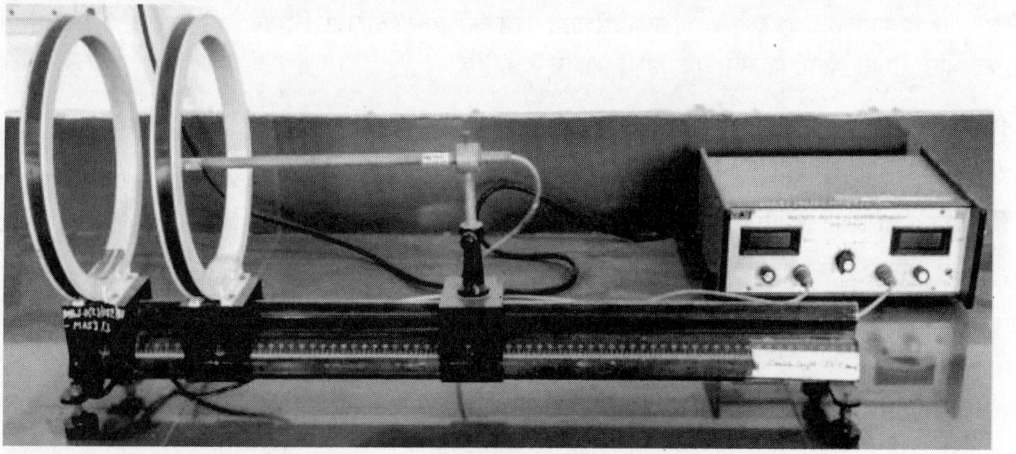

चित्र (*i*)

प्रायोगिक सेटअप चित्र (*i*) में दिखाया गया है। यदि हम कुण्डली के केन्द्र से दायें या बायें की ओर बढ़ते हैं तो चुम्बकीय क्षेत्र की तीव्रता कम होती जाती है। यदि दो समान कुंडलियों को समाक्षीय रूप से रखा जाता है, तो उनके माध्यम से प्रवाहित धारा के सापेक्ष दिशा के आधार पर, अक्ष पर किसी भी बिंदु पर परिणामी चुंबकीय क्षेत्र प्राप्त करने के लिए अलग-अलग क्षेत्रों को जोड़ा या घटाया जाता है।

समान समाक्षीय कुंडलियों की एक जोड़ी की ऐसी व्यवस्था जो किसी भी कुंडली की त्रिज्या के बराबर दूरी से एक दूसरे से अलग होती है, हेल्महोल्ट्ज कुंडली कहलाती [चित्र (*ii*)] है। हेल्महोल्ट्ज कुंडलीयों में से प्रत्येक कुंडली उनके बीच एक समान चुंबकीय क्षेत्र पैदा करती हैं।

उनके माध्यम से एक ही दिशा में बहने वाली एक ही धारा के लिए दो क्षेत्र जोड़े जाते हैं और परिणामी चुंबकीय क्षेत्र एक अक्षीय बिंदु पर पहली कुंडली से x की दूरी पर दिया जाता है

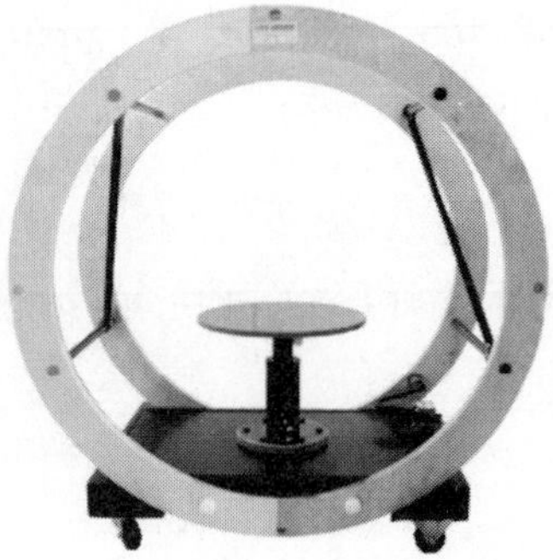

चित्र (*ii*)

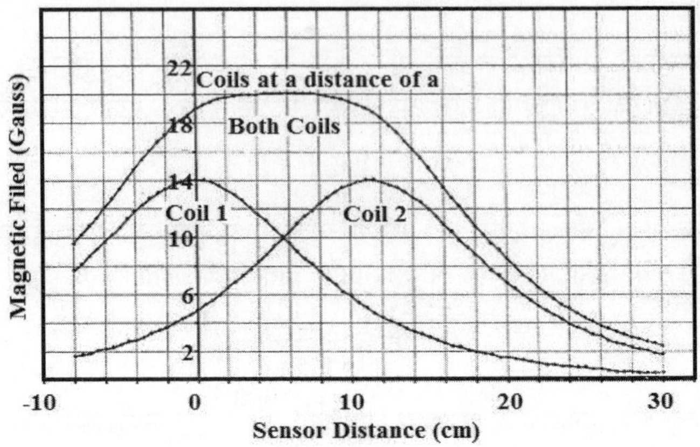

चित्र (*iii*)

$$B_r = \frac{\mu_0 n I a^2}{2}\left[\frac{1}{\left(a^2+x^2\right)^{3/2}}+\frac{1}{\left\{a^2+(x-a)^2\right\}^{3/2}}\right] \qquad (v)$$

चित्र (*iii*) हेल्महोल्ट्ज कुंडली के लिए परिणामी क्षेत्र की एक विशिष्ट भिन्नता को दर्शाता है जब उनके माध्यम से प्रवाहित धारा समान होती है और एक ही दिशा में बहती है।

प्रयोग विधि

1. पावर ऑन करने के बाद, करंट एडजस्टिंग नॉब को एंटी-क्लॉकवाइज दिशा की ओर न्यूनतम स्थिति तक घुमाकर धारा को घटाकर शून्य कर दें।
2. दूसरी कुण्डली की स्थिति पहली कुण्डली से कुण्डली की त्रिज्या के बराबर दूरी पर नियत करें।
3. सेंसर को पहली कुंडली से लगभग 60 मिमी की दूर पर रखें और धारा 0.0mA रखते हुए शून्य ADJ नॉब के साथ गॉसमीटर के शून्य को समायोजित करें।
4. कॉइल नॉब को स्थिति 1 पर रखें ताकि पहली कुंडली धारा स्रोत से जुड़ी हो। धारा को 500 mA पर समायोजित करें।
5. पहली कुंडली के अक्ष के अनुदिश चुंबकीय क्षेत्र को लगभग 60 mm पर नोट करें। अब कुंडली के नॉब को स्थिति 2 पर रखें, ताकि दूसरी कुंडली धारा स्रोत से जुड़ जाए और चुंबकीय क्षेत्र को नोट कर लें।
6. कुंडली की नॉब को स्थिति 3, यानी दोनों पर रखें, ताकि पहली और दूसरी दोनों कुंडलीयाँ स्रोत से जुड़ जाए। अब फिर से रीडिंग नोट कर लें।
7. धारा को समान रखें और सभी स्थितियों यानी पहली कुंडली, दूसरी कुंडली और दोनों कुंडलीयों के लिए 5 mm के अंतराल पर लगभग 270 मिमी रेंज के चुंबकीय क्षेत्र को नोट करें।
8. चित्र (*ii*) में दर्शाए अनुसार पहली कुण्डली, दूसरी कुण्डली और उन दोनों के कारण कुण्डली के अक्ष के अनुदिश दूरी और चुंबकीय क्षेत्र के बीच आलेख खींचिए।

अवलोकन

फेरों की संख्या = ...; कुंडली 1 की स्थिति= ....;

कुंडली 2 की स्थिति = ...;

तालिका 1: कुंडली 1, कुंडली 2 और उन दोनों के लिए चुंबकीय क्षेत्र का निर्धारण

अवलोकन की संख्या	सेंसर की स्थिति (cm में)	चुम्बकीय क्षेत्र (गॉस में)			
		कुण्डली 1 (B_1)	कुण्डली 2 (B_2)	दोनों कुण्डली (B)	$B' = B_1 + B_2$
1					
2					
3					
4					
5					
6					
7					
8					
7					
8					
9					
10					

प्रयोग परिणाम

धारा प्रवाहित करने वाली वृत्ताकार कुंडलियों के अक्ष के अनुदिश दूरी के साथ चुंबकीय क्षेत्र की भिन्नता का पता लगाने के लिए एक ग्राफ खींचिए। आप जांच सकते हैं कि किसी भी बिंदु पर चुंबकीय क्षेत्र जब दोनों कुंडलियों के माध्यम से प्रवाहित हो रहा है, प्रत्येक कुंडली के कारण चुंबकीय क्षेत्र का योग है। आप यह भी जांच सकते हैं कि चुंबकीय क्षेत्र एक बड़े क्षेत्र में एकसमान होता है, जब प्रत्येक कुंडली के बीच की दूरी उनकी त्रिज्या के बराबर, होती है। इस गुंण का उपयोग व्यापक रूप से वैज्ञानिक और औद्योगिक अनुप्रयोगों के लिए किया जा सकता है।

$B = \frac{4\pi \times 10^{-3}}{2a} nI$ संबंध का उपयोग करके, कुंडली की त्रिज्या की गणना इस प्रकार की जा सकती है:

$$a = \frac{2\pi nI \times 10^{-3}}{B} \text{m} \qquad (vi)$$

कुंडली की त्रिज्या a व n के मानों का उपयोग करके, I और B को निर्धारित किया जा सकता है।

सावधानियाँ :

1. प्रयोग करते समय इस बात का ध्यान रखा जाना चाहिए कि प्रायोगिक सेट अप के पास कोई अवांछित चुंबकीय क्षेत्र या फेरोमैग्नेटिक सामग्री जैसे चाबियां, स्क्रूड्राइवर या इसी तरह की चीजें न हों।
2. हर बार प्रयोग शुरू करने से पहले गॉस मीटर के शून्य को समायोजित किया जाना चाहिए और प्रयोग के पूरा होने के बाद दोनों कुंडलीयों में धारा को शून्य तक घटाकर फिर से सत्यापित किया जाना चाहिए।

3. व्यक्तिगत चुंबकीय क्षेत्र के हस्तक्षेप से बचने के लिए कुंडलियों के अक्ष को पूर्व-पश्चिम दिशा में रखा जाना चाहिए।
4. कुंडली की त्रिज्या की गणना उसके फेरों के केंद्र से की जानी चाहिये।

प्रयोग कथन 2 : हॉल प्रभाव प्रयोग का उपयोग करके अर्धचालक नमूने के हॉल गुणांक और वाहक सांद्रता का मापन

उद्देश्य

(*i*) हॉल गुणांक R_H का निर्धारण करना ।

(*ii*) किसी दिए गए अर्धचालक नमूने की वाहक सांद्रता निर्धारित करना ।

उपकरण

पीसीबी माउंटिंग के साथ गॉस मीटर, हॉल प्रोब, अर्धचालक (पी-टाइप/एन-टाइप जीई सिंगल क्रिस्टल) नमूने, पावर सप्लाई (0 – 16V, 5A), नियत धारा पावर स्रोत (0 – 50 mA)।

सिद्धांत

हॉल प्रभाव चालक में धारा की प्रकृति के कारण होता है। धारा में कई छोटे आवेश वाहकों की गति होती है, आमतौर पर इलेक्ट्रॉन, होल, आयन या तीनों। जब चुंबकीय क्षेत्र मौजूद होता है, तो इन आवेशों में एक बल का अनुभव होता है, जिसे लोरेंत्ज बल कहा जाता है। जब ऐसा चुंबकीय क्षेत्र अनुपस्थित होता है, तो आवेश अशुद्धियों, फोनोन आदि के साथ टकराव के बीच लगभग सीधे, सरल रेखीय पथ का अनुसरण करते हैं। हालांकि, जब इन पर एक लंबवत घटक के साथ एक चुंबकीय क्षेत्र लागू किया जाता है, तो टकराव के बीच उनके पथ घुमावदार हो जाते हैं जिससे गतिमान आवेश पदार्थ के एक फलक पर जमा हो जाते हैं। यह समान और विपरीत आवेशों को अलग-अलग एकत्र करता है, जहाँ गतिमान आवेशों की कमी होती है। इसका परिणाम हॉल तत्व में चार्ज घनत्व का एक असममित वितरण हो जाता है, जो एक बल से उत्पन्न होता है एवं पथ और लागू चुंबकीय क्षेत्र दोनों के लंबवत होता है। आवेश का पृथक्करण एक विद्युत क्षेत्र स्थापित करता है जो आवेश के प्रवास का विरोध करता है, इसलिए जब तक आवेश प्रवाहित होता है तब तक एक स्थिर विद्युत विभव स्थापित रहता है।

यदि चुंबकीय क्षेत्र में किसी चालक से विद्युत धारा प्रवाहित होती है, तो चुंबकीय क्षेत्र गतिमान आवेश वाहकों पर अनुप्रस्थ बल लगाता है जो उन्हें चालक के एक ओर धकेल देता है। यह एक पतले चपटे चालक में सबसे अधिक स्पष्ट रूप से प्रदर्शित होता है।

चालकों के किनारों पर एकत्रित आवेश इस चुंबकीय प्रभाव को संतुलित करता है, जिससे चालक के दोनों किनारों के बीच एक औसत दर्जे का विभव पैदा हो जाता है। इस मापनीय अनुप्रस्थ वोल्टेज की उपस्थिति को ई.एच. हॉल के नाम पर हॉल प्रभाव कहा जाता है, जिसने इसे 1879 में खोजा था। ध्यान दें कि धारा I की दिशा पारंपरिक धारा की है, जहाँ इलेक्ट्रॉनों की गति विपरीत दिशा में होती है। यह प्रभाव निम्न को निर्धारित करने में बहुत उपयोगी है:

(1) आवेश वाहक की प्रकृति, एन-टाइप है या पी-टाइप है।

(2) वाहक सांद्रता या सांख्यिक आवेश वाहक घनत्व।

(3) आवेश वाहक की गतिशीलता।

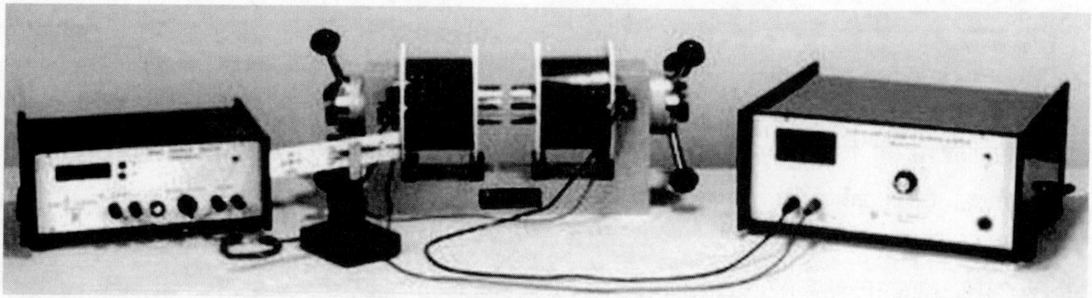

चित्र (i)

प्रयोग विधि

1. इलेक्ट्रोमैग्नेट की बिजली आपूर्ति चालू करें और गॉस प्रोब का उपयोग करके ध्रुवों के बीच चुंबकीय फ्लक्स घनत्व को मापें।
2. नमूने को ध्रुवों के बीच इस प्रकार रखें कि चुंबकीय क्षेत्र पट्टी के लंबवत हो।
3. नमूने के संपर्कों की एक जोड़ी को धारा स्रोत के विपरीत मुखों से और दूसरी जोड़ी को हॉल इफेक्ट सेटअप के मल्टी-मीटर से कनेक्ट करें।
4. धारा स्रोत का उपयोग करते हुए, नमूने के माध्यम से धारा (mA) प्रवाहित करें और परिणामी हॉल वोल्टेज को मल्टी-मीटर में मापें।
5. नमूने के माध्यम से धारा को धीरे-धीरे बढ़ाएं और संबंधित हॉल वोल्टेज को मापें।

अवलोकन

तालिका 1: हॉल धारा और हॉल वोल्टेज का निर्धारण

निरंतर धारा सप्लाई : 1.5 A

क्रमिक संख्या	धारा I (mA)	हॉल वोल्टेज V_H (mV)
1		
2		
3		
4		
5		
6		
7		
8		
9		
10		

सावधानियाँ-

1. गॉस मीटर शुरू में शून्य मान दिखा रहा है या नहीं, इसकी जांच करने के लिए सावधानी बरतनी चाहिए। यह जांच को किसी एक अवलोकन की स्थिति पर रखकर शून्य प्रदर्शित होने तक ऑफसेट शून्य नॉब को समायोजित करके किया जा सकता है।
2. नमूने को विद्युत चुंबक के ध्रुव के टुकड़ों के केंद्र में रखें और सुनिश्चित करें कि यह चुंबकीय क्षेत्र के बिल्कुल लंबवत स्थित है।
3. चुंबकीय प्रवाह घनत्व की माप के लिए, हॉल जांच को केंद्र के ध्रुव के टुकड़ों पर रखा जाना चाहिए।
4. विद्युत चुम्बकीय कुंडलीयों की दिशा की जाँच करें ताकि यह अधिकतम चुंबकीय क्षेत्र उत्पन्न करे, इसकी जाँच नरम लोहे को उत्पन्न चुंबकीय क्षेत्र के पास रखकर की जा सकती है, और यह देखते हुए कि क्या यह चुंबकीय ध्रुवों की ओर दृढ़ता से या कमजोर रूप से आकर्षित होता है।

परिणाम

हॉल गुणांक के लिए अभिव्यक्ति है:

$$R_H = \frac{V_H}{I} \times \frac{t}{B} \qquad (i)$$

जहां R_H = हॉल वोल्टेज (mV में),

I = नमूने के माध्यम से प्रवाहित धारा (mA में),

t = नमूने की मोटाई (m में),

और B = चुंबकीय फ्लक्स घनत्व (T में)।

आमतौर पर $t = 0.5$ मिमी और $\frac{V_H}{I}$ चित्र में वक्र के ढाल से गणना की जा सकती है जैसा कि चित्र (*ii*) में दर्शाया गया है।

तो, हॉल गुणांक R_H = ... Ω-m/T

वाहक सांद्रता के लिए अभिव्यक्ति है:

$$n = \frac{1}{qR_H} \qquad (ii)$$

जहां q = इलेक्ट्रॉनों/होल का आवेश

और R_H = हॉल गुणांक

तो, वाहक सांद्रता n =------/m^3

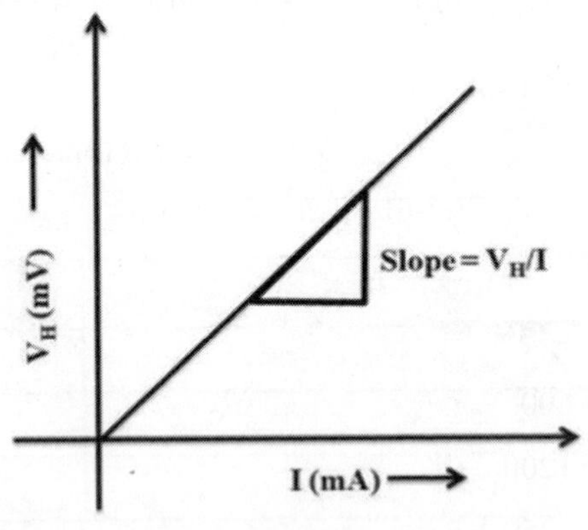

चित्र (*ii*)

अधिक जानिए

स्थैतिक चुम्बकत्व को एक स्थिर चुंबकीय क्षेत्र पर ध्यान केंद्रित करने वाले विद्युत-चुम्बकत्व के उपक्षेत्र के रूप में माना जा सकता है, जैसे कि नियत विद्युत धारा या स्थायी चुंबक द्वारा उत्पन्न क्षेत्र। प्राचीन ग्रीस और चीन के लोगों ने पाया कि स्वतंत्र रूप से लटका लडस्टोन हर समय एक अनुदैर्ध्य दिशा में खुद को संरेखित करता है। लॉडस्टोन पहला ज्ञात चुंबक था जो एक प्रकार का लौह अयस्क है जिसे मैग्नेटाइट (Fe_3O_4) के रूप में जाना जाता है।

क्रियाकलाप

किसी भी चुंबकीय स्थैतिक क्षेत्र का आवश्यक स्रोत स्थायी चुंबक और नियत विद्युत धारा हैं। स्थैतिक चुम्बकत्व क्षेत्रों के व्यापक रूप से उपयोग किए जाने वाले नियम बायो-सावार्ट के नियम के साथ-साथ एम्पीयर का नियम भी हैं। दो हजार साल पहले कंपास बनाने के लिए लॉस्टस्टोन के गुणों की अनुमति दी गई थी। यह चुंबक का पहला ज्ञात उपयोग था।

कुछ महत्वपूर्ण तथ्य

1263 में पियरे डी मैरिकोर्ट ने चुंबक के दो ध्रुवों की खोज करते हुए एक कंपास की मदद से एक लॉस्टस्टोन के चुंबकीय क्षेत्र का मानचित्रण किया। महारानी एलिजाबेथ प्रथम के चिकित्सक विलियम गिल्बर्ट कुछ प्रयोगों के माध्यम से 1600 के दशक में इस निष्कर्ष पर पहुंचे कि पृथ्वी अपने आप में एक विशाल चुंबक है।

एक स्थायी चुंबक को स्थैतिक चुम्बकत्व क्षेत्र के प्राकृतिक स्रोत के रूप में स्वीकार किया जा सकता है। परिवर्ती त्वरित आवेश, विद्युत और चुंबकीय क्षेत्र का उत्पादन करने के लिए जिम्मेदार होता है। यह आगे विद्युत चुम्बकीय क्षेत्र के प्रसार को जन्म देता है और इसलिए यह एक स्थिर चुंबकीय क्षेत्र का उत्पादन नहीं करता है।

सादृश्य

डेनमार्क के भौतिक विज्ञानी हैंस क्रिश्चियन ओर्स्टेड ने 1820 में पता लगाया कि एक तार से बहने वाली विद्युत धारा कम्पास सुई को विक्षेपित कर सकती है। इससे यह भी निष्कर्ष निकलता है कि चुंबकत्व और विधुत्व संबंधित हैं।

इतिहास

प्राचीन यूनानी पहले से इस खनिज का उपयोग करने के लिए परिचित थे, जिसे उन्होंने उसी पदार्थ और लोहे के अन्य टुकड़ों को आकर्षित करने की क्षमता के कारण चुंबक कहा था।

विलियम गिल्बर्ट नामक एक अंग्रेज(1540-1603) ने सबसे पहले वैज्ञानिक तरीकों का पालन करते हुए चुंबकत्व के गुणों की जांच की।

टाइम लाइन

600 ईसा पूर्व: मिलेटस के थेल्स ने लोहे के पत्थरों के आकर्षण की खोज की।

1200 ईस्वी : चीनियों ने नेविगेशन के लिए लोडेस्टोन कंपास का उपयोग करना शुरू किया।

1259 ईस्वी : इटली के पेट्रस पेरेग्रिनस ने और सुधार के साथ इसी चीज की खोज की।

1600 ईस्वी : विलियन गिल्बर्ट ने पाया कि पृथ्वी एक विशाल चुंबकीय क्षेत्र है।

1742 ईस्वी : थॉमस लेसुर ने चुम्बकों के लिए प्रतिलोम घन नियम की स्थापना की।

1820 ईस्वी : हैंस क्रिश्चियन ओर्स्टेड ने खोजा कि धारा, चुम्बक को घूर्णित करती है।
आंद्रे मैरी एम्पीयर ने दिखाया कि समानांतर धाराएं आकर्षित/प्रतिकर्षित करती हैं।
जीन-बैप्टिस्ट बायोट और फेलिक्स सावार्ट ने विपरीत वर्ग नियम स्थापित किया।

अनुप्रयोग (वास्तविक जीवन एवं औद्योगिक)

स्थैतिक चुम्बकत्व का उपयोग माइक्रोमैग्नेटिक्स (माईक्रोचुम्बकत्व) के विभिन्न अनुप्रयोगों में व्यापक रूप से किया जाता है जैसे कंप्यूटर मेमोरी से संबंधित चुंबकीय भंडारण उपकरणों के मॉडल। मैग्नेटोस्टैटिक (स्थैतिकचुम्बकत्व) फोकसिंग या तो स्थायी चुंबक द्वारा या तार के माध्यम से धारा का प्रवाह से प्राप्त की जा सकती है जिसका अक्ष, बीम अक्ष के साथ संयोग में है।

पियरे डी मैरिकोर्ट ने 1269 में, अवलोकनों की एक श्रृंखला से पाया कि एक चुंबक के पास एक कम्पास की दिशा घुमावदार रेखाएं बनाती है, जो एक दूसरे के विपरीत दो बिंदुओं से गुजरती हैं। इन बिंदुओं को उनके द्वारा बना ध्रुव कहा जाता था।

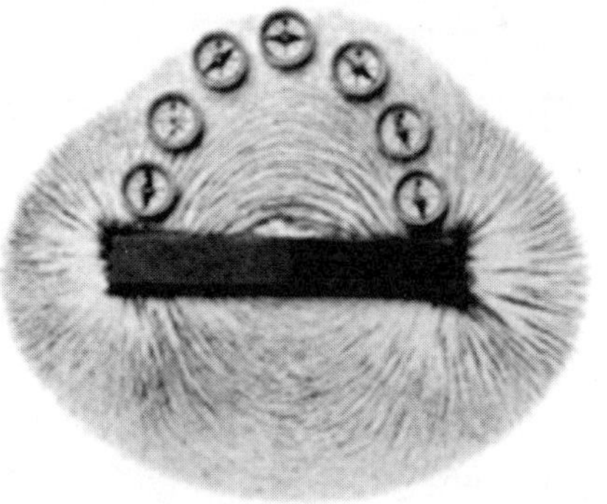

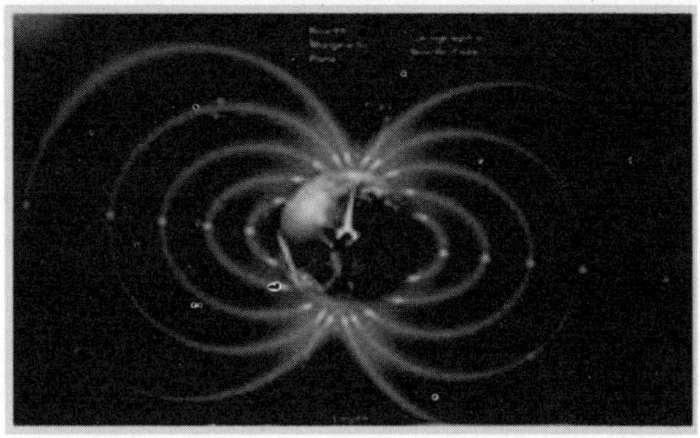

1600 ई. में विलियम गिल्बर्ट ने चुंबकत्व के साथ अपने प्रयोगों के कुछ दिलचस्प निष्कर्ष प्रकाशित किए। उन्होंने साबित कर दिया कि पृथ्वी अपने आप में एक बड़ा स्थायी चुंबक है।

केस स्टडी (पर्यावरण / स्थिरता / सामाजिक / नैतिक मुद्दे)

चुंबक शब्द प्राचीन ग्रीक शहर मैग्नेशिया से आया है, जहां कई प्राकृतिक चुंबक पाए गए थे। 121 ईस्वी में, चीनियों को यह ज्ञात हो गया था कि लोहे की छड़ को जब प्राकृतिक चुम्बक के पास लाया जाता है तो वह चुंबकीय गुण प्राप्त कर लेती है और उसे बनाए रखती है। इसके अलावा जब इस लोहे की छड़ को एक तार से लटकाया गया तो उन्होंने देखा कि यह उत्तर-दक्षिण दिशा में संरेखित होती है।

यह ध्यान रखना महत्वपूर्ण है कि एक बंद सतह के माध्यम से चुंबकीय फ्लक्स हमेशा शून्य होता है, लेकिन एक खुली सतह के माध्यम से चुंबकीय फ्लक्स शून्य होना आवश्यक नहीं है। यह विद्युत चुंबकत्व के एक महत्वपूर्ण गुण के रूप में माना जाता है, खासकर जब विद्युत चुम्बकीय तरंगें वातावरण के माध्यम से फैलती है।

अन्वेषणशील और कौतुक विषय

स्थैतिक चुम्बकीय घटनाओं को समयबद्ध चरणों में समझने के उद्देश्य से सम्बंधित प्रश्नों की श्रंखला को हल करने हेतु फैराडे के नियमों का पुनरुपयोग एक सामान्य तकनीक है। हालांकि लागू की गई तकनीक मैक्सवेल के समीकरणों का सही हल नहीं है, लेकिन यह धीरे-धीरे बदलते क्षेत्रों के लिए एक बहुत अच्छा सन्निकटन प्रदान कर सकती है।

प्रसिद्ध भारतीय सर्जन सुश्रुत परिष्कृत शल्य चिकित्सा प्रयोजनों के लिए चुंबक का उपयोग करने वाले पहले व्यक्ति थे।

सन्दर्भ एवं अध्ययन हेतु सुझाव

1. D. J. Griffiths, Introduction to Electrodynamics, Pearson, 4th Edition, 2012.
2. D. Halliday, R. Resnick and J. Walker, Halliday and Resnick's Principles of Physics, 11th Edition, Global Edition, 2020.
3. W. Saslow, Electricity, Magnetism and Light, Elsevier Science Publishing Co Inc., 1st Edition, 2002.
4. D. Jiles, Introduction to Magnetism and Magnetic Materials, 3rd Edition, Boca Raton, 2015.
5. E. Du T. de Lacheisserie, D. Gignoux and M. Schlenker, Magnetism: Fundamentals, Springer, 2005.
6. R. K. Goyal, Nanomaterials and Nanocomposites: Synthesis, Properties, Characterization Techniques, and Applications, CRC Press, 2017.
7. The Magnetism of Matter, Feynman Lectures in Physics Ch 34.
8. E. M. Purcell, Electricity and magnetism, 3rd Edition, Cambridge: Cambridge Univ. Press, 2012.
9. H. Kronmüller, Handbook of Magnetism and Advanced Magnetic Materials, 5 Volume Set, John Wiley and Sons, 2007.
10. E. P. Furlani, Permanent Magnet and Electromechanical Devices: Materials, Analysis and Applications, Academic Press, 2001.
11. D. K. Cheng, Field and Wave Electromagnetics, Addison-Wesley Publishing Company Inc., 2nd Edition, 1992.
12. https://nptel.ac.in/courses/115/101/115101005/
13. http://www.astro.uwo.ca/~houde/courses/PDF%20files/astro9620/Ch3-Magnetostatics.pdf
14. http://teacher.pas.rochester.edu/PHY217/LectureNotes/Chapter5/LectureNotesChapter5.pdf
15. https://unlcms.unl.edu/cas/physics/tsymbal/teaching/EM-913/section5 Magnetostatics.pdf

4 रेखीय परावैद्युत माध्यम में स्थैतिक चुम्बकत्व

यूनिट विशिष्ट

इस यूनिट में निम्नलिखित विषयों पर चर्चा की गई है:

- चुंबकीयकरण एवं चुंबकीय तीव्रता और चुंबकीयकरण के बीच संबंध;
- प्रतिचुंबकत्व (डायमैग्नेटिज्म) और लार्मोर आवृत्ति;
- प्रवृत्ति और क्यूरी नियम;
- वाईस आणविक क्षेत्र सिद्धांत;
- क्यूरी-वाइस नियम;
- प्रति-लौहचुम्बकत्व (एंटी-फेरोमेग्नेटिज्म);
- लौहचुम्बकत्व (फेरोमाग्नेटिज्म);
- विभिन्न प्रकार के फेराइट्स।

अध्याय के अंत में सम्बंधित विषयों के प्रति जिज्ञासा और रचनात्मकता पैदा करने के उद्देश्य से, व्यावहारिक अनुप्रयोगों पर चर्चा की गई है, जिससे विषयिक ज्ञान के माध्यम से वास्तविक धटनाओं को सुलझाने की क्षमता में सुधार हो।

इस इकाइ में आगे अभ्यास के लिए बड़ी संख्या में बहुविकल्पीय प्रश्नों के साथ-साथ ब्लूम के वर्गीकरण के अनुसार निचले और उच्च क्रम के दो श्रेणियों में चिह्नित लघु और दीर्घ उत्तर प्रकार के प्रश्न, कई संख्यात्मक प्रश्नों, संदर्भों की एक सूची और पाठन के लिए संदर्भ सुझाए गए हैं। यह ध्यान रखना महत्वपूर्ण है कि रुचि के विभिन्न विषयों पर अधिक जानकारी प्राप्त करने के लिए विभिन्न वर्गों में कुछ क्यूआर कोड प्रदान किए गए हैं जिन्हें प्रासंगिक सहायक ज्ञान के लिए स्कैन किया जा सकता है।

विषय वस्तु के आधार पर, संबंधित प्रयोगों के विवरण के बाद, एक 'अधिक जानिए' अनुभाग है। इस भाग को विवेकपूर्ण तरीके से प्रस्तुत किया गया है ताकि इस हिस्से में दी गई पूरक जानकारी किताब के पाठकों के लिए लाभदायक हो । यहाँ मुख्य रूप से प्रारंभिक गतिविधि पर प्रकाश डाला गया है, कुछ रोचक तथ्यों के उदाहरण, सादृश्य, प्रमुख टिप्पणियों और शोध पर ध्यान केंद्रित करने के उद्देश्य से विषय के विकास के इतिहास, संबंधित विषयों के विकास से शुरू होने वाली समयावली वर्तमान समय तक, हमारे दिन-प्रतिदिन के वास्तविक जीवन में इनके अनुप्रयोग और विभिन्न पहलुओं जैसे औद्योगिक, पर्यावरण, सस्टेनिबिलिटी, सामाजिक और नैतिक मुद्दों पर विषयवस्तु से संबंधित बातों का अध्ययन और अंत में अन्वेषणशील और कौतुक विषयों को भी शामिल किया गया है।

भूमिका

रेखीय परावैद्युत माध्यम में स्थैतिक चुम्बकत्व पर यह इकाई हमारे विध्यार्थियों को चुंबकत्व M और B, H और M के बीच संबंध के बारे में एक स्पष्ट विचार प्राप्त करने में मदद करेगी। यह प्रतिचुंबकत्व और लारमोर आवृत्ति के साथ-साथ विद्युतचुम्बकीय प्रवृत्ति और क्यूरी के नियम पर कुछ महत्वपूर्ण विचारों को विकसित करने में मदद करेगी। वाइस आणविक क्षेत्र सिद्धांत और क्यूरी-वाइस नियम पर स्पष्टीकरण ऐसे विषय हैं जिनकी समझ विषय के आगे विकास के लिए मदद करती है। प्रति-लौहचुम्बकत्व (एंटी-फेरोमैग्नेटिज्म) और लौहचुम्बकत्व (फेरोमैग्नेटिज्म) के विस्त्रित अनुप्रयोगों के साथ सहायक विषयों के रूप में भी रेखांकित किया गया है।

यह उल्लेख करना महत्वपूर्ण है कि चुंबकत्व का स्थिर होना आवश्यक नहीं है। स्थैतिक चुम्बकत्व पर वैज्ञानिकों द्वारा विकसित समीकरणों का सफलतापूर्वक उपयोग त्वरित चुंबकीय स्विचिंग घटनाओं के पूर्वानुमान के लिए किया जा सकता है जो नैनोसेकंड या समयहीन पैमाने पर होती हैं। रोचक बात यह है कि स्थैतिक चुम्बकत्व उस स्थिति में बहुत अच्छा सन्निकटन देता है जहाँ धाराएं स्थिर नहीं होती। माइक्रोचुम्बकत्व के विभिन्न उभरते अनुप्रयोगों में इसका व्यापक उपयोग होता है, उदाहरण के लिए, कंप्यूटर मेमोरी में चुंबकीय भंडारण उपकरणों के मॉडल।

पूर्व-अपेक्षित ज्ञान

गणितः सदिश कलन (कक्षा XII)

भौतिकीः विद्युत चुम्बकत्व (कक्षा XII)

यूनिट आउटकम्स (UO)

इस यूनिट के परिणामों की सूची इस प्रकार है:

U4-O1: चुंबकीयकरण एवं चुंबकीय तीव्रता और चुंबकीयकरण के बीच संबंध

U4-O2: प्रतिचुंबकत्व और लारमोर आवृत्ति का वर्णन

U4-O3: विद्युत्चुम्बकीय प्रवृत्ति और क्यूरी नियम की व्याख्या

U4-O4: वाइस आणविक क्षेत्र सिद्धांत और क्यूरी-वाइस नियम की व्याख्या

U4-O5: फेरोमैग्नेटिज्म, एंटीफेरोमैग्नेटिज्म और फेराइट्स पर चर्चा

यूनिट-4 आउटकम्स	प्रोग्राम आउटकम्स (PO) के साथ अपेक्षित संबंध *(1-कमजोर सहसंबंध; 2-मध्यम सहसंबंध; 3-मजबूत सहसंबंध)*					
	CO-1	CO-2	CO-3	CO-4	CO-5	CO-6
U4-O1	3	2	–	1	1	1
U4-O2	–	–	–	–	3	–
U4-O3	–	–	–	–	3	–
U4-O4	–	–	–	–	3	–
U4-O5	–	–	–	–	3	–

4.1 प्रस्तावना

वे पदार्थ जिन्हें बाह्य चुंबकीय क्षेत्र में रखने पर चुम्बकित किया जा सकता है, उन्हें चुंबकीय पदार्थों के रूप में जाना जाता है और संबंधित क्षेत्र को चुंबकीय क्षेत्र कहा जाता है। प्रदर्शित चुंबकीय गुणों के आधार पर, पदार्थों को निम्नानुसार वर्गीकृत किया जा सकता है:

(*i*) प्रतिचुंबकीय (डायमैग्नेटिक)

(*ii*) अनुचुम्बकीय (पेरामैग्नेटिक)

(*iii*) लौह चुंबकीय (फेरोमैग्नेटिक)

(*iv*) प्रति-लौहचुम्बकीय (एंटिफेरोमैग्नेटिक)

(*v*) फेरीचुंबकीय (फेरीमैग्नेटिक)

इनमें से कुछ पदार्थ स्थायी चुंबकीय द्विध्रुवीय आघूर्ण का गुण प्रदर्शित नहीं करते हैं, जबकि कुछ अन्य बाह्य चुंबकीय क्षेत्र को हटाने के बाद भी स्थायी चुंबकीय द्विध्रुवीय आघूर्ण प्रदर्शित करते हैं। इस विशेषता के आधार पर, इस इकाई में हम पदार्थों के कुछ महत्वपूर्ण चुंबकीय गुणों पर चर्चा करेंगे।

4.2 चुंबकीय प्रेरण और तीव्रता

चुंबकीय प्रेरण को किसी भी क्षेत्र की लम्बवत दिशा में चुंबकीय फ्लक्स की कुल मात्रा के रूप में परिभाषित किया जा सकता है।

इसकी SI इकाई Wb/m^2 या वैकल्पिक रूप से टेसला (T) है जबकि CGS इकाई गॉस (G) है। दोनों इकाईयों के बीच का संबंध $1T = 10^4$ G है।

चुंबकीय क्षेत्र में किसी भी बिंदु पर, चुंबकीय क्षेत्र की तीव्रता को एक इकाई चुंबकीय उत्तरी ध्रुव द्वारा अनुभव किए गए बल के रूप में परिभाषित किया जाता है, जिसे संबंधित चुंबकीय क्षेत्र में उस बिंदु पर रखा जाता है।

वैकल्पिक रूप से, चुंबकीय क्षेत्र की तीव्रता चुंबकीय क्षेत्र की दिशा के लंबवत एक इकाई क्षेत्र में चुंबकीय फ्लक्स की मात्रा है। इसकी SI इकाई A/m और CGS इकाई औरस्टेड है।

$$B = \mu_0 H \tag{4.1}$$

समी.-(4.1) में, μ_0 मुक्त आकाश में पारगम्यता या चुंबकनशीलता (पर्मियबिलिटि) है। SI मात्रक में इसका मान $4\pi \times 10^{-7}$ H/m है।

4.3 चुंबकीयकरण (मैंग्नेटाइजेशन)

एक बाह्य चुंबकीय क्षेत्र में, यदि कोई चुंबकीय पदार्थ रखा जाता है, तो यह चुंबकीय प्रेरण की प्रक्रिया के कारण चुम्बकित हो जाती है। चुंबकत्व की तीव्रता को पदार्थ के प्रति इकाई आयतन में उत्पन्न चुंबकीय द्विध्रुवीय आघूर्ण के रूप में परिभाषित किया जा सकता है। अतः चुंबकीकरण

$$\text{चुंबकीयकरण } (M) = \frac{\text{चुंबकीय आघूर्ण}(\mu)}{\text{आयतन } (V)}$$

या
$$M = \frac{\mu}{V} \tag{4.2}$$

अर्थात्, यह एक चुंबकीय क्षेत्र में रखे जाने पर एक चुंबकीय पदार्थ में विकसित चुंबकत्व का माप है। लंबाई l के चुंबक के लिए, सामर्थ्य m के ध्रुव और अनुप्रस्थ काट का क्षेत्रफल α के साथ चुंबकत्व होगा–

$$M = \frac{\mu}{V} = \frac{lm}{l\alpha} = \frac{m}{\alpha} \quad (4.3)$$

इस प्रकार चुंबकीयकरण की तीव्रता चुंबकीय पदार्थ के प्रति इकाई क्षेत्र में ध्रुव का सामर्थ्य है। अतः प्रति एकांक लंबाई और n फेरों वाली परिनालिका में चुम्बकत्व होगा,

$$M = \frac{nI\alpha}{\alpha} = nI \quad (4.4)$$

इसकी SI यूनिट A/m है और CGS यूनिट ओर्सटेड (चुंबकीय क्षेत्र की तीव्रता के समान) है।

4.4 चुंबकीय प्रवृत्ति

चुंबकीय प्रवृत्ति इस बात का माप है कि किसी भी प्रेरित चुंबकीय क्षेत्र में किसी पदार्थ को कितना चुंबकित किया जा सकता है। इसे चुंबकीयकरण $\vec{M}$ के अनुपात के रूप में परिभाषित किया जा सकता है अर्थात, प्रति इकाई आयतन के चुंबकीय आघूर्ण $\vec{H}$ को वहां दिये चुंबकीय क्षेत्र की तीव्रता के रूप में परिभाषित किया जा सकता है।

आइसोट्रोपिक पदार्थ के लिए, $\vec{M}$ और $\vec{H}$ समानांतर हैं और प्रवृत्ति निम्न के रूप में व्यक्त की जाती है,

$$\vec{M} = \chi\vec{H}$$

या

$$\chi = \frac{M}{H} \quad (4.5)$$

χ एक अदिश राशि है, जिसे चुंबकीय प्रवृत्ति के रूप में जाना जाता है और अनिवार्य रूप से एक इकाईहीन राशि (दो समान मात्राओं का अनुपात) है। यह चुंबकीय पदार्थ का एक गुण है जो यह निर्धारित करता है कि किसी चुंबकीय पदार्थ को कितनी आसानी से चुम्बकित किया जा सकता है। ग्राम-अणु की स्थिति में मोलर प्रवृत्ति का परिचय χ_m के रूप में दिया जा सकता है।

उदाहरण 4.1

उदाहरण 4.1 किसी परिनालिका के अंदर चुम्बकीय क्षेत्र उसके रिक्त होने पर 10^{-3} T और लोहे से भरे जाने पर 2T हो, तो लोहे की सापेक्ष पारगम्यता की गणना करें।

हल

यहाँ $M = 2T$ और $H = 10^{-3}$ T

तो, लोहे की चुम्बकीय प्रवृत्ति है $\chi = \frac{M}{H} = \frac{2}{10^{-3}} = 2000\text{T}.$

इस प्रकार, लोहे की सापेक्ष पारगम्यता है $\mu_r = 1 + \chi = 1 + 2000 = 2001$

उदाहरण 4.2

उदाहरण 4.2 यदि किसी माध्यम की प्रवृत्ति 3.7 है, तो निरपेक्ष और सापेक्ष पारगम्यता ज्ञात कीजिए।

हल

माध्यम की चुम्बकीय प्रवृत्ति $\chi = 3.7$

इस प्रकार, माध्यम की सापेक्ष पारगम्यता है $\mu_r + 1 + \chi + 1 + 3.7 = 4.7$

और माध्यम की निरपेक्ष पारगम्यता है

$$\mu = \mu_r\mu_0 = 4.7 \times 4\pi \times 10^{-7} = 5.9 \times 10^{-6} \text{ N/A}^2.$$

उदाहरण 4.3 यदि किसी पदार्थ की अधिकतम पारगम्यता 0.15×10^{-12} N/A^2 है, तो पदार्थ की सापेक्ष पारगम्यता और चुम्बकीय प्रवृत्ति की गणना करें।

हल

यहाँ $\mu = 0.15 \times 10^{-2}$ N/A^2 और $\mu_0 = 4\pi \times 10^{-7}$

इस प्रकार, पदार्थ की सापेक्ष पारगम्यता है

$$\mu_r = \frac{\mu}{\mu_0} = \frac{0.15\times10^{-2}}{4\pi\times10^{-7}}$$

$$= 11.94 \times 10^2$$

और पदार्थ की प्रवृत्ति $\chi = \mu_r - 1 = 11.94 \times 10^2 - 1 = 1193$ है

उदाहरण 4.3

उदाहरण 4.4 एक मिश्र धातु की छड़ के लिए चुम्बकीय क्षेत्र 200 A/m होने पर चुम्बकत्व 1.2 $\times 10^6$ A/m होता है। मिश्र धातु के भीतर चुम्बकीय प्रवृत्ति और चुम्बकीय प्रेरण का निर्धारण करें।

हल

यहाँ $M = 1.2 \times 10^6$ A/m और H = 200 A/m

इस प्रकार, चुम्बकीय प्रवृत्ति है $\chi = \frac{M}{H} = \frac{1.2\times10^6}{200} = 6000.$

और मिश्र धातु के भीतर चुम्बकीय प्रेरण है

$$B = \mu H = \mu_0 (1 + \chi) H$$

$$= 4\pi \times 10^{-7} \times (1 + 6000) \times 200 = 1.507 \text{ T}$$

उदाहरण 4.4

उदाहरण 4.5 1000 A/m का चुम्बकीय क्षेत्र 0.2 cm^2 अनुप्रस्थ काट वाले लोहे की छड़ में 10^5 Wb चुम्बकीय फ्लक्स उत्पन्न करता है। बार की प्रवृत्ति और पारगम्यता का पता लगाएं।

हल

दिया गया है- H = 1000 A/m, $\phi = 10^5$ Wb और A = 0.2 सेमी^{2} = 0.00002 मीटर^2

इस प्रकार $$B = \frac{\phi}{A} = \frac{10^{-5}}{0.00002} = 0.5\text{Wb/m}^2$$

तो, छड़ की पारगम्यता है $\mu = \frac{B}{H} = \frac{0.5}{1000} = 5\times10^{-4}\,\text{Wb/m}^2.$

और छड़ की प्रवृत्ति है $\chi = \frac{\mu}{\mu_0} - 1 = \frac{5\times10^{-4}}{4\pi\times10^{-7}} - 1 = 397.1.$

उदाहरण 4.5

उदाहरण 4.6

उदाहरण 4.6 लोहे का एक नमूना जिसकी लंबाई 5 सेमी एवं अनुप्रस्थ्य काट का क्षेत्रफल $2 \times 10^{-4}\ m^2$ है, 1000 A/m^2 का चुम्बकीय आघूर्ण विकसित करता है। यदि चुम्बकीय क्षेत्र की तीव्रता 10^6 Am है, तो चुम्बकीयकरण और चुम्बकीय प्रेरण की तीव्रता ज्ञात कीजिए।

हल

दिया गया है कि नमूने का चुम्बकीय आघूर्ण (μ) = 1000 A/m^2, नमूने की लंबाई (l) = 5 सेमी, नमूने के अनुप्रस्थ काट का क्षेत्रफल (A) = $2 \times 10^{-4}\ m^2$ और चुम्बकीय क्षेत्र (H) = 10^6 A/m

इस प्रकार, नमूने की आयतन है $V = lA = 5 \times 10^{-2} \times 2 \times 10^{-4} = 10^{-5}\ m^3$

तो, चुम्बकीय करण की तीव्रता है, $M = \dfrac{\mu}{V} = \dfrac{1000}{10^{-5}} = 10^8$ A/m.

इसलिए, नमूने की प्रवृत्ति है $\mu = \mu_0 (1 = \chi) = 4\pi \times 10^{-7} (1 + 10^2) = 1.27 \times 10^{-4}$

इस प्रकार, चुम्बकनशीलता है $B = \mu H = 1.27 \times 10^{-4} \times 10^6 = 0.0127T$.

4.5 B, H और M के बीच संबंध

$\mu (= \mu_0\mu_r)$ पारगम्यता के साथ किसी भी माध्यम के लिए, चुम्बकीय प्रेरण B और चुम्बकीय क्षेत्र की तीव्रता H निम्न रूप से संबंधित होते हैं–

$$B = \mu H = \mu_0\mu_r H = \mu_0\mu_r H + \mu_0 H - \mu_0 J \quad \text{[जहां } \mu_r \text{ सापेक्ष पारगम्यता है]}$$

या

$$B = \mu_0 H + \mu_0 H (\mu_r - 1) = \mu_0 H + \mu_0 \chi H$$

$$= \mu_0 H + \mu_0 M \quad \text{[जहाँ } M = \chi H \text{ चुम्बकत्व है]}$$

या

$$\vec{B} = \mu_0 \left(\vec{M} + \vec{H}\right) \tag{4.6 (a)}$$

या

$$\vec{H} = \frac{\vec{B}}{\mu_0} - \vec{M} \tag{4.6 (b)}$$

उदाहरण 4.7

उदाहरण 4.7 यदि चुम्बकीय क्षेत्र की तीव्रता और प्रवृत्ति क्रमश: 10^6 A/m और 10^{-3} हैं, तो चुम्बकीय करण क्षेत्र और फ्लक्स घनत्व की गणना करें।

हल

यहाँ, $H = 10^6$ A/m और $\chi = 10^{-3}$

तो, चुम्बकत्व क्षेत्र है $M = \chi H = 10^{-3} \times 10^6 = 10^3$ A/m

और फ्लक्स घनत्व है $B = \mu_0 (M + H) = 4\pi \times 10^{-7} \times (10^3 + 10^6) = 1.26$ T

उदाहरण 4.8 एक दिए गए नमूने के चुम्बकीय प्रेरण की गणना करें, यदि चुम्बकीय क्षेत्र की तीव्रता 10^6 A/m है और नमूने के पदार्थ की प्रवृत्ति 10^{-4} है।

हल

दिया गया है, चुम्बकीय क्षेत्र की तीव्रता 10^6 A/m है नमूना पदार्थ की प्रवृत्ति 10^{-4} है

इस प्रकार, चुम्बकीयकरण की तीव्रता है, $M = \chi H = 10^{-4} \times 10^6 = 10^2$ A/m

और चुम्बकीय प्रेरण है $B = \mu_0 (H + M) = 4\pi \times 10^{-7} \times (10^6 + 102) = 1.256$T

उदाहरण 4.8

4.6 चुम्बकीय पदार्थों का वर्गीकरण

इलेक्ट्रॉनों और प्रोटॉन से बने सभी पदार्थ किसी न किसी प्रकार का चुंबकीय व्यवहार दिखाते हैं। सामग्री की यह चुंबकीय उत्पत्ति इलेक्ट्रॉनों की कक्षीय गति, स्पिन और उनकी पारस्परिक क्रिया के कारण होती है। प्रत्येक परमाणु या परमाणुओं का समूह लागू चुंबकीय क्षेत्र के साथ संरेखित चुंबकीय द्विध्रुव के रूप में प्रभावी रूप से व्यवहार करता है। ऐसे सभी द्विध्रुवों के नेट प्रभाव से पदार्थों का चुंबकीय व्यवहार विकसित होता है। पदार्थ के चुंबकीय गुणों को निम्नलिखित पांच श्रेणियों में वर्गीकृत किया जा सकता है:

(*i*) प्रतिचुंबकत्व (डायमेग्नेटिज्म)

(*ii*) अनुचुम्बकत्व (पेरामेग्नेटिज्म)

(*iii*) लौह चुंबकत्व(फेरोमेग्नेटिज्म)

(*iv*) प्रति-लौहचुम्बकत्व(एंटिफेरोमैग्नेटिज्म)

(*v*) फेरीचुंबकत्व (फेरीमेग्नेटिज्म)

पहली दो श्रेणियों में पदार्थों में कोई पारस्परिक चुम्बकीय प्रक्रिया नहीं दर्शाते है। वे चुंबकीय रूप से व्यवस्थित भी नहीं होते हैं। दूसरी ओर, एक निश्चित तापमान से नीचे अंतिम तीन श्रेणियों में पदार्थों को चुंबकीय रूप से क्रमबद्ध किया जाता है। इस तापमान को महत्वपूर्ण तापमान के रूप में जाना जाता है। आमतौर पर फेरोमैग्नेटिक और फेरिमैग्नेटिक पदार्थों को मैग्नेटिक (लोहे की तरह) माना जाता है। शेष तीन श्रेणियों का चुम्बकत्व इतना क्षीण होता है कि उन्हें सामान्यत: अचुम्बकीय पदार्थ गैर-चुंबकीय कहा जाता है।

4.6.1 प्रतिचुंबकत्व (डायमैग्नेटिज्म)

प्रतिचुंबकीय पदार्थ ऐसे परमाणुओं से बने होते हैं जिनका नेट चुंबकीय आघूर्ण शून्य होता है। ऐसा इसलिए होता है क्योंकि सभी कक्षीय कोशों में अयुग्मित इलेक्ट्रॉन नहीं होते हैं। लेकिन क्षेत्र लगाए जाने पर एक ऋणात्मक चुम्बकत्व विकसित हो जाता है जिससे प्रवृत्ति भी ऋणात्मक हो जाती है। चित्र 4.1 (*a*) M *vs* H के बीच का वक्र दर्शाता है, कि जब क्षेत्र शून्य होता है तो चुंबकीयकरण शून्य होता है। प्रतिचुंबकीय पदार्थों की एक अन्य महत्वपूर्ण विशेषता यह है कि प्रवृत्ति तापमान से स्वतंत्र है [चित्र 4.1 (*b*)], जैसे, क्वार्ट्ज (SiO_2), कैल्साइट ($CaCO_3$), पानी आदि।

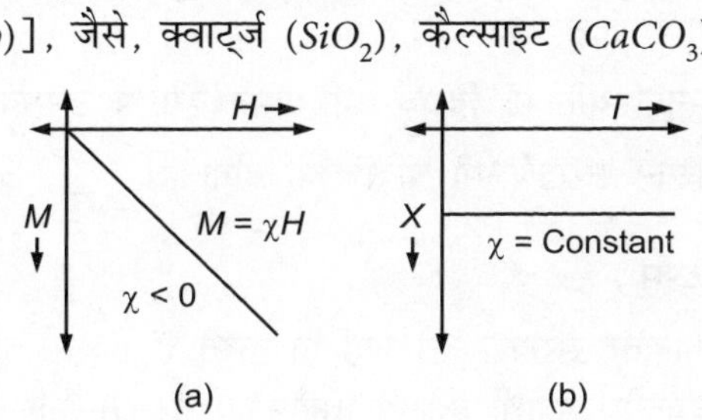

चित्र 4.1: प्रतिचुंबकीय पदार्थों के लिए (*a*) M-H और (*b*) χ-T वक्र

प्रतिचुम्बकीय पदार्थों के गुण: प्रतिचुम्बकीय पदार्थों के कुछ महत्वपूर्ण गुण नीचे दिए गए हैं।

(*i*) इस प्रकार के पदार्थ की सापेक्ष्य पारगम्यता एक से थोड़ी कम है।

(*ii*) इस प्रकार के पदार्थ की चुंबकीय प्रवृत्ति ऋणात्मक होती है और आरोपित चुंबकीय क्षेत्र की शक्ति पर निर्भर नहीं करती है।

(*iii*) जब इसे किसी भी चुंबकीय क्षेत्र में रखा जाता है, तो क्षेत्र की रेखाओं को प्रतिकर्षित करता है।

(*iv*) इस प्रकार के पदार्थ में स्थायी द्विध्रुव अनुपस्थित होता है।

4.6.2 अनुचुंबकत्व (पैरामैग्नेटिज्म)

परमाणुओं या आयनों की इस श्रेणी में आंशिक रूप से संतृप्त कोशों में अयुग्मित इलेक्ट्रॉनों के कारण परिणामी चुंबकीय आघूर्ण होता है। लेकिन व्यक्तिगत चुंबकीय आघूर्णों में चुंबकीय रूप से परस्पर क्रिया करने की कोई क्षमता नहीं होती है और जब क्षेत्र हटा दिया जाता है तो चुंबकीयकरण शून्य हो जाता है। इन पदार्थों में क्षेत्र की उपस्थिति में, क्षेत्र की दिशा में परमाणु चुंबकीय आघूर्ण का आंशिक संरेखण होता है, जिसके परिणामस्वरूप नेट धनात्मक चुंबकीयकरण और धनात्मक प्रवृत्ति (चित्र 4.2) प्राप्त होती है।

इसके अलावा, आघूर्णों को संरेखित करने के लिए, तापमान के प्रभाव के कारण क्षेत्र के प्रभाव का विरोध किया जाता है। स्थैतिक चुम्बकत्व (मैग्नेटोस्टैटिक्स) के क्यूरी के नियम का उपयोग करके, हम प्रवृत्ति की तापमान निर्भरता को व्यक्त कर सकते हैं।

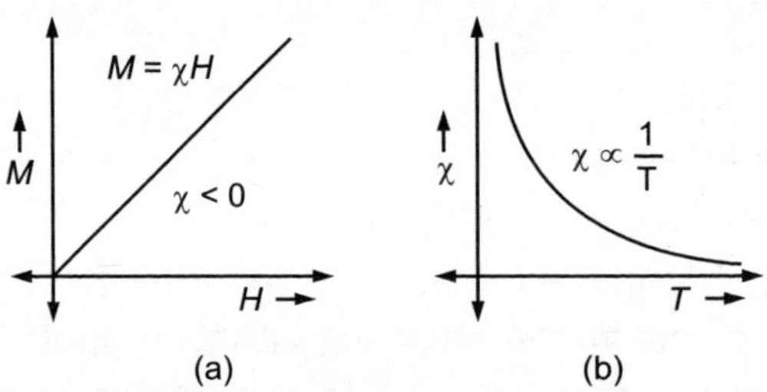

चित्र 4.2: पेरामेग्नेटिक पदार्थों के लिए (*a*) M-H और (*b*) χ-T वक्र

अनुचुंबकीय पदार्थों के गुण: अनुचुंबकीय पदार्थों के कुछ महत्वपूर्ण गुण हैं–

(*i*) इस प्रकार के पदार्थो की चुंबकीय प्रवृत्ति धनात्मक होती है और आरोपित चुम्बकीयक्षेत्र की प्रबलता पर निर्भर नहीं करती है लेकिन तापमान पर निर्भर करती है।

(*ii*) इस प्रकार के पदार्थो की सापेक्ष पारगम्यता 1 से थोड़ी अधिक होती है।

(*iii*) यदि इस प्रकार के पदार्थ को किसी चुंबकीय क्षेत्र में रखा जाए तो क्षेत्र रेखाओं के मध्य परस्पर आकर्षण उत्पन्न होता है।

(*iv*) इस प्रकार के पदार्थ में स्थायी द्विध्रुव होते हैं।

(*v*) बाहरी चुंबकीय क्षेत्र की अनुपस्थिति में, द्विध्रुव अनियमित ढंग से उन्मुख होते है

(*vi*) इस प्रकार की पदार्थ का स्पिन संरेखण भी यादृच्छिक होता है।

4.6.3 लौह चुम्बकत्व (फैरोमैग्नेटिज्म)

इस प्रकार के पदार्थ आघूर्णों के समानांतर संरेखण को प्रदर्शित करते हैं जिससे चुंबकीय क्षेत्र अनुपस्थित होने पर भी अधिक नेट चुंबकत्व होता है। लौहचुंबकीय पदार्थों की दो विशेषताएं हैं: (*i*) क्षणिक चुम्बकत्व और (*ii*) चुंबकीय क्रम तापमान का अस्तित्व।

चित्र 4.3 एक विशिष्ट लौह चुम्बकीय पदार्थ के लिए M एवं H और χ एवं T वक्रों के प्लॉट को दर्शाता है।

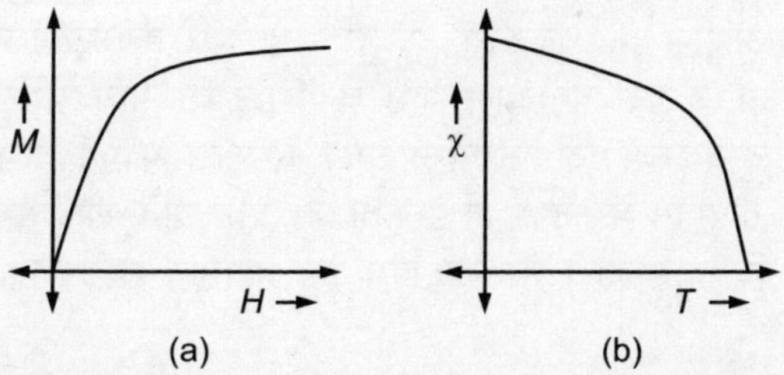

चित्र 4.3: फेरोमैग्नेटिक पदार्थों के लिए (*a*) M-H और (*b*) χ-T वक्र

लौहचुंबकीय (फेरोमैग्नेटिक) पदार्थ के गुण : फेरोमैग्नेटिक पदार्थ के कुछ महत्वपूर्ण गुण हैं-

(*i*) इस प्रकार के पदार्थों की चुंबकीय प्रवृत्ति अत्यधिक धनात्मक होती है और वे क्यूरी तापमान से ऊपर अनुचुंबकीय(पेरामेग्नेटिक)पदार्थ के रूप में व्यवहार करते हैं।

(*ii*) इस प्रकार की पदार्थ की सापेक्ष पारगम्यता एक से बहुत अधिक होती है।

(*iii*) चुंबकीय क्षेत्र में रखे जाने पर एक तीव्र आकर्षण देखा जाता है।

(*iv*) इस प्रकार के पदार्थ में हिस्टीरिसिस होता है।

(*v*) इस प्रकार के पदार्थ में अनायास चुंबकीय डोमेन शामिल होते हैं।

(*vi*) इस प्रकार के पदार्थ का स्पिन सरेखण समानांतर होता है।

SCAN ME

यह जानने के लिए की पदार्थ लौहचुम्बकीय क्यों होते हैं

4.6.4 फेरीचुम्बकत्व (फेरिमाग्नेटिज्म)

फेरिमैग्नेटिक पदार्थों में उच्च प्रतिरोधकता होती है। उनमें पास अपरूपता (अनिसोट्रोपिक) का गुण भी होता हैं। व्यवहार में, बाहरी प्रेरित क्षेत्र के कारण अपरूपता प्रेरित होती है। जब प्रेरित चुंबकीय क्षेत्र चुंबकीय द्विध्रुव के साथ सरेखित होता है, तब एक नेट चुंबकीय द्विध्रुव आघूर्ण विकसित होता है। इसके कारण द्विध्रुव,आरोपित चुम्बकीय क्षेत्र द्वारा नियंत्रित आवृत्ति पर प्रीसेस करने लगते हैं। इस आवृत्ति को लार्मोर अग्रगत आवृत्ति या प्रेस्सेशन फ्रिक्वेन्सी (बाद में चर्चा की जाएगी) के रूप में जाना जाता है। वे क्यूरी तापमान के नीचे स्वत: चुंबकीयकरण प्रदर्शित करते हैं और इस तापमान के ऊपर कोई चुंबकीय क्रम (अनुचुंबकीय व्यवहार) नहीं दर्शाते हैं।

हालांकि, कुछ शर्तों के तहत क्यूरी तापमान से नीचे का तापमान तब प्राप्त होता है जब दो विरोधी आघूर्ण समान हो जाते हैं, जिससे एक नेट शून्य चुंबकीय आघूर्ण प्राप्त होता है। इसे चुंबकीयकरण क्षतिपूर्ति के बिंदु के रूप में जाना जाता है। फेराइट द्वारा प्रकट किए गए फेरिमैग्नेटिज्म आणविक चुम्बकों के भीतर होते हैं। यहाँ हम सबसे पुराने ज्ञात चुंबकीय पदार्थ मैग्नेटाइट (Fe_3O_4) के नाम का उल्लेख कर सकते हैं, जो व्यवहार में फेरिमैग्नेट है।

फेरी चुम्बकीय पदार्थों के गुण: फेरी-चुम्बकीय पदार्थों के कुछ महत्वपूर्ण गुण इस प्रकार हैं-

(*i*) इस प्रकार के पदार्थो की चुंबकीय प्रवत्ति अत्यधिक धनात्मक होती है और वे नील तापमान के नीचे अनुचुंबकीय पदार्थ के रूप में व्यवहार करते हैं।

(*ii*) क्यूरी तापमान से ऊपर वे अनुचुंबकीय हो जाते हैं।

(*iii*) इस प्रकार की पदार्थ में नेट चुंबकीय आघूर्ण होता है।

(*iv*) इस प्रकार के पदार्थ का स्पिन सरेखण विभिन्न परिमाणों के साथ समानांतर होता है।

4.6.5 प्रति-लौहचुम्बकत्व (एंटी-फैरोमैग्नेटिज्म)

इस पदार्थ के लिए परमाणुओं या अणुओं के चुंबकीय आघूर्ण समान्यतः इलेक्ट्रॉनों के स्पिन से संबंधित होते हैं। एक नियमित पैटर्न में परमाणु विभिन्न उप-जालक पर आस-पास के स्पिन के साथ संरेखित होते हैं जो विपरीत दिशाओं में प्रेरित होते हैं। समान्यतः प्रति-लौहचुम्बकत्व(एंटी-फेरोमैग्नेटिक) विन्यास काफी कम तापमान पर मौजूद हो सकता है और नील तापमान नामक निश्चित तापमान पर नष्ट हो सकता है। एक प्रति-लौहचुम्बकत्व (एंटी-फेरोमैग्नेटिक) पदार्थ के लिए प्रवत्ति इस तापमान पर अधिकतम होती है। जब हम इस तापमान से अधिक तापमान प्रदान करते हैं तो पदार्थ समान्यतः अनुचुंबकीय होता है।

किसी बाहरी प्रदत्त क्षेत्र की अनुपस्थिति में प्रति-लौहचुम्बकीय (एंटी-फेरोमैग्नेटिक) पदार्थों में कुल चुंबकत्व शून्य होता है। एक बाहरी प्रदत्त चुंबकीय क्षेत्र की उपस्थिति में, एक प्रकार का फेरिमैग्नेटिक गुण एंटी-फेरोमैग्नेटिक चरण में प्रदर्शित किया जा सकता है, जिसमें उप-जालक चुंबकत्व में से एक का पूर्ण मूल्य अन्य उप-जालक से भिन्न होता है, जिसके परिणामस्वरूप कुछ अशून्य कुल चुंबकत्व प्राप्त होता है।यह ध्यान रखना महत्वपूर्ण है कि शुद्ध चुम्बकत्व परम शून्य पर शून्य होना चाहिए। हेमेटाइट एक विशिष्ट लौहचुम्बकीय पदार्थ का एक अच्छा उदाहरण है।

प्रति-लौहचुम्बकीय (एंटी-फेरोमैग्नेटिक) पदार्थों के गुण : एंटी-फेरोमैग्नेटिक पदार्थों के कुछ महत्वपूर्ण गुण हैं

(*i*) इस प्रकार के पदार्थ की चुंबकीय प्रवृत्ति कम धनात्मक होती है और वह अधिकतर तापमान पर निर्भर करती है।

(*ii*) क्यूरी तापमान से नीचे तापमान के साथ प्रवृत्ति बढ़ जाती है और क्यूरी तापमान से ऊपर तापमान के साथ घट जाती है।

(*iii*) इस प्रकार के पदार्थ का स्पिन संरेखण समान परिमाण के साथ समानांतर होता है।

4.7 स्थायी चुम्बकीय द्विध्रुव

चुम्बकीय पदार्थ के कुछ गुणों को प्राथमिक चुम्बकों की उपस्थिति से निर्धारित किया जा सकता है जिन्हें स्थायी चुम्बकीय द्विध्रुव कहा जाता है। साथ ही यदि किसी आवेशित कण में कोणीय संवेग है, तो वह स्थायी चुम्बकीय द्विध्रुव की तरह व्यवहार कर सकता है। एक परमाणु का कुल चुम्बकीय द्विध्रुव आघूर्ण– (*i*) कक्षीय कोणीय संवेग, (*ii*) स्पिन कोणीय संवेग और (*iii*) इलैक्ट्रॉनों के नाभिकीय स्पिन कोणीय संवेग का परिणाम होता है।

(*i*) कक्षीय कोणीय संवेग : एक परमाणु के किसी भी इलैक्ट्रॉन के लिए गति क्वांटीकृत होती है और इसका वर्णन किया जा सकता है:

(*a*) **मुख्य क्वांटम संख्या (*n*) :** यह पूर्णांक मान (1, 2, 3,....) ले सकता है। इसके इलेक्ट्रोनिक कोशों को K, L, M,... के रूप में नामित किया गया है।

(*b*) **कोणीय संवेग क्वांटम संख्या (*l*) :** किसी दिए गए n के लिए, यह $l = 0, 1, 2, ..., (n - 1)$ तक सीमित है और इलैक्ट्रॉनों को क्रमशः *s, p, d, f, g*... इलैक्ट्रॉन्स के रूप में नामित किया गया है। दिए गए l से सम्बद्ध कुल कोणीय संवेग $\hbar[l(l+1)]^{1/2}$ है।

(*c*) **चुम्बकीय क्वांटम संख्या (m_l) :** चुम्बकीय क्षेत्र की किसी भी दिशा में कोणीय गति का संभावित घटक इस क्वांटम संख्या द्वारा प्राप्त किया जाता है। किसी दिए गए l के लिए, यह $0, \pm1, \pm2, \pm3, ...\pm l$ मानों तक ही सीमित है। किसी दिए गए m_l से संबंध कुल कोणीय संवेग $m_l\hbar$ होता है।

p-इलैक्ट्रॉन के लिए, चुम्बकीय क्षेत्र की दिशा में कोणीय गति के संभावित घटक: $-\frac{e\hbar}{2m}, 0, \frac{e\hbar}{2m}$ हैं और मात्रा $\frac{e\hbar}{2m} = 9.27\times10^{-24}\,\text{Am}^2$ को बोहर मैग्नेटॉन के रूप में जाना जाता है। इसका उपयोग चुम्बकीय संवेग की परमाणु इकाई के रूप में किया जाता है और इसे μ_B द्वारा दर्शाया जाता है।

***(ii)* स्पिन कोणीय संवेग :** प्रेरित क्षेत्र की दिशा में इलैक्ट्रॉन के स्पिन के कोणीय गति के संभावित घटक $\pm\frac{\hbar}{2}$ है, जो दो स्पिन क्वांटम संख्याओं $m_s = \pm\frac{1}{2}$ को उत्पन्न करते हैं।

चुम्बकीय क्षेत्र की दिशा में चुम्बकीय आघूर्ण का घटक है

$$\mu = g\left(\frac{e}{2m}\right)\frac{\hbar}{2}$$

जहां g स्पैक्ट्रोस्कोपिक विभाजन कारक है और इलैक्ट्रॉनिक स्पिन के लिए 2.0023 के बराबर है तो, इलैक्ट्रॉनिक स्पिन के लिए, चुम्बकीय द्विध्रुवीय आघूर्ण (μ) चुम्बकीय क्षेत्र की दिशा के साथ या विपरीत बोर मैग्नेटॉन के लगभग बराबर होता है।

क्वांटम संख्या J द्वारा निर्धारित कुल कोणीय संवेग l प्राप्त करने के लिए कक्षीय और स्पिन कोणीय संवेग को सदिश रूप से जोड़ा जा सकता है। किसी दिए गए l के लिए, इसे $J = l\pm\frac{1}{2}$ मानों के रूप में लिया जा सकता है। कई इलैक्ट्रॉनों वाले परमाणु के लिए, व्यक्तिगत कक्षीय कोणीय संवेग और स्पिन कोणीय संवेग को l और s के रूप में परिणामी रूप में जोड़ा जा सकता है। ऐसी प्रणाली के लिए g के लिए सामान्य अभिव्यक्ति निम्न द्वारा दी जाती है,

$$g = 1 + \frac{J(J+1) + S(S+1) - L(L+1)}{2J(J+1)} \tag{4.7}$$

उदाहरण 4.9 $P_{3/2}$ अवस्था में आयन के लिए L तथा g गुणनखंड ज्ञात कीजिए।

हल

$2P_{3/2}$ अवस्था के लिए $L = 1, S = \frac{1}{2}, J = \frac{3}{2}$

इस प्रकार
$$g = 1 + \frac{\frac{3}{2}\left(\frac{3}{2}+1\right) + \frac{1}{2}\left(\frac{1}{2}+1\right) - 1(1+1)}{2\frac{3}{2}\left(\frac{3}{2}+1\right)}$$

$$= 1 + \frac{\frac{3}{2}\left(\frac{3}{2}+1\right) + \frac{1}{2}\left(\frac{1}{2}+1\right) - 1(1+1)}{2\frac{3}{2}\left(\frac{3}{2}+1\right)}$$

या
$$g = 1 + \frac{\frac{9}{2}-2}{\frac{15}{2}} = \frac{4}{3}.$$

उदाहरण 4.9

***(iii)* नाभिकीय चक्रण कोणीय संवेग:** नाभिक के घूर्णन का भी परमाणु के स्थायी द्विध्रुव आघूर्ण में योगदान होता है और यह निम्न द्वारा दिया जाता है–

$$\mu_n = \frac{e\hbar}{2M} \tag{4.8}$$

जहां M परमाणु द्रव्यमान है। चूंकि नाभिक का द्रव्यमान इलेक्ट्रॉन के द्रव्यमान का लगभग 10^3 गुना है, इलेक्ट्रॉनिक चुंबकीय आघूर्ण परमाणु चुंबकीय आघूर्ण से 10^3 गुना बड़ा होता है।

4.8 हुड का नियम

सभी भरे हुए इलेक्ट्रॉनिक कोश परमाणु के चुंबकीय आघूर्ण में योगदान नहीं देते हैं और यह केवल आंशिक रूप से संतृप्त इलेक्ट्रॉनिक कोशों के कारण उत्पन्न होता है। पाउली के अपवर्जन सिद्धांत (Pauli's exclusion principle) के अनुसार किन्ही भी दो इलेक्ट्रॉनों की सभी चार क्वांटम संख्याएँ समान नहीं हो सकती हैं, ऐसे परमाणुओं के असंतृप्त कोश के लिए हुंड का नियम कहता है कि:

(*i*) कक्षीय आघूर्ण मिलकर L का अधिकतम मान देते हैं

(*ii*) इलेक्ट्रॉन के स्पिन S का संयुक्त अधिकतम मान अपवर्जन सिद्धांत के अनुरूप होता है।

(*iii*) आधे से भी कम भरे कोश के साथ $J = L - S$ और आधे से अधिक भरे कोश के लिए $J = L + S$

4.9 लेंजेविन का प्रतिचुंबकत्व (डाई-मैग्नेटिज्म) का सिद्धांत

चुंबकीय द्विध्रुव की उत्पत्ति विद्युत धाराओं के फ्लक्स से होती है। विद्युत के सिद्धांत से यह सर्वविदित है कि एक समतल में प्रवाहित एक स्थिर धारा लूप चुंबकीय क्षेत्र उत्पन्न करता है। जिसे अधिक दूरी पर द्विध्रुवीय आघूर्ण के परिण ाामस्वरूप वर्णित किया जा सकता है–

$$\vec{\mu} = I\vec{S} \tag{4.9}$$

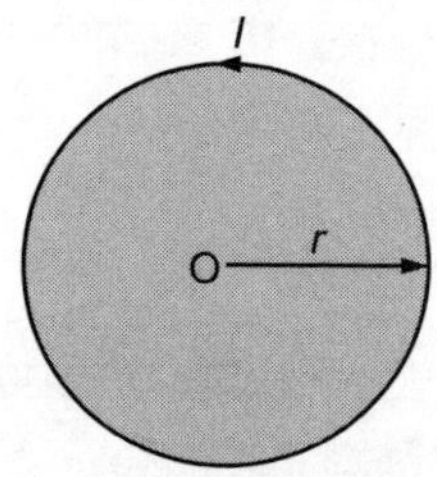

चित्र 4.4: r त्रिज्या की इलेक्ट्रोनिक कक्षा

जहां I धारा है और $\vec{S}$ लूप का क्षेत्रफल है। चुंबकीय द्विध्रुव की दिशा लूप के तल के लंबवत होती है। इसका प्रयोग करते हुए, आइए हम त्रिज्या r की वृत्ताकार कक्षा में वर्णित इलेक्ट्रॉन से जुड़े चुंबकीय द्विध्रुव आघूर्ण पर विचार करते हैं (चित्र 4.4)। माना, इलेक्ट्रॉन का कोणीय वेग ω_0 है। इस प्रकार इस स्थिति में धारा लूप होगा

$$I = -\frac{e\omega_0}{2\pi} = -\frac{e}{T} \tag{4.10}$$

जहां T आवर्तकाल है। इस प्रकार संबंधित इलेक्ट्रॉन कक्षा का चुंबकीय द्विध्रुव आघूर्ण होगा–

$$\vec{\mu} = -\frac{e}{T}\pi r^2 \hat{n} \tag{4.11}$$

जहां πr^2 लूप का क्षेत्रफल है।

अब, हमारे पास इलेक्ट्रॉन की कोणीय संवेग है–

$$\vec{L} = I\overrightarrow{\omega_0} = mr^2 \frac{2\pi}{T}\hat{n} \tag{4.12}$$

इलेक्ट्रॉन के कोणीय संवेग के लिए चुंबकीय द्विध्रुव आघूर्ण के संबंध से हमें मिलता है

$$\vec{\mu} = -\frac{e\vec{L}}{2m} \qquad \left[\because \frac{\pi r^2}{T}\hat{n} = \frac{\vec{L}}{2m}\right]$$

या

$$\vec{\mu} = g\vec{L} \tag{4.13}$$

जहां $g = -\frac{e}{2m}$ जिसे जायरोमैग्नेटिक अनुपात के रूप में जाना जाता है

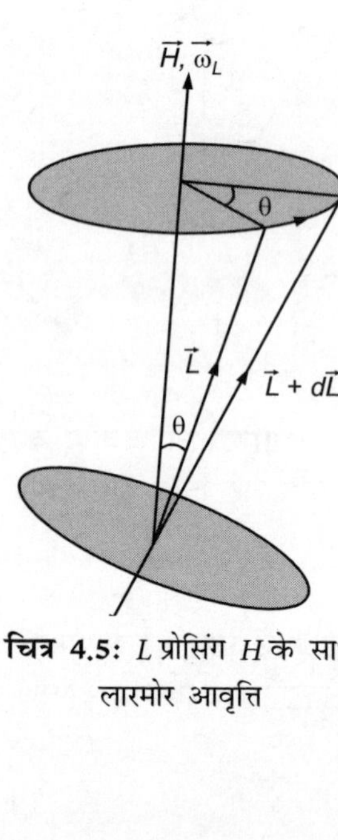

चित्र 4.5: L प्रोसिंग H के साथ लारमोर आवृत्ति

आइए अब हम एक परमाणु में किसी इलेक्ट्रॉन की मात्रात्मक रूप से गति पर चुंबकीय क्षेत्र $\vec{B}$ के प्रभाव का विचार करें। यदि हम चुंबकीय क्षेत्र B के सापेक्ष कोणीय संवेग $\vec{L}$ सदिश के लिए एक ऐक्षिक दिशा लें तो चुंबकीय आघूर्ण को इस रूप में व्यक्त कर सकते हैं,

$$\vec{\mu} = -\frac{e\vec{L}}{2m} \tag{4.14}$$

यह चुंबकीय आघूर्ण, द्विध्रुव पर एक टोर्क $\vec{\mu} \times \vec{B}$ उत्पन्न करेगा, ताकि न्यूटोनियन यांत्रिकी के अनुसार हम लिख सकें,

$$\frac{d\vec{L}}{dt} = \vec{\mu} \times \vec{B} = -\frac{e}{2m}\vec{L} \times \vec{B} = -\vec{L} \times \frac{e}{2m}\vec{B} = \overrightarrow{\omega_L} \times \vec{L} \tag{4.15}$$

यह एक सदिश $\vec{L}$ की गति का समीकरण है, जो वेक्टर $\vec{B}$ (चित्र 4.5) को एक कोणीय आवृत्ति के साथ प्रेसेस करता है–

$$\overrightarrow{\omega_L} = \frac{e}{2m}\vec{B} \tag{4.16}$$

जहां $\overrightarrow{\omega_L}$ को लारमोर फ्रीक्वेंसी कहा जाता है, इस तरह एक प्रेसेसन के लिए ऊपर बताए अनुसार, चित्र 4.5 से हमारे पास है,

$$dL = L\sin\theta d\theta = L\sin\theta\omega_L dt$$

$$\therefore \quad \frac{dL}{dt} = \omega_L L\sin\theta = \left|\overrightarrow{\omega_L} \times \vec{L}\right| \tag{4.17}$$

एक बाहरी क्षेत्र में, कक्षा का तल स्थिर नहीं होता है, लेकिन $\vec{B}$ के अनुसार प्रेसेस रहता है। इलेक्ट्रॉन के आवेश के परिणाम स्वरूप, $\vec{B}$ के विपरीत घटक के साथ एक प्रेरित चुंबकीय आघूर्ण उत्पन्न होता है।

प्रेरित चुंबकीय आघूर्ण निम्न द्वारा दिया जाता है,

$$\overrightarrow{\mu_{in}} = -\frac{e}{2m}\overrightarrow{L_{in}} = -\frac{e}{2m}I\overrightarrow{\omega_L} = -\frac{e}{2m}m\bar{\rho}^2\frac{e}{2m}\vec{B}$$

या
$$\overrightarrow{\mu_{in}} = -\frac{\mu_0 e^2}{4m}\bar{\rho}^2\vec{H} \tag{4.18}$$

जहां $\bar{\rho}^2$, $\vec{H}\left(=\vec{B}/\mu_0\right)$ के लंबवत समतल पर कक्षा के प्रक्षेपण के माध्य वर्ग त्रिज्या को प्रदर्शित करता है

एक गोलाकार आवेश वितरण के लिए,

$$\bar{x}^2 = \bar{y}^2 = \bar{z}^2$$

और भी
$$\bar{r}^2 = \bar{x}^2 + \bar{y}^2 + \bar{z}^2 \quad \text{और} \quad \bar{\rho}^2 = \bar{x}^2 + \bar{y}^2$$

$$\therefore \quad \bar{r}^2 = \frac{3\bar{\rho}^2}{2} \quad \text{(गोलाकार समरूपता के लिए)} \tag{4.19}$$

इसलिए प्रेरित चुंबकीय आघूर्ण है,

$$\overrightarrow{\mu_{in}} = -\frac{\mu_0 e^2}{4m}\frac{2\bar{r}^2}{3}\vec{H} = -\frac{\mu_0 e^2\bar{r}^2}{6m}\vec{H} \tag{4.20}$$

इस प्रकार प्रेरित प्रतिचुंबकीय आघूर्ण, H के समानुपाती पाया जाता है और $\vec{H}$ इसके विपरीत होता है। जब इस युक्ति को ठोस में N परमाणु प्रति m^3 तक बढ़ाया जाता है और प्रत्येक परमाणु में Z इलेक्ट्रॉन होते हैं, तो हमें प्रतिचुंबकीय प्रवृत्ति अर्थात प्रेरित आघूर्ण प्रति इकाई आयतन प्राप्त होता है। (m^3) प्रति इकाई चुंबकीय क्षेत्र के रूप में,

$$\chi_{dia} = -\frac{N\mu_0 Ze^2}{6m}\bar{r}^2 \tag{4.21}$$

एक इलेक्ट्रॉन के लिए $\vec{r} = 0.1\text{ nm}$ और $N = 5\times10^{28}/\text{m}^3$ के साथ, $\chi_{dia} = -3\times10^{-6}$

समी.-(4.21) प्रतिचुंबकत्व के लिए लैंग्विन समीकरण के रूप में जाना जाता है। इस समीकरण से स्पष्ट है कि,

(i) χ_{dia} के लिए परमाणुओं के बाहरी इलेक्ट्रॉन सबसे अधिक योगदान करते हैं: जैसे $\chi_{dia} \propto \bar{r}^2$

(ii) χ_{dia} परमाणुओं की संख्या के साथ बढ़ता है,

(iii) χ_{dia} सदैव ऋणात्मक होता है और तापमान से स्वतंत्र होता है।

(iv) χ_{dia} बाहरी चुंबकीय क्षेत्र की तीव्रता से स्वतंत्र है।

उदाहरण 4.10

उदाहरण 4.10 यदि 4 cm त्रिज्या के एक वृत्ताकार लूप में 100 mA की धारा प्रवाहित होती है, तो इससे सम्बद्ध चुंबकीय आघूर्ण की गणना करें।

हल

यहाँ $R = 4\text{ cm}$ और $I = 100\text{ mA}$

इस प्रकार, लूप के साथ जुड़े चुंबकीय आघूर्ण है

$$\mu = IA = \pi r^2 I = 3.14\times(0.04)^2\times100\times10^{-3} = 5.024\times10^{-4}\text{ Am}^2.$$

उदाहरण 4.11

उदाहरण 4.11 माना कि $\vec{r} = 5.3\times10^{-11}\text{m}$ और $N = 5\times10^{28}/\text{m}^3$, तो हाइड्रोजन परमाणु की प्रवृत्ति निर्धारित कीजिये

हल

यहाँ $N = 5\times10^{28}/m^3, \vec{r} = 5.3\times10^{-11}m, z = 1$

इस प्रकार हाइड्रोजन परमाणु की डायमैग्नेटिक प्रवृत्ति निम्न द्वारा दी जाती है

$$\chi_H = -\frac{N\mu_0 Ze^2}{6m}\bar{r}^2$$

$$= -\frac{5\times10^{28}\times4\pi\times10^{-7}\times1\times\left(1.6\times10^{-19}\right)^2}{6\times9.1\times10^{-31}}\times\left(5.3\times10^{-11}\right)^2$$

$$= -8.27\times10^{-7}.$$

4.10 लेंजेविन का अनुचुम्बकत्व (पैरामैग्नेटिज्म) का सिद्धांत

1905 में लेंजेविन द्वारा प्रस्तावित पैरामैग्नेटिज्म के क्वांटम सिद्धांत के अनुसार, किसी दिए गए परमाणु या आयन का स्थायी चुम्बकीय आघूर्ण स्वतंत्र रूप से नहीं घूमता है, बल्कि प्रेरित क्षेत्र के सापेक्ष्य परिमित अभिविन्यास के समूह तक सीमित होता है। आइए हम एक माध्यम पर विचार करें जिसमें N परमाणु प्रति इकाई आयतन है, प्रत्येक परमाणु की कुल कोणीय गति क्वांटम संख्या J है तदनुसार चुम्बकीय आघूर्ण होगा–

$$\mu = g\mu_B M_J \tag{4.22}$$

जहाँ $$M_J = J, (J-1), (J-2), ..., -J$$

यहाँ M_J चुम्बकीय क्वांटम संख्या J के साथ जुड़ा हैं

एक घटक के साथ एक चुम्बकीय डाइपोल की संभावित ऊर्जा $\mu = g\mu_B M_P, H$ के साथ में $= -g\mu_B M_J H$ है इसलिए, सांख्यिकीय यांत्रिकी के अनुसार, चुम्बकीयकरण द्वारा,

$$M = \sum_J NP_J \mu_J \tag{4.23}$$

जहाँ N कणों की कुल संख्या है और P_J प्रायिकता वितरण है,

$$P_J = \frac{e^{-E_J/kT}}{\sum_J e^{-E_J/kT}} \tag{4.24}$$

इस प्रकार हमारे पास प्रति इकाई आयतन में चुम्बकीयकरण है,

$$M = Ng\mu_B \frac{\sum_{-J}^{+J} M_J e^{-E_J/kT}}{\sum_{-J}^{+J} e^{-E_J/kT}} \quad \left[\because \mu_J = g\mu_B M_J\right] \tag{4.25}$$

जहाँ $$E_J = -M_J g\mu_B H \tag{4.26}$$

$$\therefore \quad M = Ng\mu_B \frac{\sum_{-J}^{+J} M_J e^{\frac{g\mu_B M_J H}{kT}}}{\sum_{-J}^{+J} e^{\frac{g\mu_B M_J H}{kT}}} \tag{4.27}$$

अब, दो स्थितियाँ उत्पन्न हो सकती हैं:

केस I : जब $g\mu_B M_J H << kT$

इस स्थिति में समी.-(4.27) के एक्स्पोनेंशियल्स को इस प्रकार अनुमानित किया जा सकता है, $e^{\frac{g\mu_B M_J H}{kT}} = 1 + \frac{g\mu_B M_J H}{kT}$ [मध्यम तापमान और क्षेत्र के लिए] और हम प्रति इकाई आयतन के रूप में चुम्बकीयकरण प्राप्त कर सकते हैं,

$$M = Ng\mu_B \frac{\sum_{-J}^{+J} M_J \left(1 + \frac{g\mu_B M_J H}{kT}\right)}{\sum_{-J}^{+J} \left(1 + \frac{g\mu_B M_J H}{kT}\right)} = Ng\mu_B \frac{g\mu_B H}{kT} \frac{\sum_{-J}^{+J} M_J^2}{2J+1}$$

$$= \frac{Ng^2\mu_B^2 H}{kT} \frac{J(J+1)(2J+1)}{3(2J+1)}$$

$$\left[\because \sum_{-J}^{+J} M_J^2 = 2\sum_{0}^{+J} M_J^2 = 2\frac{J(J+1)(2J+1)}{6} = \frac{J(J+1)(2J+1)}{3}\right]$$

या
$$M = \frac{Ng^2\mu_B^2 J(J+1)H}{3kT} \tag{4.28}$$

इस प्रकार, हमें अनुचुम्बकीय (पैरामैग्नेटिक) प्रवृत्ति मिलती है,

$$\chi = \frac{M}{H} = \frac{Ng^2\mu_B^2 J(J+1)}{3kT} = \frac{N\mu_J^2}{3kT} \tag{4.29}$$

जहाँ
$$\mu_J^2 = g^2\mu_B^2 J(J+1) \tag{4.30}$$

या
$$\chi = \frac{C}{T} \tag{4.31}$$

जहाँ
$$C = \frac{N\mu_J^2}{3k} \tag{4.32}$$

क्यूरी स्थिरांक के रूप में जाना जाने वाला एक स्थिरांक है। समीकरण (4.31) चिरसंवत परिणामों के समान है और यह प्रसिद्ध क्यूरी नियम है जो बताता है कि अनुचुंबकीय पदार्थों की प्रवृत्ति निरपेक्ष तापमान के साथ व्युत्क्रमानुपाती होती है। यहाँ J से जुड़े, कुल चुम्बकीय आघूर्ण μ_J द्वारा दिया जाता है,

$$\mu_J^2 = g^2\mu_B^2 J(J+1) = p_{eff}^2 \mu_B^2 \tag{4.33}$$

$$p_{eff}^2 = g^2 J(J+1) \tag{4.34}$$

इस प्रकार क्यूरी नियम के दायरे में प्रवृत्ति माप से, बोर मैग्नेटॉन की प्रभावी संख्या निर्धारित करना संभव है,

$$p_{eff} = g\sqrt{J(J+1)} \tag{4.35}$$

यह सैद्धांतिक परिणाम है। प्रयोगिक रूप से

$$\chi = \frac{N\mu_J^2}{3kT} = \frac{Np_{eff}^2\mu_B^2}{3kT} \tag{4.36}$$

$$\therefore \qquad p_{eff} = \sqrt{\frac{3kT\chi}{N}}\frac{1}{\mu_B} \tag{4.37}$$

केस II : जब $g\mu_B M_J H > kT$

इस स्थिति में अर्थात्, कम तापमान और सबल चुम्बकीय क्षेत्रों में, हम प्रति इकाई आयतन के रूप में चुम्बकीयकरण होगा

$$M = Ng\mu_B \frac{\sum_{-J}^{+J} M_J e^{\frac{g\mu_B M_J H}{kT}}}{\sum_{-J}^{+J} e^{\frac{g\mu_B M_J H}{kT}}}$$

माना
$$\frac{g\mu_B H}{kT} = x$$

इस प्रकार
$$M = Ng\mu_B \frac{\sum_{-J}^{+J} M_J e^{M_J x}}{\sum_{-J}^{+J} e^{M_J x}} = Ng\mu_B \frac{d}{dx}\ln\sum_{-J}^{+J} e^{M_J x}$$

$$= Ng\mu_B \frac{d}{dx}\ln\left[e^{Jx} + e^{(J-1)x} + \ldots + e^{-Jx}\right]$$

$$= Ng\mu_B \frac{d}{dx}\ln\left[e^{Jx}\left\{1 + e^{-x} + e^{-2x} + \ldots.. + e^{-2Jx}\right\}\right]$$

$$= Ng\mu_B \frac{d}{dx}\ln\left[e^{Jx}\frac{1-\left(e^{-x}\right)^{2J+1}}{1-e^{-x}}\right] = Ng\mu_B \frac{d}{dx}\ln\left[\frac{e^{\left(J+\frac{1}{2}\right)x} - e^{-\left(J+\frac{1}{2}\right)x}}{e^{\frac{x}{2}} - e^{-\frac{x}{2}}}\right]$$

$$= Ng\mu_B \frac{d}{dx}\ln\left[\frac{\sinh\left(J+\frac{1}{2}\right)x}{\sinh x}\right] = Ng\mu_B\left[\left(J+\frac{1}{2}\right)\coth\left(J+\frac{1}{2}\right)x - \frac{1}{2}\coth\frac{x}{2}\right]$$

$$= Ng\mu_B J\left[\frac{2J+1}{2J}\coth\left(\frac{2J+1}{2}\right)x - \frac{1}{2J}\coth\frac{x}{2}\right]$$

$$= Ng\mu_B J\left[\frac{2J+1}{2J}\coth\left(\frac{2J+1}{2J}\right)xJ - \frac{1}{2J}\coth\frac{xJ}{2J}\right]$$

$$= Ng\mu_B J\left[\frac{2J+1}{2J}\coth\left(\frac{2J+1}{2J}\right)y - \frac{1}{2J}\coth\frac{y}{2J}\right]$$

या $$M = Ng\mu_B J B_J(y) \tag{4.38}$$

जहाँ $$y = xJ = \frac{g\mu_B HJ}{kT} \tag{4.39}$$

या $$B_J(y) = \frac{2J+1}{2J}\coth\left(\frac{2J+1}{2J}\right)y - \frac{1}{2J}\coth\frac{y}{2J} \tag{4.40}$$

ब्रिलोइनफंक्शन (Brillouin function) है, चित्र 4.6 Y के साथ इसका ग्राफ दर्शाता है।

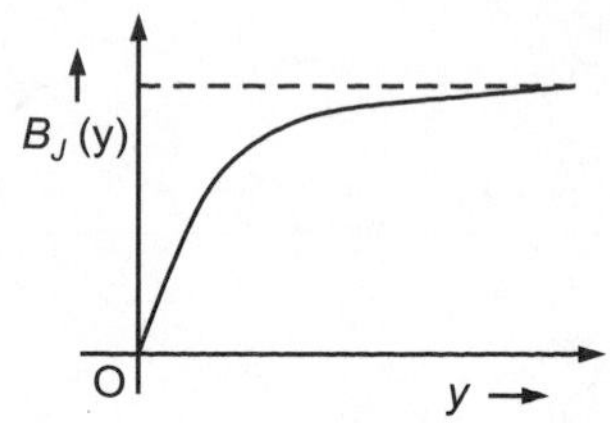

चित्र 4.6 : B_J (y) - (y) वक्र

जैसे $$y \to \infty\ (i.e., T \to 0, H \to \infty, J \to \infty)$$

$$B_J(y) \to 1$$

और हमें मिलता है,

$$M = Ng\mu_B J = N\mu_J = M_S \tag{4.41}$$

इस स्थिति में सभी द्विध्रुव चुम्बकीय क्षेत्र के समानान्तर संरेखित होते हैं। पदार्थों में संबंधित चुम्बकीयकरण M_S को संतृप्त चुम्बकत्व कहा जाता है।

SCAN ME

प्रतिचुंबकत्व और अनुचुंबकत्व पर अधिक जानकारी के लिए

अचुम्बकत्व (पैरामैग्नेटिज्म) के लेंजेविन के सिद्धांत की विफलता : लेंजेविन के अनुचुम्बकत्व के सिद्धांत में यह माना गया है कि द्विध्रुव एक दूसरे से काफी दूर होते है, इसलिए उनके बीच नगण्य पारस्परिक संपर्क होता है। इसलिए, यह सिद्धांत अनुचुम्बकीय द्विध्रुवों के अधिक पारस्परिक संपर्क की व्याख्या करने में विफल रहता है और इसलिए तापमान की अनुचुंबकीय पदार्थो की प्रवृत्ति पर निर्भरता जटिल होती है। बाद में वीस ने अपने आणविक क्षेत्र सिद्धांत के साथ लेंजेविन के सिद्धांत को संशोधित किया।

उदाहरण 4.12 एक पैरामैग्नेटिक पदार्थ में 10^{28} atoms/m^3 हैं। 330 K पर इसकी प्रवृत्ति 3.7×10^{-4} हो तो 300 K पर प्रवृत्ति की गणना करें।

हल

क्यूरी नियम के अनुसार $$\frac{\chi_1}{\chi_2} = \frac{T_2}{T_1}$$

यहाँ $$T_1 = 330\text{K},\ T_2 = 300\text{K},\ \chi_1 = 3.7\times10^{-4}$$

इस प्रकार $$\chi_2 = \frac{T_1}{T_2}\chi_1 = \frac{330}{300}\times3.7\times10^{-4}$$

$$= 4.07 \times 10^{-4}$$

उदाहरण 4.12

उदाहरण 4.13 Gd^{+3} $(4f^7 5s^2 5p^6)$ के लिए प्रभावी बोर मैग्नेटॉन की गणना करें।

हल

यहाँ $L = 0$ और $J = L + S = S = 7/2$

इस प्रकार, GD^{+3} के लिए प्रभावी बोर मैग्नेटॉन है

$$p_{eff} = g\sqrt{J(J+1)}$$
$$= 2\sqrt{\frac{7}{2}\times\frac{9}{2}} = 7.94.$$

उदाहरण 4.13

उदाहरण 4.14 $2P_{1/2}$ अवस्था में एक आयन के लिए कुल चुम्बकीय आघूर्ण ज्ञात कीजिए।

हल

के लिए, $2P_{1/2}$ अवस्था $L = 1, S = \frac{1}{2}, J = \frac{1}{2}$

इस प्रकार $$g = 1 + \frac{\frac{1}{2}\left(\frac{1}{2}+1\right)+\frac{1}{2}\left(\frac{1}{2}+1\right)-1(1+1)}{2\times\frac{1}{2}\left(\frac{1}{2}+1\right)} = 1 + \frac{\frac{3}{2}-2}{\frac{3}{2}} = \frac{2}{3}.$$

तो, कुल चुम्बकीय आघूर्ण

$$\mu_J = p_{eff}\mu_B = g\sqrt{J(J+1)}\mu_B$$

$$= \frac{2}{3}\sqrt{\frac{1}{2}\times\frac{3}{2}}\times 9.27\times10^{-24}\,\text{Am}^2 = 16.05\times10^{-24}\,\text{Am}^2.$$

उदाहरण 4.14

4.11 क्यूरी-वाइस नियम

1907 में वाइस ने लेंजेविन सिद्धांत को संशोधित करते हुए कहा कि प्रभावी चुंबकीय क्षेत्र, बाहरी प्रेरित चुंबकीय क्षेत्र H से सम्बद्ध होता है जो अणुओं के साथ-साथ एक आंतरिक या आणविक क्षेत्र H_{int} को सम्बद्ध परमाणु द्विध्रुवों के बीच परस्पर क्रिया से उत्पन्न करता है। वीस ने यह भी माना कि क्षेत्र H_{int} चुम्बकीयकरण M के समानुपाती होता है अर्थात,

$$H_T = H_{ext} + H_{int} = H + N_W M \tag{4.42}$$

जहां N_W वाइस स्थिरांक है।

इस प्रकार चुम्बकत्व,

$$M = \frac{C}{T}H_T = \frac{C[H + N_W M]}{T} \tag{4.43}$$

या $$M\left[1 - \frac{CN_W}{T}\right] = \frac{C}{T}H$$

तो, प्रवृत्ति

SCAN ME

क्यूरी वीस नियम पर अधिक जानकारी के लिए

$$\chi = \frac{M}{H} = \frac{\frac{C}{T}}{\left[1 - \frac{CN_W}{T}\right]} = \frac{C}{T - CN_W}$$

या
$$\chi = \frac{C}{T - \theta} \tag{4.44}$$

जहां $\theta = CN_W$ पैरामैग्नेटिक क्यूरी तापमान है।

यह वह तापमान है जिसके नीचे एक पैरामैग्नेटिक पदार्थ डायमैग्नेटिक पदार्थ की तरह व्यवहार करता है और पैरामैग्नेटिक पदार्थ की प्रवृत्ति ऋणात्मक हो जाती है। समी.-(4.44) को क्यूरी-वाइस के पैरामैग्नेटिज्म के नियम के रूप में जाना जाता है। यह पैरामैग्नेटिक पदार्थ के लिए लागू होता है जब इसका तापमान क्यूरी तापमान से ऊपर होता है।

4.12 फेरोमैग्नेटिक (लौह चुम्बकीय) पदार्थ

लौह चुम्बकीय पदार्थों में चुम्बकत्व के सापेक्ष चुम्बकीय क्षेत्र से संबन्धित शैथिल्यता प्रदर्शित होती है। (चित्र 4.7) फेरोमैग्नेटिक डोमेन को (चित्र 4.8) में दर्शाया गया है। यह ध्यान दिया जा सकता है कि फेरामैग्नेटिक पदार्थ बाहरी चुम्बकीय क्षेत्र के हटाने के बाद भी चुम्बकत्व बनाए रख सकते हैं। इस प्रकार के पदार्थ बहुत अधिक चुंबकीय तीव्रता दर्शाते हैं। Fe, Ni, Co, Gd और Dy फेरोमैग्नेटिक पदार्थों के कुछ उदाहरण हैं, इस प्रकार के पदार्थों की प्रवृत्ति चुम्बकीय क्षेत्र और निरपेक्ष तापमान का एक फलन है। क्रांतिक तापमान के ऊपर (θ_f) को फेरोमैग्नेटिक क्यूरी तापमान के रूप में जाना जाता है, जिसके ऊपर सहज चुम्बकीयकरण नष्ट हो जाता है और पदार्थ अनुचुम्बकीय बन जाता है।

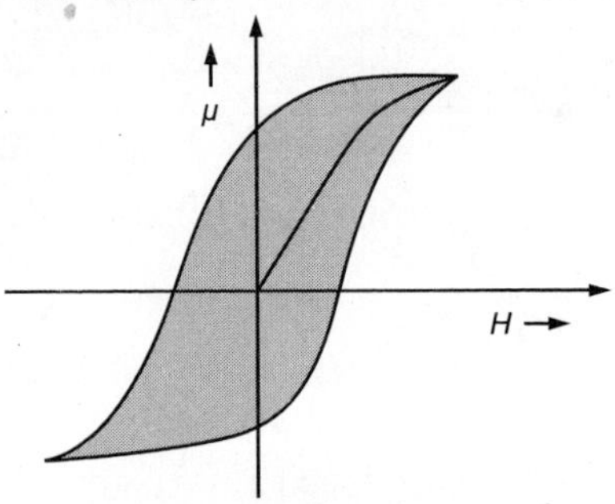

चित्र 4.7: फेरोमैग्नेटिक पदार्थों के लिए μ-H (हिस्टीरेसिस) वक्र

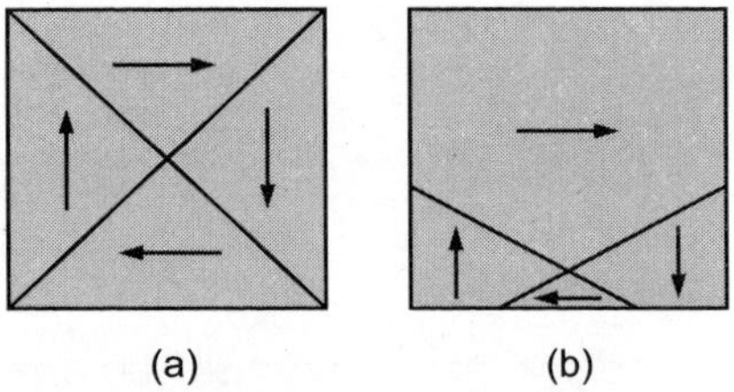

चित्र 4.8: फेरामैग्नेटिक डोमेन

क्यूरी तापमान से काफी ऊपर प्रवृत्ति पैरामैग्नेटिज्म के क्यूरी वीस नियम का पालन करती है,

$$\chi = \frac{C}{T - \theta}$$

जहां प्रतीक C तथाकथित क्यूरी स्थिरांक है और तापमान θ पेरामैग्नेटिक पदार्थ के लिए क्यूरी तापमान है जो सामान्यत: θ_f से कुछ डिग्री अधिक होता है।

SCAN ME

चुंबकीय डोमेन पर अधिक जानकारी के लिए

4.12.1 डोमेन थ्योरी

फेरोमैग्नेटिज्म का डोमेन सिद्धांत 1907 में वीस द्वारा सामने रखी गई निम्नलिखित दो परिकल्पनाओं पर केंद्रित है:

(*i*) मैक्रोस्कोपिक (स्थूलस्तरीय) आयाम के एक फेरोमैग्नेटिक नमूने में सामान्य रूप से कई छोटे क्षेत्र (डोमेन) होते हैं जो स्वत: चुंबकीय होते हैं; नमूने के सहज चुंबकीयकरण का परिमाण प्रत्येक डोमेन के चुंबकीय आघूर्णों के सदिश योग द्वारा निर्धारित किया जाता है। फेरोमैग्नेटिक पदार्थ इन डोमेन की उपस्थिति के कारण बाहरी चुंबकीय क्षेत्र की अनुपस्थिति में भी आंतरिक रूप से चुम्बकित होते हैं। सामान्यत: एक चुंबकीय पदार्थ का एक टुकड़ा (उदाहरण के लिए, लोहा) चुंबक के रूप में व्यवहार नहीं करता है क्योंकि चुंबकीय डोमेन इसके भीतर इस तरह व्यवस्थित होते हैं कि उनका प्रभाव निष्क्रिय हो जाता है जिसके परिणामस्वरूप नेट चुंबकीय आघूर्ण शून्य होता है [चित्र 4.8 (a)]। जैसा कि चित्र 4.8 (a) में दिखाया गया है, किसी भी चुंबकीय क्षेत्र की अनुपस्थिति में डोमेन का आकार भी समान होता है।

(*ii*) जब निम्न चुंबकीय क्षेत्र को लागू किया जाता है, तो चुंबकीय क्षेत्र के साथ उनके चुंबकीय अभिविन्यास वाले डोमेन का आकार उन डोमेन के अनुसार बढ़ जाता है जो अनुकूल रूप से उन्मुख नहीं होते हैं [चित्र 4.8 (b)]। प्रत्येक डोमेन के भीतर क्षणिक चुंबकीयकरण एक आणविक क्षेत्र के अस्तित्व के कारण होता है जो परमाणु द्विध्रुवीय के समानांतर संरेखण का उत्पादन करता है जिसके परिणामस्वरूप नेट चुंबकीय आघूर्ण अशून्य होता है जैसे-जैसे चुंबकीय क्षेत्र की ताकत और बढ़ जाती है, सभी द्विध्रुव एक ही डोमेन में चुंबकीय क्षेत्र के समानांतर उन्मुख होते हैं और चुंबकत्व एक विशेष चुंबकीय क्षेत्र में संतृप्ति अवस्था में पहुंच जाता है, जिसके आगे चुंबकत्व में कोई वृद्धि नहीं होती है।

4.13 वाइस आणविक क्षेत्र सिद्धांत

फेरोमैग्नेटिज्म के आणविक क्षेत्र सिद्धांत की व्युत्पत्ति के लिए वाइस ने निम्नलिखित दो परिकल्पनायें प्रस्तुत की :

(*i*) डोमेन के चुंबकीय आघूर्ण अव्यवस्थित ढंग से वितरित होते हैं और इस प्रकार उनका कुल मान शून्य हो सकता है।

(*ii*) कुछ प्रकार के निर्बल आंतरिक चुंबकीय क्षेत्र भी होते हैं जिनके कारण परमाणु चुम्बकों को एक दिशा में संरेखित करने में मदद मिलती है।

क्षणिक चुम्बकत्व का तात्पर्य एकल डोमेन के भीतर परमाणु द्विध्रुवों के बीच सामंजस्य से है, अर्थात परमाणुओं के बीच इस प्रकार पारस्परिक क्रिया होनी चाहिए जो परमाणु चुंबकीय द्विध्रुवों में समानांतर संरेखण की प्रवृत्ति उत्पन्न करती है। क्षणिक चुंबकीयकरण का एक फेनोमेनोलॉजिकल विवरण प्राप्त करने के लिए, वीस ने माना कि किसी दिए गए द्विध्रुवीय पर प्रेरित आणविक क्षेत्र H_T को इस रूप में लिखा जा सकता है,

$$H_T = H_{ext} + H_{int} = H_{ext} + N_W M \tag{4.45}$$

जहां H_{ext} प्रेरित क्षेत्र है, H_{int} चुम्बकीयकरण M के आनुपातिक है अर्थात, $\mathrm{H}_{int} = N_W M$ जो सम्मिलित प्रभाव प्रदान करता है और N_W वाइस आण्विक क्षेत्र नियतांक है।

अब, किसी ठोस पर विचार करें जिसमें परमाणुओं की संख्या N प्रति इकाई आयतन एवं उनमें से प्रत्येक की कुल कोणीय संवेग क्वांटम संख्या J है, जिसमें कुल कक्षीय और स्पिन (L और S) का योगदान शामिल है फिर कुल चुम्बकत्व होगा,

$$M = Ng\mu_B J B_J(y) \tag{4.46}$$

जहाँ

$$B_J(y) = \frac{2J+1}{2J}\coth\left(\frac{2J+1}{2J}\right)y - \frac{1}{2J}\coth\frac{y}{2J} \tag{4.47}$$

और $$y = xJ = \frac{g\mu_B HJ}{kT} = \frac{\mu_J H}{kT} \quad [\mu_J = g\mu_B J]$$

या $$y = \frac{\mu_J [H_{ext} + N_W M]}{kT} \tag{4.48}$$

अब, दो स्थितियाँ उत्पन्न हो सकती हैं:

केस I : $T < \theta_f$: जब तक हम क्षणिक चुंबकन $H_{ext} = 0$ में रुचि रखते हैं, हम संतृप्ति चुम्बकत्व के रूप में लिख सकते हैं,

$$M_S = N\mu_J B_J\left(\frac{\mu_J N_W M_S}{kT}\right) = M_m B_J\left(\frac{\mu_J N_W M_S}{kT}\right) \tag{4.49}$$

जहां $M_m = N\mu_J$ चुम्बकत्व का अधिकतम मान है अर्थात्, कुल चुम्बकत्व।

$$\therefore \quad \frac{M_S}{M_m} = B_J\left(\frac{\mu_J N_W M_S}{kT}\right) \tag{4.50}$$

और हमें यह भी ज्ञात है–

$$\frac{M_S}{M_m} = \frac{ykT}{\mu_J N_W M_m} \tag{4.51}$$

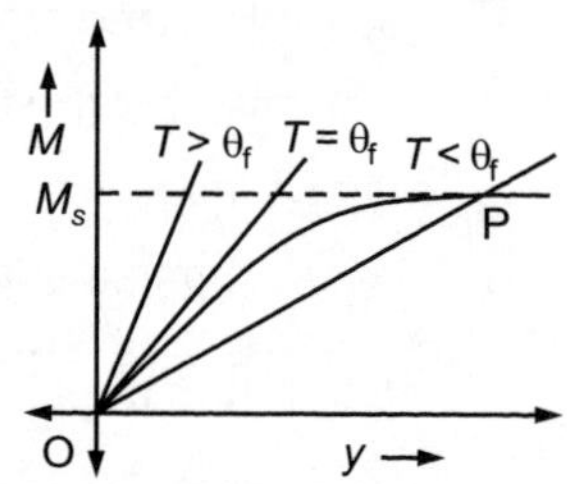

चित्र 4.9: T-Y वक्र के लिए (*a*) $T < \theta_f$, (*b*) $T = \theta_f$ और (*c*) $T > \theta_f$

चूँकि M_S को उपरोक्त दोनों समीकरणों को संतुष्ट करना चाहिए, दिए गए तापमान पर इसका मान M_S के सापेक्ष y वक्र के प्रतिच्छेदन बिंदु से प्राप्त किया जा सकता है जैसा कि चित्र 4.9 में दर्शाया गया है। समीकरण (4.51) एक सीधी रेखा को प्रदर्शित करता है, रेखा का ढलान तापमान T समानुपाती है। इस वक्र से यह स्पष्ठ है कि, हमें M के गैर-लुप्त होने वाले मान मिलते हैं। जबकि $H_{ext} = 0$ हो।

इसलिए, $T < \theta_f$ के लिए सहज चुंबकत्व ही परिणाम होगा। $T = \theta_f$ के लिए समी.-(4.50) द्वारा दी गई सरल रेखा का ढ़ाल, निर्देशांकों के मूल बिंदु पर समी.-(4.51) के वक्र की स्पर्श रेखा के ढ़ाल के बराबर होगा। इस प्रकार $T \geq \theta_f$ के लिए, सहज चुंबकत्व निष्क्रिय हो जाता है और पदार्थ एकपैरामैग्नेट की तरह व्यवहार करता है।यह स्पष्ट है कि क्यूरी θ_f तापमान और आणविक क्षेत्र स्थिरांक N_W के बीच संबंध होना चाहिए. वास्तव में, θ_f बढ़ाने के साथ N_W बढ़ने के उम्मीद है, क्योंकि समानांतर संरेखण की प्रवृत्ति बढ़ जाती है। अब θ_f और N_W के बीच संबंध स्थापित करने के लिए, माना $Y << 1$ (चित्र 4.9 की मूल बिंदु के पास), ब्रिलोइन फंक्शन निम्न द्वारा दिया जाता है,

$$B_J(y) = \frac{J+1}{3J} y \tag{4.52}$$

तो, समी.-(4.51) और समी.-(4.52) से हमें मिलता है,

$$B_J(y) = \frac{yk\theta_f}{\mu_J N_W M_m} = \frac{J+1}{3J} y, \tag{4.53}$$

या $$\theta_f = \frac{\mu_J N_W (J+1) M_m}{3Jk} = \frac{g\mu_B J N_W (J+1) N\mu_J}{3Jk}$$

$$= \frac{Ng\mu_B N_W (J+1) g\mu_B J}{3k} = \frac{Ng^2 \mu_B{}^2 J(J+1) N_W}{3k} = \frac{N\mu_J{}^2 N_W}{3k}, \tag{4.54}$$

या $$\theta_f = CN_W \tag{4.55}$$

जहाँ $C=\dfrac{N\mu_J^2}{3k}$ एक नियतांक है। (4.56)

अब $$\frac{M_S}{M_m}=B_J\left(\frac{\mu_J N_W M_S}{kT}\right)=B_J\left(\frac{M_S}{T}\frac{3J}{J+1}\frac{\theta_f}{M_m}\right) \quad (4.57)$$

इसी तरह समी. से (4.51),

$$\frac{M_S}{M_m}=\frac{ykT}{\mu_J N_W M_m}=\frac{ykT}{\mu_J^2 N_W N}=\frac{ykT}{g^2\mu_B^2 J^2 N_W N}=\frac{yT(J+1)}{3J\theta_f} \quad (4.58)$$

यह ध्यान रखना महत्त्वपूर्ण है कि किसी दिए गए मान J के लिए, हम एक सार्वभौमिक वक्र $\dfrac{M_S}{M_m}$ vs $\dfrac{T}{\theta_f}$ प्राप्त कर सकते हैं जो समी.-(4.57) और समी -(4.58) से स्पष्ट है। चित्र 4.10 में इस तरह की स्थिति प्रदर्शित की गई है, बाद वाली स्थिति चिरसंवत स्वतंत्र घूमने वाले द्विध्रुव के समान है वक्र $J=\dfrac{1}{2}$ प्रयोगात्मक रूप से सबसे अच्छा परिणाम है, यह दर्शाता है कि चुम्बकीयकरण अनिवार्य रूप से इलैक्ट्रॉनों की कक्षीय गति की अपेक्षा इलैक्ट्रॉन स्पिन से जुड़ा हुआ है। वास्तव में इस स्थिति की पुष्टि जाइरोमैग्नेटिक प्रयोगों द्वारा की गई है। ऐसे प्रयोगों में, कोई या तो स्वतंत्र रूप से निलंबित नमूने के चुम्बकीयकरण को उलट देता है या परिणामी घूर्णन को दर्शाता है या परिणामस्वरूप चुम्बकीयकरण का निरीक्षण करने के लिए नमूने को धूर्णित करता है; इसे पूर्व में आइंस्टीन-डी-हास विधि कहा गया और बाद में बार्नेट विधि। ऐसे प्रयोगों से, g-मान अर्थात् चुम्बकीय इलैक्ट्रॉन स्पिन के लिए $g=2$ और कक्षीय गति के लिए $g=1$ प्राप्त होता है

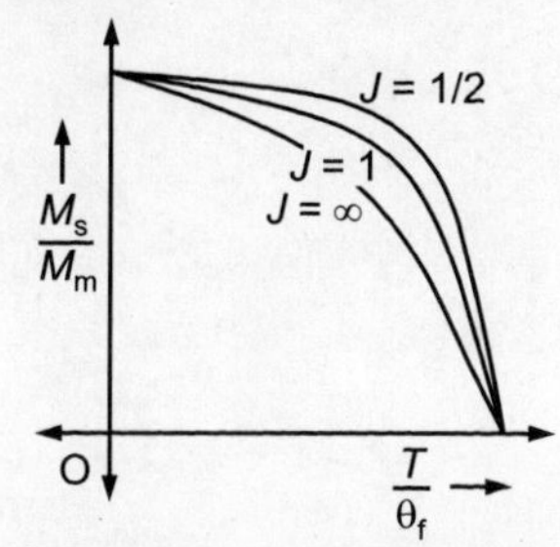

चित्र 4.10: M_s/M_m - T/θ वक्र विभिन्न J मूल्यों के लिए

केस II : जब $T>\theta_f$:

यहाँ, $$M=NgJ\mu_B B_J(y)=NgJ\mu_B\frac{(J+1)y}{3J}\left[\because B_J(y)=\frac{J+1}{3J}y \quad \text{for } y\ll 1\right]$$

या $$M=NgJ\mu_B\frac{(J+1)}{3J}\frac{gJ\mu_B H}{kT}=\frac{N\mu_J^2}{3kT}H\left[\because y=\frac{gJ\mu_B H}{kT}\right]$$

या $$M=\frac{N\mu_J^2}{3kT}\left[H_{ext}+N_W M\right]$$

या $$M\left[1-\frac{N\mu_J^2 N_W}{3kT}\right]=\frac{N\mu_J^2}{3kT}H_{ext} \quad (4.59)$$

इस प्रकार चुम्बकीय प्रवृत्ति को निम्न द्वारा दिया जाता है,

$$\chi=\frac{M}{H_{ext}}=\frac{\dfrac{N\mu_J^2}{3kT}}{\left[1-\dfrac{N\mu_J^2 N_W}{3kT}\right]}=\frac{\dfrac{N\mu_J^2}{3k}}{\left[T-\dfrac{N\mu_J^2}{3k}N_W\right]}$$

या $$\chi = \frac{C}{T - \theta_f} \tag{4.60}$$

जहां $C = \frac{N\mu_J^2}{3k}$ एक नियतांक है

और $$\theta_f = CN_W \tag{4.61}$$

उदाहरण 4.15 10^{27} परमाणु प्रति इकाई आयतन वाले दुर्लभ पृथ्वी तत्व के लिए संतृप्ति चुम्बकत्व की गणना करें, यदि तत्व का चुम्बकीय आघूर्ण 1 बोर मैग्नेटॉन है।

हल

यहाँ $N = 10^{27}$ atoms/m^3 और $M_m = 9.27 \times 10^{-24}$ Am$_2$

इसलिए, पदार्थ का संतृप्ति चुम्बकीकरण है

$$MS = N\mu_0 M_m = 10^{27} \times 4\pi\, 10^{-7} \times 9.27 \times 10^{-24}$$
$$= 1.164 \times 10^{-2}\ \text{Wb/m}^2$$

उदाहरण 4.15

उदाहरण 4.16 10^{27} परमाणु प्रति इकाई आयतन वाले पदार्थ के चुम्बकीय आघूर्ण की गणना करें, यदि इसमें संतृप्ति चुम्बकत्व 1 Wb/m^2 है।

हल

यहाँ $N = 10^{27}$ atoms/m^3 और $M_S = 1$ Wb/m^2

तो, पदार्थ का चुम्बकीय आघूर्ण है

$$M_m = \frac{M_S}{N\mu_0} = \frac{1}{10^{27} \times 4\pi \times 10^{-7}} = 7.96 \times 10^{-24}\ \text{Am}^2.$$

उदाहरण 4.16

4.14 तीन प्रकार के चुम्बकीय पदार्थों में अंतर

डायमैग्नेटिक (प्रतिचुम्बकीय) पदार्थ	पैरामैग्नेटिक (अनुचुम्बकीय) पदार्थ	फेरोमैग्नेटिक (लौहचुम्बकीय) पदार्थ
(*i*) चुम्बकों द्वारा थोड़ा प्रतिकर्षित।	(*i*) चुम्बक द्वारा थोड़ा आकर्षित।	(*i*) चुम्बक द्वारा अत्यधिक आकर्षित।
(*ii*) चुम्बकीय प्रवृत्ति निरपेक्ष तापमान से स्वतंत्र होती है।	(*ii*) चुम्बकीय प्रवृत्ति परम तापमान के व्युत्क्रमानुपाती होती है।	(*ii*) चुम्बकीय प्रवृत्ति तापमान पर जटिल निर्भरता दर्शाती है।
(*iii*) चुम्बकीय पारगम्यता $\mu < 1$	(*iii*) चुम्बकीय पारगम्यता $\mu > 1$	(*iii*) चुम्बकीय पारगम्यता $\mu >> 1$
(*iv*) चुम्बकीय प्रवृत्ति $\chi < 1$	(*iv*) चुम्बकीय प्रवृत्ति $\chi > 1$	(*iv*) चुम्बकीय प्रवृत्ति $\chi >> 1$
(*v*) शैथिल्यता नहीं दिखाता है।	(*v*) शैथिल्यता नहीं दिखाता है।	(*v*) शैथिल्यता नहीं दिखाता है।
(*vi*) इसमें क्यूरी तापमान नहीं होता है।	(*vi*) इसमें क्यूरी तापमान नहीं होता है।	(*vi*) एक परिमित क्यूरी तापमान है।
(*vii*) उदाहरण– H, He, Au, Bi, Sb, Cu, H_2O आदि।	(*vii*) उदाहरण– Na परमाणु, गैसीय NO आदि।	(*vii*) उदाहरण– Fe, Ni, Co आदि।

4.15 B-H वक्र

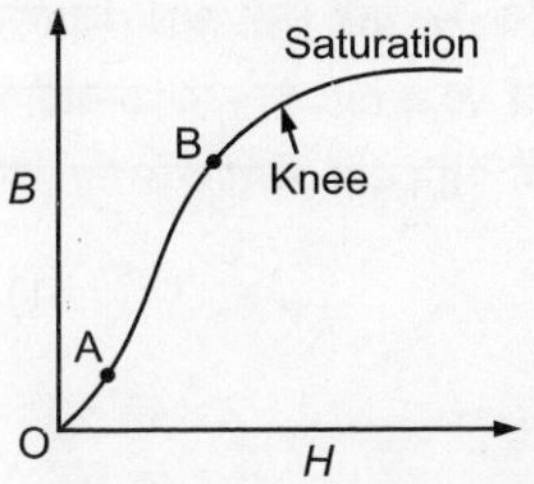

चित्र 4.11: फेरोमैग्नेटिक पदार्थ का B-H वक्र

फेरोमैग्नेटिक पदार्थ का *B-H* वक्र (या चुंबकत्व वक्र) उस तरीके को दर्शाता है जिसमें फ्लक्स घनत्व (*B*) चुंबकीय बल (*H*) के साथ बदलता रहता है।

चित्र 4.11 एक लौहचुम्बकीय पदार्थ के *B-H* वक्र की सामान्य आकृति को दर्शाता है। वक्र की गैर-रैखिकता इंगित करती है कि फेरोमैग्नेटिक पदार्थ की सापेक्ष पारगम्यता $\mu[\mu_r]$ $(= B/\mu_0 H)$ स्थिर नहीं है; लेकिन बहुत हद तक फ्लक्स घनत्व पर निर्भर करता है। अत: चुंबकीय गणना करते समय, यह सुनिश्चित होना चाहिए कि μ_r और *H* के मान कार्यशील फ्लक्स घनत्व पर लिए गए हैं।

इस प्रयोजन के लिए, विचाराधीन पदार्थ का *B-H* वक्र बहुत सहायक हो सकता है। *B-H* वक्रों का उपयोग चुंबकीय सर्किट की गणना को यथेष्ट रूप से आसान कर देता है।

4.15.1 B-H वक्रों से चुंबकीय गणना

B-H वक्रों का उपयोग करके चुंबकीय सर्किट का हल, नीचे दर्शाये अनुसार प्राप्त किया जा सकता है:

(*i*) पदार्थ में फ्लक्स घनत्व *B* के अनुरूप, पदार्थ के *B-H* वक्र से चुंबकीय बल *H* ज्ञात करके

(*ii*) चुंबकीय लंबाई (*l*) की गणना करके

(*iii*) आवश्यक *m.m.f.* की गणना करके $(= H\,l)$

4.16 चुंबकीय शैथिल्यता (हिस्टीरेसिस)

जब एक फेरोमैग्नेटिक पदार्थ को चुंबकत्व के चक्र का अनुभव होता है, तो पदार्थ में फ्लक्स घनत्व *B*, प्रेरित चुंबकीय बल *H* से पीछे हो जाता है। इस घटना को हिस्टीरेसिस कहा जाता है। चुंबकीय पदार्थों की वह घटना जिसमे चुंबकीय बल (*H*) के पीछे फ्लक्स घनत्व (*B*) उत्पन्न होता है, उसे चुंबकीयकरण के चक्रों के अधीन चुंबकीय हिस्टीरेसिस के रूप में जाना जाता है।

4.16.1 शैथिल्य लूप (हिस्टीरेसिस लूप)

चित्र 4.12 (*a*) में दिखाए अनुसार *N* फेरों से बंधे एक गैर-चुंबकीय लोहे की छड़ *AB* पर विचार करें। इस परिनालिका द्वारा उत्पन्न चुंबकीय बल H $(= NI/l)$ को कुंडली के माध्यम से प्रवाहित हो रही धारा में परिवर्तन करके बदला जा सकता है। जब लोहे के टुकड़े को चुंबकीयकरण के एक चक्र के अधीन किया जाता है, तो परिणामी *B-H* वक्र एक लूप abcdefa बनाता है जिसे हिस्टीरेसिस लूप कहा जाता है।

(*i*) जब परिनालिका में धारा शून्य होती है, $H = 0$, जैसे-जैसे *H* बढ़ता है, फ्लक्स घनत्व (B) भी बढ़ता है जब तक कि अधिकतम फ्लक्स घनत्व $(+B_{max})$ तक नहीं पहुंच जाता। लोहे का *B-H* वक्र *O* पथ का अनुसरण करता है।

(*ii*) यदि *H* को धीरे-धीरे कम किया जाता है, तो फ्लक्स घनत्व *B*, *aO* के अनुदिश कम नहीं होता है, बल्कि *ab* के पथ का अनुसरण करता है,बिंदु *b* पर, चुंबकीय बल *H* शून्य है लेकिन पदार्थ में फ्लक्स घनत्व का एक सीमित मूल्य $+B_r (= Ob)$ होता है जिसे अवशिष्ट फ्लक्स घनत्व कहा जाता है। दूसरे शब्दों में, *B*, *H* से पिछड़ जाता है। अंतराल जितना बड़ा होगा, अवशिष्ट चुम्बकत्व उतना ही अधिक होगा।

(*iii*) लोहे के टुकड़े को डी–मैग्नेटाइज करने के लिए (अर्थात अवशिष्ट चुंबकत्व *Ob* को हटाने के लिए), चुंबकीय बल *H* को कॉइल के माध्यम से करंट को पलट कर बदल दिया जाता है। जब *H* को धीरे-धीरे विपरीत दिशा में बढ़ाया जाता है, तो *B-H* वक्र *bc* पथ का अनुसरण करता है ताकि जब $H = Oc$ हो, तो अवशिष्ट चुंबकत्व शून्य हो। अवशिष्ट चुंबकत्व को मिटाने के लिए आवश्यक $H (= Oc)$ के मान को धारणशीलता बल (H_c) के रूप में जाना जाता है।

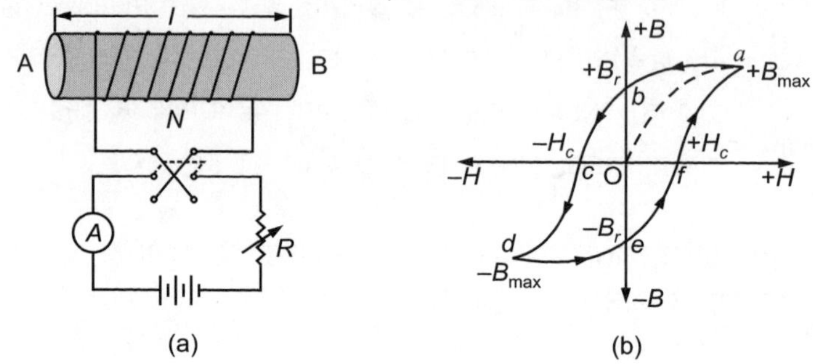

चित्र 4.12. (*a*) चुम्बकन चक्र के अंतर्गत लोहे की छड़ (*b*) इसके B-H वक्र

(*iv*) यदि *H* को ऋणात्मक दिशा में और बढ़ा दिया जाता है, तो पदार्थ फिर से ऋणात्मक दिशा में संतृप्त (बिंदु *d*) हो जाती है। *H* को घटाकर शून्य कर दें और फिर उसे धनात्मक दिशा में बढ़ा दें, वक्र defa को पूरा करता है। इस प्रकार जब एक लोहे के टुकड़े को चुंबकत्व के एक चक्र के अधीन किया जाता है, तो B-H वक्र एक बंद लूप abcdefa का पता लगाता है जिसे हिस्टीरेसिस लूप कहा जाता है। हिस्टीरेसिस लूप से स्पष्ट है कि *B*, *H* का अनुसरण करता है ।

4.16.2 शैथिल्य हानि / ह्रास (हिस्टीरेसिस लॉस)

यदि हम एक चुंबकीय पदार्थ लेते हैं जोकि चुंबकीयकरण के चक्र के अधीन है तो पदार्थ के भीतर आणविक घर्षण के कारण ऊर्जा की हानि होगी। इसका अर्थ यह है कि पदार्थ के डोमेन या तथाकथित आणविक चुंबक इस तरह से विरोध करते हैं कि यह पहले एक दिशा में और फिर दूसरी दिशा में घूम जाते हैं। इस विरोध को नियंत्रित करने के उद्देश्य से पदार्थ में ऊर्जा खर्च हो जाती है। यह हानि ऊष्मा के रूप में निकलती है जो कि प्रसिद्ध हिस्टीरेसिस हानि कहलाती है। इस नुकसान को विभिन्न प्रकार की विद्युत मशीनों में नोट किया जा सकता है जिनके लोहे के हिस्से चुंबकत्व के चक्र में योगदान करने में भूमिका निभाते हैं। हिस्टीरेसिस हानि के प्रभाव के कारण उक्त मशीन के तापमान में वृद्धि होगी।

(*i*) प्रत्यावर्ती धारा का उपयोग करते हुए, व्यावहारिक उद्देश्यों के लिए, ट्रांसफार्मर और अधिकांश विद्युत मोटरों को संचालित किया जाता है। इन सभी उपकरणों में, लोहे से सम्बद्ध फ्लक्स में निरंतर परिवर्तन होता है जिससे इस प्रकार की मशीनों में हिस्टीरेसिस हानि होती है।

(*ii*) हिस्टीरेसिस हानि तब भी होती है जब एक लोहे का हिस्सा एक स्थिर चुंबकीय क्षेत्र में घूमता है जैसे डी.सी. मशीनें।

शैथिल्य हानि की गणना: हिस्टीरेसिस लूप का क्षेत्र ऊर्जा की हानि/m^3/चक्र को प्रदर्शित करता है। यदि क्षेत्र रिक्त आकाश में है, तो संग्रहीत ऊर्जा को क्षेत्र के नष्ट होने पर सर्किट में वापस कर दिया जाता है। यदि क्षेत्र चुंबकीय पदार्थ में है, तो प्रेरित की गई सभी ऊर्जा वापस नहीं की जा सकती है; इसका एक हिस्सा हिस्टीरेसिस प्रभाव के कारण ऊष्मा में परिवर्तित हो जाता है।

मान लीजिए l = लोहे की छड़ की लंबाई, A = छड़ का अनुप्रस्थ काट क्षेत्रफल और N = परिनालिका के तार के फेरों की संख्या है। मान लीजिए किसी भी क्षण परिनालिका में से धारा i प्रवाहित हो रही है।

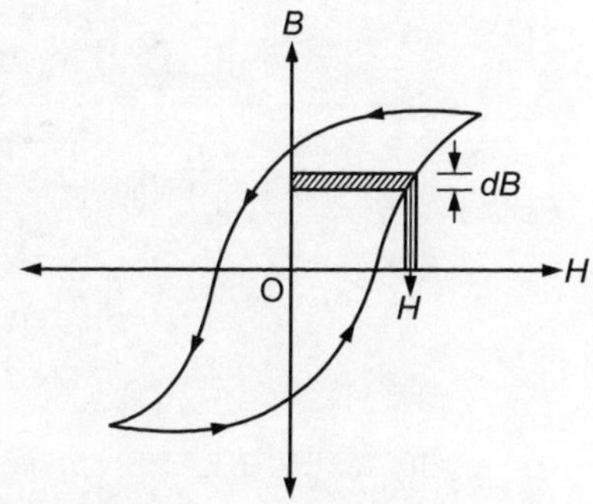

चित्र 4.13. हिस्टैरिसिस लॉस

तब $$H = \frac{Ni}{l} \tag{4.62}$$

या $$i = \frac{Hl}{N} \tag{4.63}$$

माना थोड़े समय अंतराल dt में धारा di तक बढ़ जाती है। तो यह dB द्वारा फ्लक्स घनत्व में वृद्धि करेगा और इसलिए फ्लक्स $d\phi\,(= AdB)$ में वृद्धि होगी। इससे सोलेनॉइड में *e.m.f.*, e प्रेरित होता है।

$$e = N\frac{d\phi}{dt} = NA\frac{dB}{dt}$$

लेन्ज़ के नियम से, यह *e.m.f.* धारा i का विरोध करता है जिससे ऊर्जा dW इस अवरोधक *e.m.f.* को संतुलित करने में व्यय हो जाय। यहाँ–

$$dW = ei\,dt = \left(NA\frac{dB}{dt}\right) \times \left(\frac{HI}{N}\right) \times dt = Al \times H \times dB$$

$$= V \times (H \times dB)J$$

जहाँ $Al = V$ = लोहे की छड़ का आयतन।

अब $H \times dB$ छायांकित पट्टी का क्षेत्रफल है (चित्र 4.13)। चुम्बकत्व के एक चक्र के लिए, क्षेत्र $H \times dB$ हिस्टीरेसिस लूप के क्षेत्र के बराबर होगा।

हिस्टीरेसिस ऊर्जा हानि/चक्र,

$$W_h = V \times (\text{लूप का क्षेत्रफल}) \text{ जूल} \tag{4.64}$$

यदि f चुम्बकत्व के उत्क्रमण की आवृत्ति है, तो हिस्टीरेसिस शक्ति हानि,

$$P_h = W_h \times f = V \times (\text{लूप का क्षेत्रफल}) \times f \tag{4.65}$$

SCAN ME
for more on hysterisis

उदाहरण 4.17 यदि हिस्टीरेसिस की ऊर्जा/इकाई आयतन/चक्र की हानि 0.4 J/m^3 है ओर एक ट्रांसफॉर्मर के कोर का आयतन 10^{-3} m^3 है, तो प्रति घंटे ऊर्जा की हानि ज्ञात कीजिए जब इसे 50 Hz के AC की आपूर्ति की जाती है।

हल

यहाँ $A = 0.4\ J/\text{m}^3$, $F = 50$ Hz और $V = 10^{-3}\ \text{m}^3$

तो, हिस्टीरेसिस पावर हानि प्रति घंटे $VAF \times 3600 = 10^{-3} \times 0.4 \times 50 \times 3600 = 72$ J/s.

उदाहरण 4.17

उदाहरण 4.18 18 लौह चुम्बकीय नमूने के हिस्टीरेसिस लूप का क्षेत्रफल 500 J/m^3 है। यदि नमूने का घनत्व 7400 किग्रा/m^3 है और नमूने का भार 2 किग्रा है, तो 100 हर्ट्ज पर ऊर्जा हानि की दर ज्ञात कीजिए।

हल

$$P_h = W_h \times f = V \times (\text{लूप का क्षेत्र}) \times f = VAF$$

यहाँ $A = 500$ J/m^3, $f = 100$ Hz और $V = M/d = (2/7400)$ मीटर^3

तो, हिस्टीरेसिस पावर हानि

$$\frac{2}{7400} \times 500 \times 100 = 13.51 \text{ J/s.}$$

उदाहरण 4.18

हिस्टीरेसिस लूप का महत्त्व–हिस्टीरेसिस लूप का आकृति और माप काफी हद तक पदार्थ की प्रकृति पर निर्भर करता है। किसी विशेष अनुप्रयोग के लिए चुम्बकीय पदार्थ का चयन अक्सर हिस्टीरेसिस लूप के आकृति और माप पर निर्भर करता है।

(*i*) यदि चुंबकीय पदार्थ का हिस्टीरेसिस लूप क्षेत्र छोटा हो. ता है तो हिस्टीरेसिस हानि कम हो जाती है। सिलिकॉन स्टील के लिए हिस्टीरेसिस लूप क्षेत्र बहुत छोटा होता है [चित्र 4.14 (*a*)] और यही कारण है कि सिलिकॉन स्टील का उपयोग बड़े पैमाने पर ट्रांसफार्मर कोर और घूर्णन मशीनों में चुम्ब. कीयकरण को शीघ्र उदासीन करने के लिए किया जाता है।

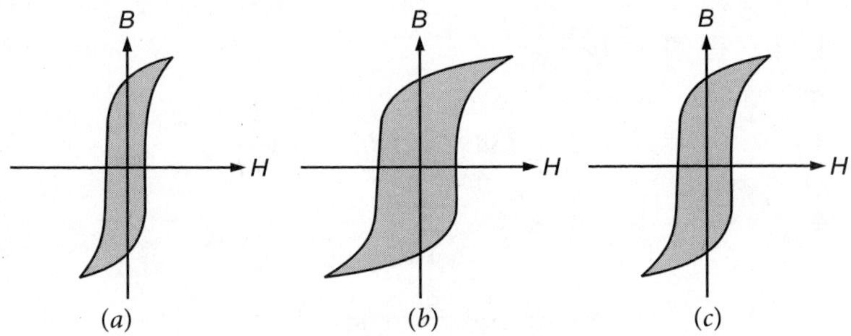

चित्र 4.14: (*a*) सिलिकॉनस्टील, (*b*) हार्डस्टील और (*c*) गढ़ा (wrought) लोहे के लिए हिस्टीरेसिस वक्र

(*ii*) कठोर स्टील के लिए हिस्टीरेसिस लूप [चित्र 4.14 (*b*)] धारणशीलता (retentivity) और निग्रहीता (coercivity) का प्रतिनिधित्व करता है और यही कारण है कि कठोर स्टील स्थायी चुंबक तैयार करने के लिए बहुत उपयुक्त है। लेकिन लूप के बड़े क्षेत्र के कारण, हिस्टीरेसिस हानि अधिक होता है। इस कारण से, विद्युत मशीनों के निर्माण के लिए कठोर स्टील उपयुक्त नहीं है।

(*iii*) गढ़ा लोहे के लिए हिस्टीरेसिस लूप [चित्र 4.14 (*c*)] काफी अच्छा अवशिष्ट चुंबकत्व और धारणशीलता (coercivity) प्रदर्शित करता है और इसलिए इसे इलेक्ट्रोमैग्नेट के कोर बनाने के लिए उपयुक्त माना जाता है।

हिस्टीरेसिस लूप का आकृति और माप भी निर्भर करता है

(*a*) स्थापित फ्लक्स घनत्व का अधिकतम मान और

(*b*) पदार्थ की प्रारंभिक चुंबकीय स्थिति।

4.17 प्रति-लौहचुंबकत्व (एंटि-फेरोमेग्नेटिज़्म)

लौहचुम्बकत्व का सिद्धांत इस धारणा पर आधारित है कि विनिमय समाकलन धनात्मक होता है। जब एक्सचेंज इंटीग्रल (निकटवर्ती स्पिन का असमानांतर अभिविन्यास) ऋणात्मक होता है तो हमें एक एंटीफेरोमैग्नेटिक पदार्थ मिलता है। इस तरह की प्रणालियों की सबसे पहले सैद्धांतिक रूप से नील और बिटर द्वारा जांच की गई और वैन वेलेक द्वारा विस्तारित किया गया। 1938 में, बिजेट, स्क्वॉयर और साई ने पहली बार प्रयोगात्मक रूप से इसे MnO की विशेषता के रूप में खोजा। एंटीफेरोमैग्नेटिक पदार्थ MnF_2 तापमान के साथ अधिकतम प्रवृत्ति दिखाता है। यह चित्र (4.15) में दिखाया गया है।

न्यूट्रॉन विवर्तन प्रयोगों से एंटीफेरोमैग्नेटिज्म के सबसे प्रत्यक्ष प्रायोगिक साक्ष्य की पुष्टि की गई है। जब न्यूट्रॉन एक क्रिस्टल पर आपतित होते हैं तो वे न केवल परमाणु नाभिक द्वारा प्रकीर्णित (scattered) होते हैं, बल्कि न्यूट्रॉन स्पिन और पेरामेग्नेटिक आयनों के बीच परस्पर क्रिया करके भी मौजूद हो सकते हैं। परिणामस्वरूप, व्यवस्थित एंटीफेरोमैग्नेटिक अवस्था अतिरिक्त विवर्तन रेखाओं को उत्पन्न करती है, जैसे कोई व्यवस्थित मिश्र धातुओं के लिए अतिरिक्त एक्स-रे विवर्तन लाइनों का निरीक्षण करता है।

तापमान बढ़ने पर इन अतिरिक्त रेखाओं की तीव्रता कम हो जाती है क्योंकि एंटीफेरोमैग्नेटिक ऑर्डर कम हो जाता है। एंटीफेरोमैग्नेटिक तापमान के ऊपर अतिरिक्त लाइनें समाप्त हो जाती हैं। नील के तापमान से नीचे के एंटीफेरोमैग्नेट के लिए, परमाणु स्वतः ही चुम्बकित हो जाते हैं और इसके ऊपर पदार्थ एक पैरामैग्नेट बन जाता है।

4.18 नील का आणविक क्षेत्र सिद्धांत

आइए हम दो उप-जालक (sub-lattice) मॉडल पर विचार करें जिसमें परमाणु A के सभी निकटतम पड़ोसी एक परमाणु B के रूप में पाए जाते हैं, इसका विलोम भी सत्य है (चित्र 4.16)। हालांकि, हम मान लेंगे कि, एक एंटीफेरोमैग्नेटिक AB इंटरैक्शन के अलावा, एंटीफेरोमैग्नेटिक AA और BB इंटरैक्शन भी हैं। N परमाणु प्रणाली के लिए, A सब-लेटिस के लिए $N/2$ परमाणु और B उप-जालक के लिए $N/2$ परमाणु होना चाहिए।

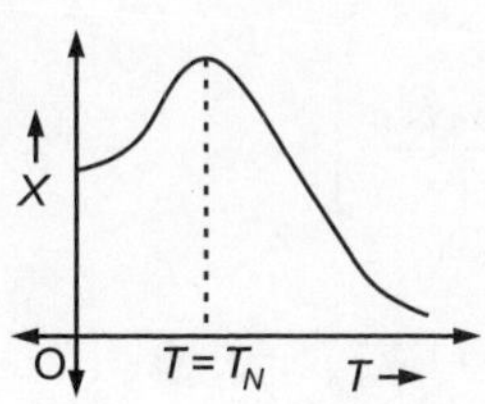

चित्र 4.15: χ-T एंटी-फेरोमैग्नेटिक पदार्थ के लिए वक्र

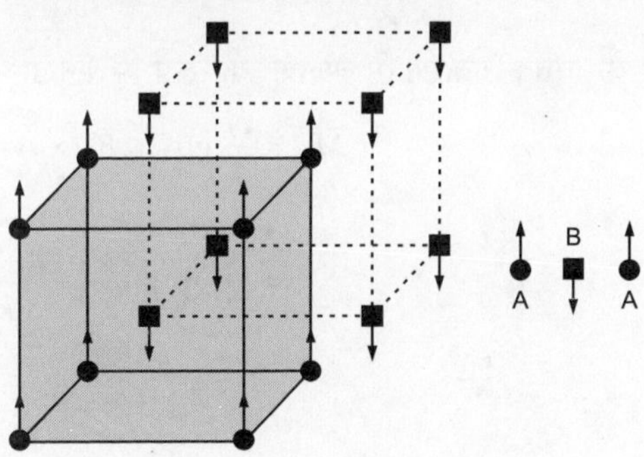

चित्र 4.16: दो सब-लेटिस मॉडल: नील का सिद्धांत

अब, आणविक आंतरिक क्षेत्र में A साइट

$$\vec{H}_{mA} = -N_{AB}\vec{M}_B - N_{AA}\vec{M}_A = -N_{AB}\vec{M}_B - N_{ii}\vec{M}_A \tag{4.66}$$

अब, आणविक आंतरिक क्षेत्र में B साइट

$$\vec{H}_{mB} = -N_{BA}\vec{M}_A - N_{BB}\vec{M}_B = -N_{AB}\vec{M}_A - N_{ii}\vec{M}_B \tag{4.67}$$

जहां $N_{AA} = N_{BB} = N_{ii}$ और $N_{AB} = N_{BA}$ आणविक क्षेत्र स्थिरांक हैं।

अब क्षेत्र में A साइट इस प्रकार है,

$$\vec{H}_A = \vec{H} - N_{AB}\vec{M}_B - N_{ii}\vec{M}_A \tag{4.68}$$

और क्षेत्र में B साइट इस प्रकार है,

$$\vec{H}_B = \vec{H} - N_{AB}\vec{M}_A - N_{ii}\vec{M}_B \tag{4.69}$$

अब, दो तापमान क्षेत्रों पर चर्चा की जा सकती है:

केस I: जब $T > T_N$

इस स्थिति के लिए अर्थात् जब तापमान नील के तापमान से ऊपर होता है, तो हम संतृप्ति और चुंबकत्व से दूर होते हैं और A जालक के चुंबकीयकरण को इस प्रकार लिखा जा सकता है,

$$\vec{M}_A = \frac{N}{2} g\mu_B S_A B_S(x_A) = \frac{N}{2} g\mu_B S \frac{S+1}{3S} x_A$$

$$= \frac{N}{2} g\mu_B \frac{S+1}{3} \frac{g\mu_B S_A \vec{H}_A}{kT} \qquad \left[\because x_A = \frac{g\mu_B S_A \vec{H}_A}{kT}\right]$$

$$= \frac{Ng^2\mu_B{}^2(S+1)}{6kT}\vec{H}_A$$

$$= \frac{Ng^2\mu_B{}^2(S+1)}{6kT}\left[\vec{H} - N_{AB}\vec{M}_B - N_{ii}\vec{M}_A\right]$$

$$= \frac{C}{2T}\left[\vec{H} - N_{AB}\vec{M}_B - N_{ii}\vec{M}_A\right] \qquad \left[\because C = \frac{Ng^2\mu_B{}^2(S+1)}{3k}\right] \tag{4.70}$$

इसी तरह, के चुंबकीयकरण B जालक के रूप में लिखा जा सकता है,

$$\vec{M}_B = \frac{N}{2} g\mu_B S_B B_S(x_B) = \frac{N}{2} g\mu_B S \frac{S+1}{3S} x_B$$

$$= \frac{N}{2} g\mu_B \frac{S+1}{3} \frac{g\mu_B S_B \vec{H}_B}{kT} \qquad \left[\because x_B = \frac{g\mu_B S_B \vec{H}_B}{kT}\right]$$

$$= \frac{Ng^2\mu_B{}^2(S+1)}{6kT}\vec{H}_B = \frac{Ng^2\mu_B{}^2(S+1)}{6kT}\left[\vec{H} - N_{AB}\vec{M}_A - N_{ii}\vec{M}_B\right]$$

$$= \frac{C}{2T}\left[\vec{H} - N_{AB}\vec{M}_A - N_{ii}\vec{M}_B\right] \qquad \left[\because C = \frac{Ng^2\mu_B{}^2(S+1)}{3k}\right] \tag{4.71}$$

इस प्रकार, दो सब-लेटिस के कुल चुंबकीयकरण को निम्न रूप में व्यक्त किया जा सकता है,

$$\vec{M} = \vec{M}_A + \vec{M}_B = \frac{C}{2T}\left[2H - N_{AB}(\vec{M}_A + \vec{M}_B) - N_{ii}(\vec{M}_A + \vec{M}_B)\right]$$

$$= \frac{C}{2T}\left[2H - N_{AB}\vec{M} - N_{ii}\vec{M}\right]$$

$$= \frac{C}{2T}\left[2H - (N_{AB} + N_{ii})\vec{M}\right] \quad (4.72)$$

या
$$\vec{M}\left[1 + \frac{C}{2T}(N_{AB} + N_{ii})\right] = \frac{C}{T}\vec{H} \quad (4.73)$$

अगर हम मानलें $\vec{M}$ और $\vec{H}$ समानांतर हैं तो समीकरण अदिश बन जाएंगे और हमें प्रवृत्ति इस प्रकार मिलेगी,

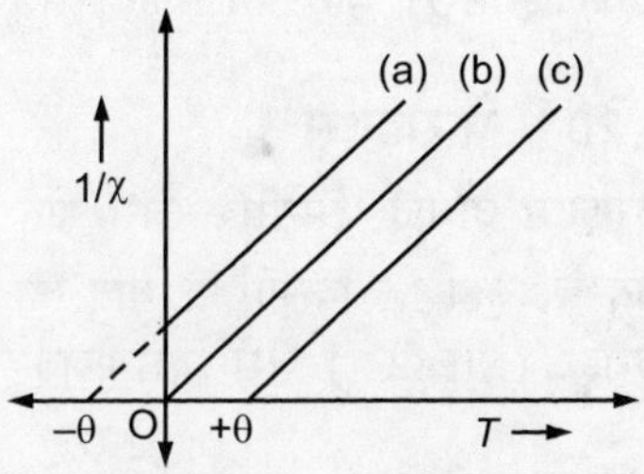

चित्र 4.17: 1/χ-T वक्र के लिए (*a*) एंटी-फेरोमैग्नेटिक, (*b*) पैरामैग्नेटिक और (*c*) फेरोमैग्नेटिक पदार्थ

$$\chi = \frac{\vec{M}}{\vec{H}} = \frac{\frac{C}{T}}{\left[1 + \frac{C}{2T}(N_{AB} + N_{ii})\right]}$$

$$= \frac{C}{T + \frac{C}{2}(N_{AB} + N_{ii})}$$

या
$$\chi = \frac{C}{T + \theta} \quad (4.74)$$

जहां
$$\theta = \frac{C}{2}(N_{AB} + N_{ii}) \quad (4.75)$$

इस प्रकार जब क्रांतिक तापमान के ऊपर फेरोमैग्नेटिक प्रवृत्ति के साथ तुलना की जाती है, तो यह देखा जाता है कि फेरोमैग्नेटिक केस में $(T + \theta)$ उपयुक्त है ना की $(T - \theta)$, क्यूरी स्थिरांक C व्यक्तिगत रूप से A अथवा B जालक के क्यूरी स्थिरांक का दोगुना है। अनुचुंबकीय (पेरामेग्नेटिक), लौहचुम्बकीय (फेरोमैग्नेटिक) और प्रतिलौहचुंबकीय (एंटी-फेरोमैग्नेटिक) व्यवहार के बीच अंतर करने के लिए हम चित्र 4.17 के वक्र को T *vs* $1/\chi$ के बीच आलेखित कर सकते हैं।

4.19 फेरिमैग्नेटिक पदार्थ

फेरिमैग्नेटिक पदार्थ भी विशेष परमाणु साइट पर आघूर्णों के असमांतर सरेखण (जैसे एंटी-फेरोमैग्नेटिक पदार्थ) दर्शाते हैं और पड़ोसी डोमेन के बीच एक लघु अंतर पदार्थ में एक संभावित चुंबकीय क्षेत्र बनाता है (चित्र 4.18)।

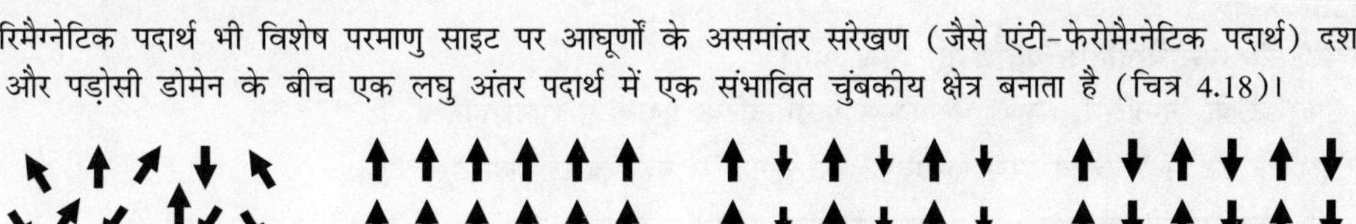

चित्र 4.18: (*a*) पेरामेग्नेटिक (अनुचुंबकीय), (*b*) फेरोमैग्नेटिक (लौहचुंबकीय), (*c*) फेरिमैग्नेटिक और (*d*) एंटी-फेरोमैग्नेटिक (प्रति-लौहचुंबकीय) पदार्थों के लिए स्पिन सरेखण

फेराइट्स फेरिमैग्नेटिज्म को प्रदर्शित करता है। यह आणविक चुम्बकों में भी हो सकता है। सबसे पुराना ज्ञात लौहचुम्बकीय पदार्थ मैग्नेटाइट (Fe_3O_4) है। फेरिमैग्नेटिक मैटेरियल का क्यूरी तापमान (जैसे मैग्नेटाइट के लिए 580°C) एक फेरोमैग्नेटिक मैटेरियल (जैसे Co के लिए 1131°C) से कम होता है।

ये पदार्थ भी उसी तरह से क्यूरी बिंदु के पास चुंबकत्व और प्रवृत्ति की तापमान निर्भरता का पालन करते हैं जैसे कि फेरोमैग्नेटिक पदार्थ में। क्यूरी तापमान के नीचे उनके पास अत्याधिक चुंबकत्व है। डायमैग्नेटिक पेरामेग्नेटिक, फेरोमैग्नेटिक, एंटी-फेरोमैग्नेटिक और फेरिमैग्नेटिक पदार्थों के लिए *M-H* वक्र का प्लॉट चित्र 4.19 में दिखाया गया है।

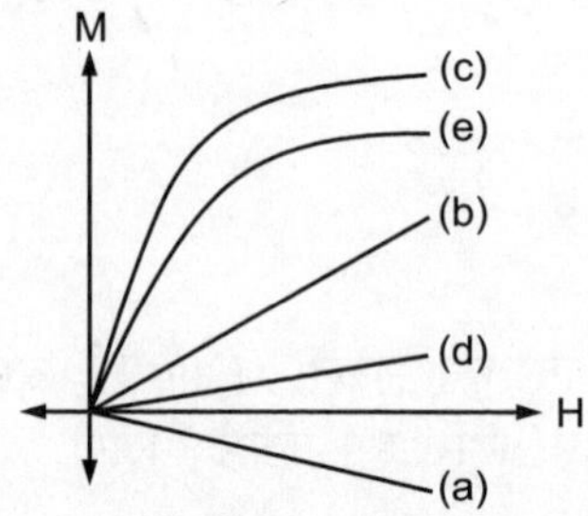

चित्र 4.19: M-H वक्र (*a*) डायमैग्नटिक, (*b*) पैरामैग्नेटिक, (*c*) फेरोमैग्नेटिक, (*d*) एंटी-फेरोमैग्नेटिक और (*e*) फेरिमैग्नेटिक पदार्थों के लिए

4.20 फेराइट्स

फेराइट्स अधातु, सिरेमिक जैसे होते हैं और सूत्र $M(Fe_xO_y)$ द्वारा वर्णित होते हैं, जहां M किसी भी धातु का प्रतिनिधित्व करता है जो कि निकेल फेराइट ($NiFe_2O_4$) जैसे द्विसंयोजक बंधन बनाता है।

फेराइट्स के कुछ गुणों में शामिल हैं:

- महत्वपूर्ण संतृप्ति चुंबकीयकरण
- उच्च विद्युत प्रतिरोधकता
- कम विद्युत हानि
- बहुत अच्छी रासायनिक स्थिरता

फेराइट का प्रयोग निम्न में किया जाता है:

- स्थायी चुम्बक
- ट्रांसफॉर्मर और टॉरॉयडल इंडक्टर्स (फेराइट कोर के रूप में)
- कंप्यूटर मेमोरी तत्व
- सॉलिड-स्टेट डिवाइस

फेराइट्स का हिस्टीरेसिस वक्र आयताकार होता है।

फेराइट और फेरोमैग्नेटिक पदार्थ के बीच अंतर

फेराइट के निम्नलिखित गुणों के कारण फेरोमैग्नेटिक पदार्थ से भिन्न होते हैं:

(*i*) फेराइट में चुंबकीय प्रेरण फेरोमैग्नेट की तुलना में बहुत छोटा होता है।

(*ii*) फेरोमैग्नेट्स की तुलना में फेराइट में उच्च सापेक्ष पारगम्यता और कम हिस्टीरेसिस हानि होती है।

(*iii*) फेरोमैग्नेट्स की तुलना में फेराइट में नगण्य विद्युत चालकता होती है।

फेराइट्स को उनके चुंबकीय गुणों के संदर्भ में "नरम चुंबकीय पदार्थ" और "कठोर चुंबकीय पदार्थ" के रूप में वर्गीकृत किया जाता है।

4.20.1 नरम चुंबकीय पदार्थ

इस प्रकार के पदार्थों में डोमेन दीवारों की गति उन्हें आसानी से चुंबकित और विचुंबकित करने में मदद करती है। तो, इस प्रकार के पदार्थों का उपयोग अस्थायी चुंबक (यानी, विद्युत चुंबक) बनाने के लिए किया जा सकता है। चूंकि इनमें कोई रिक्त स्थान नहीं होता और इनकी संरचना सजातीय होती है, इसलिए तो ये पदार्थ अशुद्धियों से प्रभावित नहीं होते हैं। इस प्रकार के पदार्थों के कुछ अन्य महत्वपूर्ण गुण हैं:

(*i*) छोटे हिस्टीरेसिस क्षेत्र के कारण इनमें कम हिस्टीरेसिस हानि होती है।

(*ii*) प्रवृत्ति और पारगम्यता अधिक होती है।

(*iii*) धारणशीलता और निग्राहिता कम होती हैं।

(*iv*) संचित चुंबकीय ऊर्जा कम होती है।

(*v*) उच्च प्रतिरोधकता के कारण एडी करंट का नुकसान कम होता है।

(*vi*) धारणशीलता और निग्राहिता के कारण, इनका उपयोग स्थायी चुम्बक बनाने के लिए नहीं किया जा सकता है।

4.20.2 कठोर चुम्बकीय पदार्थ

बाह्य चुंबकीय क्षेत्र को हटाने के बजाय, इस प्रकार के पदार्थ अपने चुंबकत्व को बनाए रख सकते हैं और व्यावहारिक रूप से उन्हें विचुंबकित करना मुश्किल होता है। इसलिए इस प्रकार के पदार्थ का उपयोग स्थायी चुंबक बनाने के लिए किया जा सकता है। स्थायी चुम्बकों में, चुंबकीय पदार्थ को वांछित तापमान पर गर्म किया जाता है और फिर कुएँच (quench) कर दिया जाता है ताकि डोमेन की दीवारों की गति को रोका जा सके। कठोर चुंबकीय पदार्थों के सामर्थ्य को इसमें कुछ अशुद्धियों को जोड़कर बढ़ाया जा सकता है। इस प्रकार के पदार्थों के कुछ अन्य महत्वपूर्ण गुण हैं:

(*i*) बड़े हिस्टीरेसिस लूप क्षेत्र के कारण उन्हें अधिक हिस्टीरेसिस हानि होती है।

(*ii*) प्रवृत्ति और पारगम्यता कम होती है।

(*iii*) धारणशीलता और निग्राहिता का मान अधिक होता है।

(*iv*) संग्रहित चुंबकीय ऊर्जा अधिक होती है।

(*v*) वे उच्च B–H मान प्रदर्शित करते हैं।

(*vi*) एडी करंट के कारण हानि अधिक होती है।

यूनिट सारांश

- **चुंबकीय प्रेरण या चुंबकीय फ्लक्स घनत्व (B)**
  किसी क्षेत्र में उसकी दिशा के लंबवत चुंबकीय फ्लक्स की मात्रा
- **चुंबकीय क्षेत्र की तीव्रता (H)**
  $$H = \frac{B}{\mu_0}$$
- **चुंबकत्व (M)**
  $$M = \frac{\mu}{V} = \frac{m}{\alpha}$$
- **चुंबकीय प्रवृत्ति**
  $$\chi = \frac{M}{H}$$
- **B, H और M के बीच संबंध**
  $$\vec{B} = \mu_0\left(\vec{M} + \vec{H}\right)$$
- **चुंबकीय पदार्थ और उनके वर्गीकरण**
  डायमैग्नेटिक: इस प्रकार के पदार्थ में स्थायी डाइपोल अनुपस्थित होते हैं।
  पेरामेग्नेटिक: इस प्रकार के पदार्थ में स्थायी डाइपोल होते हैं।
  फेरोमैग्नेटिक: इस प्रकार के पदार्थ में हिस्टीरिस हानि होती है।
  फेरिमैग्नेटिक: क्यूरी तापमान से ऊपर वे पेरामेग्नेटिक हो जाते हैं
  एंटी-फेरिमैग्नेटिक: क्यूरी तापमान के नीचे सुग्राहिता तापमान के साथ बढ़ जाती है और क्यूरी तापमान से ऊपर यह तापमान के साथ घटती है।
- **स्थायी चुंबकीय द्विध्रुव (डायपोल) का सिद्धांत**
  स्पिन कोणीय संवेग: $\mu = g\left(\frac{e}{2m}\right)\frac{\hbar}{2}$
  नाभिकीय स्पिन कोणीय संवेग: $\mu_n = \frac{e\hbar}{2M}$
- **हुड का नियम**
  सभी सन्तृप्त इलेक्ट्रॉनिक कोश (shell) परमाणु के चुंबकीय आघूर्ण में योगदान नहीं देते हैं और यह केवल आंशिक रूप से सन्तृप्त इलेक्ट्रॉनिक कोशों के कारण उत्पन्न होता है।
- **लेंजेविन का प्रतिचुंबकत्व का सिद्धांत**
  $$\overrightarrow{\mu_{in}} = -\frac{\mu_0 e^2 \bar{r}^2}{6m}\vec{H} \qquad \chi_{dia} = -\frac{N\mu_0 Ze^2}{6m}\bar{r}^2$$
- **पैरामैग्नेटिज्म का क्वांटम सिद्धांत (लेंजेविन थ्योरी)**
  $$\chi = \frac{C}{T}$$
- **वाइस आणविक क्षेत्र सिद्धांत: क्यूरी-वाइस नियम**
  $$\chi = \frac{C}{T - \theta}$$

- **फेरोमैग्नेटिज्म-वाइस आणविक क्षेत्र फेरोमैग्नेटिज्म का सिद्धांत**

$$\chi = \frac{C}{T - \theta_f}$$

- **डायमैग्नेटिक, पेरामैग्नेटिक और फेरोमैग्नेटिक पदार्थों का अंतर**

  डायमैग्नेटिक: चुंबकीय पारगम्यता और प्रवृत्ति 1 <

  पेरामेग्नेटिक: चुंबकीय पारगम्यता और प्रवृत्ति 1 >

  फेरोमैग्नेटिक: चुंबकीय पारगम्यता और प्रवृत्ति 1 >>

- **B–H वक्र**

  लौहचुम्बकीय पदार्थ का B–H वक्र (या चुम्बकीकरण वक्र) इंगित करता है की किस तरह से फ्लक्स घनत्व (B) चुंबकीय बल (H) के साथ परिवर्तित रहता है।

- **चुंबकीय शैथिल्यता (हिस्टीरेसिस)**

  $W_h = V \times$ (area of loop) Joules

- **प्रति-लौहचुंबकत्व**

  नील के तापमान से नीचे के एंटीफेरोमैग्नेट के लिए, परमाणु स्वत: ही चुम्बकित हो जाते हैं और इसके ऊपर पदार्थ एक पैरामैग्नेट बन जाता है।

- **नील का प्रति-लौहचुंबकत्व का आण्विक क्षेत्र सिद्धान्त**

$$\chi = \frac{C}{T + \theta}$$

- **फेरिमैग्नेटिक पदार्थ**

  क्यूरी तापमान के नीचे काफी अधिक चुम्बकत्व प्रदर्शित करते हैं

- **फेराइट्स**

  फेराइट्स, सिरेमिक जैसे फेरोमैग्नेटिक अधातु पदार्थ होते हैं, जिन्हे विषेश रूप से उच्च विद्युत प्रतिरोधकता वाले यौगिक के रूप में जाना जाता है। फेराइट्स को उनके चुंबकीय गुणों के संदर्भ में 'नरम चुंबकीय पदार्थ' और 'कठोर चुंबकीय पदार्थ' के रूप में वर्गीकृत किया जाता है।

अभ्यास

बहु विकल्पीय प्रश्न

4.1 फेरोमैग्नेटिक पदार्थ की चुंबकीय प्रवृत्ति है।

(*a*) $\chi = \frac{1}{T}$ (*b*) $\chi = \frac{c}{T - \theta}$

(*c*) $\chi = \frac{c}{T + \theta}$ (*d*) इनमें से कोई नहीं

4.2 बोर मैग्नेटान के लिए अभिव्यक्ति है

(*a*) $\frac{eh}{2m}$ (*b*) $\frac{eh}{4m}$

(*c*) $\frac{eh}{4\neq m}$ (*d*) $\frac{eh}{2\neq m}$

4.3 क्यूरी-वाइस नियम का पालन किसके द्वारा किया जाता है

(*a*) पेरामेग्नेटिक पदार्थ

(*b*) एंटी-फेरोमैग्नेटिक पदार्थ

(*c*) क्यरी तापमान से ऊपर फेरोमैग्नेटिक पदार्थ

(*d*) क्यूरी तापमान के नीचे फेरोमैग्नेटिक पदार्थ

4.4 पदार्थ जो नकारात्मक चुंबकीय प्रवृत्ति दर्शाते हैं

(*a*) पेरामेग्नेटिक (*b*) डायमैग्नेटिक

(*c*) फेरोमैग्नेटिक (*d*) एंटी-फेरोमैग्नेटिक

4.5 एंटी-फेरोमाग्नेटिज्म के लिए क्यूरी-वाइस नियम है

(*a*) $\chi_m = \frac{C}{T - \theta_N}$ (*b*) $\chi_m = \frac{C}{T}$

(*c*) $\chi_m = \frac{C}{T + \theta_N}$ (*d*) $\chi_m = \frac{CT}{T + \theta_N}$

4.6 पेरामेग्नेटिक प्रवृत्ति बदलती है

(*a*) $1/T$ (*b*) T

(*c*) T^2 (*d*) इनमें से कोई नहीं

4.7 चुंबकीय क्षेत्र की तीव्रता की इकाई है

(*a*) Am^2 (*b*) A/m

(*c*) Wb/m^2 (*d*) Wb/m

4.8 B, H और M में संबंध है

(*a*) $\vec{B} = \frac{\vec{H}}{\mu_0} - \vec{M}$ (*b*) $\vec{H} = \frac{\vec{M}}{\mu_0} - \vec{B}$

(*c*) $\vec{H} = \frac{\vec{B}}{\mu_0} - \vec{M}$ (*d*) $\vec{H} = \vec{B} - \mu_0 \vec{M}$

4.9. 1 बोर मैग्नेटान के बराबर है

(*a*) 7.29×10^{-24} Am^2 (*b*) 7.92×10^{-24} Am^2

(*c*) 9.72×10^{-24} Am^2 (*d*) 9.27×10^{-24} Am^2

4.10 फ्री स्पेस की परगम्यता बराबर है

(*a*) $4\pi \times 10^{-7}$ H/m (*b*) $4\pi \times 10^{-7}$ H-m

(*c*) $4\pi \times 10^{7}$ H-m (*d*) $4\pi \times 10^{7}$ H/m

4.11 फेरोमैग्नेटिक स्टेट से पेरामेग्नेटिक स्टेट में परिवर्तन होता है

(*a*) क्यूरी-वाइस तापमान (*b*) क्यूरीतापमान

(*c*) नील का तापमान (*d*) इनमे से कोई नहीं

4.12 डायमैग्नेटिक पदार्थों के लिए, प्रवृत्ति है

(*a*) छोटे और धनात्मक (*b*) बड़े और धनात्मक
(*c*) छोटे और ऋणात्मक (*d*) बड़े और ऋणात्मक

4.13 निम्नलिखित चुंबकीय पदार्थों में से कौन सा स्थायी चुंबकीय द्विध्रुव नहीं है?

(*a*) डायमैग्नेटिक (*b*) पेरामेग्नेटिक
(*c*) फेरोमैग्नेटिक (*d*) फेरिमैग्नेटिक

4.14 पेरामैग्नेटिक पदार्थ डायमैग्नेटिक पदार्थ की तरह व्यवहार करते हैं

(*a*) क्यरी तापमान पर (*b*) क्यूरी तापमान से नीचे
(*c*) क्यूरी तापमान से ऊपर (*d*) इनमें से कोई नहीं

4.15 फेरिमैग्नेटिक का फेरोमैग्नेटिक स्टेट में परिवर्तन किस तापमान के नीचे होता है

(*a*) क्यूरी-वाइस तापमान (*b*) क्यूरीतापमान
(*c*) नील का तापमान (*d*) इनमे से कोई नहीं

4.16 असमान परिमाण वाले द्विध्रुवों को प्रतिसमानांतर संरेखण निम्नलिखित में से किस पदार्थ में होता है?

(*a*) डायमैग्नेटिक (*b*) पेरामेग्नेटिक
(*c*) फेरोमैग्नेटिक (*d*) फेरिमैग्नेटिक

4.17 विद्युत चुम्बक मे होना चाहिए

(*a*) कम बल पूर्वक और कम प्रतिरोधकता (*b*) कम बल पूर्वक और उच्च प्रतिरोधकता
(*c*) उच्च बल पूर्वकता और निम्न प्रतिरोधकता (*d*) उच्च बल पूर्वककता और हाईरेटेंटिवविटी

4.18 निम्नलिखित में से कौन सा पदार्थ हिस्टीरेसिस दर्शाता है?

(*a*) डायमैग्नेटिक (*b*) पेरामेग्नेटिक
(*c*) फेरोमैग्नेटिक (*d*) इनमें से कोई नहीं

4.19 निम्नलिखित में से किस स्टील को चुम्बकित करना आसान है?

(*a*) नॉन-ग्रेन ओरिएंटेड (*b*) ग्रेन ओरिएंटेड
(*c*) कास्टलोहा (*d*) स्टेनलेसस्टील

4.20 उच्च आवृत्ति अनुप्रयोगों में, फेरोमैग्नेटिक पदार्थ के लिए फेराइट्स को प्राथमिकता दी जाती है क्योंकि इसमें है

(*a*) उच्च पारगम्यता (*b*) उच्च प्रतिरोधकता
(*c*) उच्च संतृप्ति चुंबकीयकरण (*d*) वर्ग हिस्टोरिसीस लूप

4.21 हार्ड फेराइट्स का उपयोग निम्न में से किसमे किया जाता है

(*a*) ट्रांसफार्मरकोर (*b*) विद्युतीय मशीनें
(*c*) हल्के व स्थायी चुंबक (*d*) उच्चआवृत्ति उपकरण

4.22 वह तापमान जिसके नीचे कुछ पदार्थ एंटीफेरोमैग्नेटिक होते हैं और जिसके ऊपर वे पेरामेग्नेटिक होते हैं, उसे कहा जाता है

(*a*) क्यूरी तापमान (*b*) नील का तापमान
(*c*) संक्रमण तापमान (*d*) वाइस तापमान

4.23 एंटीफेरोमैग्नेटिक पदार्थों के लिए प्रवृत्ति अधिकतम किस तापमान पर होती है

(*a*) क्यूरी तापमान (*b*) नील का तापमान

(*c*) संक्रमण तापमान (*d*) वाइस तापमान

4.24 क्यूरी-वाइस सिद्धान्त अच्छा प्रदर्शित होता है

(*a*) क्यूरी तापमान पर (*b*) क्यूरी तापमान से नीचे

(*c*) क्यूरी तापमान से ऊपर (*d*) नील तापमान से ऊपर

4.25 B-H लूप का क्षेत्रफल नरम चुंबकीय पदार्थ के लिए है

(*a*) कठोर चुंबकीय पदार्थ के बराबर

(*b*) कठोर चुंबकीय पदार्थ की तुलना में कम

(*c*) कठोर चुंबकीय पदार्थ से अधिक

(*d*) इनमें से कोई नहीं

4.26 फेरोमैग्नेटिक पदार्थों में, प्रवृत्ति है

(*a*) बहुत कम और धनात्मक

(*b*) बहुत कम और ऋणात्मक

(*c*) बहुत अधिक और धनात्मक

(*d*) बहुत अधिक और ऋणात्मक

4.27 पदार्थ में स्थायी चुंबकीय द्विध्रुवीय आघूर्ण नहीं होता है

(*a*) पेरामेग्नेटिक (*b*) फेरोमैग्नेटिक

(*c*) फेरिमैग्नेटिक (*d*) डायमैग्नेटिक

4.28 क्षणिक चुंबकत्व किसके द्वारा दर्शाया जाता है

(*a*) पेरामेग्नेटिक यौगिक (*b*) फेरोमैग्नेटिक यौगिक

(*c*) एंटीफेरोमैग्नेटिक यौगिक (*d*) फेरिमैग्नेटिक यौगिक

4.29 फेराइट्स हैं

(*a*) फेरोमैग्नेटिक पदार्थ (*b*) फेरिमैग्नेटिक पदार्थ

(*c*) पेरामेग्नेटिव पदार्थ (*d*) डायमैग्नेटिक पदार्थ

4.30 पेरामेग्नेटिक पदार्थ में χ_m है

(*a*) बहुत कम और धनात्मक (*b*) बहुत कम और ऋणात्मक

(*c*) बहुत अधिक और धनात्मक (*d*) बहुत अधिक और ऋणात्मक

4.31 फेरोमाग्नेटिज्म के लिए क्यूरी-वाइस नियम है।

(*a*) $\chi = \dfrac{C}{T-\theta}$ (*b*) $\chi = \dfrac{C}{T}$

(*c*) $\chi = \dfrac{C}{T+\theta}$ (*d*) $\chi = \dfrac{CT}{T-\theta}$

4.32 एक नमूने की सापेक्ष पारगम्यता 0.95 है। यह है

(*a*) पेरामेग्नेटिक (*b*) फेरोमैग्नेटिक

(*c*) फेरिमैग्नेटिक (*d*) डायमैग्नेटिक

उत्तरमाला									
4.1	(*b*)	**4.2**	(*c*)	**4.3**	(*c*)	**4.4**	(*b*)	**4.5**	(*c*)
4.6	(*a*)	**4.7**	(*b*)	**4.8**	(*c*)	**4.9**	(*d*)	**4.10**	(*a*)
4.11	(*b*)	**4.12**	(*c*)	**4.13**	(*a*)	**4.14**	(*b*)	**4.15**	(*b*)
4.16	(*d*)	**4.17**	(*a*)	**4.18**	(*c*)	**4.19**	(*b*)	**4.20**	(*b*)
4.21	(*d*)	**4.22**	(*b*)	**4.23**	(*b*)	**4.24**	(*a*)	**4.25**	(*c*)
4.26	(*c*)	**4.27**	(*d*)	**4.28**	(*b*)	**4.29**	(*b*)	**4.30**	(*a*)
4.31	(*a*)	**4.32**	(*d*)						

लघु और दीर्घ उत्तरीय प्रश्न

श्रेणी-1

4.1 वाइस आणविक क्षेत्र सिद्धांत की विफलता की रूपरेखा समझाइए?

4.2 लार्मोर आवृत्ति का उपयोग करते हुए इसके संदर्भ में प्रेरित चुंबकीय आघूर्ण के लिए एक व्यंजक प्राप्त कीजिये?

4.3 क्यूरी-वाइस नियम के कथन से क्यूरी तापमान ज्ञात कीजिये?

4.4 डायमैग्नेटिक, पेरामेग्नेटिक और फेरोमैग्नेटिक पदार्थों में अंतर करें?

4.5 फेरोमैग्नेटिक पदार्थ के लिए $\vec{B}, \vec{M}$ और μ_r के बीच संबंध प्राप्त करें?

4.6 नरम और कठोर चुंबकीय पदार्थ के दो उदाहरण और अनुप्रयोग दें?

4.7 विभिन्न व्यावहारिक उद्देश्यों के लिए हिस्टीरिसिस हानि का उल्लेख करें?

4.8 एक फेरोमैग्नेटिक पदार्थ के लिए B-H वक्र ड्रा करें और वक्र पर रिटेंटिविटी और धारणशीलता क्षेत्र की पहचान करें।प्रति चक्र ऊर्जा हानि का पता लगाएं?

4.9 हार्ड स्टील और नरम लोहा के लिए हिस्टीरेसिस वक्र खीचें और अपनी टिप्पणी दें?

4.10 चुंबकीय फ्लक्स घनत्व की भूमिका का उल्लेख करें?

4.11 विभिन्न प्रकार के चुंबकीय पदार्थों की महत्वपूर्ण भूमिकाओं को उदाहरण सहित समझाइए।

4.12 निम्नलिखित पदों में भेद कीजिए: (a) पारगम्यता, (b) चुंबकीय प्रवृत्ति, (c) चुंबकीय आघूर्ण (d) चुंबकत्व।

4.13 फेराइट के गुणों की व्याख्या कीजिए तथा कुछ अनुप्रयोगों का उल्लेख कीजिए ?

4.14 लेंजेविन के सिद्धांत के ढांचे में क्यूरी के अनुचुम्बकत्व के नियम की व्युत्पत्ति करें?

4.15 प्रतिचुंबकीय पदार्थ की ऋणात्मक प्रवृत्ति के पीछे का कारण स्पष्ट कीजिए?

4.16 चुंबकीय क्षेत्र सिद्धांत के आधार पर लौह-चुंबकीय गुण की व्याख्या कीजिए और बोहर मैग्नेटन का संख्यात्मक मान ज्ञात कीजिए?

4.17 नरम चुंबकीय पदार्थ और कठोर चुंबकीय पदार्थ के बीच अंतर करें?

4.18 लौहचुम्बकीय पदार्थ के लिए प्रवृत्ति निर्धारित करने की तकनीक दीजिए?

4.19 हिस्टीरेसिस के कारण प्रति इकाई आयतन में ऊर्जा की हानि ज्ञात कीजिए?

4.20 लैंगेविन के चिरसंवत सिद्धांत का अनुसरण करते हुए प्रतिचुंबकीय प्रवृत्ति के लिए व्यंजक ज्ञात कीजिए। प्रतिचुंबकीय प्रवृत्ति की तापमान निर्भरता पर चर्चा करें।

4.21 स्पष्ट करें कि हिस्टीरेसिस, रिमैनेंस और धारणशीलता से आप क्या समझते हैं? हिस्टीरेसिस लूप क्या है? आप एक लूप में रिमैनेंस और धारणशीलता के मूल्य का निर्धारण कैसे करेंगे?

4.22 फेराइट क्या हैं? फेराइट्स फेरोमैग्नेटिक पदार्थों से कैसे भिन्न होते हैं? हम रेडियो और अन्य संचार उपकरणों में फेराइट पदार्थ का उपयोग क्यों करते हैं? उनके अन्य अनुप्रयोगों पर चर्चा करें?

4.23 आवश्यक आरेख के साथ हिस्टीरेसिस वक्र की विशेषताओं का उल्लेख करें?

4.24 हाइड्रोजन परमाणु में इलेक्ट्रॉन की कक्षीय गति से जुड़े चुंबकीय आघूर्ण के लिए सरल व्यंजक प्राप्त करें?

4.25 फेरोमैग्नेटिक और एंटीफेरोमैग्नेटिक मैटेरियल्स के बीच भेद?

4.26 फेराइट्स के विभिन्न उपयोगों का उल्लेख कीजिए?

4.27 डोमेन सिद्धांत की उपलब्धियां क्या हैं?

4.28 क्यूरी तापमान के नीचे लौहचुंबकीय के स्वतः-चुंबकीयकरण और क्यूरी तापमान के ऊपर क्यूरी वाइस नियम की एक सरल विवरण दीजिये?

श्रेणी-II

4.29 क्षणिक चुंबकीयकरण से हम व्यावहारिक उद्देश्यों के लिए क्या प्राप्त कर सकते हैं?

4.30 लेन्ज के नियम के आलोक में प्रतिचुम्बकत्व की उत्पत्ति का विस्तार से वर्णन कीजिए?

4.31 लौह चुम्बकत्व के क्यूरी-वाइस नियम पर अपनी टिप्पणी दें?

4.32 क्यूरी के अनुचुम्बकत्व के नियम की उपयोगिता पर प्रकाश डालें?

4.33 क्या क्वांटम सिद्धांत में चुंबकीय द्विध्रुवों के सभी अभिविन्यास संभव हैं? समझाइए

4.34 प्रतिचुंबकत्व तापमान से लगभग स्वतंत्र क्यों है?

4.35 विस के आणविक क्षेत्र सिद्धांत के आधार पर लौहचुम्बकीय पदार्थ की प्रवृत्ति की अवधारणा को विस्तृत करें?

4.36 बोहर मैग्नेटॉन क्या है? दिखाएँ कि बोहर मैग्नेटन एक प्राथमिक द्विध्रुवीय के चुंबकीय आघूर्ण का प्रतिनिधित्व करता है?

संख्यात्मक प्रश्न

4.1 Gd^{+3} के लिए प्रभावी बोहर मैग्नेटन की गणना करें। Gd^{+3} के लिए इलेक्ट्रॉनिक कॉन्फिगरेशन $4f^7 5s^2 5p^6$ है।

4.2 यदि किसी पदार्थ की चुंबकीय क्षेत्र की तीव्रता और प्रवृत्ति क्रमशः 10^5 A/m और 10^{-4} है, तो चुंबकीयकरण क्षेत्र और फ्लक्स घनत्व की गणना करें।

4.3 लोहे का एक नमूना जिसकी लंबाई 5 cm क्रॉस सेक्शनल क्षेत्र $10^{-4} m^2$ है, 2000 A/m^2 का चुंबकीय आघूर्ण विकसित करता है। यदि चुंबकीय क्षेत्र की तीव्रता 10^5 A/m है तो चुंबकीयकरण और चुंबकीय प्रेरण की तीव्रता का पता लगाएं।

4.4 यदि किसी माध्यम की चुंबकीय प्रवृत्ति 1000 है, तो निरपेक्ष और सापेक्ष पारगम्यता का पता लगाएं।

4.5 एक अनुचुम्बकीय पदार्थ में 10^{28} परमाणु/मीटर^3 होते हैं। 330 K पर इसकी प्रवृत्ति है। 3.7×10^{-4} पर प्रवृत्ति की गणना [*उत्तर:* 4.07×10^{-4}]

4.6 10^{28} परमाणु प्रति इकाई आयतन वाले दुर्लभ पृथ्वी तत्व के लिए संतृप्ति चुंबकत्व की गणना करें, यदि तत्व का चुंबकीय आघूर्ण $4\mu_B$ है।

4.7 यदि परिनालिका के अंदर चुंबकीय क्षेत्र खाली होने पर 10^{-4} T और लोहे से भरे जाने पर 0.2T है, तो लोहे की सापेक्ष पारगम्यता की गणना करें।

4.8 जब चुंबकीय क्षेत्र 200 A/m होता है तो किसी धातु मिश्र धातु की छड़ के भीतर चुम्बकत्व 1.2×10^6 A/m होता है। मिश्र धातु के भीतर चुंबकीय प्रवृत्ति और चुंबकीय प्रेरण की गणना करें।

4.9 2000 A/m का एक चुंबकीय क्षेत्र 0.5 cm^2 के क्रॉस सेक्शन वाले लोहे की छड़ में एक चुंबकीय फ्लक्स 10^8 Wb उत्पन्न करता है। बार की प्रवृत्ति और पारगम्यता का पता लगाएं।

4.10 लोहे के लिए क्यूरी स्थिरांक का पता लगाएं, यदि संतृप्ति चुंबकत्व 1.5×10^6 A/m है और लोहे के प्रत्येक परमाणु में 4 बोर मैग्नेटॉन का चुंबकीय आघूर्ण है।

प्रायोगिक कार्य

B-H वक्र का उपयोग करके चुंबकीय पदार्थ की ऊर्जा हानि की गणना करना

उद्देश्य

एक चुंबकीय पदार्थ (ट्रांसफारमर कोर और फेराइट कोर) के B-H वक्र बनाना और ऊर्जा हानि की गणना करना

उपकरण

प्रतिरोधक, कैपेसिटर, ट्रांसफारमर कोर, मल्टीमीटर, कैथोड रे ऑसिलोस्कोप।

सिद्धांत

ट्रांसफार्मर के कोर की ऊर्जा हानि निम्न द्वारा दी जाती है

$$E = \frac{N_1}{N_2} \times \frac{R_2}{R_1} \times \frac{C_2}{AL} \times S_V \times S_H \times \text{लूप का क्षेत्रफल} \quad (i)$$

जहाँ N_1 और N_2 क्रमशः ट्रांसफार्मर के प्राथमिक और द्वितीयक कॉइल में फेरों की संख्या को प्रदर्शित करते हैं, R_1 और R_2 प्राथमिक और द्वितीयक सर्किट में प्रतिरोध हैं, C_2 संधारित्र है, L लंबाई है और A नमूने का क्रॉस सेक्शन का क्षेत्रफल है, S_H और S_V कैथोड रे ऑसिलोस्कोप (सीआरओ) की क्षैतिज और ऊर्ध्वाधर प्रवृत्ति हैं।

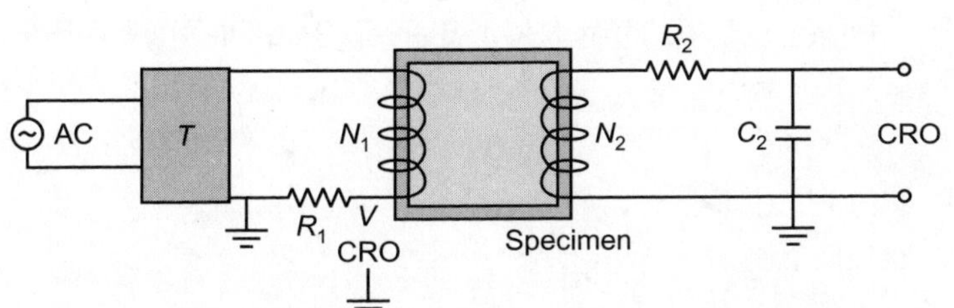

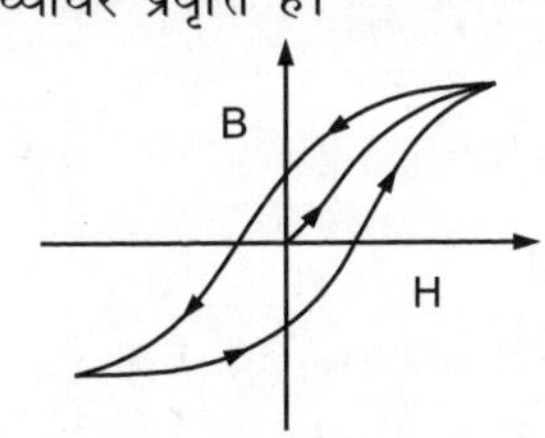

चित्र (*i*) चित्र (*ii*)

प्रयोग विधि

1. परिपथ आरेख के अनुसार परिपथ की रचना कीजिए। *AC* स्रोत से जुड़ा स्टेप डाउन ट्रांसफॉर्मर (T) कोर के प्राथमिक इनपुट की आपूर्ति करता है। R_1 के पार वोल्टेज और C_2 के पार वोल्टेज क्रमशः *CRO* के क्षैतिज और ऊर्ध्वाधर इनपुट को फीड करते हैं।
2. अब उपयुक्त आकार का लूप प्राप्त करने के लिए सीआरओ के क्षैतिज और ऊर्ध्वाधर गेन नियंत्रणों को ठीक से समायोजित करें।
3. B-H वक्र को एक ग्राफ पेपर पर आलेखित करें।
4. अंत में, क्षैतिज प्रवृत्ति S_H और ऊर्ध्वाधर प्रवृत्ति S_V को V/cm में गेन नियंत्रणों को हिलाए बिना निर्धारित करें।

अवलोकन सारणी

तालिका 1: ट्रांसफॉर्मर कोर और फेराइट कोर के लिए विभिन्न मापदंडों का निर्धारण

पेरामीटर	ट्रांसफॉर्मर कोर	फेराइट कोर
S_1		
N_2		
R_1		
R_2		
C_1		
A		
L		
S_V		
S_H		

सावधानियाँ :

1. नमूना मैग्नेटाइजिंग कॉइल के केंद्र में जांच के पास होना चाहिए।
2. यदि लूप का क्षेत्रफल cm^2 में लिया जाता है, तो प्रवृत्ति V/cm में व्यक्त की जानी चाहिए अन्यथा कुंडली का क्षेत्रफल m^2 में व्यक्त किया जाना चाहिए।

परिणाम

ट्रांसफार्मर कोर के लिए ऊर्जा हानि = ... J/cycle/V

फेराइट कोर के लिए ऊर्जा हानि = ... J/cycle/V

अनुप्रयोग

इस विचार का उपयोग कम ऊर्जा हानि वाले ट्रांसफार्मर के डिजाइन के लिए किया जा सकता है।

अधिक जानिए

स्थैतिक चुम्बकत्व (मेग्नेटोस्टैटिक्स) चुंबकीय क्षेत्र का अध्ययन है जब धाराएं समय के साथ परिवर्तित नहीं होती हैं। यह स्थिर विद्युत (इलेक्ट्रोस्टैटिक्स) के अनुरूप है जहां आवेश स्थिर होते हैं। मैग्नेटोस्टैटिक फोकसिंग या तो स्थायी चुंबक का उपयोग करके या तार के एक कुंडली के माध्यम से धारा भेजकर प्राप्त किया जा सकता है जिसका अक्ष बीम अक्ष के संपाती होते है।

क्रियाकलाप

एक दिष्ट धारा, धारावाही क्षेत्र के आसपास के स्थान में एक स्थिर चुंबकीय क्षेत्र उत्पन्न करती है। उन अनुप्रयोगों के लिए जहां दिष्ट धारा के परिमाण को स्थिर या समय के साथ धीरे-धीरे बदलने के लिए लिया जा सकता है, चुंबकीय और विद्युत क्षेत्रों के बीच युग्मन को अनदेखा किया जा सकता है। मैग्नेटोस्टैटिक विश्लेषण उन अनुप्रयोगों के लिए एक समाधान देता है जहां कुछ धारणाएं मान्य होती हैं। सभी क्षेत्रों की प्रतिक्रिया के मॉडलिंग के लिए विद्युत चुम्बकीय तत्वों का उपयोग किया जाना चाहिए।सटीक समाधान प्राप्त करने के लिए, मॉडलिंग की जा रही जगह की बाहरी सीमा सभी पक्षों पर रुचि के क्षेत्र से कम से कम कुछ विशिष्ट लंबाई के पैमाने पर होनी चाहिए। उपयोगकर्ता-परिभाषित नोड्स केवल तत्वों की ज्यामिति को परिभाषित करते हैं, जबकि तत्व की स्वतंत्रता की डिग्री इन नोड्स से संबंधित नहीं हैं, जो सीमा शर्तों को लागू करने के लिए निहितार्थ हैं।

महत्वपूर्ण तथ्य

मैग्नेटोस्टैटिक के विश्लेषण में, कठोरता मैट्रिक्स बहुत खराब स्थिति में हो सकता है; यानी, इसमें कई विलक्षणताएं हो सकती हैं। खराब स्थिति वाले मैट्रिक्स को परिकलित चुंबकीय क्षेत्रों को ऋणात्मक रूप से प्रभावित करने से रोकने के लिए एक विशेष पुनरावृत्त समाधान तकनीक लागू की जा सकती है। कभी-कभी ऐसी स्थितियाँ हो सकती हैं जब डिफॉल्ट संख्यात्मक योजना अभिसरण करने में विफल हो जाती है। एक स्थिरीकरण योजना खराब कंडीशनिंग के प्रभावों को कम करने में मदद कर सकती है। स्थिरीकरण कारक के उच्च मान अधिक स्थिरीकरण की ओर ले जाते हैं और स्थिरीकरण कारक के निम्न मान कम स्थिरीकरण की ओर ले जाते हैं।

सादृश्य

मैग्नेटोस्टैटिक विश्लेषण प्रभावित दिष्ट धारा के दिए गए मान पर चुंबकीय फ्लक्स घनत्व और चुंबकीय क्षेत्र देता है।

टाइम लाइन

600 ईसा पूर्व - 1599: मानव ने चुंबकीय पत्थर और एम्बर के आकर्षक गुणों की खोज की। उन्नत समाजों, विशेष रूप से चीनी और यूरोपीय लोगों ने कम्पास में चुम्बक के गुणों का उपयोग किया, एक ऐसा उपकरण जो समुद्र, 'नई दुनिया' और पृथ्वी के चुंबकीय ध्रुवों की प्रकृति की खोज को संभव बनाता है।

1600 - 1699: वैज्ञानिक क्रांति ने जोर पकड़ लिया, जिससे विलियम गिल्बर्ट जैसे दिग्गजों के अभूतपूर्व कार्य में मदद मिली, जिन्होंने चुंबकत्व और विद्युत के अध्ययन के लिए वास्तव में पहला वैज्ञानिक दृष्टिकोण अपनाया और अपने निष्कर्षों के बड़े पैमाने पर लिखा।

1700 - 1749: स्थैतिक बिजली मशीनों और लेडेन जार जैसे उपकरणों की सहायता से, वैज्ञानिकों ने चुंबकत्व और विद्युत के मूल सिद्धांतों में अपने प्रयोग जारी रखे।

1775 - 1799: वैज्ञानिकों ने विद्युत की स्पष्ट समझ की दिशा में महत्वपूर्ण कदम उठाए और पशु चुंबकत्व पर एक विस्तृत सिद्धांत सहित कुछ उपयोगी गलतियां कीं, जिसने एक अभूतपूर्व आविष्कार के लिए मंच तैयार किया।

1820 - 1829: हैंस क्रिश्चियन ओर्स्टेड की आकस्मिक खोज की एक विद्युत फ्लक्स एक कंपास सुई को स्थानांतरित करता है जिसने वैज्ञानिक दुनिया को हिलाकर रख दिया; इसके बाद कई तरह के प्रयोग किए गए, जिसके तुरंत बाद पहले इलेक्ट्रोमैग्नेट और इलेक्ट्रिक मोटर की ओर अग्रसर हुआ।

1830 - 1839: पहले टेलीग्राफ का निर्माण किया गया और माइकल फैराडे ने सबसे प्राचीन ट्रांसफार्मर और जनरेटर का आविष्कार करते हुए विद्युत और चुंबकत्व में अपने बहुत से शानदार और स्थायी शोध प्रस्तुत किया।

अनुप्रयोग (वास्तविक जीवन/औद्योगिकी)

मैक्सवेल के समीकरणों के विशेष स्थिति के रूप में मैग्नेटोस्टैटिक्स एक महत्वपूर्ण अनुप्रयोग है। मैक्सवेल के समीकरण ों से शुरू करते हुए और यह मानते हुए कि आवेश या तो स्थिर हैं या स्थिर धारा के रूप में चलते हैं, समीकरण ों को विद्युत क्षेत्र के लिए दो समीकरणों और चुंबकीय क्षेत्र के लिए दो समीकरणों में विभाजित किया जा सकता है लेकिन ये क्षेत्र कालअनाश्रित और एक दूसरे से स्वतंत्र हैं। एक अन्य महत्वपूर्ण अनुप्रयोग फैराडे के नियम को फिर से प्रस्तुत करना है। एक सामान्य तकनीक बढ़ते समय के साथ मैग्नेटोस्टैटिक समस्याओं की एक श्रृंखला को हल करना है और फिर इन समाधानों का अनुमान लगाने के लिए उपयोग करना है। हालाँकि, यह विधि मैक्सवेल के समीकरणों का सही हल नहीं है, लेकिन मध्यम गति से परिवर्तित होते क्षेत्रों के लिए एक अच्छा सन्निकटन प्रदान कर सकती है।

केस स्टडी (पर्यावरण/स्थिरता/सामाजिक/नैतिकमुद्दे)

यह महत्वपूर्ण है कि पूर्वनिर्धारित तापमान और क्षेत्रीय चर राशियों को मैग्नेटोस्टैटिक विश्लेषण में निर्दिष्ट किया जा सके। हालांकि, उपयोगकर्ता-परिभाषित क्षेत्र, जो भौतिक बिंदु पर क्षेत्र चर के मान को उपयोगकर्ता सबरूटीन के माध्यम से फिर से परिभाषित करने की अनुमति देते हैं। ये मान केवल तापमान और क्षेत्र चर-निर्भर भौतिक गुणों को प्रभावित करते हैं, यदि कोई हो।

अन्वेषणशील और कौतुक विषय

किसी भी स्थैतिक चुम्बकीय विश्लेषण में सभी क्षेत्रों की मॉडलिंग करने के उद्देश्य से विद्युत चुम्बकीय तत्वों का उपयोग होना चाहिए। पारंपरिक परिमित तत्वों के विपरीत, नोड-बेस्ड इंटरपोलेशन का उपयोग करने के लिए, इन तत्वों को चुंबकीय सदिश विभव के स्पर्शरेखा घटकों के साथ एज-बेस्ड इंटरपोलेशन का उपयोग करने के लिए लिया जाता है और इस प्रकार स्वतंत्रता की प्राथमिक डिग्री के रूप में कार्य करता है। विद्युतचुंबकीय तत्व मानक द्विविमीय (केवल समतलीय) और त्रिविमीय आयामों में उपलब्ध हैं।समतल में तत्वों को समतलीय चुम्बकीय विभव के रूप में तैयार किया जा सकता है, जहां चुंबकीय फ्लक्स घनत्व और चुंबकीय क्षेत्र सदिश ही केवल समतल के बाहरी घटक है।

सन्दर्भ एवं अध्ययन हेतु सुझाव

1. D. J. Griffiths, Introduction to Electrodynamics, Prentice Hall, Upper Saddle River, New Jersy, 1999.
2. D. Halliday, R. Resnick, J. Walker, Fundamental of Physics, 11th Edition, 2018.
3. W. Saslow, Electricity, Magnetism and Light, Harcourt/Academic-Elsevier, Stamford, 2002.
4. A. Aharoni, Introduction to the Theory of Ferromagnetism. Clarendon Press, 1996.
5. R. P. Feynman, Robert B. Leighton, Matthew Sands, The Feynman Lectures on Physics, 2, 2006.
6. E. M. Purcell, Electricity and Magnetism, 3rd Edition, Cambridge: Cambridge Univ. Press, 2012.
7. H. Kronmüller, S. Parkin, Handbook of Magnetism and Advanced Magnetic Materials, 5 Volume Set. John Wiley & Sons, 2007.
8. https://nptel.ac.in/content/storage2/courses/112108150/pdf/Web_Pages/WEBP_M16.pdf
9. https://unlcms.unl.edu/cas/physics/tsymbal/teaching/EM-913/section6-Magnetostatics.pdf
10. http://siva.bgk.uni-obuda.hu/~szakacs/segedanyagok/0910/MEEN/coey-magnetism.pdf

5 फैराडे के नियम

यूनिट विशिष्ट

इस यूनिट में निम्नलिखित विषयों पर विस्तार से चर्चा की गई है:

- चुंबकीय फ्लक्स, चुंबकीय घनत्व;
- भंवर धाराएँ;
- विद्युत चुम्बकीय प्रेरण के नियम;
- इसका समाकलन और अवकलन रूप;
- लेंज का नियम और ऊर्जा का संरक्षण;
- प्रेरित विद्युत वाहक बल (e.m.f.) और इसके उत्पादन की विधि;
- स्व-प्रेरकत्व, अन्योन-प्रेरकत्व, उनकी इकाइयां और आयाम;
- युग्मन (coupling) की निर्भरता और गुणांक;
- चुंबकीय क्षेत्र में रखी कुंडली में संग्रहित ऊर्जा।

अध्याय के अंत में सम्बंधित विषयों के प्रति जिज्ञासा और रचनात्मकता पैदा करने के उद्देश्य से, व्यावहारिक अनुप्रयोगों पर चर्चा की गई है, जिससे विषयिक ज्ञान के माध्यम से वास्तविक धटनाओं को सुलझाने की क्षमता में सुधार हो।

इस इकाइ में आगे अभ्यास के लिए बड़ी संख्या में बहुविकल्पीय प्रश्नों के साथ-साथ ब्लूम के वर्गीकरण के अनुसार निचले और उच्च क्रम के दो श्रेणियों में चिह्नित लघु और दीर्घ उत्तर प्रकार के प्रश्न, कई संख्यात्मक प्रश्नों, संदर्भों की एक सूची और पाठन के लिए संदर्भ सुझाए गए हैं। यह ध्यान रखना महत्वपूर्ण है कि रुचि के विभिन्न विषयों पर अधिक जानकारी प्राप्त करने के लिए विभिन्न वर्गों में कुछ क्यूआर कोड प्रदान किए गए हैं जिन्हें प्रासंगिक सहायक ज्ञान के लिए स्कैन किया जा सकता है।

विषय वस्तु के आधार पर, संबंधित प्रयोगों के विवरण के बाद, एक "अधिक जानिए" अनुभाग है। इस भाग को विवेकपूर्ण तरीके से प्रस्तुत किया गया है ताकि इस हिस्से में दी गई पूरक जानकारी किताब के पाठकों के लिए लाभदायक हो। यहाँ मुख्य रूप से प्रारंभिक गतिविधि पर प्रकाश डाला गया है। कुछ रोचक तथ्यों के उदाहरण, सादृश्य, प्रमुख टिप्पणियों और शोध पर ध्यान केंद्रित करने के उद्देश्य से विषय के विकास के इतिहास, संबंधित विषयों के विकास से शुरू होने वाली समयावली हाल के समय तक, हमारे दिन-प्रतिदिन के वास्तविक जीवन में इनके अनुप्रयोग और विभिन्न पहलुओं जैसे औद्योगिक, पर्यावरण, सस्टेनिबिलिटी, सामाजिक और नैतिक मुद्दों पर विषयवस्तु से संबंधित बातों का अध्ययन और अंत में अन्वेषणशील और कौतुक विषयों पर प्रकाश डाला गया है।

भूमिका

फैराडे के नियम पर यह इकाई विद्यार्थियों को चुंबकीय फ्लक्स, फ्लक्स घनत्व और भंवर (एडि) धाराओं जैसी कुछ बुनियादी शब्दावली के बारे में स्पष्ट विचार प्राप्त करने में मदद करेगी। विद्युत चुम्बकीय प्रेरण के नियम और विद्युत चुम्बकीय प्रेरण, स्व और अन्योन प्रेरकत्व से संबंधित लेन्ज का नियम और ट्रांसफॉर्मर के लिए उनके अनुप्रयोगों का सभी व्यावहारिक उद्देश्यों के लिए विशेष महत्व है, जैसे चुंबकीय क्षेत्र में रखी गई कॉइल में संग्रहीत ऊर्जा की गणना।

फैराडे का प्रेरण का नियम स्पष्ट रूप से बताता है कि चुंबकीय क्षेत्र उत्पन्न करने के लिए विद्युत फ्लक्स कैसे उत्तरदायी है। यह इस बात पर भी विचार करता है कि कैसे एक चालक के अंदर एक परिवर्ती चुंबकीय क्षेत्र में विद्युत फ्लक्स उत्पन्न होता है। फैराडे ने चुंबकीय प्रेरण की खोज की जो विद्युत मोटर, जनरेटर और ट्रांसफार्मर का निर्माण और डिजाइन करना संभव बनाता है जिसे आधुनिक तकनीक की नींव के रूप में स्वीकार किया जा सकता है। प्रेरण की अवधारणा का उपयोग करके, हमारे पास एक इलेक्ट्रिक पावर ग्रिड और कई अन्य संबंधित यन्त्र हैं जिन्हें हम इसमें प्लग करते हैं। इसके बाद नियम का प्रयोग मैक्सवेल के समीकरणों में विद्युत और चुंबकत्व के बीच संबंधों की व्याख्या करने के लिए किया गया था।

पूर्व-अपेक्षित ज्ञान

गणितः सदिश कलन (कक्षा XII)

भौतिकीः विद्युत चुम्बकत्व (कक्षा XI)

यूनिट आउटकम्स

इस यूनिट के आउटकम्स की सूची इस प्रकार है:

U5-O1: चुंबकीय फ्लक्स की परिभाषा, फ्लक्स घनत्व, भंवर धाराएं।

U5-O2: विद्युत चुम्बकीय प्रेरण के नियम, इसके समाकलन और अवकलन रूप, लेंज के नियम और ऊर्जा के संरक्षण की व्याख्या।

U5-O3: प्रेरित विद्युत वाहक बल (e.m.f.) और इसके उत्पादन की विधि को समझना।

U5-O4: स्व-प्रेरकत्व, अन्योन-प्रेरकत्व, उनकी इकाइयों और आयामों, युग्मन की निर्भरता और गुणांक के बारे में समझना।

U5-O5: चुंबकीय क्षेत्र में रखे कुंडली में संग्रहित ऊर्जा।

यूनिट-5 आउटकम्स	कोर्स आउटकम्स (COs) के साथ यूनिट आउटकम (UOs) का अपेक्षित संबंध *(1-कमजोर सहसंबंध; 2-मध्यम सहसंबंध; 3-मजबूत सहसंबंध)*					
	CO-1	CO-2	CO-3	CO-4	CO-5	CO-6
U5-O1	3	–	2	1	–	–
U5-O2	2	–	3	1	–	–
U5-O3	2	–	1	1	–	–
U5-O4	2	–	1	–	–	–
U5-O5	2	–	–	–	–	–

5.1 प्रस्तावना

जब किसी चालक से कुछ धारा प्रवाहित होती है, तो उसके चारों ओर एक चुंबकीय क्षेत्र स्थापित हो जाता है। यदि एक धारावाही चालक कुंडली के रूप में है, तो यह एक दंड-चुंबक के समान व्यवहार करेगा। कुंडली की ध्रुवता को उसमें प्रवाहित धारा की दिशा बदलकर उलटा किया जा सकता है। अंतरिक्ष में वह क्षेत्र जिसके माध्यम से चुंबकीय फ्लक्स कुंडली के चारों ओर घूम सकता है, चुंबकीय परिपथ कहलाता है। यदि किसी चालक से सम्बद्ध चुंबकीय फ्लक्स परिवर्तित होता है, तो उसमें एक विद्युत चुम्बकीय बल (ई.एम.एफ.) प्रेरित होता है। यदि यह चालक एक पूर्ण लूप बनाता है या एक परिपथ पूर्ण करता है, तो उसमें धारा प्रवाहित होगी। इस घटना को विद्युत चुम्बकीय प्रेरण कहा जाता है। विद्युत चुम्बकीय प्रेरण के लिए प्राथमिक आवश्यकता चालक या कुण्डली से सम्बद्ध चुम्बकीय फ्लक्स में भिन्नता है। परिणामस्वरूप चालक (या कुंडली) में धारा उतनी ही देर तक प्रवाहित होगी जबतक यह परिवर्तन होता रहेगा। इस प्रकार प्राप्त ई.एम.एफ. को प्रेरित ई.एम.एफ. के रूप में जाना जाता है। जब तक कुंडली से सम्बद्ध चुम्बकीय फ्लक्स परिवर्तित होता रहता है ई.एम.एफ. प्रेरित होता रहता है और धारा प्रवाहित होती रहती है।

5.2 चुम्बकीय फ्लक्स

किसी सतह से सम्बद्ध चुंबकीय फ्लक्स चुंबकीय क्षेत्र की सतह को लंबवत पार करने वाली चुंबकीय क्षेत्र रेखाओं की संख्या का माप होता है, इसे सतह के लंबवत चुंबकीय क्षेत्र के घटक और सतह के क्षेत्रफल के गुणनफल द्वारा मापा जाता है।

चुंबकीय क्षेत्र ($\vec{B}$) के कारण फ्लक्स को सतह के क्षेत्रफल ($d\vec{S}$) के रूप में निम्नानुसार परिभाषित किया जा सकता है–

$$d\varphi = \vec{B}.d\vec{S} = BdS\cos\theta \qquad (5.1)$$

जब किसी सतह से होकर गुजरने वाली क्षेत्र रेखाएँ उससे लम्बवत होतीं हैं तो चुम्बकीय फ्लक्स उच्चतम होता है। यदि क्षेत्र की रेखाएं सतह के समानांतर हो तो सतह से जुड़ा चुंबकीय फ्लक्स शून्य होता है। उल्लेखनीय है कि चुंबकीय फ्लक्स एक अदिश राशि है।

5.3 चुंबकीय फ्लक्स घनत्व

चुंबकीय फ्लक्स घनत्व को चुंबकीय क्षेत्र में रखे गए इकाई क्षेत्र के माध्यम से प्रवाहित हो रहे फ्लक्स के रूप में परिभाषित किया जा सकता है। विकल्पतः इसे चुंबकीय प्रेरण सदिश के रूप में जाना जाता है और गणितीय रूप में इस प्रकार परिभाषित किया गया है,

$$B = \frac{d\varphi}{dS} \qquad (5.2)$$

और इसलिए चुंबकीय क्षेत्र (B) को चुंबकीय फ्लक्स घनत्व भी कहा जाता है और यह एक सदिश राशि है।

5.3.1 इकाईयां और आयाम

चुंबकीय फ्लक्स घनत्व या चुंबकीय क्षेत्र की SI इकाई टेसला (T) या $NM^{-1}A^{-1}$ और चुंबकीय फ्लक्स की SI इकाई $T\text{-}M^2$ या वेबर (Wb) है।

चुंबकीय फ्लक्स घनत्व के आयाम $[MT^{-2}T^{-1}]$ है जबकि चुंबकीय फ्लक्स के आयाम,

$$[\varphi] = [BdS] = \left[\frac{F}{Il}dS\right] = \left[\frac{MLT^{-2}}{IL} \times L^2\right]$$

$$\therefore \qquad [\varphi] = [MT^{-2}I^{-1}L^2]$$

वेबर की परिभाषा: यह 1T तीव्रता के चुम्बकीय क्षेत्र में लम्बवत रखे $1m^2$ के क्षेत्रफल से सम्बद्ध चुंबकीय फ्लक्स है।

5.4 फैराडे के नियम

फैराडे ने विद्युत चुम्बकीय प्रेरण की घटना को प्रदर्शित करने के लिए कई प्रयोग किए। उन्होंने अपने प्रायोगिक निष्कर्षों को दो नियमों में प्रस्तुत किया, जिन्हें फैराडे के विद्युत चुम्बकीय प्रेरण के नियम कहा जाता है।

पहला नियम : यदि किसी चालक को परिवर्ती चुम्बकीय क्षेत्र में रखा जाता है, तो उसमें विद्युत वाहक बल प्रेरित होता है।

दूसरा नियम : किसी भी परिपथ में, प्रेरित *e.m.f.* का परिमाण परिपथ से सम्बद्ध चुम्बकीय फ्लक्स के परिवर्तन की दर के बराबर होती है। गणितीय रूप में

$$e = \frac{d\varphi}{dt} \tag{5.3}$$

फैराडे के दूसरे नियम का संशोधित रूप (लेंज का नियम): प्रेरित *e.m.f.* की दिशा या एक परिपथ से सम्बद्ध धारा हमेशा इसमें उत्पादित चुम्बकीय फ्लक्स में परिवर्तन का विरोध करती है। इसलिए

$$e = -\frac{d\varphi}{dt} \tag{5.4}$$

फैराडे के नियम का स्पष्टीकरण: मान लीजिये एक कुण्डली है जिसमें N फेरे और कुण्डली से जुड़ा हुआ फ्लक्स t सैकण्ड में φ_i से φ_2 तक बदलता है। इसलिए फ्लक्स में कुल परिवर्तन $(N\varphi_2 - N\varphi_1)$ है और फ्लक्स के परिवर्तन की दर $\frac{N\varphi_2 - N\varphi_1}{t}$ है। फैराडे के नियम के अनुसार प्रेरित *e.m.f.* है।

$$e = \frac{N\varphi_2 - N\varphi_1}{t} = \frac{N(\varphi_2 - \varphi_1)}{t}$$

$$e = \frac{d}{dt}(N\varphi) = N\frac{d\varphi}{dt} \tag{5.5}$$

SCAN ME

for interactive tutorial on em induction

उपरोक्त अभिव्यक्ति के दाहिने ओर ऋणात्मक चिन्ह देना एक सामान्य प्रथा है। ऋणात्मक चिन्ह लेंज के नियम से आता है और इंगित करता है कि वोल्टेज उत्पादित फ्लक्स में परिवर्तन का विरोध करने की दिशा में प्रेरित होता है।

$$\therefore \quad e = -N\frac{d\varphi}{dt} \text{ volts} \tag{5.6}$$

उदाहरण 5.1

उदाहरण 5.1 15 mWb फ्लक्स 150 फेरों की कुण्डली के साथ जुड़ा हुआ है और फ्लक्स की दिशा को 5ms में उलट दिया जाता है। कुण्डली में प्रेरित औसत *e.m.f.* का पता लगाएं।

हल

फ्लक्स में परिवर्तन $d\varphi = 15 - (-15) = 30 \text{ mWb} = 30 \times 10^{-3}$ Wb.

परिवर्तन के लिए लिया गया समय dt = 5ms = 5 × 10–3 s.

$$\therefore \quad e = N\frac{d\varphi}{dt}$$

$$= 150 \times \frac{30 \times 10^{-3}}{5 \times 10^{-3}} = 900 \text{ V.}$$

उदाहरण 5.2 एक 50 फेरों की कुण्डली को चुम्बकीय परिपथ पर लपेटा गया है। यदि इस कुण्डली में बहने वाली 1A धारा 1s में उलट जाती है, तो औसत प्रेरित *e.m.f.* की गणना कीजिये। परिपथ का रिलक्टैंस 2000 AT/Wb है।

हल

कुण्डली में फ्लक्स $= \frac{m.m.f.}{\text{reluctance}} = \frac{50\times1}{2000} = 0.025$ Wb.

जब कुण्डली में 1A धारा उलट जाती है, तो कुण्डली के माध्यम से फ्लक्स भी उलट जाता है।

अब $$e = N\frac{d\varphi}{dt}$$

यहाँ $N = 500;\ d\varphi = 0.025 - (-0.025) = 0.05$ Wb; $dt = 1$s

$$e = 500 \times \frac{0.05}{1} = 25\text{V}.$$

उदाहरण 5.2

उदाहरण 5.3 एक 4-pole DC जनरेटर की फील्ड वाइंडिंग में 4 कुण्डलियाँ श्रेणीक्रम में जुड़ी हैं प्रत्येक कुण्डली को 1200 फेरों में लपेटा गया है एक एक्साइटेड क्षेत्र में चुम्बकीय प्रवाह 0.004 Wb/pole है। जब एक गतिक क्षेत्र लागू करने के लिए स्विच इस प्रकार ओन किया जाता है कि फ्लक्स का मान 0.1s समय में कम होकर 0.004 Wb/pole रह जाता है। क्षेत्र के वाइंडिग टर्मिनलों में प्रेरित औसत ई.एम.एफ. की गणना कीजिये।

हल

फेरों की कुल संख्या, $N = 1200 \times 4 = 4800$, कुल प्रारंभिक फ्लक्स $= 4 \times 0.04 = 0.16$ Wb

और कुल अवशिष्ट फ्लक्स $4 \times 0.004 = 0.016$ Wb।

फ्लक्स में परिवर्तन, $d\varphi = 0.16 - 0.016 = 0.144$ Wb

समय, $dt = 0.1$ सैकण्ड।

$\therefore$ प्रेरित ई.एम.एफ. $e = N\frac{d\varphi}{dt} = 4800 \times \frac{0.144}{0.1} = 6912$ V.

उदाहरण 5.3

5.4.1 फैराडे के नियम का समाकलन और अवकलन रूप

फैराडे के विद्युत चुम्बकीय प्रेरण के नियम के अनुसार, किसी कुण्डली में चुम्बकीय फ्लक्स में परिवर्तन के कारण प्रेरित ई.एम.एफ. निम्नानुसार प्रदर्शित होता है

$$e = -\frac{d\varphi}{dt}$$

जहां φ सतह S के माध्यम से घुमावदार पथ C से घिरा चुम्बकीय फ्लक्स है और इस प्रकार प्रदर्शित होता है।

$$\varphi = \iint_S \vec{B}.\hat{n}dS = \iint_S \vec{B}.d\vec{S} \quad (5.7)$$

जहाँ $d\vec{S}$ सतह S पर लम्बवत् है।

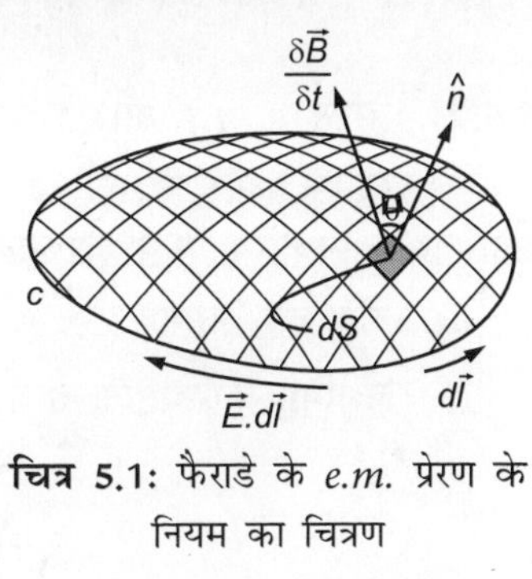

चित्र 5.1: फैराडे के *e.m.* प्रेरण के नियम का चित्रण

इस प्रकार $$e = -\frac{d}{dt}\left(\iint_S \vec{B}.d\vec{S}\right) \tag{5.8}$$

अब अगर विद्युत क्षेत्र $\vec{E}$ सतह S की दिशा में हो तो प्रेरित *e.m.f.* को निम्न रूप में लिखा जा सकता है,

$$e = \oint_C \vec{E}.d\vec{l} \tag{5.9}$$

तो, समी.-(5.8) और समी.-(5.9) की तुलना करने पर

$$\oint_C \vec{E}.d\vec{l} = -\frac{d}{dt}\left(\iint_S \vec{B}.d\vec{S}\right) \tag{5.10}$$

समी.-(5.10) को विद्युत चुम्बकीय प्रेरण के फैराडे के नियम के समाकलन के रूप में जाना जाता है।

फिर से स्टोक्स प्रमेय को सदिश कलन का उपयोग करके निम्नानुसार लिखा जा सकता है

$$\oint_C \vec{E}.d\vec{l} = \iint_S \vec{\nabla}\times\vec{E}.d\vec{S} \tag{5.11}$$

तो, समी.-(5.10) और समी.-(5.11) की तुलना करके,

$$\iint_S \vec{\nabla}\times\vec{E}.d\vec{S} = -\frac{d}{dt}\left(\iint_S \vec{B}.d\vec{S}\right)$$

या $$\iint_S \vec{\nabla}\times\vec{E}.d\vec{S} + \iint_S \frac{\partial\vec{B}}{\partial t}.d\vec{S} = 0$$

या $$\iint_S \left(\vec{\nabla}\times\vec{E} + \frac{\partial\vec{B}}{\partial t}\right).d\vec{S} = 0$$

उपरोक्त समीकरण dS के किसी भी मान के लिए सत्य है, यह तभी सम्भव होगा जब, $\vec{\nabla}\times\vec{E} + \frac{\partial\vec{B}}{\partial t} = 0$

या $$\vec{\nabla}\times\vec{E} = -\frac{\partial\vec{B}}{\partial t} \tag{5.12}$$

समी.-(5.12) विद्युत चुम्बकीय प्रेरण के फैराडे के नियम के अवकलन के रूप में जाना जाता है।

5.4.2 प्रेरित *e.m.f.* और धारा

प्रेरित ई.एम.एफ. और चालक या कुंडली में प्रेरित धारा की दिशा को निम्नलिखित नियमों की सहायता से निर्धारित किया जा सकता है:

(*a*) लेंज का नियम

(*b*) फ्लेमिंग का दाहिना हाथ का नियम

SCAN ME

to know how electromotive forceworks

5.5 लेंज का नियम

एमिल लेंज, एक जर्मन वैज्ञानिक ने प्रेरित धारा की दिशा खोजने के लिए एक नियम प्रतिपादित किया जिसे लेंज के नियम के नाम से जाना जाता है।

विद्युत चुम्बकीय प्रेरण में धारा उस दिशा में प्रेरित होती है जिससे कि वह अपने उतपन्न होने के कारण का विरोध करे। वह कारण जो धारा की उत्पत्ति के लिए उत्तरदायी था, कुण्डली से जुड़े हुए परिवर्ती फ्लक्स को प्रदर्शित करता है। इसलिए, प्रेरित धारा की दिशा ऐसी होगी कि उसका अपना चुम्बकीय क्षेत्र प्रेरित धारा को उत्पादन करने वाले फ्लक्स में परिवर्तन का विरोध करता है।

आइए, लेंज के नियम को चित्र 5.2 पर लागू करें। इस स्थान पर चुम्बक का N-ध्रुव कुण्डली की दिशा की ओर इंगित करता है। प्रेरित धारा की दिशा इस प्रकार होगी कि इसके द्वारा स्थापित प्रवाह मूल फ्लक्स में परिवर्तन का विरोध करेगा।

SCAN ME
for more on Lenz's law

एक बार कुंडली की चुम्बकीय ध्रुवीयता ज्ञात होने पर उसमें प्रेरित धारा की दिशा फ्लेमिंग के दाहिने हाथ के नियम द्वारा निर्धारित की जा सकती है।

5.5.1 लेंज का नियम और ऊर्जा संरक्षण

लेंज का नियम ऊर्जा संरक्षण के नियम का पालन करता है। (चित्र 5.2) माना की एक चुम्बक का N-ध्रुव कुण्डली की ओर इस प्रकार रखा है की वह कुण्डली की ओर आकर्षित हो रहा है जिससे उसमें कुछ धारा प्रवाहित हो रही है। माना प्रेरित धारा की दिशा इस प्रकार है की N-ध्रुव के स्थान पर चुम्बक के निकट छोर पर S-ध्रुव उत्पन्न होता है। परिणामस्वरूप चुम्बक कुण्डली की ओर आकर्षण के कारण अधिक गतिज ऊर्जा से गति करेगी और इस तरह धारा धीरे-धीरे बढ़ जाएगी और इसलिए बिना किसी बाहरी कार्य के चुम्बकीय क्षेत्र की शक्ति भी बढ़ेगी। यह स्पष्ट रूप से ऊर्जा संरक्षण के सिद्धांत का उलंघन होगा।

इसलिए प्रेरित धारा की दिशा ऐसी होगी कि निकट अंत में N-ध्रुव उत्पन्न हो ताकि यह चुम्बक की गति का विरोध कर सके जिसके कारण *e.m.f.* प्रेरित हुआ है।

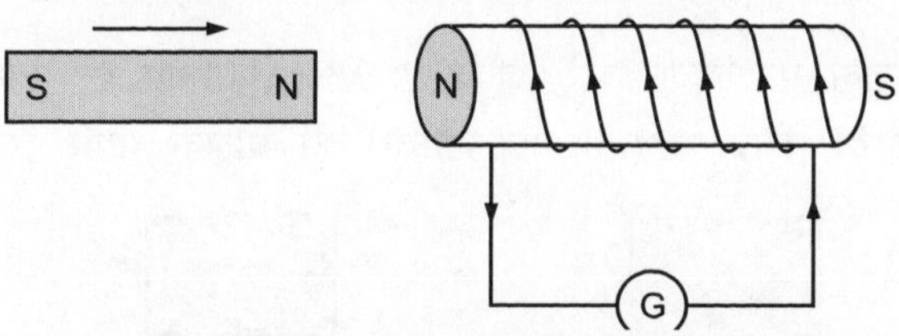

चित्र 5.2: लेंज के नियम का सत्यापन

5.6 फ्लेमिंग का दाहिने हाथ का नियम

विद्युत क्षेत्र से समकोण पर गति करते हुए चालक में, प्रेरित *e.m.f.* या प्रेरित धारा की दिशा फ्लेमिंग के दाहिने हाथ के नियम का उपयोग करके निर्धारित की जा सकती है। इस नियम के अनुसार जब आप अपने दाहिने हाथ के तर्जनी, मध्यम उंगली और अंगूठे को एक-दूसरे से लंबवत फैलाते हैं:-

तो यदि तर्जनी चुंबकीय क्षेत्र की ओर एवं अंगूठा चालक की गति की ओर निर्देशित होता है, तो मध्यम उंगली प्रेरित धारा की दिशा को दर्शाएगी।

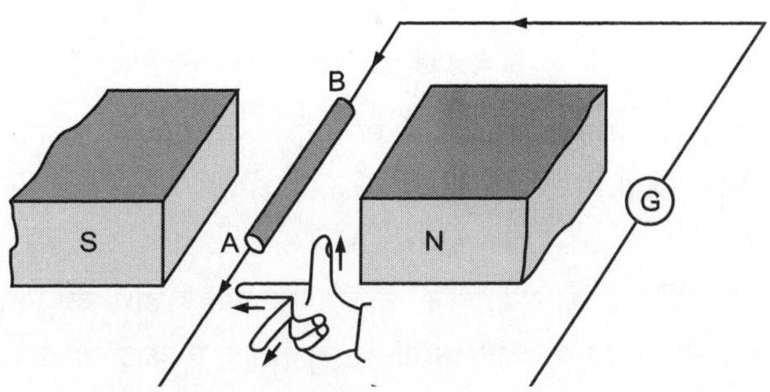

चित्र 5.3: फ्लेमिंग का दाहिने हाथ का नियम

चित्र 5.3 चालक AB की ऊपर की ओर गति का वर्णन करता है जोकि चुम्बकीय ध्रुवों N और S के कारण उत्पन्न एक समान चुम्बकीय क्षेत्र में लंबवत चलता है। फ्लेमिंग के दाहिने हाथ के नियम के अनुसार, यहां प्रेरित धारा की दिशा B से A की ओर होगी। चालक की नीचे की गति के लिए, चुम्बकीय क्षेत्र दिशा को वही रखते हुए, फ्लेमिंग के दाहिने हाथ के नियम के अनुसार, प्रेरित धारा की दिशा A से B की ओर होगी।

SCAN ME

for more onright hand rule

5.7 प्रेरित विद्युत वाहक बल

यदि किसी कुंडली या चालक से सम्बद्ध फ्लक्स परिवर्तित किया जाता है, तो एक विद्युत वाहक बल प्रेरित होता है। जिसे निम्न तरीको से प्राप्त किया जा सकता है।

(*a*) या तो एक चालक को स्थिर चुम्बकीय क्षेत्र में इस तरह ले जाया जाए के उससे सम्बद्ध फ्लक्स में परिवर्तन हो। इस प्रकार प्रेरित *e.m.f.* गतिशील रूप से प्रेरित *e.m.f.* के रूप में जाना जाता है। ऐसा इसलिए कहा जाता है क्योंकि चालक में प्रेरित *e.m.f.*, वास्तव में बढ़ रहा है (उदाहरण के लिए, AC या DC जनरेटर)।

(*b*) चालक को स्थिर रखते हुए उससे सम्बद्ध चुम्बकीय क्षेत्र परिवर्तित हो रहा हो। इस प्रकार प्रेरित विद्युत वाहक बल को स्थिर प्रेरित विद्युत वाहक बल कहा जाता है। इसके लिए हम ट्रांसफॉर्मर का उदाहरण दे सकते हैं। ऐसा कहा जाता है क्योंकि इस प्रक्रिया से किसी स्थिर चालक में विद्युत वाहक बल प्रेरित किया जा सकता है।

यह उल्लेखनीय है कि दोनों ही स्थितियों में प्रेरित विद्युत वाहक बल का परिमाण निम्न प्रकार से व्यक्त किया जा सकता है, $N\frac{d\varphi}{dt}$

(*i*) **गतिशील प्रेरित *e.m.f.* :** एक 1 मीटर लंबाई के चालक पर विचार करें, जोकि B Wb/m^2 तीव्रता के एक चुम्बकीय क्षेत्र से सम कोण पर v m/s वेग से गति कर रहा है। [चित्र 5.4 (a)] मान लीजिये की चालक थोड़ी दूरी dx dt सैकण्ड में चलता है।

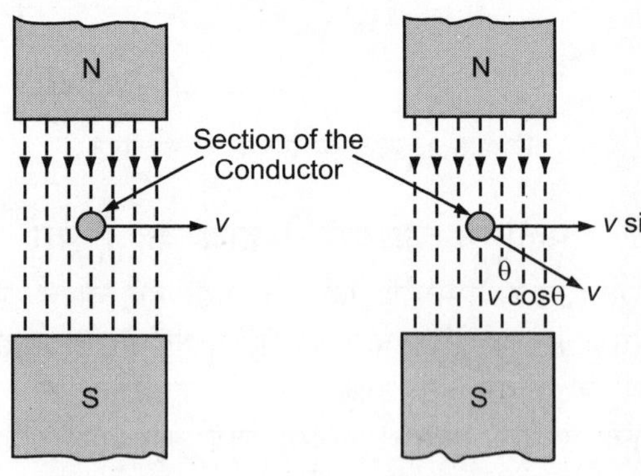

चित्र 5.4: गतिशील प्रेरित e.m.f.

फिर चालक द्वारा घेरा गया क्षेत्र $= l \times dx$

$\therefore$ फ्लक्स कट, $d\varphi =$ क्षेत्र $\times$ घेरा गया क्षेत्रफल $= Bldx\ Wb$

फैराडे के विद्युत चुम्बकीय प्रेरण के नियमों के अनुसार, चालक में प्रेरित *e.m.f.* इस प्रकार दिया जाता है;

$$e = N\frac{d\varphi}{dt} = Bl\frac{dx}{dt}(\because N = 1) \quad (5.13)$$

या

$$e = Blv\left(\because \frac{dx}{dt} = v\right) \quad (5.14)$$

यदि चालक θ कोण से एक चुम्बकीय क्षेत्र में चलता है [चित्र 5.4 (b)], तो उसका वेग $v \sin\theta$ होगा।

$$\therefore \quad \varepsilon = blv \sin\theta \quad (5.15)$$

प्रेरित *e.m.f.* की दिशा फ्लेमिंग के दाहिने हाथ के नियम से निर्धारित की जा सकती है। यदि चालक चुम्बकीय क्षेत्र के समानान्तर गति करता है, तो प्रवाह में कोई परिवर्तन नहीं होगा और इसलिए कोई *e.m.f.* प्रेरित नहीं होगा।

जैसाकि यह *e.m.f.* चालक की गति के कारण प्रेरित हुआ है, इसलिए इसे गतिक *e.m.f.* कहा जाता है। चालक की गति रुक जाने पर यह भी समाप्त हो जाता है।

यदि चालक के सिरों को बाह्य प्रतिरोध R से परिपथ में जोड़ा जाता है और r चालक का आंतरिक प्रतिरोध हो, तो ओम के नियम के अनुसार प्रेरित धारा i को निम्नानुसार लिखा जा सकता है–

$$i = \frac{e}{R+r} = \frac{Blv}{R+r} \qquad (5.16)$$

SCAN ME

for more explorationof the phenomenon

चालक के माध्यम से धारा की दिशा फ्लेमिंग के दाहिने हाथ के नियम से प्राप्त की जा सकती है।

व्याख्या : जब चालक चुम्बकीय क्षेत्र में गति करता है, तो चालक के सभी मुक्त इलैक्ट्रॉन एक ही दिशा में चलते हैं। इसलिए प्रत्येक इलैक्ट्रॉन पर लगने वाला लॉरेंज बल

$$\vec{F} = -e(\vec{v} \times \vec{B})$$

जहाँ $\vec{v}$ इलैक्ट्रॉन के वेग को प्रदर्शित करता है। इस प्रकार चालक के सिरों के बीच ई.एम.एफ. प्रेरित होता है।

उदाहरण 5.4 25 cm लंबाई के चालक का वेग 2cm/s है जोकि एक समान फ्लक्स घनत्व 5T के लम्बवत गति करता है इसमें प्रेरित *e.m.f.* की गणना कीजिये।

हल

दिया है, लंबाई, l = 25 सेमी = 0.25 मीटर और वेग, V = 2 सेमी/एस =0.02 सेमी.

इसलिए, प्रेरित *e.m.f.*, $e = Blv$

$= 5 \times 0.25 \times 0.02 = 0.025 \text{ V} = 25 \text{ mV}$

उदाहरण 5.4

उदाहरण 5.5 एक चालक की लंबाई 120 मिमी. है। इसे 0.6 T के चुम्बकीय क्षेत्र से सम कोण पर गति कराने से इसमें 1.8 V का ई.एम.एफ. प्रेरित करना है। चालक की गति निर्धारित करें।

हल

चालक की गति,

$$v = \frac{E}{Bl} = \frac{1.8}{0.6 \times 0.12} = 25 \quad \text{m/s}$$

उदाहरण 5.5

उदाहरण 5.6 एक 25 सेमी लम्बाई का चालक 1.2T के एकसमान चुम्बकीय क्षेत्र के माध्यम से 8 m/s की एक समान गति के साथ आगे बढ़ रहा है। चालक के माध्यम से बहने वाली धारा की गणना करें जब (a) यह खुला परिपथ होता है और (b) यह 15 Ω लोड प्रतिरोध से जुड़ा होता है।

हल

प्रेरित किया गया ई.एम.एफ. $e = Blv$

$$= 1.2 \times 0.25 \times 8 = 2.4 \text{ V}$$

(a) जब चालक खुला परिपथ होता है, तो उसके माध्यम से कोई धारा प्रवाहित नहीं होती है।

(b) जब चालक 15 Ω प्रतिरोध के परिपथ से जुड़ जाता है, तो उसके माध्यम से प्रवाहित धारा होगी–

$$I = \frac{E}{R} = \frac{2.4}{15} = 0.16\text{A}$$

उदाहरण 5.6

उदाहरण 5.7

उदाहरण 5.7 एक 500 मिमी लंबा सीधा चालक अपनी लंबाई और एक समान चुम्बकीय क्षेत्र दोनों से एक समान वेग 5m/s से लंबवत् बढ़ रहा है। यदि चालक में प्रेरित ई.एम.एफ. 2.5 V हो तो चुम्बकीय क्षेत्र के फ्लक्स घनत्व की गणना करें जब चालक का कुल प्रतिरोध 5 Ω का एक बंद परिपथ बनाता है, चालक द्वारा अनुभव किए गए बल को ज्ञात करें।

हल

प्रेरित ई.एम.एफ. $e = 2.5$ V, वेग, $V = 5$ m/s और लंबाई, $L = 500$ mm = 0.5 मीटर।

तो, फ्लक्स घनत्व $B = \frac{E}{lv} = \frac{2.5}{0.5 \times 5} = 1\text{T}$

फ्लक्स $I = \frac{E}{R} = \frac{2.5}{15} = 0.5A$

चालक पर बल, $F = \text{BIL} = 1 \times 0.5 \times 0.5 = 0.25$ N

उदाहरण 5.8

उदाहरण 5.8 एक कार 40 किमी/घंटा की रफ्तार से आगे बढ़ रही है। यदि कार का बैक एक्सल 2.2 मीटर लंबा है, तो गति के कारण धुरी में उत्पन्न *e.m.f.* की गणना करें। मान लें कि पृथ्वी के चुम्बकीय क्षेत्र का ऊर्ध्वाधर घटक 24 μT है।

हल

उत्पन्न *e.m.f.*, $E = Blv = 24 \times 10^{-6} \times 2.2 \times \frac{60 \times 10^3}{60 \times 60} = 0.88$ mV.

उदाहरण 5.9

उदाहरण 5.9 एक गतिशील चालक का वेग 20 m/s है जब उसे चुम्बकीय क्षेत्र से कोण (a) 90° (b) 45° और (c) 30° पर रखा जाता है। इस चुम्बकीय क्षेत्र को 2.5 cm की भुजा वाले दो वर्गाकार ध्रुवों द्वारा उत्पन्न किया है। जब ध्रुव के मुख पर फ्लक्स 60 MWb होता है, तो सभी स्थितियों के लिए प्रेरित विद्युत वाहक बल का परिमाण ज्ञात करें।

हल

प्रेरित $= Blv \sin\theta$

(a) जब $\theta = 90°$, $E = Blv \sin 90° = \frac{\varphi}{A} \times l \times v \times 1 = \frac{60 \times 10^{-3}}{(2.5)^2 \times 10^{-4}} \times 2.5 \times 10^{-2} \times 20 = 48\text{V}.$

(b) जब $\theta = 30°$, $E = \sin 45° = 48 \sin 45° = 33.9$ V

(c) जब $\theta = 30°$, $E = \sin 30° = 48 \sin 30° = 24$ V

उदाहरण 5.10

उदाहरण 5.10 एक 0.5 मीटर लंबाई के चालक को एक समान चुम्बकीय क्षेत्र के सम कोण पर रखा जाता है। फ्लक्स घनत्व के 1 Wb/m^2 मान के लिए चालक का वेग 40 m/s है। चालक में प्रेरित विद्युत वाहक बल का पता लगाएं। प्रेरित *e.m.f.* भी निर्धारित करें।

हल

(a) $E = Blv$ $1 \times 0.5 \times 40 = 20$ V

(b) $E = Blv \sin\theta = 1 \times 0.5 \times 40 \times \sin 60° = 17.32$ V

उदाहरण 5.11 एक चालक की लंबाई 400 मिमी है। यह 70° के कोण पर 0.85 T के चुम्बकीय क्षेत्र में गतिमान है। यदि इसका वेग 115 किमी/घंटा है, तो ज्ञात करें (a) प्रेरित वोल्टेज और (b) चालक पर प्रेरित बल जब यह 8 Ω के प्रतिरोधक से जुड़ा हुआ हो।

हल

(a) प्रेरित $E = Blv\sin\theta = 8.5\times 0.4\times\left(\frac{115\times 1000}{60\times 60}\right)\times\sin 70°$

$= 10.206$ V

(b) चालक पर बल,

$$F = BIl\sin\theta = B\times\left(\frac{E}{R}\right)\times l\times\sin\theta$$

$$= 0.85\times\left(\frac{10.206}{8}\right)\times 0.4\times\sin 70^0 = 0.408\text{N}.$$

उदाहरण 5.11

उदाहरण 5.12 एक विमान का विंग स्पान 56 m है। यह 810 किमी/घंटा की गति से क्षैतिज रूप से उड़ रहा है और पृथ्वी के चुम्बकीय क्षेत्र का ऊर्ध्वाधर घटक 4×10^{-4} Wb/m² है तो विमान के विंग के सिरों के बीच विभवांतर की गणना करें।

हल

प्रेरित ई.एम.एफ. $E = Blv$

यहाँ $B = 4 \times 10^{-4}$ Wb/m², $l = 56$ cm, $v = 810 \times 10^3/3600 = 225$ m/s

$\therefore$ प्रेरित ई.एम.एफ. $E = 4 \times 10^{-4} \times 56 \times 225 = 5.04$ V.

या विभवांतर = 5.04 V।

उदाहरण 5.12

***(ii)* स्थिर प्रेरित ई.एम.एफ. :** जब किसी चालक को स्थिर रखते हुए उससे सम्बद्ध चुम्बकीय क्षेत्र परिवर्तित किया जाता है तो उसमें एक विद्युत वाहक बल प्रेरित होता है, जिसे स्थैतिक प्रेरित विद्युत वाहक बल के नाम से जाना जाता है। इसे निम्ननुसार उप-वर्गीकृत किया जाता है।

(a) स्व-प्रेरित विद्युत वाहक बल और

(b) अन्योन प्रेरित विद्युत वाहक बल

***(a)* स्व-प्रेरित ई.एम.एफ. :** किसी कुण्डली से संबंध परिवर्ती फ्लक्स के कारण जो ई.एम.एफ. प्रेरित होता है उसे स्व-प्रेरित ई.एम.एफ. के नाम से जाना जाता है। जब एक कुण्डली में धारा प्रवाहित होती है (चित्र 5.5), तो कुण्डली के माध्यम से एक चुम्बकीय क्षेत्र स्थापित हो जाता है। यदि कुण्डली में धारा बदलती है, तो उससे सम्बद्धित फ्लक्स भी बदलता है। परिणाम स्वरूप फैराडे के नियमनुसार कुंडली में ई.एम.एफ. प्रेरित होता है। इसे स्व-प्रेरित ई.एम.एफ के रूप में जाना जाता है।

इस स्व-प्रेरित ई.एम.एफ. का परिमाण

$$e_s = N\frac{d\varphi}{dt} \tag{5.17}$$

इस ई.एम.एफ. की दिशा (लेन्ज़ के नियम के अनुसार) हमेशा इस प्रकार होती है कि यह ई.एम.एफ. के प्रेरित होने के कारण (अर्थात कुंडली में प्रवाहित धारा या चुम्बकीय क्षेत्र में परिवर्तन) का विरोध करता है।

जब किसी कुण्डली में धारा बदलती है, तो इसमें एक ई.एम.एफ. प्रेरित होता है, जो कुण्डली में धारा में परिवर्तन का विरोध करता है। कुण्डली के इस महत्त्वपूर्ण गुण को इसका स्वप्रेरकत्व कहते हैं। यह ध्यान दिया जा सकता है

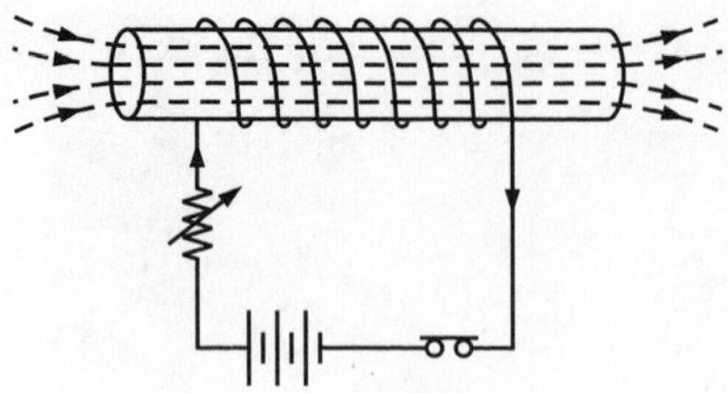

चित्र 5.5: स्वप्रेरित e.m.f.

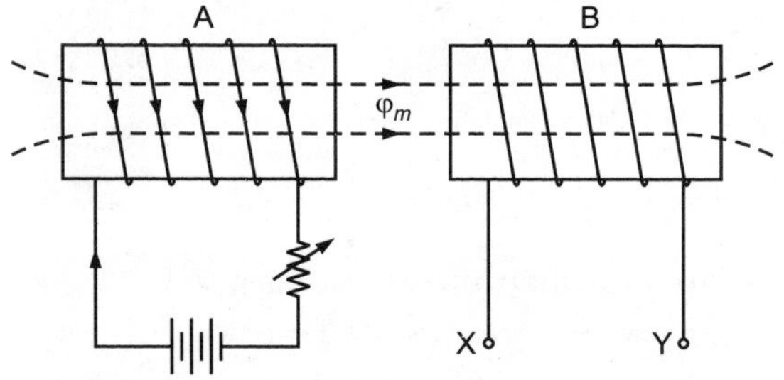

चित्र 5.6: अन्योन्य प्रेरित e.m.f.

कि स्व-प्रेरित ई.एम.एफ. और इसलिए प्रेरकत्व धारा को बदलने से रोकता नहीं है; यह केवल परिवर्तन में देरी करने के लिए कार्य करता है। इस प्रकार, स्विच बंद होने के बाद (चित्र 5.5) धारा कुछ समय लेते हुए शून्य से अंतिम स्थिर मान तक बढ़ जाएगी। यह देरी स्व-प्रेरित ई.एम.एफ या कुंडली के प्रेरकत्व के कारण होती है। जब कुंडली में धारा स्थिर हो जाती है तो चुम्बकीय क्षेत्र भी स्थिर हो जाता है और स्वप्रेरित ई.एम.एफ. शून्य हो जाता है।

(*b*) अन्योन प्रेरित ई.एम.एफ. : किसी कुण्डली के निकटवर्ती कुण्डली में धारा में परिवर्तन के कारण प्रेरित ई.एम.एफ. को अन्योन प्रेरित विद्युत वाहक बल कहते हैं। आइए हम दो कुण्डलियों A और B पर विचार करें जो एक दूसरे से सटे हुए हैं जैसा कि चित्र 5.6 में दिखाया गया है। कुंडली A द्वारा उत्पादित चुम्बकीय फ्लक्स का एक हिस्सा दूसरी कुंडली B के साथ सम्बद्ध है। यह फ्लक्स दोनों कुंडलीयों A और B के लिए समान है और इसे अन्योन फ्लक्स (φ_m) के रूप में जाना जाता है।

यदि अब हम कुण्डली A में धारा बदलते हैं, तो अन्योन फ्लक्स भी बदल जाएगा और इसलिए ई.एम.एफ. दोनों कुण्डलियों में प्रेरित हो जाएगा। कुण्डली A में प्रेरित ई.एम.एफ. स्व-प्रेरित ई.एम.एफ. के रूप में जाना जाता है। जैसा कि पहले ही बताया जा चुका है। दूसरी ओर, ई.एम.एफ. जो कुण्डली B में प्रेरित होता है, अन्योन प्रेरित विद्युत वाहक बल कहलाता है। फैराडे के नियमों से अन्योन प्रेरित विद्युत वाहक बल के परिमाण को इस प्रकार व्यक्त किया जा सकता है,

$$e_M = N_B \frac{d\varphi_m}{dt} \tag{5.18}$$

जहां N_B कुंडली B के फेरों की संख्या है और $\frac{d\varphi_m}{dt}$ अन्योन फ्लक्स के परिवर्तन की दर प्रदान करता है जो कि दोनों कुंडलीयों के लिए एक समान फ्लक्स है।

लेन्ज़ के नियम, से अन्योन प्रेरित विद्युत वाहक बल की दिशा ऐसी होती है कि वह इसे उत्पन्न करने वाले कारण का विरोध करता है। यही कारण है कि कुण्डल A द्वारा निर्मित परिवर्तनशील अन्योन फ्लक्स कुण्डली B में अन्योन प्रेरित विद्युत वाहक बल उत्पन्न करता है।

इस प्रकार जब परिपथ को बंद किया जाता है, तो कुण्डली B में प्रेरित धारा की दिशा उसके द्वारा स्थापित फ्लक्स की दिशा में होगी। यह कुंडली A द्वारा उत्पादित अलग-अलग अन्योन फ्लक्स का विरोध करेगा। इसके बारे में निम्नलिखित बिन्दुओं पर ध्यान देना महत्त्वपूर्ण है :

(*i*) कुंडली B में अन्योन प्रेरित विद्युत वाहक बल तब तक रहता है जब तक कुंडली A में धारा परिवर्तित होती रहती है। जब A में धारा स्थिर हो जाती है तो, अन्योन फ्लक्स भी स्थिर मान प्रदर्शित करता है और अन्योन प्रेरित विद्युत वाहक बल शून्य हो जाता है।

(*ii*) दो निकटवर्ती कुण्डलियों का एक कुण्डली से दूसरी कुण्डली में धारा के परिवर्तन के कारण वोल्टता उत्पन्न करने का गुण अन्योन प्रेरकत्व कहलाता है।

ई.एम.एफ. उत्पादन की विधियाँ: ई.एम.एफ. उत्पादन की तीन विधियाँ हैं जो इस प्रकार हैं:

(*i*) चुंबकीय क्षेत्र के परिमाण में परिवर्तन करके।

(*ii*) प्राथमिक सतह क्षेत्र में परिवर्तन करके अर्थात कुंडली को खींचकर या सिकोड़कर।

(*iii*) सतह और चुंबकीय क्षेत्र के सापेक्ष अभिविन्यास को बदलकर, यानी चुंबकीय क्षेत्र की दिशा और सामान्य सतह के बीच का कोण परिवर्तित करके।

5.8 स्व-प्रेरकत्व

जब भी एक बंद लूप में धारा प्रवाहित होता है तो यह एक चुंबकीय क्षेत्र उत्पन्न करता है और इस प्रकार अपने स्वयं के लूप से घिरे क्षेत्र के माध्यम से इसका अपना फ्लक्स होता है। यदि अब समय के साथ धारा परिवर्तित होती है, तो फ्लक्स भी लूप के माध्यम से बदल जाता है और इसलिए एक ई.एम.एफ. फैराडे के विद्युत चुम्बकीय प्रेरण के नियम के अनुसार प्रेरित होता है। इस प्रक्रिया को स्व-प्रेरण के रूप में जाना जाता है।

परिभाषा: यह किसी कुण्डली या लूप का वह गुण है जिसके कारण वह विद्युत वाहक बल उत्प्रेरण कर उसमें से बहने वाली धारा में परिवर्तन का विरोध करता है। इसके लिए इसे विद्युत का जड़त्व माना जा सकता है।

5.8.1 स्वप्रेरण का गुणांक

यदि φ किसी तत्काल t पर किसी कुंडली से सम्बद्ध चुंबकीय फ्लक्स हो और कुंडली के माध्यम से धारा I प्रवाहित हो रही हो तो

$$\varphi \propto I$$

या,
$$\varphi = LI \tag{5.19}$$

जहां आनुपातिकता के स्थिरांक L को स्वप्रेरण गुणांक या कुंडली के स्वप्रेरकत्व के रूप में जाना जाता है और यह कुंडली का एक अभिलक्षणिक स्थिरांक है।

अगर $\mathrm{I} = 1$ फिर $L = \varphi$

इस प्रकार किसी कुंडली के स्वप्रेरण को उससे सम्बद्ध चुंबकीय फ्लक्स के रूप में माना जा सकता है, उसमें इकाई धारा प्रवाहित हो रही हो।

कुंडली में धारा के परिवर्तन से उसमें स्वप्रेरित ई.एम.एफ. प्रेरित होता है। कुण्डली में धारा की वृद्धि से स्व-प्रेरित विद्युत वाहक बल स्थापित होता है। दिलचस्प बात यह है कि यह इस प्रकार स्थापित होता है कि धारा कि इस वृद्धि का विरोध हो। इस प्रकार स्व-प्रेरित विद्युत वाहक बल लागू वोल्टेज के विपरीत होगा। इसी प्रकार, कुंडली में धारा की कमी के लिए, स्व-प्रेरित ई.एम.एफ. इस तरह की दिशा में होगा ताकि धारा में कमी का विरोध हो यानी स्व-प्रेरित ई.एम.एफ. लागू वोल्टेज के समान दिशा में होगा। यह ध्यान दिया जा सकता है कि स्वप्रेरण धारा को बदलने से रोकता नही है, यह केवल परिवर्तन में देरी करने के लिए कार्य करता है।

जितना अधिक स्व-प्रेरित $e.m.f. \left(= N\dfrac{d\varphi}{dt} \right)$, होता है, कुंडली का स्व-प्रेरकत्व उतना अधिक होता है और इसलिए परिवर्तनशील धारा का विरोध उतना ही अधिक होता है। इसलिए एक कुण्डली का स्वप्रेरण निम्नलिखित कारकों पर निर्भर करता है:

(*i*) आकार और फेरों की संख्या।

(*ii*) कुंडली के आसपास के पदार्थ पर।

(*iii*) चुम्बकीय क्षेत्र के परिवर्तन की गति पर।

***L* के लिए व्यंजक:** I एम्पीयर की धारा वाही N फेरों की एक कुण्डली पर विचार करें। यदि कुंडली में धारा परिवर्तित होती है तो उससे सम्बद्ध चुम्बकीय फ्लक्स भी परिवर्तित होता है। यह कुंडली में एक स्व-प्रेरित ईएमएफ (ई) स्थापित करेगा जिसे निम्नानुसार प्रदर्शित किया जा सकता है-

$$e = N\frac{d\varphi}{dt} = \frac{d}{dt}(N\varphi) \tag{5.20}$$

चूंकि सम्बद्ध फ्लक्स $(= N\varphi)$ कुंडली में धारा के कारण होता है, इसलिए यह I के समानुपाती होगा।

$$\therefore \qquad e \propto \frac{dI}{dt}$$

या
$$e = L\frac{dI}{dt} \tag{5.21}$$

जहाँ L एक नियतांक है जिसे कुण्डली का स्व प्रेरकत्व कहते हैं। स्वप्रेरकत्व की–SI इकाई हेनरी (H) है। यदि समीकरण (5.21) में $e_1 =$ वोल्ट, $\frac{dI}{dt} = 1\text{A/s}$ तो $L1 = \text{H}$

अत: जब किसी कुंडली (या परिपथ) में 1 एम्पीयर प्रति सैकण्ड की दर परिवर्तित धारा के कारण 1 वोल्ट का ई.एम.एफ. प्रेरित होता है तो उसा कुंडली का स्वप्रेरकत्व 1 हेनरी होता है।

SCAN ME

for electromotive force ininductors (back emf)

स्वप्रेरण के आयाम : हमें ज्ञात है- $L = \dfrac{e}{\dfrac{dI}{dt}}$ [समी.– से (5.21)]

इसलिए, स्वप्रेरण के आयामों के रूप में प्राप्त किया जा सकता है,

$$[L] = \left[\frac{emf \times \text{time}}{\text{current}}\right] = \left[\frac{\text{work} \times \text{time}}{\text{charge} \times \text{current}}\right] = \left[\frac{\text{work} \times \text{time}}{\text{charge}^2 \times \text{time}}\right]$$

$$\therefore \qquad [L] = \left[ML^2T^{-2}I^{-2}\right]$$

L के लिए अन्य व्यंजक : समीकरण (5.21) के अलावा, L का मान निम्नलिखित दो तरीकों में से एक द्वारा निर्धारित किया जा सकता है :

***(i)* पहली विधि :** यदि कुंडली और धारा से सम्बद्ध फ्लक्स ज्ञात है, तो प्रेरण निम्नानुसार निर्धारित किया जा सकता है :

$$e = L\frac{dI}{dt} = \frac{d}{dt}(LI)$$

और
$$e = N\frac{d\varphi}{dt} = \frac{d}{dt}(N\varphi)$$

दोनों समीकरणों से, हमारे पास है, $LI = N\varphi$

$$\therefore \qquad L = \frac{N\varphi}{I} \tag{5.22}$$

इस प्रकार, प्रेरण, कुंडली से प्रति एम्पीयर सम्बद्ध फ्लक्स है।

अगर $N\varphi = 1\text{Wb-turn}$ और $I = 1\text{A}$ हो, तो $L = 1\text{H}$

इसलिए कुण्डली में 1 हेनरी का स्वप्रेरकत्व होता है यदि कुण्डली में 1A की धारा 1 Wb-turn का सम्बद्ध फ्लक्स स्थापित करती है।

उदाहरण 5.13

उदाहरण 5.13 यदि 250 फेरों की कुण्डली में प्रवाहित कोई धारा 100 Wb का चुम्बकीय फ्लक्स उत्पन्न करती है, तो कुण्डली का स्वप्रेरकत्व परिकलित कीजिए। यदि धारा को 2.5 MS में उलट दिया जाता है तो कुंडली में प्रेरित ई.एम.एफ. ज्ञात किजीए।

हल

प्रेरक, $\qquad L = \dfrac{N\varphi}{I} = \dfrac{250 \times 100 \times 10^{-6}}{5} = 0.005\text{H} = 5\text{mH}.$

प्रेरित, *e.m.f.* $\qquad E = L\dfrac{dI}{dt} = 0.005 \times \dfrac{5-(-5)}{2.5 \times 10^{-3}} = 20\text{V}.$

उदाहरण 5.14 400 फेरों वाली एक कुण्डली का स्वप्रेरकत्व 8 mH मापा जाता है। उसी कोर का उपयोग करते हुए कुंडली में 6 mH के स्वप्रेरकत्व का उत्पादन करने के लिए आवश्यक फेरों की संख्या कितनी होगी?

हल

प्रेरकत्व, $L = \dfrac{N\varphi}{I}$ (स्थिर φ और I के लिए)

$$L \propto B$$

$$8 \times 10^{-3} \propto 400$$

$$8 \times 10^{-3} = k.\ 400$$

$$k = \frac{8\times10^{-3}}{400} = 20\times10^{-6}.$$

इसलिए जब, $L = 6 \times 10^{-3}\ H$, तो $L = kN$

$$6 \times 10^{-3} = 20 \times 10^{-6}\ N$$

इसमें से, फेरों की संख्या $N = \dfrac{6\times10^{-3}}{20\times10^{-6}} = 300$ फेरे।

उदाहरण 5.14

उदाहरण 5.15 400 पारगम्यता के लोहे के कोर पर बंधी एक कुंडली में 150 फेरे और 5 वर्ग cm का अनुप्रस्थकाट का क्षेत्रफल है। कुंडली के स्वप्रेरकत्व की गणना करें। दिया गया है, 3 mA की एक स्थिर धारा 10 लाइन/cm^2 का चुम्बकीय क्षेत्र उत्पन्न करती है और माना के माध्यम वायु है।

हल $\mu_i = \dfrac{\text{लाहे में फ्लक्स घनत्व}}{\text{वायु में फ्लक्स घनत्व}} = \dfrac{B_i}{10}$

$$B_i = 10 \times \mu_i = 10 \times 400 = 4000 \text{ lines/cm}^2$$

लोहे के कोर में $3\ mA$ धारा द्वारा उत्पादित फ्लक्स है

$$\varphi = B_i \times a = 4000 \times 5 = 20{,}000 \text{ lines} = 2 \times 10^{-4} \text{ Wb}$$

$$L = \frac{N\varphi}{I} = \frac{150 \times 2 \times 10^{-4}}{3\times10^{-3}} = 10\text{H}.$$

उदाहरण 5.15

***(ii)* दूसरी विधि–**चुम्बकीय परिपथ के प्रेरण को उसके भौतिक आयामों के संदर्भ में ज्ञात किया जा सकता है। चित्र (5.7) में दर्शाए अनुसार विमाओं की एक लोहे की कोर वाली परिनालिका पर विचार करें। परिनालिका का स्व-प्रेरकत्व निम्न प्रकार से दिया जाता है,

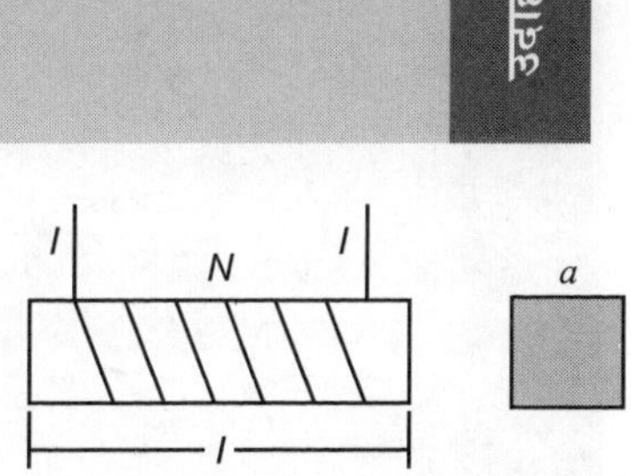

चित्र 5.7: परिनालिका का भाग

$$L = N\frac{d\varphi}{dI}$$

अब $$\varphi = \frac{m.m.f.}{\text{रिलक्टैंस}} = \frac{NI}{l/a\mu_0\mu_r} \qquad (5.23)$$

φ का अवकलन I के सापेक्ष्य करने पर

$$\frac{d\varphi}{dI} = \frac{N\, a\mu_0\mu_r}{l}$$

$$\therefore \quad L = N\frac{N\, a\mu_0\mu_r}{l} = \frac{N^2\, a\mu_0\mu_r}{l} \tag{5.24}$$

या

$$L = \frac{N^2}{l/a\mu_0\mu_r} = \frac{N^2}{\text{reluctance (S)}} \tag{5.25}$$

यह ध्यान दिया जा सकता है कि स्व-प्रेरकत्व फेरों की संख्या के वर्ग के समानुपाती है और चुम्बकीय पथ की रिलक्टैंस के व्युत्क्रमानुपातिक।

उदाहरण 5.16

उदाहरण 5.16 एक लकड़ी का टॉरॉयड है जिसका माध्य व्यास 400 मिमी और अनुप्रस्थकाट का क्षेत्रफल 400 वर्ग मिमी है। यह एक समान रूप से एक कुंडली से बंधा है जिसमें 100 फेरे हैं और 2A की धारा प्रवाहित होती है। (*i*) दी गई कुंडली का स्वप्रेरकत्व ज्ञात करें (*ii*) कुंडली में प्रेरित विद्युत वाहक बल की गणना करें, जब धारा समान रूप से 10 ms के समय में 0 हो जाती है?

हल

यहाँ, $l = 0.4\,\pi m,\ a = 400 \times 10^{-6}\ \text{m}^2$

(*i*)
$$L = \frac{N^2 a\mu_0\mu_r}{l} = \frac{(1000)^2 \times 400 \times 10^{-6} \times 4\pi \times 10^{-7} \times 1}{0.4\,\pi} = 0.4 \times 10^{-3}\ \text{H}.$$

(*ii*)
$$e = L\frac{dI}{dt} = 0.4 \times 10^{-3}\ \frac{2-0}{10 \times 10^{-3}} = 0.08\,\text{V}.$$

उदाहरण 5.17

उदाहरण 5.17 एक 300 फेरों की कुंडली में 6Ω का प्रतिरोध और 0.5H का प्रेरण है। यदि एक तिहाई फेरों को हटा दिया जाए तो नया प्रतिरोध और नया प्रेरकत्व निर्धारित करें। मान लें कि सभी फेरों की परिधि समान है।

हल

चूंकि किसी कुण्डली का प्रतिरोध उसकी लंबाई के समानुपाती होता है, इसलिए हमें प्राप्त होता है,

$R_1 / R_2 = N_1 / N_2$

$$\therefore \quad 6 / R_2 = 300 / 200$$

$$\therefore \quad R_2 = \frac{200}{300} \times 6 = 4\Omega.$$

अब,
$$\frac{L_1}{L_2} = \frac{N_1^2 / S}{N_1^2 / S}$$

चुम्बकीय पथ के रिलक्टैंस को स्थिर मानकर, $\dfrac{0.5}{L_2} = \dfrac{(300)^2}{(200)^2}$

$$\therefore \quad L_2 = 0.22\ \text{H}$$

किसी कुण्डली के स्वप्रेरकत्व की निर्भरता: कुण्डली का स्वप्रेरकत्व निम्न पर निर्भर करता है–

(*i*) कुण्डली की लंबाई (*l*),

(*ii*) कुण्डली में फेरों की संख्या (*n*),

(*iii*) कुण्डली के अनुप्रस्थकाट के क्षेत्रफल (A) और

(*iv*) कोर की पदार्थ की प्रकृति पर जिस पर कुंडली बंधी हुई है

उदाहरण के लिए, त्रिज्या *r* के एक लंबे परिनालिका (जब माध्यम वायु हो) का स्वप्रेरकत्व निम्न द्वारा दिया जाता है,

$$L = \mu_0\, n^2 lA = \mu_0 \pi r^2 n^2 l \tag{5.26}$$

जहाँ $A = \pi r^2$ परिनालिका का अनुप्रस्थ काट का क्षेत्रफल है, *n* प्रति इकाई लंबाई में फेरों की संख्या है।

यदि कोर को μ पारगम्यता की पदार्थ से भरा है तो,

$$L = \mu\text{n2lA} = \mu_0 \mu_r \pi r^2 n^2 l \tag{5.27}$$

यहाँ μ_0 मुक्त आकाश की पारगम्यता और μ_r माध्यम की सापेक्ष पारगम्यता को प्रदर्शित करता है।

5.9 अन्योन प्रेरकत्व

अन्योन प्रेरकत्व को उस घटना के रूप में समझा जा सकता है, जिसमे एक कुंडली में प्रेरित emf का उत्पादन दूसरी निकट्वर्ती कुंडली में परिवर्ती विद्युत धारा के कारण होता जब किसी एक कुंडली से प्रवाहित धारा समय के साथ बदलती है, तो इसके साथ जुड़े चुम्बकीय फ्लक्स के परिवर्तन के कारण अन्य निकटवर्ती कुंडली में ई.एम.एफ. प्रेरित होता है। इस प्रकार दूसरी कुंडली में उत्पन्न emf प्रथम कुंडली से सम्बद्ध धारा में परिवर्तन का विरोध करता है और इस संकल्पना को अन्योन प्रेरण के रूप में जाना जाता है।

परिभाषा–यह दो समीपवर्ती कुंडलीयों में से प्रत्येक में प्रवाहित हो रही धारा के परिवर्तन का विरोध, दूसरी कुंडली में पहली के द्वारा प्रेरित विद्युत वाहक बल करता है।

5.9.1 अन्योन प्रेरण का गुणांक

मान लीजिए, एक प्राथमिक कुण्डली से किसी क्षण *t* पर प्रवाहित होने वाली धारा *I* है, जिसके कारण द्वितीय कुण्डली से उसी क्षण सम्बद्ध चुम्बकीय फ्लक्स φ हो, तो

$$\varphi \propto I$$

या

$$\varphi = MI \tag{5.28}$$

जहां आनुपातिकता का नियतांक *M* को अन्योन प्रेरण गुणांक या दो कुण्डलियों (प्राथमिक और द्वितीयक) के अन्योन प्रेरकत्व के रूप में जाना जाता है। जो कुण्डलियों का एक विशिष्ट स्थिरांक है।

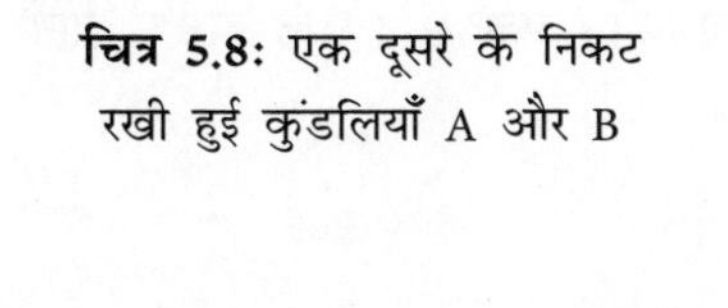

चित्र 5.8: एक दूसरे के निकट रखी हुई कुंडलियाँ A और B

अगर $I = 1$ तो $M = \varphi$

इस प्रकार, कुंडलियों के किसी युग्म के अन्योन प्रेरकत्व को एक कुंडली में से इकाई धारा के प्रवाह के कारण, दूसरी कुडली से सम्बद्ध चुम्बकीय प्रेरण के रूप में परिभाषित किया जाता है।

अन्योन प्रेरण की इकाई Wb/A या Volt-s/amp है और आमतौर पर हेनरी (H) के रूप में जाना जाता है।

चित्र (5.8) में दर्शाए अनुसार एक दूसरे के समीपवर्ती दो कुण्डलियों *A* और *B* पर विचार करें। यदि कुण्डली *A* में धारा I_1 प्रवाहित होती है, तो एक फ्लक्स

स्थापित हो जाता है और इस फ्लक्स का एक भाग (अन्योन्य फ्लक्स) कुण्डली B से जुड़ जाता है। यदि कुण्डली A में धारा बदलती है, तो अन्योन फ्लक्स भी बदल जाता है और इसलिए कुण्डली B में ई.एम.एफ. प्रेरित होता है। कुंडली B में प्रेरित इस ई.एम.एफ. को अन्योन प्रेरित ई.एम.एफ. कहा जाता है।

इस क्रिया का विलोम भी सत्य है अर्थात् कुण्डली B में धारा के परिवर्तन से अन्योन्य प्रेरित विद्युत वाहक बल उत्पन्न होगा। कुण्डली A में जैसे स्व-प्रेरित ई.एम.एफ स्व-प्रेरण (L) के लिए जिम्मेदार है, इसी तरह अन्योन रूप से प्रेरित ई.एम.एफ. अन्योन प्रेरकत्व (M) के लिए जिम्मेदार है। माना, दो कुंडलियों A और B का प्रेरकत्व क्रमशः LA और LB है। उनके बीच परस्पर प्रेरित ई.एम.एफ के कारण कुंडली के बीच एक प्रेरण भी होता है, जिसे अन्योन प्रेरकत्व (M) कहा जाता है। अन्योन प्रेरकत्व का प्रभाव दोनों कुंडलियों के प्रेरकत्व को या तो बढ़ाना ($L_A + M$ और $L_B + M$) या घटाना ($L_A - M$ और $L_B - M$) उनकी व्यवस्था द्वारा निर्धारित किया जाता है।

M के लिए व्यंजक : कुण्डली B में प्रेरित अन्योन ई.एम.एफ कुण्डली A में धारा के परिवर्तन की दर के समानुपाती होता है।

$$e_M \propto \frac{dI_1}{dt}$$

या
$$e_M = M\frac{dI_1}{dt} \tag{5.29}$$

जहां नियतांक M दोनों कुण्डलियों के बीच अन्योन प्रेरकत्व कहलाता है।

हेनरी की परिभाषा : यदि समीकरण (5.29) में, $e_M = 1$ volt, $\frac{dI_1}{dt} = 1$ A/s, फिर $M = 1$H.

इसलिए दो कुण्डलियों के बीच अन्योन प्रेरकत्व 1 हेनरी होगा, यदि एक कुण्डली में 1 A/s की दर से धारा बदले से दूसरी कुण्डली में 1V का ईएमएफ प्रेरित हो।

अन्योन्य प्रेरकत्व का आयाम : समीकरण (5.29) से हमारे पास है

$$M = \frac{e_M}{\frac{dI_1}{dt}}$$

∴ अन्योन प्रेरकत्व का आयाम होंगे।

$$[M] = \left[\frac{emf \times \text{time}}{\text{current}}\right] = \left[\frac{\text{work}\times\text{time}}{\text{charge}\times\text{current}}\right] = \left[\frac{\text{work}\times\text{time}}{\text{charge}^2\times\text{time}}\right]$$

$$\therefore \quad [M] = \left[ML^2T^{-2}I^{-2}\right]$$

***M* के लिए अन्य व्यंजक :** समीकरण (5.29) के अलावा, M के लिए, अन्योन प्रेरकत्व को वैकल्पिक रूप से निम्नलिखित दो विधियों में से एक द्वारा निर्धारित किया जा सकता है :

(*i*) पहली विधि : चित्र 5.9 दो चुम्बकीय रूप से युग्मित कुंडलियों A और B को दर्शाता है

$$e_M = M\frac{dI_1}{dt} = \frac{d}{dt}(MI_1)$$

या
$$e_M = N_2\frac{d\varphi_{12}}{dt} = \frac{d}{dt}(N_2\,\varphi_{12})$$

इन दो समीकरणों से,
$$MI_1 = N_2\varphi_{12}$$

या
$$M = \frac{N_2\,\varphi_{12}}{I_1} \tag{5.30}$$

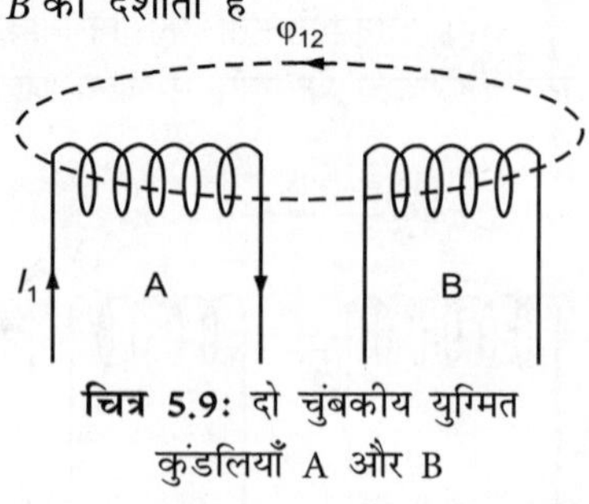

चित्र 5.9: दो चुंबकीय युग्मित कुंडलियाँ A और B

हेनरी की परिभाषा : $N_2\varphi_{12} = 1$ Wb और $I_1 = 1A$ तो $M = 1H$

यदि कुंडली A में 1 एंपेयर की धारा प्रवाहित करने पर कुंडली B से बद्ध चुंबकीय फ्लक्स 1 Wb हो, तो दोनो कुंडलियों का अन्योन प्रेरकत्व 1 हेनरी होता है।

(*ii*) **दूसरी विधि :** दो कुण्डलियों के बीच अन्योन प्रेरकत्व चुम्बकीय परिपथ के भौतिक आयामों के संदर्भ में भी निर्धारित किया जा सकता है। चित्र 5.9 दो चुम्बकीय रूप से युग्मित कुंडलियों A और B को दर्शाता है जिस में फेरों की संख्या क्रमश: N_1 और N_2 है।

मान लीजिए l और a क्रमश: चुम्बकीय परिपथ के अनुप्रस्थ काट की लंबाई और क्षेत्रफल है। मान लीजिए, μ_r उस सामग्री की सापेक्ष पारगम्यता है जिससे चुम्बकीय परिपथ बना है।

अन्योन फ्लक्स, $$\varphi_{12} = \frac{m.m.f.}{\text{रिलक्टैंस}} = \frac{N_1 I_1}{l/a\,\mu_0\mu_r} \tag{5.31}$$

या $$\frac{\varphi_{12}}{I_1} = \frac{N_1 a\,\mu_0\mu_r}{l}$$

$\therefore$ $$M = \frac{N_1 N_2 a \mu_0 \mu_r}{l} \quad \left[\text{जैसे,} \quad M = \frac{N_2\,\varphi_{12}}{I_1}\right] \tag{5.32}$$

या $$M = \frac{N_1 N_2}{l/a\,\mu_0\mu_r} = \frac{N_1 N_2}{\text{रिलक्टैंस (S)}} \tag{5.33}$$

समीकरण (5.33) से यह स्पष्ट है कि चुम्बकीय परिपथ का रिलक्टैंस अन्योन प्रेरकत्व के साथ व्युत्क्रमानुपाती होता है।

उदाहरण 5.18 लोहे की 300 mm लंबे छल्ले का अनुप्रस्थ काट का क्षेत्रफल 500 mm^2 है। और इसमें 100 फेरे हैं। (a) कुंडली में 500 Wb फ्लक्स स्थापित करने के लिए आवश्यक धारा की मात्रा ज्ञात करें (b) सिस्टम का प्रेरकत्व और (c) प्रेरित ई.एम.एफ. जबकि क्षेत्र 1 ms के भीतर समाप्त हो जाता है। मान लीजिए सापेक्ष पारगम्यता 1600 है।

हल

छल्ले का रिलक्टैंस

$$S = \frac{l}{\mu_0\,\mu_r\,A} = \frac{300\times10^{-3}}{4\pi\times10^{-7}\times1600\times500\times10^{-6}} = 298.4\text{kA/Wb.}$$

पुन: $NI = \varphi S$ जिससे धारा

$$I = \frac{\varphi S}{N} = \frac{500\times10^{-6}\times298415.52}{100} = 1.492\text{A.}$$

प्रेरकत्व, $$L = \frac{N^2}{S} = \frac{(100)^2}{298.4\times1000} = 33.51\text{mH.}$$

प्रेरित e.m.f. $E = -N\dfrac{d\varphi}{dt} = -100\times\dfrac{500\times10^{-6}}{1\times10^{-3}} = -50\text{V.}$

उदाहरण 5.18

उदाहरण 5.19 यदि 400 फेरे वाले चुम्बकीय परिपथ की प्राथमिक कुण्डली से प्रवाहित धारा को 10 mA से 35 mA तक बढ़ा दिया जाता है, तो द्वितीय कुण्डली जिसमें 240 फेरे हैं और वह खुले परिपथ में है को प्रेरित करने के लिए 75 mV का एक विद्युत वाहक बल पाया जाता है। (*i*) दो कुंडलियों के बीच अन्योन प्रेरकत्व का मान, (*ii*) रिलक्टैंस और (*iii*) द्वितीय कुण्डली का स्वप्रेरकत्व ज्ञात कीजिए।

उदाहरण 5.19

हल

(a) अन्योन प्रेरकत्व $M = \frac{E_M}{\frac{dI_1}{dt}} = \frac{75\times10^{-3}}{\frac{(35-10)\times10^{-3}}{100\times10^{-3}}} = 0.30\text{H}.$

(b) रिलक्टैंस, $S = \frac{N_1 N_2}{M} = \frac{400\times240}{0.30} 320000\text{A/Wb} = 320\text{kA/Wb}.$

(c) द्वितीय का स्व-प्रेरकत्व, $L_2 = \frac{N_2^{\,2}}{S} = \frac{(240)^2}{320000} = 0.18\text{H}.$

उदाहरण 5.20

उदाहरण 5.20 70 सेमी लंबाई और 2100 फेरों वाली एक परिनालिका की त्रिज्या 4.5 सेमी. है। परिनालिका के मध्य भाग पर 700 फेरों की एक दूसरी कुण्डली बंधी हुई है। (*i*) परिनालिका का स्व-प्रेरकत्व और (*ii*) दोनों कुण्डलियों के बीच अन्योन प्रेरकत्व का पता लगाएं।

हल

क्योंकि μ_r नहीं दिया गया है अतः हम इसे 1 मानते हैं,
यहां, क्षेत्र $a = \pi r^2 = \pi\,(4.5\times10^{-2})^2\,m^2$

(*i*) प्रेरकत्व $L = \frac{N^2\,\alpha\,\mu_0\mu_r}{l}$

$$= \frac{(2100)^2\times\pi\times(4.5\times10^{-2})^2\times4\pi\times10^{-7}\times1}{0.7} = 51\times10^{-3}\text{ H}.$$

(*ii*) चूंकि दूसरी कुण्डली परिनालिका के मध्य भाग पर बंधी हुई है, युग्मन का गुणांक 1 है अर्थात् परिनालिका द्वारा उत्पन्न सम्पूर्ण फ्लक्स दूसरी कुण्डली से सम्बद्ध है। $M = \frac{N_1\,N_2\,\alpha\,\mu_0\mu_r}{l}$

$$= \frac{2100\times750\times\pi\times(4.5\times10^{-2})^2\times4\pi\times10^{-7}\times1}{0.7} = 18.2\times10^{-3}\text{H}.$$

उदाहरण 5.21

उदाहरण 5.21 दो कुण्डलियों को *A* और *B* के रूप में चिह्नित किया गया है, जिनके फेरों की संख्या क्रमश : 100 और 1000 है। वे 8 वर्ग cm के अनुप्रस्थकट के क्षेत्रफल और 80 cm औसत लंबाई के एक बंद लोहे के परिपथ पर एक साथ बांधे गई हैं। लोहे की सापेक्ष पारगम्यता 900 के रूप में दी गई है। कुण्डलियों के बीच अन्योन प्रेरकत्व का निर्धारण करें। कुण्डली *B* में प्रेरित ई.एम.एफ. क्या होगा? यदि कुण्डली *A* में धारा 0.02 s समान रूप से 0 से 10 A तक बढ़ा दी जाती है?

हल

कुण्डलियों के बीच अन्योन प्रेरकत्व

$$M = \frac{N_1N_2\,a\mu_0\mu_r}{l} = \frac{100\times1000\times8\times10^{-4}\times4\pi\times10^{-7}\times900}{0.8}$$

और प्रेरित *e.m.f.* $e_B = M\frac{dI_1}{dt} = 0.113\times\frac{10-0}{0.02} = 56.5\text{ V}$

5.10 युग्मन का गुणांक

इसे एक धारावाही कुण्डली के धारा द्वारा उत्पन्न चुम्बकीय फ्लक्स के अंश के रूप में परिभाषित किया जाता है जो दूसरी कुण्डली से सम्बद्ध होती है। दो कुंडलियों A और B पर विचार करें जिनमें क्रमशः N_1 और N_2 फेरे हैं। उनके स्वप्रेरकत्व के व्यक्तिगत गुणांक क्रमशः L_1 और L_2 हैं और उनके बीच अन्योन प्रेरकत्व M है।

तब
$$M = \frac{N_1\varphi_1}{I_2}$$

या
$$M = \frac{N_1K_1\varphi_2}{I_2} \tag{5.34}$$

जहां φ_2 कुण्डली 2 में I_2 धारा के प्रवाह के कारण फ्लक्स है। हालांकि, कुण्डली 1 से केवल एक अंश $K_1\varphi_2$ ही सम्बद्ध है।

कुण्डली 1 और 2 के बीच अन्योन प्रेरकत्व को इस प्रकार भी लिखा जा सकता है।

$$M = \frac{N_2\varphi_2}{I_1} = \frac{N_2K_2\varphi_1}{I_1} \tag{5.35}$$

जहाँ φ_1 कुण्डली 1 में बहने वाली धारा I_1 द्वारा उत्पादित फ्लक्स है। हालांकि, कुण्डली 2 से केवल एक अंश $K_2\varphi_1$ ही सम्बद्ध है। समीकरण (5.34) और (5.35) को गुणा करने पर

$$M^2 = \frac{N_1N_2\phi_1\phi_2}{I_1I_2}K_1K_2 = K_1K_2\left(\frac{N_1\phi_1}{I_1}\right)\left(\frac{N_2\phi_2}{I_2}\right)$$
$$= K_1K_2L_1L_2 \quad \left[\because L_1 = \frac{N_1\varphi_1}{I_1} \text{and } L_2 = \frac{N_2\varphi_2}{I_2}\right]$$

$\therefore$
$$M = \sqrt{K_1K_2} \times \sqrt{L_1L_2} \tag{5.36}$$

तो युग्मन का गुणांक,

$$K = \sqrt{K_1K_2} = \frac{M}{\sqrt{L_1L_2}}$$

इसलिए युग्मन का गुणांक अन्योन प्रेरकत्व के साथ-साथ प्रत्येक कुंडली के स्व-प्रेरकत्व पर निर्भर करता है।

दो कुण्डलियों के अन्योन प्रेरकत्व की निर्भरता : दो कुण्डलियों द्वारा उत्पादित अन्योन प्रेरकत्व निम्न पर निर्भर करता है :

(*i*) कुण्डलियों के बीच की दूरी (d)

(*ii*) कुण्डलियों के अभिविन्यास

(*iii*) कुण्डली की आकृति और आकार

(*iv*) दोनों कुण्डलियों में फेरों की संख्या और

(*v*) पदार्थ की प्रकृति जिससे कुंडली बंधी होती है।

उदाहरण के लिए दो लंबे समाक्षीय परिनालिका के बीच अन्योन प्रेरकत्व है,

$$M = \mu_0 n_1 n_2 Ad \quad \text{(वायु माध्यम के लिए)} \tag{5.38 (a)}$$
$$= \mu n_1 n_2 Ad \quad \text{(अन्य माध्यम के लिए)} \tag{5.38 (b)}$$

जहाँ n_1 और n_2 प्राथमिक और माध्यमिक कुण्डलों में प्रति यूनिट लंबाई में क्रमशः फेरे की संख्या हैं, L परिनालिका की लंबाई है, A भीतरी कुण्डली का क्षेत्रफल है, μ_0 मुक्त आकाश की पारगम्यता है और μ उक्त माध्यम की पारगम्यता है।

5.11 चुम्बकीय क्षेत्र में कुण्डली में संग्रहित ऊर्जा

किसी कुण्डली के चारों ओर चुम्बकीय क्षेत्र उत्पन्न करने के लिए ऊर्जा की आवश्यकता होती है; लेकिन इसे बनाए रखने के लिए किसी ऊर्जा की आवश्यकता नहीं होती है। यह ऊर्जा चुम्बकीय क्षेत्र में संग्रहित होती है और इसका उपयोग नहीं किया जाता है। यहाँ धारा में कमी के साथ ही उससे सम्बद्ध फ्लक्स में भी कमी आती है, जो संगहीत ऊर्जा के परिपथ में लौट जाने का कारण बनती है। अब आइए हम एक DC स्रोत से जुड़े एक प्रेरक पर विचार करें जैसा कि चित्र 5.10 (*a*) में दिखाया गया है।

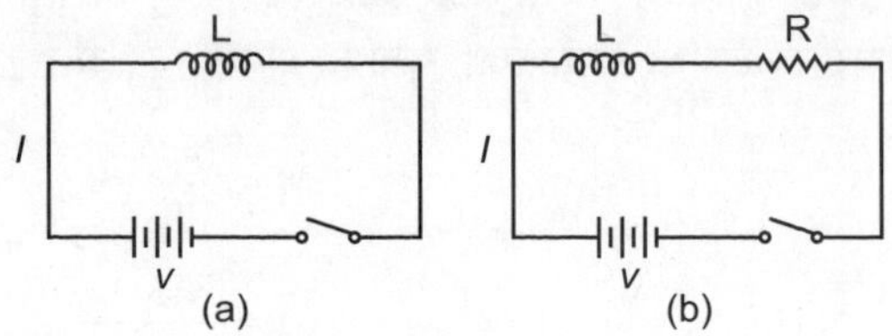

चित्र 5.10: (*a*) DC स्त्रोत से सम्बद्ध प्रेरित, (*b*) चुंबकीय क्षेत्र में कुंडली में संग्रहीत ऊर्जा

प्रेरित्र, प्रेरकत्व L के साथ श्रेणी क्रम में जुड़े हुए छोटे प्रतिरोध R के बराबर है, जैसा कि चित्र 5.10 (*b*) में दिखाया गया है। परिपथ को प्रदान की गई ऊर्जा दो तरह से व्यय होती है:

(*i*) प्रदान की गई ऊर्जा का एक हिस्सा I^2R हानि की पूर्ति में व्यय होता है और इसे पुर्नप्राप्त नहीं किया जा सकता है।

(*ii*) प्रदत्त ऊर्जा का शेष भाग कुण्डली के आस पास फ्लक्स उत्पन्न करने में व्यय होता है जो चुम्बकीय क्षेत्र में संग्रहित हो जाता है। जब क्षेत्र नष्ट हो जाता है तो, संग्रहित ऊर्जा परिपथ में वापस आ जाती है।

गणितीय व्यंजक : मान लीजिए कि किसी भी क्षण कुण्डली में धारा i है और $\frac{di}{dt}$ की दर से बढ़ रही है। तब L के सापेक्ष्य ई.एम.एफ इस प्रकार दिया जाता है;

$$e = L\frac{di}{dt}$$

$$\therefore \text{ तात्कालिक शक्ति, } p = ei = Li\frac{di}{dt} \tag{5.39}$$

dt समय के एक छोटे अंतराल के दौरान, चुम्बकीय क्षेत्र में dW की ऊर्जा, समय से गुणक की गई शक्ति के बराबर होती है, अर्थात,

$$dW = p.dt = \left(Li\frac{di}{dt}\right)dt = Li\,di$$

परिपथ में धारा का मान शून्य से अंतिम स्थिर मान I होने तक, चुम्बकीय क्षेत्र को दी गई कुल ऊर्जा होगी–

$$W = \int_0^I Li\,di = \frac{1}{2}LI^2 \tag{5.40}$$

$\therefore$ चुम्बकीय क्षेत्र में संग्रहित ऊर्जा = $\frac{1}{2}LI^2$ जूल्स

ध्यान दें कि संग्रहीत ऊर्जा जूल में होगी यदि प्रेरक्तव (*L*) और धारा (*I*) क्रमशः हेनरी और एम्पीयर में हों। यदि एक प्रेरित्र में धारा परिवर्ती होती है, तो संग्रहित ऊर्जा धारा के साथ बढ़ती और घटती है। इस प्रकार, जब भी धारा बढ़ती है, कुण्डली ऊर्जा को अवशोषित करता है और जब भी धारा गिरती है, ऊर्जा परिपथ में वापस आ जाती है।

उदाहरण 5.22 0.5 H के प्रेरकत्व की कुण्डली में संचित ऊर्जा ज्ञात कीजिए, यदि उसमें से प्रवाहित धारा 50 mA है।

हल

संचित ऊर्जा $$W=\frac{1}{2}LI^2=\frac{1}{2}\times 0.5\times\left(50\times10^{-3}\right)^2=0.625\,\text{mJ}.$$

उदाहरण 5.22

उदाहरण 5.23 एक कुण्डली का प्रेरकत्व ज्ञात कीजिए, यदि कुण्डली से बहने वाली 2A धारा 60 *J* ऊर्जा उत्पन्न करती है।

हल दिया है $W=\frac{1}{2}LI^2$

तो, कुण्डली का प्रेरकत्व, $L=\frac{2W}{I^2}=\frac{2\times 60}{(2)^2}=30\text{H}.$

उदाहरण 5.23

उदाहरण 5.24 जब 5A धारा को 1200 फेरे वाली कुण्डली से गुजारा जाता है तो उससे 300 mWb फ्लक्स जुड़ा होता है। तो कुंडली में (a) प्रेरकत्व, (b) संग्रहीत ऊर्जा और (c) औसत प्रेरित ई.एम.एफ. ज्ञात कीजिए यदि धारा 250 ms में घटाकर शून्य हो जाए।

हल

(a) कुण्डली का प्रेरकत्व, $L=\frac{N\varphi}{I}=\frac{1200\times30\times10^{-3}}{5}=7.2\text{H}.$

(b) संग्रहीत ऊर्जा, $W=\frac{1}{2}LI^2=\frac{1}{2}\times7.2\times(5)^2=90\text{J}.$

(c) प्रेरित *e.m.f.*, $E=L\frac{dI}{dt}=7.2\times\frac{5-0}{0.25}=144\text{V}.$

उदाहरण 5.24

उदाहरण 5.25 एक वायु कोर वाली परिनालिका का व्यास 5 सेमी और इसकी लंबाई 50 सेमी. है। इसमें 1000 फेरे हैं। यदि परिनालिका में 1A की धारा प्रवाहित होती है, तो (a) प्रेरकत्व और (b) संचित ऊर्जा ज्ञात कीजिए।

हल

यहाँ $$a=\frac{\pi d^2}{4}=\frac{\pi}{4}\times25\times10^{-4}=19.63\times10^{-4}\ \text{m}^2.$$

(a) प्रेरक, $L=\frac{N^2 a\mu_0\mu_r}{l}=\frac{(1000)^2\times19.63\times10^{-4}\times4\pi\times10^{-7}\times1}{0.5}=4.94\ \text{mH}.$

(b) संग्रहीत ऊर्जा, $\frac{1}{2}LI^2=\frac{1}{2}\times4.94\times10^{-3}\times(1)^2=2.47\ \text{mJ}.$

उदाहरण 5.25

5.12 भंवर धाराएँ (एडी करंट)

फैराडे के विद्युत चुम्बकीय प्रेरण के नियम के परिणामस्वरूप जब भी किसी चालक के अंदर चुम्बकीय क्षेत्र में कोई परिवर्तन होता है, तो चालक के अंदर विद्युत धारा के वक्र प्रेरित होते हैं। इन्हें भंवरधारा के रूप में जाना जाता है। ये धाराएँ चालक के भीतर वक्रों में चुम्बकीय क्षेत्र की लंबवत् दिशा में बहती है। समय-परिवर्ती चुम्बकीय क्षेत्र के कारण भंवर धाराएं निकटवर्ती स्थिर चालकों में प्रेरित होती हैं। निकटवर्ती चालक और चुंबक द्वारा प्रेरित चुंबकीय क्षेत्र के कारण भी भंवर धाराएं प्रेरित हो सकती है। किसी दिए गए बंद वक्र में इन धाराओं का परिमाण निम्न पर निर्भर करता है:

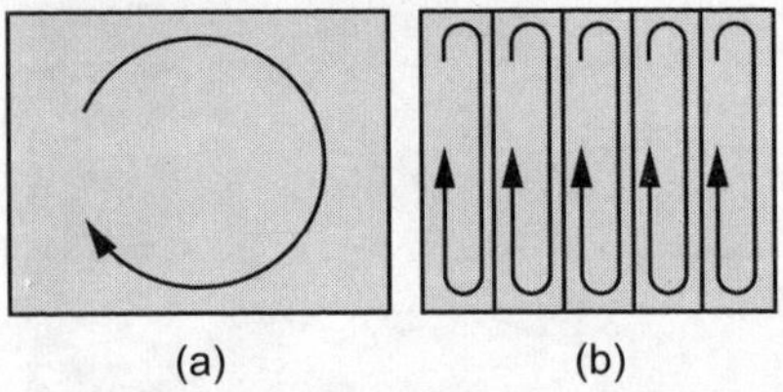

(a) (b)

चित्र 5.11: (*a*) उच्च भंवर धाराओं के साथ एक आयोजन ब्लॉक और (*b*) कम भंवर धाराओं के साथ एक क्रोड पटलित ब्लॉक

(*i*) चुम्बकीय क्षेत्र के सामर्थ्य

(*ii*) बंद वक्र के क्षेत्रफल और

(*iii*) चुम्बकीय फ्लक्स में परिवर्तन की दर, पदार्थ की प्रतिरोधकता के व्युत्क्रमानुपाती है।

यहाँ धारा लेन्ज के नियम का पालन करते हुए चुम्बकीय क्षेत्र उत्पन्न करती है जो स्वयं उत्पादित क्षेत्र का विरोध करता है। इस प्रकार भंवर धारा चुम्बकीय क्षेत्र के मूल स्रोत का प्रतिकार करने की भूमिका निभाती है।

इस घटना को विद्युतीय ब्रेकों में अच्छी तरह से नियोजित किया जा सकता है। इन्हें सामान्यत: पर घूर्णन करते हुए पावर उपकरणों को अचानक रोकने के लिए उपयोग किया जाता है, चालक के प्रतिरोध के माध्यम से बहने वाली धारा भी पदार्थ में ऊष्मा के रूप में ऊर्जा को नष्ट कर देती है।

भंवर धारा, प्रत्यावर्ती धारा (AC)) यान्त्रिकी जैसे इंडक्टर्स, ट्रांसफॉर्मर, इलैक्ट्रिक मोटर्स, इलैक्ट्रिक जनरेटर आदि में ऊर्जा हानि का स्रोत है, जो ऊष्मा के अपव्यय के कारण होता है, जबकि धारा उन यंत्रों के प्रतिरोध से प्रवाहित होता है। भंवर धाराएं के प्रभाव को कम करने के लिए कुछ विशेष निर्माण, जैसे क्रोड पटलित चुम्बकीय कोर को उपयोग में लाया जाता है।

वस्तुओं को गर्म करने की दृष्टि से प्रेरित्र की भांति ताप उपकरणों में भंवर धाराओं का सफलतापूर्वक उपयोग किया जा सकता है। उनका उपयोग उचित परीक्षण व्यवस्था के उपयोग से धातु के हिस्सों में खामियों या दरारों का पता लगाने के लिए भी किया जा सकता है।

5.13 विद्युत चुंबकीय ब्रेकिंग

चुंबकीय ब्रेकिंग प्रेरित धाराओं और लेन्ज के नियम के अनुरूप कार्य करता है। यदि एक धातु की प्लेट को एक लोलक के सिरे से जोड़ा जाता है और लोलक को झुलने दिया जाता है, तो चुम्बक के ध्रुवों के बीच जाने पर इसकी गति काफी हद तक कम हो जाएगी। जब प्लेट चुम्बकीय क्षेत्र से गुजरती है, तो प्लेट में एक विद्युत क्षेत्र प्रेरित होता है और इस प्रकार परिसंचारी भंवर धाराएं उत्पन्न होती है।

ये धाराएँ लेन्ज के नियम को सिद्ध करने के लिए प्लेट के माध्यम से फ्लक्स में परिवर्तन का विरोध करने का कार्य करती हैं। बदले में धाराएँ प्लेट को गर्म करती हैं, जिससे प्लेट की गतिज ऊर्जा कम हो जाती है। विद्युत चुम्बकीय ब्रेकिंग के पीछे यह मूल सिद्धांत है।

उपरोक्त घटना का उपयोग विभिन्न उद्देश्यों के लिए किया जाता है, जैसे कि गैर-चुम्बकीय धातुओं को ठोस कचरे से अलग करने के लिए या किसी भी अंतरिक्ष यान में उत्पन्न कंपन को समाप्त करने के लिए। जब विद्युत धारा को विद्युत चुम्बक से गुजारा जाता है और विद्युत चुम्बक को रेल के साथ ले जाया जाता है, तो रेल में भंवर धाराएँ उत्पन्न होती हैं। ये भंवर धाराएँ एक विरोधी चुम्बकीय क्षेत्र उत्पन्न करती हैं, जिससे ब्रेकिंग बल मिलता है।

यूनिट सारांश

- **चुम्बकीय फ्लक्स**

$$d\varphi = \vec{B}.d\vec{S} = BdS\cos\theta$$

- **चुम्बकीय फ्लक्स घनत्व**

$$B = \frac{d\varphi}{dS}$$

- **फैराडे का विद्युतचुंबकीय प्रेरण का नियम**

$$e = \frac{d}{dt}(N\varphi) = N\frac{d\varphi}{dt}$$

- **लेंज का नियम**

$$e = -N\frac{d\varphi}{dt} \text{ volts}$$

- **फ्लेमिंग का दाहिना हाथ का नियम**

दाहिने हाथ की तर्जनी, मध्यमा, उंगली और अंगूठे को इस प्रकार खींचे की वे एक दूसरे से समकोण पर हों; यदि तर्जनी चुम्बकीय क्षेत्र की दिशा में संसूचित करे, अंगूठे की दिशा चालक की गति की दिशा, तो मध्यमा उंगली प्रेरित धारा की दिशा में इंगित करेगी।

- **प्रेरित E.M.F.**

गतिशीत प्रेरित e.m.f. $e = Blv \sin\theta$

- **स्व-प्रेरकत्व**

$$L = \frac{e}{\frac{dI}{dt}}$$

- **अन्योन्य प्रेरकत्व**

$$M = \frac{e_M}{\frac{dI_1}{dt}}$$

- **युग्मन का गुणांक**

$$K = \sqrt{K_1K_2} = \frac{M}{\sqrt{L_1L_2}}$$

- **चुम्बकीय क्षेत्र में रखी कुण्डली में संग्रहित ऊर्जा**

$$\frac{1}{2}LI^2$$

- **भंवर धाराएँ**

भंवर धाराएँ AC धारा प्रेरकों, ट्रांसफार्मर, इलैक्ट्रिक मोटर्स और जनरेटर में उर्जा हानि का स्रोत होते हैं।

- **विद्युत चुंबकीय ब्रेकिंग**

इस घटना का उपयोग अंतरिक्ष यानों में कंपन को खत्म करने और ठोस कचरे से गैर चुम्बकीय धातुएं अलग करने के लिए किया जा सकता है।

अभ्यास

बहु विकल्पीय प्रश्न

5.1 चुम्बकीय क्षेत्र में चालक की गति से प्रेरित विद्युत वाहक बल को कहा जाता है।

(*a*) *e.m.f.* (*b*) गतिशील *e.m.f.*

(*c*) स्थिर *e.m.f.* (*d*) घूर्णन *e.m.f.*

5.2 स्व-प्रेरित *e.m.f.* कभी-कभी जाना जाता है।

(*a*) प्रेरित *e.m.f.* (*b*) परिणामी *e.m.f.*

(*c*) बैक *e.m.f.* (*d*) (*a*) और (*b*) दोनों

5.3 यदि चुम्बकीय क्षेत्र स्थिर हो और चालक गति में हो तो प्रेरित विद्युत वाहक बल कहलाते हैं।

(*a*) गतिशील रूप से प्रेरित *e.m.f.* (*b*) स्थिर रूप से प्रेरित *e.m.f.*

(*c*) स्व-प्रेरित *e.m.f.* (*d*) अन्योन रूप से प्रेरित *e.m.f.*

5.4 निम्नलिखित में से कौन-सा वाक्य सही है?

(*a*) प्रेरित धारा की दिशा ज्ञात करने के लिए लेन्ज़ के नियम का उपयोग किया जाता है

(*b*) फ्लेमिंग के दाहिने हाथ के नियम का उपयोग प्रेरित धारा की दिशा ज्ञात करने के लिए किया जाता है

(*c*) फ्लेमिंग के बाएं हाथ के नियम का प्रयोग बल की दिशा ज्ञात करने के लिए किया जाता है

(*d*) उपरोक्त सभी

5.5 यदि किसी चालक में धारा बढ़ती है तो लेन्ज के नियम के अनुसार स्व-प्रेरित वोल्टेज होगा।

(*a*) बढ़ती धारा में सहायक (*b*) धारा की मात्रा को कम करने की प्रवृत्ति

(*c*) बढ़ती धारा के विपरीत धारा उत्पन्न करेगा (*d*) प्रेरित वोल्टेज के सहायक

5.6 चालक में प्रेरित *e.m.f.* का परिमाण निम्न पर निर्भर करता है।

(*a*) चुम्बकीय क्षेत्र का प्रवाह घनत्व (*b*) फ्लक्स कटौती की मात्रा

(*c*) फ्लक्स लिंकेज की मात्रा (*d*) फ्लक्स-लिंकेज के परिवर्तन की दर

5.7 प्रेरण की प्रक्रिया में, धारा के समानुपाती होता है।

(*a*) प्रेरकत्व के सापेक्ष्य वोल्टेज (*b*) फ्लक्स कटौती की मात्रा

(*c*) दोनों (*a*) और (*b*) (*d*) न तो (*a*) और न ही (*b*)

5.8 दो कुण्डलियों के स्वप्रेरकत्व 8 mH और 18 mH हैं। यदि युग्मन के गुणांक 0.5 है, कुण्डली के अन्योन प्रेरकत्व है।

(*a*) 4 mH (*b*) 5 mH

(*c*) 6 mH (*d*) 12 mH

5.9 यदि कुण्डली 1 में धारा से सम्बद्ध सम्पूर्ण फ्लक्स कुण्डली 2 के साथ सम्बद्ध है, तो युग्मन का गुणांक होगा।

(*a*) 2.0 (*b*) 1.0

(*c*) 0.5 (*d*) शून्य

5.10 किसी भी क्षण में कुण्डली से सम्बद्ध चुम्बकीय फ्लक्स $\varphi_t = 5t^3 - 100t + 200$ द्वारा दिया जाता है, $t = 2$ सेकंड में कुंडली में प्रेरित *emf* होगा

(*a*) 200 V (*b*) 40 V

(*b*) 20 V (*d*) – 20 V

5.11 दो एयर कोर कुंडली का युग्मन गुणांक निम्न पर निर्भर करता है।
(*a*) केवल दोनों कुण्डलियों के स्वप्रेरकत्व
(*b*) केवल दोनों कुण्डलियों के बीच अन्योन प्रेरकत्व
(*c*) दोनों कुण्डलियों के अन्योन प्रेरकत्व और स्वप्रेरकत्व
(*d*) उपरोक्त में से कोई नहीं

5.12 प्रेरित *e.m.f.* का परिमाण किस पर निर्भर करता है।
(*a*) कुण्डली और चुम्बक की गति
(*b*) कुण्डली के मोड़ों की संख्या
(*c*) कुण्डली में प्रवाहित होने वाली धारा
(*d*) दोनों (*a*) और (*b*)

5.13 लेंन्ज का नियम निम्न में से किसके संरक्षण के नियम का एक परिणाम है।
(*a*) प्रेरित धारा
(*b*) आवेश
(*c*) ऊर्जा
(*d*) प्रेरित e.m.f.

उत्तरमाला									
5.1	(*b*)	**5.2**	(*c*)	**5.3**	(*a*)	**5.4**	(*d*)	**5.5**	(*c*)
5.6	(*d*)	**5.7**	(*b*)	**5.8**	(*d*)	**5.9**	(*b*)	**5.10**	(*b*)
5.11	(*c*)	**5.12**	(*d*)	**5.13**	(*c*)				

लघु और दीर्घ उत्तरीय प्रश्न

श्रेणी-1

5.1 विद्युत चुम्बकीय प्रेरण के फैराडे के नियमों को समझाएं? इसका समाकलन और अवकलन प्राप्त करें?

5.2 एक चुंबकीय क्षेत्र में संग्रहीत ऊर्जा के लिए एक व्यंजक का पता लगाएं?

5.3 भंवर धारा का परिमाण किन कारकों पर निर्भर करता है?

5.4 विद्युत धारा के चुंबकीय प्रभाव के कुछ अनुप्रयोग दें?

5.5 विद्युत चुंबकीय ब्रकिंग के कुछ अनुप्रयोगों का उल्लेख करें ?

5.6 दर्शाएँ कि स्वप्रेरकत्व फेरों की संख्या के वर्ग के अनुक्रमानुपाती तथा चुंबकीय पथ के रिलैक्टैंस के व्युत्क्रमानुपाती होता है।

5.7 अन्योन प्रेरकत्व चुंबकीय परिपथ की रिलैक्टैंस पर निर्भर करता है – कारण सिद्ध कीजिए।

5.8 युग्मन का गुणांक किस प्रकार दो कुंडलियों के बीच अन्योन प्रेरकत्व एवं इनके स्व-प्रेरकत्व पर भी निर्भर करता है?

5.9 विद्युतचुंबकीय ब्रेकिंग में प्रयुक्त मूल सिद्धांत की व्याख्या करें?

5.10 परिभाषा के द्वारा चुंबकीय फ्लक्स और चुंबकीय फ्लक्स घनत्व की एसआई इकाई का पता लगाएं?

5.11 लेन्ज के नियम के कथन से ऊर्जा संरक्षण के सिद्धांत को स्थापित करें?

5.12 फ्लेमिंग के दाहिने हाथ के नियम का संक्षेप में वर्णन कीजिए?

5.13 गतिशील और स्थिर रूप से प्रेरित ई.एम.एफ. के बारे में अपने विचार व्यक्त करें?

5.14 दो कुंडलियों के बीच युग्मन के गुणांक के बारे में अपने तरीके से एक रूपरेखा दीजिए?

5.15 संक्षेप में प्रेरक ई.एम.एफ. और इसके लिए एक अभिव्यक्ति प्राप्त करें। क्या आप प्रेरित ई.एम.एफ. और धारा की दिशा प्राप्त कर सकते हैं?

5.16 स्व और अन्योन्य प्रेरकत्व की परिभाषा से प्रारंभ करके उनके लिए एक व्यंजक ज्ञात कीजिए?

5.17 चुंबकीय फ्लक्स के किसी अधिकतम से शून्य मान में परिवर्तन का कारण सिद्ध कीजिए?

5.18 फैराडे के नियम को संशोधित करने की आवश्यकता के बारे में अपनी राय दें जैसा कि लेन्ज ने किया था?

5.19 फैराडे के विद्युत चुम्बकीय प्रेरण के नियम के समाकलन और अवकलन रूपों का उपयोग कुछ विशिष्ट उद्देश्यों के लिए किया जाता है। इसकी व्याख्या करें।

5.20 लेन्ज के नियम के आलोक में आप ऊर्जा संरक्षण के सिद्धांत पर कैसे विचार कर सकते हैं?

5.21 फ्लेमिंग के दाहिने हाथ का नियम प्रेरित ई.एम.एफ. की दिशा और किसी स्थिर चुम्बकीय क्षेत्र की दिशा से समकोण में गतिमान चालक में प्रवाहित धारा धारा ज्ञात करने के लिए उपयुक्त है। क्या आप सहमत हैं? विस्तार से व्याख्या कीजिये?

5.22 चालक के माध्यम से धारा की दिशा फ्लेमिंग के दाहिने हाथ के नियम से प्राप्त की जा सकती है –समझाइए?

5.23 पारस्परिक प्रेरित ई.एम.एफ. कुछ सरल तकनीक का उपयोग करके अभ्यास में प्राप्त किया जा सकता है। उचित स्पष्टीकरण के साथ अपनी राय दें।

5.24 स्वप्रेरकत्व प्रदर्शित करने की एक सरल विधि दीजिए।

5.25 उन मापदंडों का उल्लेख कीजिए जिन पर कुण्डली का प्रेरकत्व निर्भर करता है।

5.26 दो कुंडलियों के अन्योन्य प्रेरकत्व की निर्भरता का विस्तार से वर्णन कीजिए।

5.27 एक छोटे प्रतिरोध R के साथ क्रम बद्ध रूप से L प्रेरकत्व के समतुल्य एक प्रेरकत्व जुड़ा हुआ है। सर्किट को आपूर्ति की गई ऊर्जा दो तरह से खर्च की जाती है। उन दो तरीकों की रूपरेखा तैयार करें।

5.28 चालकों के भीतर एडी धाराओं के फ्लक्स की व्याख्या करें।

5.29 अंतरिक्ष यान में कंपन को समाप्त करने के लिए विद्युतचुंबकीय ब्रेकिंग का उपयोग किया जा सकता है। विधि का संक्षेप में उल्लेख करें?

श्रेणी–II

5.30 क्या आप हेनरी को स्व–प्रेरित ई.एम.एफ. और अन्योन प्रेरित ई.एम.एफ. की परिभाषाओं से समझा सकते हैं?

5.31 विद्युत चुम्बकीय प्रेरण के लिए प्राथमिक आवश्यकता का उल्लेख करें ?

5.32 व्यावहारिक उद्देश्यों के लिए चुंबकीय फ्लक्स को मापने की रूपरेखा दें ?

5.33 एक धातु की छड़ दो एक दूसरे से l दूरी पर स्थित समानांतर संवाहक रेलों जो एक दूसरे से l दूरी पर हैं पर घर्षण रहित सरकती है।एक प्रतिरोध R रेल के आर–पार जुड़ा हुआ है और एक समान चुंबकीय क्षेत्र B, इसके तल के अंदर की ओर इंगित करते हुए पूरे क्षेत्र को भर देता है। यदि बार दाहिनी ओर एक स्थिर गति V की ओर बढ़ता है, तो प्रतिरोधक में धारा क्या है?

5.34 चुंबकीय फ्लक्स एक अदिश राशि है जबकि चुंबकीय फ्लक्स घनत्व एक सदिश राशि है। कारण स्पष्ट कीजिए। इन दोनों राशियों की इकाइयाँ और आयाम दें?

संख्यात्मक प्रश्न

5.1 जब किसी चुंबकीय परिपथ के 400 फेरों की प्राथमिक कुण्डली में धारा 100 ms में रेखीय रूप से 10 mA से 35 mA तक बढ़ जाती है, तब 75 mV का विद्युत वाहक बल 240 वाली द्वितीय कुंडली में प्रेरित हो जाता है जिसे खुले परिपथ में छोड़ दिया जाता है। निर्धारित करें (a) दो कुंडलियों का अन्योन प्रेरकत्व, (b) पूर्व का रिलक्टैंस और (c) द्वितीय कुंडली का स्वप्रेरकत्व।

[उत्तर: 0.3 H, 320 kA/Wb, 0.18 H]

5.2 तार के 200 फेरों की एक कुण्डली रिलक्टैंस 2000 AT/Wb के चुंबकीय परिपथ पर बंधी है। यदि कुण्डली में प्रवाहित 1A की धारा को 10 ms में उलट दिया जाता है, तो कुंडली में प्रेरित औसत विद्युत वाहक बल ज्ञात कीजिए। [उत्तर: 4V]

5.3 माध्य व्यास 400 mm और अनुप्रस्थकाट का क्षेत्रफल 400 mm^2 का एक टॉरॉयड समान रूप से 1000 फेरों की कुंडली के साथ बंधा हुआ है जिसमें 2A की धारा प्रवाहित हो रही है। निर्धारित करें (*i*) स्व-प्रेरणा और (*ii*) कुण्डली में प्रेरित ई.एम.एफ. जब धारा 10 ms एक समान रूप से शून्य हो जाती है।

[उत्तर: 0.4 × 10–13 एच, 0.08 V]

5.4 0.5 मीटर लंबाई का एक चालक 1 Wb/m^2 चुंबकीय फ्लक्स घनत्व के एक समान चुंबकीय क्षेत्र में, उससे समकोण पर 40 मीटर/सेकेंड के वेग से गतिमान है। चालक में प्रेरित *e.m.f.* की गणना करें। प्रेरित *e.m.f.* क्या होगा यदि चालक क्षेत्र से 60 डिग्री के कोण पर गति करता है। [उत्तर: 20V, 17.32 V]

5.5 एक 300 फेरों की कुण्डली में 6Ω का प्रतिरोध और 0.5 H का प्रेरकत्व है। यदि एक तिहाई फेरों को हटा दिया जाए तो नया प्रतिरोध और नया प्रेरकत्व ज्ञात कीजिए। मान लें कि सभी घुमावों की परिधि समान है।

[उत्तर: 4Ω, 0.22 H]

5.6 एक प्रेरित्र के चुंबकीय क्षेत्र में संग्रहीत ऊर्जा 80 J है जब प्रेरित्र में प्रवाहित धारा 2A है। कुंडली के प्रेरकत्व की गणना करें। [उत्तर: 4 H]

5.7 एक लोहे की रिंग का अनुप्रस्थकाट का क्षेत्रफल 500 वर्ग मिलीमीटर और औसत लंबाई 300 मिमी है। यह 500 फेरों से बंधा हुआ है और इसकी सापेक्ष पारगम्यता 1600 है। परिकलित करें (क) कुंडली में 500 Wb का फ्लक्स स्थापित करने के लिए आवश्यक धारा, और (ख) सिस्टम का प्रेरकत्व, और (ग) प्रेरित *e.m.f.* यदि क्षेत्र 1 ms में नष्ट हो जाता है। [उत्तर: 1.492A, 33.51 mH, - 50V]

5.8 प्रत्येक फेरे के लिए 50 m^2 के क्षेत्रफल वाली एक एकल फेरे की कुंडली 0.008 T के एक समान क्षेत्र में लंबवत रखी जाती है। प्रेरित *e.m.f.* की गणना करें। कुण्डली में, यदि क्षेत्र को 0.4 s में हटा दिया जाता है।

[उत्तर: 10 V]

प्रायोगिक कार्य

प्रयोग 1. फैराडे के नियम और विद्युत चुम्बकीय प्रेरण के लेन्ज के नियम का अध्ययन

उद्देश्य

(*i*) फैराडे के विद्युत चुम्बकीय प्रेरण के नियम और लेन्ज के विद्युत चुम्बकीय प्रेरण के नियम का गुणात्मक रूप से अध्ययन।

(*ii*) किसी दिए गए कुंडली में चुंबकीय फ्लक्स में परिवर्तन के कारण इसके अंदर प्रेरित धारा की दिशा निर्धारित करना। (कुंडली में एक विद्युतचुम्बक या एक बार चुंबक डालकर और हटाकर)।

उपकरण

गैल्वेनोमीटर, कुंडली (प्राथमिक और द्वितीयक), बैटरी (1.5 V), बारचुंबक, एल्यूमीनियम और लोहे की रॉड, कनैक्शन वायर।

सिद्धांत

फैराडे के प्रेरण के नियम के अनुसार, यदि एक स्थायी चुंबक, B_{org}, एक कुंडली में डाला जाता है (या बाहर निकाला जाता है), तो इस कुंडली की वाइंडिंग में एक धारा I_{Ind} प्रेरित होती है, यह धारा तभी तक रहती है जब चुंबक को कुंडली के अंदर डाला जा रहा हो या बाहर निकाला जा रहा हो

प्रेरित धारा की उपस्थिति कुंडली को एक विद्युत चुम्बक, B_{ind} बना देगी। इसमें N और S ध्रुव हैं और किसी भी अन्य चुंबक की तरह, यह अन्य चुंबकों और चुंबकीय सामग्री पर बल लगाएगा। लेन्ज के नियम के अनुसार, प्रेरित धारा की दिशा ऐसी है कि इसका चुंबकीय क्षेत्र, B_{ind}, B_{org} में परिवर्तन का विरोध करेगा। दाहिने हाथ के नियम के अनुसार, यदि कोई दाएं हाथ का उपयोग करके कुंडली को समझता है तो उंगलियां प्रेरित धारा की दिशा को इंगित करेंगी, जबकि अंगूठा N-ध्रुव की ओर प्रत्यक्ष होगा जबकि दूसरा छोर S-ध्रुव को प्रदर्शित करेगा।

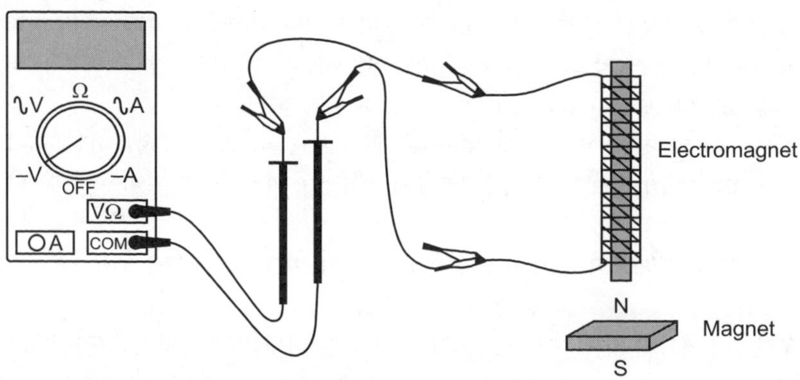

चित्र (i)

प्रयोग विधि

1. परंपरागत रूप से जब विद्युत धारा धनात्मक टर्मिनल के माध्यम से एमीटर (या गैल्वेनोमीटर) में प्रवेश करती है, तो इसकी सुई सही दिशा में विक्षेपित होती है। यह परिपाटी हमें परिनालिका में प्रेरित धारा की दिशा निर्धारित करने में मदद करेगी।
2. बड़ी परिनालिका (जिसे द्वितीयक कहा जाता है) की जांच करें और नीचे दो छोटे छेदों को नोट करें जिनमें से तार निकल रहे हैं। ये परिनालिका में प्रेरित धारा की दिशा निर्धारित करने में आपकी सहायता करेंगे।
3. अब, गैल्वेनोमीटर को द्वितीयक कुंडली से कनेक्ट करें और गैल्वेनोमीटर में विक्षेपण का निरीक्षण करने के लिए चुंबक के N-ध्रुव को परिनालिका में डालें। इस प्रेक्षण से परिनालिका की वाइंडिंग्स में प्रेरित धारा की दिशा जानने का प्रयास करें। दाहिने हाथ के नियम का उपयोग करके यह पता करें कि कुंडली का कौन सा सिरा उत्तरी ध्रुव है और कौन सा सिरा दक्षिणी ध्रुवों है। चुंबक की गति, परिनालिका में प्रेरित धारा फ्लक्स की दिशा और परिनालिका के N और S ध्रुवों को दर्शाने के लिए एक आरेख खींचिए।
4. प्रेरित धारा के परिमाण पर दंड चुंबक की गति के प्रभाव का निरीक्षण करें।

5. अब चुंबक को कुण्डली से दूर ले जाएँ और पिछले दो चरणों के समान अभिलेखों का निरीक्षण करें
6. अब चुंबक को उसके S ध्रुव के साथ परिनालिका के पास पकड़ें और अंतिम तीन चरणों को दोहराएं।
7. निर्धारित करें कि परिनालिका का प्रेरित क्षेत्र प्रत्येक स्थिति में स्थायी चुंबक को आकर्षित करता है या प्रतिकर्षित करता है।
8. स्थायी चुंबक को विद्युतचुम्बक (बैटरी से जुड़ा परिनालिका) से बदलें और पिछले चरणों को दोहराएं। प्राथमिक कुंडली को बैटरी से कनेक्ट करें जैसा कि चित्र (i) में दिखाया गया है। प्राथमिक परिनालिका को चुंबक के रूप में इस्तेमाल करते हुए चरणों (3) से (6) को दोहराएं।
9. प्राथमिक कुंडली को बैटरी से कनेक्ट करने के साथ, इसे द्वितीयक कुंडली में भेजें। अब इसे बैटरी से डिस्कनेक्ट करें और विक्षेपण का निरीक्षण करें। इसे बैटरी से फिर से कनेक्ट करें और फिर से विक्षेपण का निरीक्षण करें। ऊपर दिए गए आरेखों के समान दो आरेख खींचिए।
10. प्राथमिक कुंडली में एक लोहे की छड़ डालें और जब आप बैटरी को डिस्कनेक्ट और फिर से कनेक्ट करते हैं तो प्रेरित धारा के परिमाण पर इसके प्रभाव को रिकॉर्ड करें।

विश्लेषण

परिनालिका में प्रेरित धारा की दिशा दर्शाने वाले चित्र बनाइए। इंगित करें कि परिनालिका का कौन सा सिरा N है और कौन सा सिरा S है। आरेख के आगे, इंगित करें कि छड़ चुंबक और विद्युत चुंबक के बीच बल आकर्षण या प्रतिकर्षण है या नहीं। क्या यह बल लेन्ज के नियम के अनुरूप है? आपके पास 10 ऐसे आरेख होने चाहिए: चार स्थायी चुंबक का उपयोग करते हुए, चार प्राथमिक कुंडली का उपयोग चुंबक के रूप में करते हैं और दो और प्राथमिक कुंडली को डिस्कनेक्ट और कनैक्ट करते हुए जबकि यह द्वितीयक कुंडली के अंदर होती है।

प्रयोग 2. LCR श्रृंखला परिपथ की अनुनाद स्थिति का अध्ययन

उद्देश्य

(*i*) एक श्रृंखला LCR सर्किट की अनुनाद स्थिति प्राप्त करना।
(*ii*) विभिन्न प्रतिरोध मूल्यों के लिए गुणवत्ता कारक और बैंडविड्थ निर्धारित करना।

उपकरण

प्रतिरोधक, प्रेरक, संधारित्र (capacitor), कनेक्टिंगवायर, मल्टी-मीटर; फंक्शन जनरेटर (0 – 30 KHz, साइनसॉयडल)।

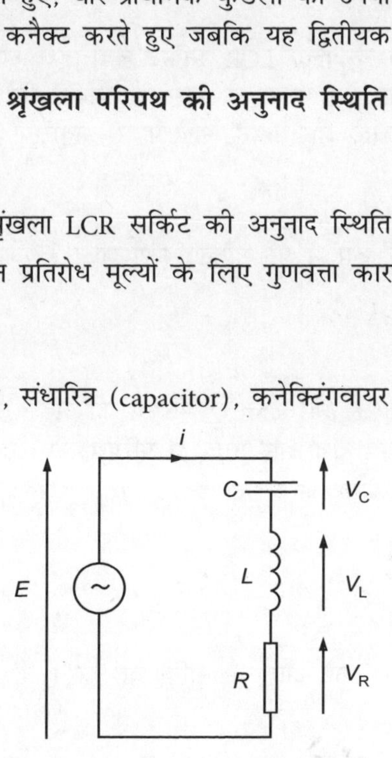

चित्र (*i*)

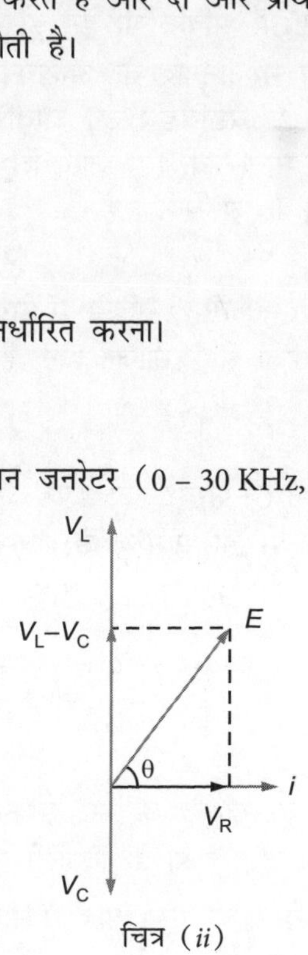

चित्र (*ii*)

सिद्धांत

LCR सर्किट एक विद्युत सर्किट को संदर्भित करता है जिसमें एक प्रतिरोध (R), एक इंडक्शन (L) और एक कैपेसिटेंस (C) होता है, जो या तो श्रृंखला में या समानांतर में जुड़ा होता है। परिपथ धारा के लिए एक सरल आवर्ती दोलित्र (Harmonic Oscillator) विकसित करता है और एक विशेष आवृत्ति पर अनुनादित होता है। परिपथ के लिए किसी विशेष आवृत्ति पर अनुनादी स्थिति प्राप्त कर पाना एक अत्यंत महत्वपूर्ण विशेषता हैं जिसे अनुनाद आवृत्ति f_{res} कहा जाता है। यह एक आवृत्ति है जिस पर परिपथ की प्रतिबाधा न्यूनतम होती है। वैकल्पिक रूप से, इसे उस आवृत्ति के रूप में परिभाषित किया जा सकता है जिस पर प्रतिबाधा प्रकृति में विशुद्ध रूप से प्रतिरोधक होती है। ऐसा इसलिए होता है क्योंकि अनुनाद पर प्रेरित प्रतिघात ($X_L = \omega L$) और धारितीय प्रतिघात ($X_C = 1/\omega C$) बराबर किन्तु विपरीत चिह्न के होते हैं और एक दूसरे को निरस्त करते हैं। इसकी कोणीय आवृत्ति इस प्रकार दी गई है:

$$\Omega_{res} = 2\pi F_{res}$$

प्रतिध्वनि में $\quad X_L = X_C$

या $\quad \omega_{res} L = \dfrac{1}{\omega_{res} C}$

या $\quad \omega_{res} = \dfrac{1}{\sqrt{LC}} \qquad (i)$

यहां X_L और X_C R के सापेक्ष क्रमशः $+90°$ और $-90°$ R के कोण पर हैं। इस प्रकार उनके ($X_L = X_C$) के बीच कोणीय अंतर 180° है जो उन्हें निरस्त कर देता है।

प्रतिरोध के आने से इन दोलनों का क्षय बढ़ जाता है और इस विशेषता को आमतौर पर डम्पिंग के रूप में जाना जाता है। प्रतिरोध भी शिखर अनुनादी आवृत्ति को कम करता है। इसी तरह, अगर परिपथ में कोई कार्यरत एसी पावर स्रोत नहीं है तो LCR सर्किट भी डंप हो जाएगा।

एक श्रृंखला में अनुनाद के अध्ययन का विश्लेषण करने के लिए LCR सर्किट बैंडविड्थ और Q-कारक दो महत्वपूर्ण कारक हैं। बैंडविड्थ उन आवृत्तियों के बीच के अंतर को मापता है जिस पर सर्किट के माध्यम से पावर अनुनाद के आधे मूल्य तक गिर जाती है। यदि ω_1 और ω_2 निचले और ऊपरी आधे पावर आवृत्तियाँ हैं, तो बैंडविड्थ को परिभाषित किया जा सकता है

$$\Delta\omega = \omega_2 - \omega_1 \quad \text{(द्वितीय)} \qquad (ii)$$

दूसरी ओर, Q-कारक, सर्किट में संग्रहीत शिखर ऊर्जा के रूप में परिभाषित किया जाता है, जो प्रति रेडियन में अनुनादी औसत ऊर्जा से विभाजित होता है। इसलिए,

$$Q = \frac{\omega_{res}}{\Delta\omega} \qquad (iii)$$

इसलिए निम्न Q-परिपथ को डेंपड और हानिपूर्ण कहा जाता है और उच्च Q-परिपथ को अंडर- डेंपड कहा जाता है। क्यू बैंडविड्थ से भी संबंधित है; निम्न क्यू सर्किट को वाइड बैंड और उच्च Q-परिपथ को नैरो बैंड कहा जाता है। एक LCR सर्किट के लिए Q-कारक को निम्न तरह से दिखाया जा सकता है

$$Q = \frac{1}{R}\sqrt{\frac{L}{C}}$$

प्रयोग विधि

1. परिपथ आरेख के अनुसार सर्किट को ठीक से कनेक्ट करें और यह सुनिश्चित करने के बाद कि परिपथ ठीक से जुड़ा हुआ है, बिजली की आपूर्ति चालू करें।
2. मल्टी-मीटर को एसी मोड में सेट करें और डायल पर वोल्टेज की उपयुक्त रेंज (V में) चुनें।

3. डिजिटल फंक्शन जनरेटर को kHz/freq. मोड में रखते हुए और dc-ऑफसेट वोल्टेज को 0V पर सेट करते हुए, ac इनपुट के लिए पीक-टू-पीक वोल्टेज पूरे माप में 6 V पर तय किया जा सकता है। यह सर्किट तत्वों में वोल्टेज के लिए सुरक्षा सीमा सुनिश्चित करेगा।
4. L और C के मूल्यों को स्थिर रखते हुए, R का एक विशेष मान चुनें। AC इनपुट आवृत्तियों के विभिन्न मूल्यों के लिए R के सापेक्ष्य वोल्टेज V_R के मूल्यों को मापें। अनुनादी आवृत्ति (fres) पर R के सापेक्ष्य अधिकतम वोल्टेज होगा। दिए गए R के लिए इसे सारणीबद्ध करें।
5. वोल्टेज V_R और आवृत्ति f के बीच एक ग्राफ बनाएं और वोल्टेज ग्राफ की चोटी की स्थिति से, श्रृंखला LCR सर्किट की अनुनाद आवृत्ति को घटाया जा सकता है।
6. अनुनादी आवृत्ति पर $V_R V_L$ और V_C को मापें।
7. दिए गए प्रतिरोधक के प्रत्येक मान के लिए अंतिम तीन चरणों के अनुसार माप दोहराएं। प्रतिरोधों के चुने हुए मानों के लिए प्राप्त $V_R V_S f$ वक्रों की तुलना करें।

परिणाम

तालिका 1: प्रतिरोधों के निश्चित मान के लिए आवृत्ति के साथ वोल्टेज का परिवर्तन

प्रेरक = ...mH

क्षमता = ...µf

प्रतिरोध (Ω)	आवृत्ति f (हर्टज)	वोल्टेज V_R (V)
R = निश्चित मान		

तालिका 2: R, L और C में वोल्टेज और संबंधित अनुनाद आवृत्ति

V_R (V)	V_L (V)	V_C (V)	f_{res} (हर्टज)

गुणवत्ता कारक (Q) की गणना इस प्रकार की जा सकती है: $Q = \frac{X_L}{R} = \frac{2\pi f_{res} L}{R} (v)$

बैंडविड्थ द्वारा दिया गया है: $BW = \frac{f_{res}}{Q} (vi)$

तालिका 3: प्रतिरोधों के विभिन्न मूल्यों के लिए बैंडविड्थ और गुणवत्ता कारक की तुलना

प्रतिरोध (Ω)	बैडविड्थ (BW)	गुणवत्ताकारक (Q)

सावधानियाँ

1. सभी जोड़ों की ठीक से जांच करें (विशेष रूप से मल्टी-मीटर और डिजिटल फंक्शन जनरेटर के लिए।
2. प्रयोग करने के लिए प्रतिरोध, प्रेरकत्व और क्षमता के उचित मूल्यों का चयन करें।
3. सुनिश्चित करें कि वोल्टेज और धारा (current) के मान निर्धारित सीमा के भीतर हैं। सुनिश्चित करें कि प्रतिरोधों की वाट क्षमता से अधिक न हो। इसी तरह सुनिश्चित करें कि संधारित्र के लिए अधिकतम अनुमेय वोल्टेज रेटिंग से अधिक नहीं है।
4. नियर f_{res} आवृत्ति में छोटे चरणों के लिए रीडिंग लेते हैं ताकि अधिकतम वोल्टेज V_R मैक्सिमम का सटीक मान और उस आवृत्ति f_{res} का पता लगाया जा सके जिस पर अनुनाद होता है।

अधिक जानिए

माइकल फैराडे (जन्म 22 सितंबर, 1791 को न्यूंगटन, सरे, इंग्लैंड में; मृत्यु 25 अगस्त, 1867 को हैम्पटन कोर्ट, सरे में) एक अंग्रेजी भौतिक विज्ञानी और रसायनज्ञ थे। उनके कई प्रयोगों ने बड़े पैमाने पर विद्युत चुंबकत्व की समझने में काफी हद तक योगदान दिया।

क्रियाकलाप

फैराडे ने दिखाया कि एक चालक को बदलते चुंबकीय क्षेत्र में रखने से, यह पूरे चालक में वोल्टेज का उत्पादन करेगा। इस प्रकार उन्होंने विद्युत फ्लक्स उत्पन्न करने का एक तरीका स्थापित किया। इस खोज को बाद में बड़ी संख्या में उन उपकरणों पर लागू किया गया जिनका हम आज उपयोग करते हैं।

कुछ महत्वपूर्ण तथ्य

माइकल फैराडे ने चुंबकीय भंडारण के दो मूलभूत घटक विकसित किए। उनके आविष्कारों ने बड़े पैमाने पर घर, खेत और कारखाने को बदल दिया। फैराडे की खोजों ने छोटे किसानों के काम में क्रांति ला दी। विद्युत ने कम से कम शारीरिक श्रम जैसे पानी पंप करना, गायों को दूध देने जैसे कार्यों के लिए स्वचालित प्रणालियों ने किसानों को अपने हाथों को अपंग करने से रोक दिया। सेल फोन से लेकर एयर कंडीशनिंग तक, फैराडे की खोजों के बिना सभी आधुनिक सुविधाएं संभव नहीं थीं।

सादृश्य

फैराडे ने इलेक्ट्रिक मोटर, ट्रांसफार्मर और जनरेटर का आविष्कार किया। विद्युत चुम्बकीय प्रेरण के ज्ञान के बिना, हमारे पास विद्युत गिटार के लिए वायरलेस ऊर्जा हस्तांतरण या पिकअप नहीं हो सकता था वास्तव में, फैराडे ने विद्युत को मनोरंजन से व्यावहारिक और व्यापक उपयोगों में बदल दिया।

इतिहास

फैराडे ने 1831 में विद्युत चुम्बकीय प्रेरण की खोज की।

टाइम लाइन

समकालीन दस्तावेज

- एम फैराडे, विद्युत में प्रायोगिक शोध, वॉल्यूम 1 (रिचर्ड और जॉन एडवर्ड टेलर, 1839) [इस पुस्तक में प्रकाशित लेख से संकलित है जोकि रॉयल सोसायटी के दार्शनिक सामंजस्य 1831-1838 से प्राप्त किया गया था]।
- जोसेफ हेनरी, जोसेफ हेनरी के वैज्ञानिक लेखन, स्मिथ सोनियन इंस्टीट्यूशन, 1886।

अधिक जानकारी

- "1833 - पहला सेमी चालक प्रभाव दर्ज किया गया है", सिलिकॉन इंजन कंप्यूटर इतिहास संग्रहालय, 2008।
- एलन डब्ल्यू हिर्शफेल्ड, माइकल फैराडे की इलेक्ट्रिक लाइफ, वॉकर एंड कंपनी, 2006।
- रॉबर्ट डी फ्रीडेल, लाइनें और लहरें: फैराडे, मैक्सवेल और इलेक्ट्रोमैग्नेटिज्म के 150 साल, इलेक्ट्रिकल इंजीनियरिंग के इतिहास के लिए केंद्र, इलेक्ट्रिकल और इलेक्ट्रॉनिक्स इंजीनियर्स संस्थान, 1981।
- शान एक्स वांग, अलेक्जेंडर एम तरर्टोरिन, ष्प्रेरक चुंबकीय सिरेष चुंबकीय सूचना भंडारण प्रौद्योगिकी, अकाद. मिक प्रेस, पीपी 81-117, 1990।
- "माइकलफैराडे" (http://www.chemheritage.org/discover/online-resources/chemistry-in-history/विषय/इलेक्ट्रोकेमिस्ट्री/फैराडे.aspx)
- "यूसुफ हेनरी जीवनी" (http://www.ieeeghn.org/wiki/index.php/Joseph_Henry)

अनुप्रयोग (वास्तविक जीवन/औद्योगिक)

माइकल फैराडे (1791-1867) विद्युत-चुंबकीय प्रेरण और विद्युत-चुंबकीय रोटेशन के सिद्धांतों को बनाने वाले विद्युत और चुंबकत्व के बीच संबंध की खोज के लिए जाने जाते हैं।

दोनों आधुनिक डेटा स्टोरेज सिस्टम की चुंबकीय रिकॉर्डिंग और इलेक्ट्रिक मोटर प्रौद्योगिकियों में महत्वपूर्ण भूमिका निभाते हैं।

केस स्टडी (पर्यावरण/सततता/सामाजिक/नैतिक मुद्दे)

1831 में लंदन में रॉयल सोसाइटी के व्याख्यान की एक श्रृंखला में, फैराडे ने अपने प्रयोगों के परिणामों का वर्णन किया। उन्होंने "साधारण चुम्बकों द्वारा विद्युत धारा" के उत्पादन का प्रदर्शन किया।

फैराडे ने एक छोटी कुंडली के माध्यम से विद्युत फ्लक्स भेजने के लिए एक तरल बैटरी का उपयोग किया। जब इसे किसी बड़ी कुण्डली से अंदर या बाहर ले जाया जाता था, तो इसके चुंबकीय क्षेत्र ने छोटी कुण्डली में एक

क्षणिक वोल्टेज प्रेरित किया जिसे गैल्वेनोमीटर द्वारा पहचाना गया।जेम्स क्लर्क मैक्सवेल (1831–1879) ने गणितीय रूप से विद्युत चुम्बकीय प्रेरण के समय-भिन्न पहलू को एक अंतर समीकरण के रूप में व्यक्त किया जो फैराडे के नियम के रूप में परिचित था।

अन्वेषणशील और कौतुक विषय

19वीं सदी के महानतम वैज्ञानिकों में से एक फैराडे ने अपने करियर की शुरुआत एक रसायनज्ञ के रूप में की थी। उन्होंने व्यावहारिक रसायन शास्त्र का एक मैनुअल लिखा जो उनकी कला के तकनीकी पहलुओं की उनकी विशेषज्ञता को दर्शाता है। उन्होंने बेंजीन सहित कई नए कार्बनिक यौगिकों की खोज की। वह "स्थायी" गैस का द्रवीकरण करने वाले पहले व्यक्ति थे। हालाँकि, उनका प्रमुख योगदान विद्युत और चुंबकत्व के क्षेत्र में था और वास्तव में वे पहले व्यक्ति थे जो चुंबकीय क्षेत्र से विद्युत फ्लक्स उत्पन्न करने में सक्षम थे।

संदर्भ एवं अध्ययन हेतु सुझाव

1. M. N. O. Sadiku, Elements of Electromagnetics, 4th Edition, New York & Oxford: Oxford University Press, 2007.
2. F.Ulaby, Fundamentals of Applied Electromagnetic, 5th Edition, Pearson: Prentice Hall, 2007.
3. P. Day, The Philosopher's Tree: A Selection of Michael Faraday's Writings, CRC Press, December 2019.
4. J. C. Maxwell, A Treatise on Electricity and Magnetism, 3rd Edition, Oxford University Press, 1904.
5. W. Hayt, Engineering Electromagnetics, 5th Edition, McGraw-Hill, 1989.
6. R. P. Feynman, The Feynman Lectures on Physics, V-II, www.feynmanlectures.caltech.edu.
7. D. J. Griffiths, Introduction to Electrodynamics, 3rd Edition, Upper Saddle River, NJ: Prentice Hall, 1999.
8. R/ F. Harrington, Introduction to Electromagnetic Engineering, Mineola, NY: Dover Publications, 2003.
9. https://nptel.ac.in/content/storage2/courses/122101002/downloads/lec-18.pdf
10 https://nptel.ac.in/content/storage2/courses/115101005/downloads/lectures-doc/Lecture-28.pdf
11. https://nptel.ac.in/content/storage2/courses/115101005/downloads/lectures-doc/Lecture-29.pdf
12. http://www.phys.ufl.edu/~acosta/phy2061/lectures/2061_ch3436.pdf

6 मैक्सवेल के समीकरण

यूनिट विशिष्ट

यह यूनिट निम्नलिखित मुख्य विषयों पर केन्द्रित है:

- धारा घनत्व के लिए सातत्य समीकरण;
- विस्थापन धारा की अवधारणा;
- मैक्सवेल के क्षेत्र समीकरण;
- विद्युत चुम्बकीय ऊर्जा प्रवाह;
- पोयंटिंग प्रमेय;
- विद्युत चुम्बकीय क्षेत्र में संवेग;
- विद्युत चुम्बकीय क्षेत्र में परिणामी दाब।
- युग्मन की निर्भरता और गुणांक;
- चुंबकीय क्षेत्र में रखी कुंडली में संग्रहित ऊर्जा।

अध्यायों के अंत में विषयों के अनुप्रयोगों के प्रति जिज्ञासा जगाने और रचनात्मकता पैदा करने के लिये वास्तविक उदाहरणों पर चर्चा की गई है, जिससे व्यावहारिक विषयात्मक प्रश्नों को सुलझाने की क्षमता में सुधार हो।

इस पुस्तक की विभिन्न इकाईयों में बड़ी संख्या में बहुविकल्पीय प्रश्न देने के अलावा, लघु और दीर्घ उत्तरीय प्रश्नों को दो श्रेणियों में चिह्नित किया गया है, ब्लूम्स वर्गीकरण के निम्न और उच्च क्रम का अनुसरण करते हुए, कई संख्यात्मक उदाहरणों के माध्यम से पाठन के संदर्भों की सूची एवं विषयात्मक कार्य सुझाए गए है, जिनके माध्यम से विद्यार्थी अभ्यास कर सकते हैं। यह ध्यान रखना महत्त्वपूर्ण है कि रुचि के विभिन्न विषयों पर अधिक जानकारी प्राप्त करने के लिए विभिन्न वर्गों में कुछ क्यूआर कोड प्रदान किए गए हैं जिन्हें प्रासंगिक सहायक ज्ञान के लिए स्कैन किया जा सकता है।

हर इकाई के अंत में पठन सामग्री के आधार पर, "अधिक जानिए" अनुभाग है। इस अनुभाग को विवेकपूर्ण ढंग से तैयार किया गया है ताकि इसमें दी गई पूरक जानकारी पाठकों के लिए लाभदायक हो। यह भाग मुख्य रूप से प्रारंभिक गतिविधि, कुछ दिलचस्प तथ्यों के उदाहरण, सादृश्य, विषय के विकास के इतिहास पर मुख्य टिप्पणियों और खोज पर ध्यान केन्द्रित करता है, संबंधित विषयों के विकास से लेकर वर्तमान समय तक, विषय वस्तु के अनुप्रयोगों पर प्रकाश डालता है। जिज्ञासा जगाने की दृष्टि से इकाइयों का समापन, दैनिक जीवन के वास्तविक और औद्योगिक अनुप्रयोगों के विभिन्न पहलुओं पर, पर्यावरण, स्थिरता, सामाजिक और नैतिक मुद्दों से संबंधित केस स्टडी द्वारा किया गया है।

भूमिका

मैक्सवेल के समीकरणों पर यह इकाई छात्रों में धारा घनत्व के सातत्य समीकरण और विस्थापन धारा की अवधारणा के बारे में सैद्धांतिक विचार उत्पन्न करेगी जो मैक्सवेल के क्षेत्र समीकरणों को समझाने में सहायक होंगे। विद्युत चुम्बकीय ऊर्जा प्रवाह और पोयंटिंग सदिश के साथ विद्युत चुम्बकीय क्षेत्र में संवेग एवं परिणामी दाब की गणना जैसे विषय विद्युत चुम्बकीय तरंगों के प्रवाह के सिद्धांत की समझ को विकसित करेंगे।

मैक्सवेल के सभी चार समीकरण विद्युत आवेशों और धारा के वितरण, एवं समय के साथ उनसे सम्बद्ध क्षेत्र के परिवर्तन से उत्पन्न विद्युत और चुम्बकीय क्षेत्र की व्याख्या करते हैं। इन समीकरणों को दशकों से रिपोर्ट किए गए आवेशों और धाराओं के विद्युत और चुम्बकीय प्रभावों के कई प्रयोगात्मक अवलोकनों के गणितीय आसवन के रूप में माना जाता है। यह दिलचस्प है कि इन सभी समीकरणों का विश्लेषण करने पर मैक्सवेल का अपना योगदान चौथे समीकरण का अंतिम पद है। इसने पहली बार सिद्ध किया कि बदलते विद्युत और चुम्बकीय क्षेत्र एक-दूसरे से जुड़े हुए हैं और ये क्षेत्र अंतरिक्ष में अनंत तक प्रवाह कर सकते हैं। मैक्सवेल की नई शब्दावली "विस्थापन धारा" ने स्वतंत्र रूप से अंतरिक्ष में विद्युत चुम्बकीय तरंग के प्रवाह की व्याख्या की और उनके वेग को, प्रकाश के वेग के समान ही निर्धारित करने की समीक्षा की।

पूर्व-अपेक्षित ज्ञान

गणितः सदिश कलन (कक्षा XII)

भौतिकी: विद्युत चुम्बकत्व (कक्षा XII)

यूनिट आउटकम्स (UO)

इस यूनिट के आउटकम्स की सूची इस प्रकार है:

U6-O1: धारा घनत्व के लिये सातत्य समीकरण को परिभाषित करना

U6-O2: विस्थापन धारा की अवधारणा को समझाना

U6-O3: मैक्सवेल क्षेत्र समीकरण को समझाना

U6-O4: विद्युत चुम्बकीय ऊर्जा प्रवाह और पोयंटिंग सदिश को समझना

U6-O5: विद्युत चुम्बकीय क्षेत्र में संवेग और परिणामी दाब की गणना करना

यूनिट-6 आउटकम्स	प्रोग्राम आउटकम्स (PO) के साथ अपेक्षित संबंध *(1-कमजोर सहसंबंध; 2-मध्यम सहसंबंध; 3-मजबूत सहसंबंध)*					
	CO-1	**CO-2**	**CO-3**	**CO-4**	**CO-5**	**CO-6**
U6-O1	2	1	–	–	–	1
U6-O2	2	2	–	1	–	1
U6-O3	–	–	1	3	–	2
U6-O4	–	–	–	–	–	–
U6-O5	1	–	–	–	–	–

6.1 प्रस्तावना

19वीं शताब्दी के उत्तरार्ध से वैज्ञानिकों को विश्वास था कि विद्युत और चुंबकत्व किसी तरह से संबंधित और एकीकृत हैं। जब कोई विद्युत आवेश गति करता है तो विद्युत धारा उत्पन्न होती है जिसके परिणाम स्वरूप चुंबकत्व विकसित होता है। विद्युत क्षेत्र का स्रोत विद्युत आवेश है जबकी चुम्बकत्व का स्रोत विद्युत धारा अर्थात, गतिमान आवेश। जब किसी कुंडली से सम्बद्ध चुंबकीय फ्लक्स, परिवर्तित होता है तो विद्युत चुम्बकीय बल उत्पन्न होता है, जिसे विद्युत चुम्बकीय प्रेरण कहा जाता है। माइकल फैराडे ने समय के साथ विद्युत क्षेत्र के परिवर्तन से सम्बंधित चुम्बकीय क्षेत्र के परिवर्तित होने के विद्युत चुम्बकीय प्रेरण के आधारभूत नियमों को प्रस्तावित किया। इस इकाई में हम समय के साथ विद्युत-चुंबकीय क्षेत्रों के परिवर्तन और इसके परिणामस्वरूप उत्पन्न होने वाली विद्युत चुम्बकीय तरंगों के विभिन्न माध्यमों में प्रवाह का अध्ययन मैक्सवैल के विद्युत-चुम्बकीय समीकरणों द्वारा करेंगे।

6.2 विस्थापन धारा

विद्युत विस्थापन क्षेत्र के परिवर्तन की दर को विस्थापन धारा के रूप में परिभाषित किया जा सकता है। इसकी मैक्सवेल के समीकरणों में महत्वपूर्ण भूमिका है। स्थिर विद्युत क्षेत्रों के बीच मौलिक संबंधों को निम्न रूप से व्यक्त किया जा सकता है :

$$\vec{\nabla}\times\vec{E}=0; \vec{\nabla}.\vec{D}=\rho \tag{6.1}$$

जहाँ एक रैखिक और आइसोट्रोपिक माध्यम के लिए $\vec{D}=\varepsilon\vec{E}$

इसी तरह स्थिर चुम्बकीय क्षेत्रों के बीच मौलिक संबंधों को संक्षेप में निम्नानुसार प्रस्तुत किया जा सकता है–

$$\vec{\nabla}.\vec{B}=0; \vec{\nabla}\times\vec{H}=\vec{J} \tag{6.2}$$

यहाँ $\vec{B}=\mu\vec{H}$

समी.-(6.1) और समी.-(6.2) स्थिर क्षेत्र में विद्युत और चुम्बकीय क्षेत्र के पदों के बीच संबंध देते हैं। समय परिवर्ती क्षेत्रों के लिए, इन दोनों के बीच संबंध निम्न रूप में व्यक्त किया जा सकता है

$$\vec{\nabla}\times\vec{H}=\vec{J} \tag{6.3 (a)}$$

$$\vec{\nabla}\times\vec{E}=-\frac{\partial\vec{B}}{\partial t} \tag{6.3 (b)}$$

$$\vec{\nabla}.\vec{D}=\rho \tag{6.3 (c)}$$

$$\vec{\nabla}.\vec{B}=0 \tag{6.3 (d)}$$

इसके अलावा, आवेग संरक्षण के सिद्धांत से हम सातत्य के समीकरण को निम्न रूप में प्राप्त कर सकते हैं

$$\vec{\nabla}.\vec{J}=-\frac{\partial\rho}{\partial t} \tag{6.4}$$

समी.-(6.3) (a) - (d), को समी.-(6.4) के अनुरूप होना चाहिए।

इस प्रकार हम देखते हैं कि $\vec{\nabla}.\vec{\nabla}\times\vec{H}=\vec{\nabla}.\vec{J}=0$

ऐसा इसलिए है क्योंकि $\vec{\nabla}.\vec{\nabla}\times\vec{A}$ किसी भी सदिश $\vec{A}$ के लिए शून्य हो जाता है। इस प्रकार $\vec{\nabla}\times\vec{H}=\vec{J}$ केवल स्थिर क्षेत्र अर्थात, $\frac{\partial\rho}{\partial t}=0$ परिदृश्य के लिए लागू होता है।

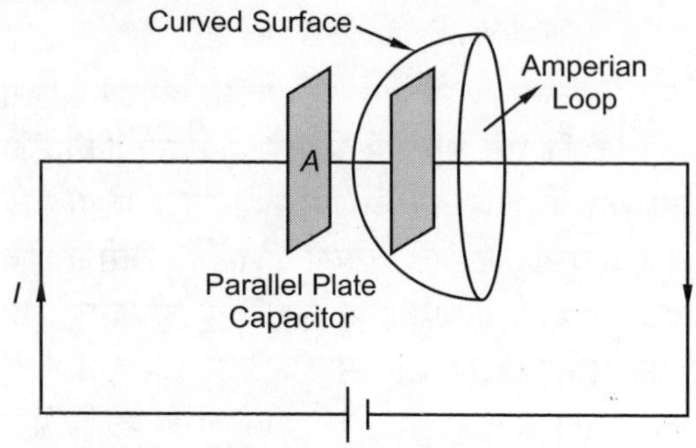

चित्र 6.1: विस्थापन धारा की अवधारणा

मान लीजिए कि हम एक संधारित्र को आवेशित कर रहे हैं (चित्र 6.1) यदि किसी लूप के लिए हम एम्पीयर के नियम को लागू करते हैं जिसमें कुल धारा I प्रवाहित हो रही हो। लेकिन यदि हम (चित्र 6.1) में एक अन्य वक्र सतह खींचें जिसमें कोई धारा न प्रवाहित हो रही हो अर्थात इसमें समाहित (एंक्लोस्ड) धारा $I = 0$ होगी। अस्थिर धाराओं के लिए इस स्थिति में लूप द्वारा सलंग्न धारा की अवधारणा अस्पष्ट है क्योंकि यह उपयोग की गई सतह के प्रकार पर निर्भर करती है। वास्तव में एम्पीयर के नियम को समय के सापेक्ष अस्थिरता की स्थिति में भी लागू होना चाहिये, तभी विस्थापन धारा का विचार उत्पन्न होता है। इसलिए समय परिवर्ती स्थिति के लिए-

$$\vec{\nabla}.\vec{\nabla}\times\vec{H} = 0 = \vec{\nabla}.\vec{J} + \frac{\partial\rho}{\partial t} = \vec{\nabla}.\vec{J} + \frac{\partial}{\partial t}(\vec{\nabla}.\vec{D}) = \vec{\nabla}.\left(\vec{J} + \frac{\partial\vec{D}}{\partial t}\right)$$

इसलिए
$$\vec{\nabla}\times\vec{H} = \vec{J} + \frac{\partial\vec{D}}{\partial t}$$

समी.-(6.5) स्थिर के साथ-साथ समय सापेक्ष अस्थिर स्थिति के लिए भी मान्य है। यह समीकरण दर्शाता है कि समय के सापेक्ष अस्थिर विद्युत क्षेत्र, $\vec{J}$ की अनुपस्थिति में भी, चुम्बकीय क्षेत्र पैदा करेगा।

इसमें $\frac{\partial\vec{D}}{\partial t}$ की विमाएँ धारा घनत्व के समान हैं (जो A/m^2 के बराबर है) और इसे विस्थान धारा घनत्व के रूप में संदर्भित किया जाता है। चालन धारा से असंतता की स्थिति में, विस्थापन धारा, कुल धारा को निरंतर बनाये रखने में महत्त्वपूर्ण भूमिका निभाती है। विस्थापन धारा का मान कम आवृत्ति पर चालकों में चालन धारा की तुलना में नगण्य होता है। किसी पदार्थ पर विद्युत क्षेत्र आरोपित करने पर आवेशों में क्षणिक गति को विस्थापन धारा के रूप में समझा जाता है। इसे निम्नानुसार लिखा जाता है।

$$\vec{I}_d = \frac{dQ}{dt} = \frac{d}{dt}(\sigma A) = \frac{d}{dt}\left(\varepsilon_0 A\vec{E}\right)$$

या
$$\vec{I}_d = \varepsilon_0 A\frac{d\vec{E}}{dt} \tag{6.6}$$

इस प्रकार प्रति इकाई क्षेत्रफल में विस्थापन धारा, विस्थापन धारा घनत्व कहलाता है और इसे निम्न रूप में व्यक्त किया जा सकता है,

$$\vec{J}_d = \frac{\vec{I}_d}{A} = \varepsilon_0\frac{d\vec{E}}{dt} = \frac{\partial}{\partial t}\left(\varepsilon_0\vec{E}\right) = \frac{\partial\vec{D}}{\partial t}$$

या
$$\vec{J}_d = \frac{d\vec{D}}{dt} \qquad [\text{जहां } \vec{D} = \varepsilon_0\vec{E}] \tag{6.7}$$

इस प्रकार विस्थापन-धारा-घनत्व, विद्युत विस्थापन के परिवर्तन की दर और किसी पारद्युतिक माध्यम में कालाश्रित विद्युत क्षेत्र में परिवर्तन के कारण उत्पन्न धारा है।

उदाहरण 6.1 एक समानान्तर प्लेट संधारित्र के अंदर की विस्थापन धारा ज्ञात करें, जिसे I धारा प्रवाहित होने वाले प्रतिरोधक से श्रेणीक्रम में सम्बद्ध किया गया है। मान लें कि समानांतर प्लेट संधारित्र की प्लेट का क्षेत्रफल A एवं पारद्युतिक निर्वात है।

हल

यहाँ $I_d = \frac{dQ}{dt} = \frac{d}{dt}(CV) = \frac{d}{dt}\left(\frac{\varepsilon_0 A}{d}V\right)$

जहाँ $Q = CV$ और $C = \frac{\varepsilon_0 A}{d}$

यहाँ $$I_d = \frac{\varepsilon_0 A}{d}\frac{dV}{dt} = \varepsilon_0 A\frac{dE}{dt}.$$

उदाहरण 6.1

उदाहरण 6.2 यदि $0.05\ m^2$ क्षेत्रफल की प्लेट वाले संधारित्र में विद्युतक्षेत्र 10^{10} V/m की दर से परिवर्तित हो रहा है, तो उसकी विस्थापन धारा ज्ञात करें।

हल

दिया है, प्लेट क्षेत्रफल $= 0.05\ m^2$ और $\frac{dE}{dt} = 10^{10}\ V/m$

इसलिए, विस्थापन धारा होगी

$$I_d = \varepsilon_0 A\frac{dE}{dt} = 8.854 \times 10^{-12} \times 0.05 \times 10^{10} = 4.43 mA.$$

उदाहरण 6.2

उदाहरण 6.3 किसी मुक्त आकाश में चुम्बकीय क्षेत्र को निम्न रूप में व्यक्त किया जाता है,
$\vec{B} = B_0 \cos(\omega t - kz)\hat{y}$

(*i*) यदि कोई मुक्त आवेश न हो तो विस्थापन धारा कितनी होगी,

(*ii*) समाकलन नियतांक की उपेक्षा करते हुए E के लिए व्यंजक ज्ञात कीजिए।

(*iii*) सत्यापित करें कि अवकल रूप में व्यक्त फैराडे का नियम, विद्युत चुम्बकीय प्रेरण के E और B से संतुष्ट होता है।

हल

हमें ज्ञात है $\vec{\nabla} \times \vec{B} = \mu_0 \vec{J}$

(*i*) इस प्रकार, विस्थापन धारा घनत्व $\vec{J} = \frac{1}{\mu_0}\vec{\nabla} \times \vec{B}$

और विस्थापन धारा $\vec{I}_d = \vec{J}A.$

यहाँ $$\vec{B} = B_0 \cos(\omega t - kz)\hat{y}$$

उदाहरण 6.3

इसलिए $$\vec{J} = \frac{1}{\mu_0}\begin{vmatrix} \hat{x} & \hat{y} & \hat{z} \\ \frac{\partial}{\partial x} & \frac{\partial}{\partial y} & \frac{\partial}{\partial z} \\ 0 & B_0\cos(\omega t - kz) & 0 \end{vmatrix} = \frac{B_0 k}{\mu_0}\sin(\omega t - kz)\hat{x}$$

और $$\vec{I}_d = \vec{J}A = \frac{AB_0 k}{\mu_0}\sin(\omega t - kz)\hat{x}$$

(*ii*) हमें ज्ञात है, $\vec{I}_d = \varepsilon_0 A\dfrac{d\vec{E}}{dt}$

इस प्रकार $$\varepsilon_0 A\frac{d\vec{E}}{dt} = \frac{AB_0 k}{\mu_0}\sin(\omega t - kz)\hat{x}$$

या $$\frac{d\vec{E}}{dt} = \frac{B_0 k}{\mu_0\varepsilon_0}\sin(\omega t - kz)\hat{x}$$

या $$\vec{E} = \int\frac{B_0 k}{\mu_0\varepsilon_0}\sin(\omega t - kz)\hat{x} = \frac{B_0 k}{\mu_0\varepsilon_0\omega}\cos(\omega t - kz)\hat{x}$$

[समाकलन नियतांक की उपेक्षा करने पर]

(*iii*) अब, $$\vec{\nabla}\times\vec{E} = \begin{vmatrix} \hat{x} & \hat{y} & \hat{z} \\ \frac{\partial}{\partial x} & \frac{\partial}{\partial y} & \frac{\partial}{\partial z} \\ \frac{B_0 k}{\mu_0\varepsilon_0\omega}\cos(\omega t - kz) & 0 & 0 \end{vmatrix} = \frac{B_0 k^2}{\mu_0\varepsilon_0\omega}\sin(\omega t - kz)\hat{y}$$

या $$\vec{\nabla}\times\vec{E} = \frac{B_0 k^2 c^2}{\omega}\sin(\omega t - kz)\hat{y} = B_0\omega\sin(\omega t - kz)\hat{y}$$

$$\left[\because c^2 = \frac{1}{\mu_0\varepsilon_0}, \omega = ck\right]$$

या $$\frac{\partial\vec{B}}{\partial t} = \frac{\partial\{B_0\cos(\omega t - kz)\hat{y}\}}{\partial t} = -B_0\omega\sin(\omega t - kz)\hat{y}$$

अतः $\vec{\nabla}\times\vec{E} = -\dfrac{\partial\vec{B}}{\partial t}$ और यह फैराडे के विद्युत चुम्बकीय प्रेरण के नियम के अवकलन रूप से सहमत है।

उदाहरण 6.3

6.2.1 चालन धारा की विस्थापन धारा से तुलना

चालन धारा वह विद्युत धारा है जो किसी चालक में विभवान्तर के कारण प्रवाहित होती है। जबकि विस्थापन धारा की व्याख्या, किसी संधारित्र की प्लेटों के आवेश को धारण करने से उत्पन्न चुम्बकीय क्षेत्र के प्रभाव के रूप में की जाती है।

चालन धारा और विस्थापन धारा के बीच कुछ महत्त्वपूर्ण अंतर निम्नानुसार हैं:

1. चालन धारा घनत्व को $\vec{J}_C = \sigma\vec{E}$ और विस्थापन धारा घनत्व को $\vec{J}_d = \frac{d\vec{D}}{dt}$ के द्वारा प्रदर्शित किया जाता है
2. चालन धारा परिपथ में बहने वाली वास्तविक धारा है, लेकिन विस्थापन धारा कालाश्रित विद्युत क्षेत्र के कारण उत्पन्न होती है और इसका अस्तित्व अप्रत्यक्ष रूप से होता है।
3. चालन द्वारा, ओम के नियम का पालन करती है जबकि विस्थापन धारा के लिए ऐसा नहीं है।

6.3 मैक्सवेल के समीकरण

जेम्स क्लार्क मैक्सवेल (1831 – 1879) एक स्कॉटिश वैज्ञानिक थे जिनकी सबसे उल्लेखनीय उपलब्धि विद्युत, चुम्बकत्व और प्रकाशिकी को एक साथ लाने के शास्त्रीय सिद्धांत को तैयार करने की थी। विद्युत-चुम्बकत्व की सभी घटनाओं को चार अलग समीकरणों की मदद से समझाया जा सकता है जिन्हें मैक्सवेल के समीकरणों के रूप में जाना जाता है। इन पर आगे चर्चा की गई है:

6.3.1 स्थैतिक विद्युत्व (इलैक्ट्रोस्टैटिक्स) और परावैद्युत्व (डाइइलैक्ट्रिक्स) में गॉस का नियम

मैक्सवेल के प्रथम समीकरण के अनुसार किसी बंद लूप से सम्बद्ध विद्युत फ्लक्स, उसके अंदर निहित आवेश को मुक्त क्षेत्र के परावैद्युतांक से विभाजित करने पर प्राप्त होता है, अर्थात

$$\int_S \vec{E}.d\vec{S} = \frac{q}{\varepsilon_0} \qquad [\text{विद्युत स्थैकत्व के लिए } \varepsilon_0\vec{E}]$$

या
$$\int_S \varepsilon_0\vec{E}.d\vec{S} = \int_S \vec{D}.d\vec{S} = q \ [\because \vec{D} = \varepsilon_0\vec{E}]$$

या
$$\int_S \vec{D}.d\vec{S} = \int_V \rho dV \ [\because \rho = \frac{dq}{dV}]$$

यह परावैद्युत के समीकरण का समाकलन रूप है।

पुनः विचलन प्रमेय का उपयोग करके समी.-(6.8) को निम्न रूप में लिखा जा सकता है,

$$\int_V \vec{\nabla}.\vec{D}dV = \int_V \rho dV$$

दोनों पक्षों का समाकलन करने पर हमें प्राप्त होगा–

$$\vec{\nabla}.\vec{D} = \rho \tag{6.9 (a)}$$

या
$$\vec{\nabla}.\vec{E} = \frac{\rho}{\varepsilon_0}\left[\text{as } \vec{D} = \varepsilon_0\vec{E}\right] \tag{6.9 (b)}$$

समी.-(6.9) (a) और समी.-6.9 (b) क्रमशः परावैद्युत (डाइइलैक्ट्रिक्स) और स्थैतिक विद्युत्व (इलैक्ट्रोस्टैटिक्स) के समीकरणों के अवकल (डिफ्रैंशियल) रूप हैं।

6.3.2 स्थैतिक चुम्बकत्व (मैग्नेटोस्टैटिक्स) में गॉस का नियम

मैक्सवेल के द्वितीय समीकरण के अनुसार किसी बंद लूप से सम्बद्ध चुम्बकीय फ्लक्स शून्य के बराबर होता है अर्थात–

$$\int_S \vec{B}.d\vec{S} = 0 \tag{6.10}$$

यह समीकरण का समाकल रूप है।

पुनः डाइवर्जेन्स प्रमेय का उपयोग करके उपरोक्त समीकरण को निम्न रूप में लिखा जा सकता है–

$$\int_V \vec{\nabla}.\vec{B}dV = 0$$

या $\vec{\nabla}.\vec{B} = 0$ [क्योंकि उपरोक्त समीकरण dV के किसी भी मान के लिये सत्य है] (6.11)

यह समीकरण का अवकल (डिफ्रेंशियल) रूप है।

6.3.3 फैराडे का विद्युत चुम्बकीय प्रेरण का नियम

मैक्सवेल के तृतीय समीकरण के अनुसार प्रेरित *e.m.f.* (*e*) एक चुम्बकीय परिपथ में चुम्बकीय फ्लक्स (φ) के परिवर्तन की दर के समान होता है और यह इस तरह से प्रेरित होता है कि फ्लक्स के परिवर्तन की दर हमेंशा विरोधक होती है। इस नियम को गणितीय रूप में निम्नानुसार लिखा जा सकता है–

$$e = -\frac{d\varphi}{dt}$$

या

$$\oint_C \vec{E}.d\vec{l} = -\frac{d}{dt}\left(\iint_S \vec{B}.d\vec{S}\right) \tag{6.12}$$

इसे फैराडे के विद्युत चुम्बकीय (EM) प्रेरण के नियम के रूप में जाना जाता है।

पुनः सदिश कलन के स्टोक्स प्रमेय का उपयोग करने पर हमें प्राप्त होगा–

$$\oint_C \vec{E}.d\vec{l} = \iint_S \vec{\nabla}\times\vec{E}.d\vec{S}$$

इनकी तुलना करने से हमें मिलता है–

$$\iint_S \vec{\nabla}\times\vec{E}.d\vec{S} = -\frac{d}{dt}\left(\iint_S \vec{B}.d\vec{S}\right)$$

या

$$\iint_S \vec{\nabla}\times\vec{E}.d\vec{S} + \iint_S \frac{\partial\vec{B}}{\partial t}.d\vec{S} = 0$$

या

$$\iint_S \left(\vec{\nabla}\times\vec{E} + \frac{\partial\vec{B}}{\partial t}\right).d\vec{S} = 0$$

उपरोक्त समीकरण $d\vec{S}$ के किसी भी मान के लिये सत्य है। अतः हमें प्राप्त होगा– $\vec{\nabla}\times\vec{E} + \frac{\partial\vec{B}}{\partial t} = 0$

या

$$\vec{\nabla}\times\vec{E} = -\frac{\partial\vec{B}}{\partial t} \tag{6.13}$$

यह समीकरण फैराडे के विद्युत चुम्बकीय प्रेरण (EMI) के नियम का अवकल (डिफ्रेंशियल) रूप है।

6.3.4 संशोधित एम्पीयर का परिपथ नियम

एम्पीयर के परिपथ नियम को मैक्सवेल द्वारा संशोधित किया गया था और इसे एम्पीयर-मैक्सवेल के नियम या संशोधित एम्पीयर के परिपथ नियम के रूप में जाना जाता है। इस संशोधित नियम के अनुसार, किसी मुक्त आकाश में समय-परिवर्ती धारा के लिए, चुंबकीय क्षेत्र में बंद पथ के आस पास चुंबकीय प्रेरण का रेखीय समाकल, उस पथ से घिरी सतह के माध्यम से प्रवाहित कुल स्थिर धारा (I) का μ_0 गुना होती है।

एम्पीयर के परिपथ नियम से हमें प्राप्त है–

$$\oint_C \vec{B}.d\vec{l} = \oint_C \mu_0 \vec{H}.d\vec{l} = \mu_0 I$$

या

$$\oint_C \vec{H}.d\vec{l} = I = \int_C \vec{J}_c.d\vec{S} \left[\because J_c = \frac{dI}{dS}\right]$$

उपरोक्त समीकरण में स्टोक्स के प्रमेय का उपयोग करने पर–

$$\int_S \vec{\nabla} \times \vec{H}.d\vec{S} = \int_C \vec{J}_c.d\vec{S}$$

dS के किसी भी मान के लिये उपरोक्त समीकरण की समानता के अनुसार $\vec{\nabla} \times \vec{H} = \vec{J}_c$ जो स्थिर क्षेत्रों के लिए मान्य है।

इस समीकरण के दोनों पक्षों का डाइवरजेंस लेने पर–

$$\vec{\nabla}.\vec{\nabla} \times \vec{H} = \vec{\nabla}.\vec{J}_c = 0$$

पुनः स्थिर क्षेत्रों के लिए सातत्य समीकरण से हमें प्राप्त है–

$$\vec{\nabla}.\vec{J}_c + \frac{\partial \rho}{\partial t} = 0$$

या

$$\vec{\nabla}.\vec{J}_c + \frac{\partial \rho}{\partial t} = 0$$

या

$$\frac{\partial \rho}{\partial t} = 0$$

इसलिए परिवर्ती क्षेत्रों के लिए, कुल धारा घनत्व, चालन और विस्थापन धारा घनत्वों के बराबर होना चाहिए और इसलिए हमें यहाँ चौथे मैक्सवेल के समीकरण का उपयोग करने की आवश्यकता है, जो मूल रूप से एम्पीयर के परिपथ नियम का संशोधित रूप है। इसके अनुसार चुम्बकीय क्षेत्र की तीव्रता का रेखीय समाकल चालन और विस्थापन घनत्वों के सतह समाकल के बीजीय योग के बराबर होता है, अर्थात–

$$\oint_C \vec{H}.d\vec{l} = \int_S \vec{J}_c.d\vec{S} + \int_S \vec{J}_d.d\vec{S}$$

या

$$\oint_C \vec{H}.d\vec{l} = \int_S \vec{J}_c.d\vec{S} + \int_S \frac{\partial \vec{D}}{\partial t}.d\vec{S} \qquad (6.14)$$

यह समीकरण का समाकल रूप है। अब स्टोक्स प्रमेय के सदिश कलन का उपयोग करने पर–

$$\oint_C \vec{H}.d\vec{l} = \int_S \vec{\nabla} \times \vec{H}.\hat{n}dS = \int_S \vec{\nabla} \times \vec{H}.d\vec{S} \qquad (6.15)$$

तो, समी.-(6.14) और समी.-(6.15) की तुलना से हमें मिलता है।

$$\int_S \vec{\nabla}\times\vec{H}.d\vec{S} = \int_S \vec{J}_c.d\vec{S} + \int_S \frac{\partial\vec{D}}{\partial t}.d\vec{S} = \int_S \left(\vec{J}_c + \frac{\partial\vec{D}}{\partial t}\right)d\vec{S}$$

उपरोक्त समीकरण dS के किसी भी मान के लिये सत्य है और इसलिए समीकरणों के दोनों पक्षों के समाकलों की समानता से हमें प्राप्त होगा–

$$\vec{\nabla}\times\vec{H} = \vec{J}_c + \frac{\partial\vec{D}}{\partial t} \tag{6.17}$$

यह समीकरण का अवकल रूप है।

उदाहरण 6.4

उदाहरण 6.4 सिद्ध करें $\vec{E}=\cos(y-t)\hat{k}$ और $\vec{B}=\cos(y-t)\hat{i}$ संभावित विद्युत चुम्बकीय तरंग का गठन करते हैं।

हल

दिया गया है $\vec{E}=\cos(y-t)\hat{k}$ और $\vec{B}=\cos(y-t)\hat{i}$

अब $$\vec{\nabla}\times\vec{E} = \begin{vmatrix} \hat{i} & \hat{j} & \hat{k} \\ \frac{\partial}{\partial x} & \frac{\partial}{\partial y} & \frac{\partial}{\partial z} \\ 0 & 0 & \cos(y-t) \end{vmatrix} = -\hat{i}\sin(y-t)$$

और $$\frac{\partial\vec{B}}{\partial t} = -\hat{i}\sin(y-t)$$

इसलिए $$\vec{\nabla}\times\vec{E} = \frac{\partial\vec{B}}{\partial t}$$

अतः $\vec{E}=\cos(y-t)\hat{k}$ और $\vec{B}=\cos(y-t)\hat{i}$ संभावित विद्युत चुम्बकीय तरंग का गठन करती है।

6.4 मैक्सवेल के समीकरणों का महत्त्व

यह ज्ञात है कि विद्युत क्षेत्र रेखाएँ धनात्मक आवेशों से विसरित और ऋणात्मक आवेशों पर अभिसरित होती हैं। आवेशों से प्रेरित विद्युत क्षेत्र को विद्युत फ्लक्स के घनत्व के द्वारा स्पष्ट रूप से वर्णित किया जा सकता है, क्योंकि ये आवेश से निकटता से संबंधित रहती है। इसमें मैक्सवेल के सभी समीकरणों का विशेष महत्त्व है, जोकि आगे वर्णित है।

6.4.1 प्रथम समीकरण $\vec{\nabla}.\vec{D}=\rho$ या $\vec{\nabla}.\vec{E}=\frac{\rho}{\varepsilon_0}$

(*i*) यह बताता है कि किसी भी बंद सतह में से गुजरने वाला कुल विद्युत फ्लक्स, उस सतह द्वारा घेरे गए कुल आवेश का $1/\varepsilon_0$ गुना होता है। यह गॉस के स्थैतिक विद्युत्व (इलैक्ट्रॉस्टैटिक्स) के नियम के अवकल (डिफ्रैंशियल) रूप को दर्शाता है।

(*ii*) यह इंगित करता है कि चार्ज घनत्व ρ एक अदिश राशि है।

(*iii*) अगर ρ धनात्मक है तो विद्युत क्षेत्र का डाइवर्जेस भी धनात्मक होगा, और अगर ρ ऋणात्मक हो, तो विद्युत क्षेत्र का डाइवर्जेस भी ऋणात्मक होगा अतः विद्युत क्षेत्र रेखाएँ धनात्मक आवेश (स्रोतों) से शुरू होकर ऋणात्मक आवेश (सिंक) पर समाप्त होती है। इस प्रकार यह विद्युत क्षेत्र और आवेश वितरण के बीच के संबंध को दर्शाता है।

(*iv*) चूंकि यह समीकरण समय पर निर्भर नहीं करता, इसलिये यह एक स्थिर अवस्था समीकरण को प्रदर्शित करता है।

6.4.2 द्वितीय समीकरण $\vec{\nabla}.\vec{B}=0$

(*i*) इसके अनुसार किसी भी बंद सतह का नेट चुम्बकीय फ्लक्स शून्य होता है। यह स्थैतिक चुम्बकत्व (मैग्नेटोस्टैटिक्स) में गॉस के नियम के अवकल रूप को प्रदर्शित करता है।

(*ii*) यह इंगित करता है कि किसी आच्छादित क्षेत्र के भीतर प्रवेश करने वाली और इससे बाहर निकलने वाली चुम्बकीय बल रेखाओं की कुल संख्या बराबर होती है। इसलिए एक पृथक चुम्बकीय एकल ध्रुव यानी चुम्बकीय मोनोपोल सम्भव नहीं हो सकता है। यह केवल युग्मों में ही हो सकते हैं।

(*iii*) इसलिए, चुम्बकीय बल रेखाओं का कोई स्रोत या सिंक नहीं होता।

(*iv*) चूंकि समीकरण काल अनाश्रित करता, इसलिए यह भी एक स्थिर अवस्था समीकरण है।

6.4.3 तृतीय समीकरण $\vec{\nabla}\times\vec{E}=-\frac{\partial\vec{B}}{\partial t}$

(*i*) यह इंगित करता है कि चुम्बकीय फ्लक्स के समय के साथ परिवर्तन की दर के कारण विद्युत क्षेत्र का उत्पादन होता है। इसे $e=-\frac{\partial\varphi}{\partial t}$ समीकरण के रूप में भी लिखा जा सकता है।
यह विद्युत चुम्बकीय प्रेरण (EM इंडक्शन) के फैराडे के नियम को प्रदर्शित करता है। यह मूल रूप से समीकरण का अवकलन रूप है।

(*ii*) यह एक कालाश्रित समीकरण है।

6.4.4 चतुर्थ समीकरण $\vec{\nabla}\times\vec{H}=\vec{J}_C+\frac{\partial\vec{D}}{\partial t}$

(*i*) यह इंगित करता है कि चालन धारा घनत्व $\vec{J}_C$ और विस्थापन धारा घनत्व $\vec{D}$ के समय परिवर्ती दर के कारण चुम्बकीय क्षेत्र का उत्पादन होता है, $\vec{J}_D$ के संयुक्त या प्रथक रूप दोनों ही से।

(*ii*) यह स्थिर धारा के साथ-साथ परिवर्ती धारा के लिए एम्पीयर के परिपथ के नियम का संशोधित अवकल रूप है।

(*iii*) यह एक कालाश्रित समीकरण है।

6.5 विद्युत-चुम्बकीय (EM) ऊर्जा घनत्व

विद्युत-चुम्बकीय तरंग का ऊर्जा घनत्व विद्युत या चुम्बकीय क्षेत्र के आयाम के वर्ग के आनुपातिक होता है। किसी भी EM तरंग का, आयाम विद्युत और चुम्बकीय दोनों क्षेत्रों की उच्चतम क्षेत्र शक्ति को प्रदर्शित करता है। किसी भी तरंग की ऊर्जा को उसके आयाम और उसके द्वारा वहन की गई ऊर्जा की सहायता से प्राप्त किया जा सकता है।

अंतरिक्ष के एक क्षेत्र में प्रति इकाई मात्रा में विद्युत और चुम्बकीय ऊर्जा घनत्व को विद्युत और चुम्बकीय ऊर्जा घनत्व कहा जाता है जिसे क्रमशः निम्न के रूप में लिखा जाता है,

$$U_e = \frac{1}{2}\vec{D}.\vec{E} = \frac{1}{2}\varepsilon\vec{E}.\vec{E} = \frac{1}{2}\varepsilon E^2 \tag{6.18}$$

$$U_m = \frac{1}{2}\vec{B}.\vec{H} = \frac{1}{2}\mu\vec{H}.\vec{H} = \frac{1}{2}\mu H^2 \tag{6.19}$$

इस प्रकार, EM ऊर्जा घनत्व, किसी माध्यम के प्रति इकाई आयतन की विद्युत चुम्बकीय ऊर्जा है। अर्थात्

$$U_{em} = U_e + U_m = \frac{1}{2}\varepsilon E^2 + \frac{1}{2}\mu H^2 \tag{6.20}$$

मुक्त आकाश में EM ऊर्जा घनत्व है।

$$U = \frac{1}{2}\varepsilon_0 E^2 + \frac{1}{2}\mu_0 H^2 \tag{6.21}$$

6.6 पोयंटिंग सदिश

यह सिद्धांत इसके खोज कर्त्ता जॉन हेनरी पोयंटिंग के नाम से लोकप्रिय है। पोयंटिंग सदिश किसी भी विद्युत चुम्बकीय (EM) क्षेत्र के प्रति इकाई क्षेत्रफल से प्रति यूनिट समय में ऊर्जा के हस्तांतरण को दर्शाता है। पोयंटिंग वेक्टर की SI इकाई वाट प्रति वर्ग मीटर (W/m^2) होती है।

इस प्रकार पोयंटिंग सदिश को ऊर्जा प्रवाह की लम्बवत दिशा में प्रति इकाई क्षेत्रफल से प्रवाहित होने वाली विद्युत चुम्बकीय ऊर्जा की दर के रूप में परिभाषित किया जा सकता है और इसे गणितीय रूप से निम्नानुसार परिभाषित किया जा सकता है,

$$\vec{P} = \vec{E}\times\vec{H} = \frac{\vec{E}\times\vec{B}}{\mu_0} \tag{6.22}$$

SCAN ME
to view Poynting vector propagation

यह एक कालाश्रित राशि है और स्थैतिक क्षेत्रों के लिए लागू नहीं होती है। यह प्रति इकाई क्षेत्रफल में से बहने वाली विद्युत-चुम्बकीय शक्ति है।

इसकी SI इकाई W/m^2 है और यह E-क्षेत्र और H-क्षेत्र दोनों से लंबवत होती है।

उदाहरण 6.5

उदाहरण 6.5 एक 100 W के लैम्प से 1 m की दूरी पर पोयंटिंग सदिश का मान ज्ञात कीजिये।

हल

लैम्प से कुल विकरित शक्ति को $\wp = 4\pi R^2 P$ रूप में लिखा जा सकता है,

यहाँ $\wp = 100$ W और $R = 1$ m

तो, पोयंटिंग सदिश होगा $P = \frac{\wp}{4\pi R^2} = \frac{100}{4\times 3.14\times(1)^2} = 7.96 W/m^2.$

उदाहरण 6.6

उदाहरण 6.6 यदि सूर्य से 2.8×10^{26} W शक्ति विकरित होती है और सूर्य की त्रिज्या 7×10^8 मीटर हो, तो सूर्य की सतह पर पोयंटिंग सदिश का मान ज्ञात कीजिये।

हल

सूर्य से कुल विकरित शक्ति को $\wp = 4\pi R^2 P$ रूप में लिखा जा सकता है,

यहाँ $\wp = 2.8\times10^{26}$ W और $R = 7\times10^8$ m

तो, पोयंटिंग सदिश होगा $P = \frac{\wp}{4\pi R^2} = \frac{2.8\times10^{26}}{4\times 3.14\times\left(7\times10^8\right)^2} = 4.55\times10^7 W/m^2.$

उदाहरण 6.7 एक a त्रिज्या वाला बहुत लंबा सिलेंडर का क्रॉस-सेक्शन एक समान रूप से वितरित I, मान की धारा को वहन करता है।यदि धारा को सिलेंडर के अक्ष की दिशा में प्रवाहित होने दिया जाता है, तो चालक में विद्युत क्षेत्र का निर्धारण करें।यह दिया गया है कि चुंबकीय क्षेत्र चालक के ठीक बाहर स्थित है और पोंयटिंग सदिश को सिलेंडर की सतह पर नोट किया जा सकता है।आप मान सकते हैं कि पदार्थ की चालकता α है।

हल

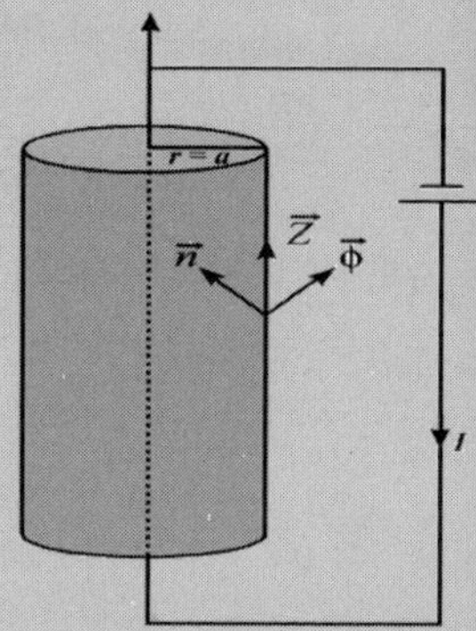

एम्पीयर के परिपथ नियम का उपयोग करने पर हमारे पास चुंबकीय क्षेत्र H है

जो इस प्रकार $$\oint_C \vec{H}.d\vec{l} = I$$

या $$H.2\pi r = I$$

या $$H = \frac{I}{2\pi r}$$

यहाँ $r = a$ पर क्षेत्र होगा $H = \frac{I}{2\pi a}\hat{\phi}$

और क्षेत्र की दिशा सतह के लिए स्पर्श रेखीय होगी। हम जानते हैं कि विद्युत क्षेत्र और धारा घनत्व में संबंध है $\vec{J} = \sigma\vec{E}$ (मान लीजिये कि इसकी दिशा Z-अक्ष के साथ निर्देशित है जैसा कि चित्र में दिखाया गया है)।

चूँकि पोयंटिग सदिश है $\vec{S} = \vec{E}\times\vec{H}$,

तो $\vec{E}$ और $\vec{H}$ के मान को प्रतिस्थापित करने पर हमारे पास है

$$\vec{P} = \frac{JI}{2\pi a\sigma}\hat{z}\times\hat{\phi} = \frac{JI}{2\pi a\sigma}\hat{n}$$

जहां $\hat{n}$ विद्युत और चुंबकीय दोनों क्षेत्रों से लंबवत है और चालक के अंदर की ओर कार्य करता है, जैसा कि चित्र में दिखाया गया है।

उदाहरण 6.7

6.7 पोयंटिंग प्रमेय

कथन: इसमें कहा गया है कि किसी दिए गए आयतन में से प्रवाहित कुल विद्युत शक्ति, उसमें संग्रहित EM ऊर्जा की कमी की दर में से उस आयतन में चालन के कारण होने वाली ऊर्जा की हानि को घटाने से प्राप्त होती है।

निगमन: मैक्सवेल के समीकरणों से हमारे पास है,

$$\vec{\nabla}\times\vec{E} = -\frac{\partial\vec{B}}{\partial t} \text{ और } \vec{\nabla}\times\vec{H} = \vec{J} + \frac{\partial\vec{D}}{\partial t}$$

इसलिए $$\vec{H}.\vec{\nabla}\times\vec{E} = -\vec{H}.\frac{\partial\vec{B}}{\partial t} \text{ और } \vec{E}.\vec{\nabla}\times\vec{H} = \vec{E}.\left(\vec{J} + \frac{\partial\vec{D}}{\partial t}\right)$$

इस प्रकार $$\vec{H}.\vec{\nabla}\times\vec{E} - \vec{E}.\vec{\nabla}\times\vec{H} = -\vec{H}.\frac{\partial\vec{B}}{\partial t} - \vec{E}.\left(\vec{J} + \frac{\partial\vec{D}}{\partial t}\right) = -\left(\vec{H}.\frac{\partial\vec{B}}{\partial t} + \vec{E}.\frac{\partial\vec{D}}{\partial t}\right) - \vec{E}.\vec{J}$$

या $$\vec{\nabla}.\vec{E}\times\vec{H} = -\left(\vec{H}.\frac{\partial\vec{B}}{\partial t} + \vec{E}.\frac{\partial\vec{D}}{\partial t}\right) - \vec{E}.\vec{J} \quad \left[\because \vec{H}.\vec{\nabla}\times\vec{E} - \vec{E}.\vec{\nabla}\times\vec{H} = \vec{\nabla}.\vec{E}\times\vec{H}\right]$$

$$= -\left(\mu\vec{H}.\frac{\partial\vec{H}}{\partial t} + \varepsilon\vec{E}.\frac{\partial\vec{E}}{\partial t}\right) - \vec{E}.\vec{J}$$

या $$\vec{\nabla}.\vec{E}\times\vec{H} = -\frac{\partial}{\partial t}\left(\frac{1}{2}\mu H^2 + \frac{1}{2}\varepsilon E^2\right) - \vec{E}.\vec{J} \qquad (6.23)\ (a)$$

या $$\vec{\nabla}.\vec{P} = -\frac{\partial U_{em}}{\partial t} - \vec{E}.\vec{J} \qquad \text{[समी.-(6.22) का उपयोग करने पर]} \qquad (6.23)\ (b)$$

उपरोक्त समीकरण को माध्यम के किसी एक विशेषमान के लिए समाकलित (इंटीग्रेट) करने पर,

$$\int_V \vec{\nabla}.\vec{P}dV = -\int_V \frac{\partial U_{em}}{\partial t}dV - \int_V \vec{E}.\vec{J}dV$$

या $$\iint_S \vec{P}.d\vec{S} = -\int_V \frac{\partial U_{em}}{\partial t}dV - \int_V \vec{E}.\vec{J}dV \quad \text{[गॉस के प्रमेय का उपयोग करने पर]} \qquad (6.24)$$

जिसमें पहला पद सतह S द्वारा परिबद्ध आयतन V को छोड़ती कुल शक्ति को प्रदर्शित करता है, दूसरा पद आयतन V में EM ऊर्जा की कमी की दर को दर्शाता है और अंतिम पद आयतन V में ओमिक शक्ति की हानि को प्रदर्शित करता है (चित्र 6.2)।

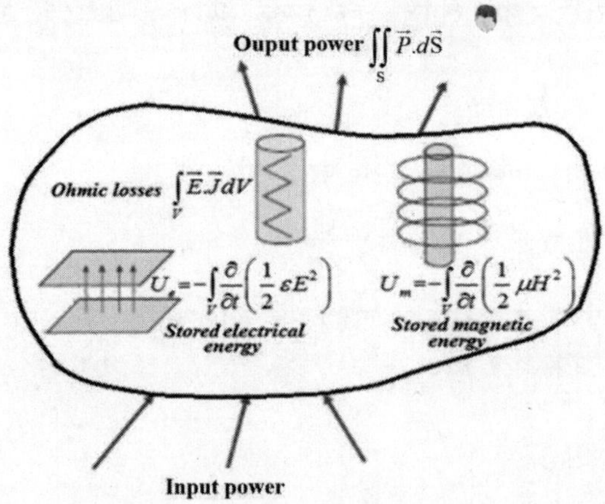

चित्र 6.2: पोयंटिंग के प्रमेय का चित्रण

6.8 विद्युत चुम्बकीय विभव

एक इकाई विद्युत आवेश को अनन्त में स्थित किसी बिंदु से विद्युत क्षेत्र में विशिष्ट बिंदु तक लाने में किये गए आवश्यक कार्य को उस बिंदु का विद्युत विभव कहा जाता है। EM विभव, विद्युत अदिश विभव और चुंबकीय सदिश विभव दोनों को जोड़ता है।

मैक्सवेल के दूसरे समीकरण (मैग्नेटोस्टैटिक्स में गॉस का नियम) से हमारे पास है, $\vec{\nabla}.\vec{B} = 0$

पुन: सदिश कलन के अनुसार किसी सदिश के कर्ल का डाइवर्जेंस शून्य होता है। अर्थात $\vec{\nabla}.\vec{\nabla}\times\vec{A} = 0$

अत: $$\vec{B} = \vec{\nabla} \times \vec{A} \quad (6.25)$$

जो चुंबकीय क्षेत्र $\vec{B}$ और चुंबकीय सदिश विभव $\vec{A}$ के बीच संबंध देता है।

फिर मैक्सवेल के तीसरे समीकरण (EM प्रेरण के फैराडे का नियम) से हमारे पास है,

$$\vec{\nabla} \times \vec{E} = -\frac{\partial \vec{B}}{\partial t} = -\frac{\partial}{\partial t}\left(\vec{\nabla} \times \vec{A}\right) = -\vec{\nabla} \times \frac{\partial \vec{A}}{\partial t}$$

या $$\vec{\nabla} \times \left(\vec{E} + \frac{\partial \vec{A}}{\partial t}\right) = 0$$

अब, हमें प्राप्त है कि अदिश फलन के कर्ल का ग्रेडियंट शून्य होता है अर्थात् $\vec{\nabla} \times \vec{\nabla}\phi = 0$

इस प्रकार, उपरोक्त दो समीकरणों को मिला कर हम लिख सकते हैं

$$\vec{\nabla} \times \left(\vec{\nabla}\phi + \vec{E} + \frac{\partial \vec{A}}{\partial t}\right) = 0$$

या $$\vec{\nabla}\phi + \vec{E} + \frac{\partial \vec{A}}{\partial t} = 0$$

या $$\vec{E} = -\vec{\nabla}\phi - \frac{\partial \vec{A}}{\partial t} \quad (6.26)$$

जो चुंबकीय क्षेत्र $\vec{E}$, चुंबकीय अदिश ϕ और सदिश विभव $\vec{A}$ के बीच संबंध देता है।

उदाहरण 6.8 मैक्सवेल के समीकरण से प्रारम्भ करके यह स्थापित करिये कि विद्युत क्षेत्र को अदिश व सदिश विभव के पदों में निम्ननुसार लिखा जा सकता है, $\vec{E} = -\nabla\phi - \frac{\partial \vec{A}}{\partial t}$

हल

हमारे पास है $\vec{E} = \vec{\nabla} \times \vec{A}$

अब, मैक्सवेल के तीसरे समीकरण से (EM प्रेरण के फैराडे के नियमानुसार) हमें प्राप्त हैं,

$$\vec{\nabla} \times \vec{E} = -\frac{\partial \vec{B}}{\partial t} = -\frac{\partial}{\partial t}\left(\vec{\nabla} \times \vec{A}\right) = -\vec{\nabla} \times \frac{\partial \vec{A}}{\partial t}$$

या $$\vec{\nabla} \times \left(\vec{E} + \frac{\partial \vec{A}}{\partial t}\right) = 0$$

फिर, सदिश कलन के अनुसार किसी भी अदिश फलन का कर्ल ग्रैडियंट शून्य होता है अर्थात, $\vec{\nabla} \times \vec{\nabla}\phi = 0$

इस प्रकार, हमें मिलेगा $\vec{\nabla} \times \left(\vec{\nabla}\phi + \vec{E} + \frac{\partial \vec{A}}{\partial t}\right) = 0$

या $$\vec{\nabla}\phi + \vec{E} + \frac{\partial \vec{A}}{\partial t} = 0$$

या $$\vec{E} = -\vec{\nabla}\phi - \frac{\partial \vec{A}}{\partial t}.$$

उदाहरण 6.8

उदाहरण 6.9 अगर ϕ एक विद्युत क्षेत्र $\vec{E}$ से सम्बद्ध अदिश विभव है और $\vec{A}$ चुंबकीय क्षेत्र $\vec{B}$ सम्बद्ध सदिश विभव है, तो दर्शाइये कि इनके बीच का सम्बद्ध $\nabla^2\phi + \frac{\partial}{\partial t}(\vec{\nabla}.\vec{A}) = -\frac{\rho}{\varepsilon_0}$ समीकरण के रूप में लिखा जा सकता है,

हल

हमारे पास है, $\vec{B} = \vec{\nabla} \times \vec{A}$

अब, मैक्सवेल के तीसरे समीकरण (EM प्रेरण के फैराडे के नियमानुसार) से हमारे पास है,

$$\vec{\nabla} \times \vec{E} = -\frac{\partial \vec{B}}{\partial t} = -\frac{\partial}{\partial t}(\vec{\nabla} \times \vec{A}) = -\vec{\nabla} \times \frac{\partial \vec{A}}{\partial t}$$

या $$\vec{\nabla} \times \left(\vec{E} + \frac{\partial \vec{A}}{\partial t}\right) = 0$$

फिर, सदिश कलन के अनुसार किसी भी अदिश फलन का कर्ल ग्रैडियेंट शून्य है अर्थात् $\vec{\nabla} \times \vec{\nabla}\phi = 0$

इस प्रकार, इसे मिलाने पर $\vec{\nabla} \times \left(\vec{\nabla}\phi + \vec{E} + \frac{\partial \vec{A}}{\partial t}\right) = 0$

या $$\vec{\nabla}\phi + \vec{E} + \frac{\partial \vec{A}}{\partial t} = 0$$

या $$\vec{E} = -\vec{\nabla}\phi - \frac{\partial \vec{A}}{\partial t}$$

फिर मैक्सवेल के पहले समीकरण से,

$$\vec{\nabla}.\vec{E} = \frac{\rho}{\varepsilon_0}$$

या $$\vec{\nabla}.\left(-\vec{\nabla}\phi - \frac{\partial \vec{A}}{\partial t}\right) = \frac{\rho}{\varepsilon_0}$$

या $$\nabla^2\phi + \frac{\partial}{\partial t}(\vec{\nabla}.\vec{A}) = -\frac{\rho}{\varepsilon_0}.$$

उदाहरण 6.9

6.9 विद्युत चुम्बकीय तरंगों का संवेग और दाब

EM तरंग द्वारा वहन की गई ऊर्जा को प्रकाश की गति से विभाजन को EM तरंग के संवेग के रूप में परिभाषित किया गया है। यदि कोई EM तरंग किसी वस्तु द्वारा अवशोषित या परावर्तित होती है, तो तरंग वस्तु को संवेग स्थानांतरित करती है। यदि तरंग वस्तु पर अधिक समय तक आपतित होती है तो, अधिक मात्रा में संवेग स्थानांतरित होता है। इस प्रकार विद्युत और चुंबकीय क्षेत्रों का ऊर्जा घनत्व है–

$$U_e = \frac{1}{2}\vec{D}.\vec{E} = \frac{1}{2}\varepsilon\vec{E}.\vec{E} = \frac{1}{2}\varepsilon E^2 \quad \left[\because \vec{D} = \varepsilon\vec{E} \text{ और } \vec{E}.\vec{E} = E^2\right]$$

और
$$U_m = \frac{1}{2}\vec{B}.\vec{H} = \frac{1}{2}\mu\vec{H}.\vec{H} = \frac{1}{2}\mu H^2 \quad \left[\because \vec{B} = \mu\vec{H} \text{ और } \vec{H}.\vec{H} = H^2\right]$$

इस प्रकार, EM ऊर्जा घनत्व है

$$U_{em} = U_e + U_m = \frac{1}{2}\varepsilon E^2 + \frac{1}{2}\mu H^2$$

इसमें समय की निर्भरता की जटिलता से बचने के लिए एक पद विकिरण दाब P पेश किया जाता है। यह समय पर निर्भर नहीं करता है।

यहाँ EM तरंगों द्वारा धारित संवेग को निम्न रूप में लिखा जा सकता है,

$$p = \frac{U}{c} \tag{6.27}$$

और इसके संगत लगाया गया विकिरण दाब निम्न द्वारा दिया जाता है,

$$P = \frac{F}{A} = \frac{1}{A}\frac{dp}{dt} = \frac{1}{Ac}\frac{dU}{dt} = \frac{S}{c} \quad \left[\because F = \frac{dp}{dt} \text{ और } S = \frac{1}{A}\frac{dU}{dt}\right] \tag{6.28}$$

समी.-(6.27) और समी.-(6.28) केवल एक अवशोषित सतह से टकराने के लिए सत्य हैं। किसी पूर्णतः परावर्ती सतह से टकराने पर इसका मान दोगुना किया जाना चाहिए और उस स्थिति में, संवेग स्थानांतरण होगा $p = \frac{2U}{c}$ और विकिरण दाब $P = \frac{2S}{c}$ होगा।

यूनिट सारांश

- **विस्थापन धारा की अवधारणा: मैक्सवेल के क्षेत्र समीकरण**

    विस्थापन धारा $\vec{I}_d = \varepsilon_0 A \frac{d\vec{E}}{dt}$

    विस्थापन धारा घनत्व $\vec{J}_d = \frac{d\vec{D}}{dt}$

- **मैक्सवल के विद्युत चुम्बकीय प्रेरण के समीकरण**

    1. स्थैतिक चुम्बकत्व (इलेक्ट्रोस्टैटिक्स) और डाइ-इलेक्ट्रिक्स में गॉस का नियम

        समाकल (ईंटिग्रल) रूप $\int_S \vec{D}.d\vec{S} = \int_V \rho dV$ (डाइइलेक्ट्रिक)

        $\int_S \vec{E}.d\vec{S} = \frac{q}{\varepsilon_0}$ (इलैक्ट्रोस्टैक्सि)

        अवकल (डिफ्रेंशियल) रूप $\vec{\nabla}.\vec{D} = \rho$ (डाइइलेक्ट्रिक)

        $\vec{\nabla}.\vec{E} = \frac{\rho}{\varepsilon_0}$ (इलैक्ट्रोस्टैक्सि)

    2. स्थैतिक चुम्बकत्व (मैग्नेटोस्टैटिक्स) में गॉस का नियम

        समाकल (ईंटिग्रल) रूप $\int_S \vec{B}.d\vec{S} = 0$

        अवकल (डिफ्रेंशियल) रूप $\vec{\nabla}.\vec{B} = 0$

    3. फैराडे का विद्युत चुम्बकीय प्रेरण का नियम

        समाकल (ईंटिग्रल) रूप $\oint_C \vec{E}.d\vec{l} = -\frac{d}{dt}\left(\iint_S \vec{B}.d\vec{S}\right)$

        अवकल (डिफ्रेंशियल) रूप $\vec{\nabla} \times \vec{E} = -\frac{\partial \vec{B}}{\partial t}$

    4. संशोधित एम्पीयर का परिपथीय नियम

        समाकल (ईंटिग्रल) रूप $\oint_C \vec{H}.d\vec{l} = \int_S \vec{J}_c.d\vec{S} + \int_S \frac{\partial \vec{D}}{\partial t}.d\vec{S}$

        अवकल (डिफ्रेंशियल) रूप $\vec{\nabla} \times \vec{H} = \vec{J}_c + \frac{\partial \vec{D}}{\partial t}$

- **मैक्सवेल के समीकरणों का भौतिक महत्व**

    1. मैक्सवेल के पहले समीकरण का महत्व
        - यह इंगित करता है कि चार्ज घनत्व एक अदिश राशि है
        - यह एक स्थिर अवस्था समीकरण को प्रदर्शित करता है।
    2. मैक्सवेल के दूसरे समीकरण का महत्व
        - यह इंगित करता है कि चुंबकीय एकलध्रुव (मोनोपोल) सम्भव नहीं हो सकता
        - यह भी एक स्थिर अवस्था समीकरण है।

3. मैक्सवेल के तीसरे समीकरण का महत्व

   यह इंगित करता है कि चुंबकीय फ्लक्स में परिवर्तन के कारण विद्युत क्षेत्र उत्पन्न होता है यह भी एक कालाश्रित समीकरण है

4. मैक्सवेल के चौथे समीकरण का महत्व

   यह इंगित करता है कि $\vec{J}_C$ और $\vec{J}_D$ के द्वारा चुंबकीय क्षेत्र उत्पन्न किया जा सकता है यह कालाश्रित समीकरण भी है।

- **विद्युत चुम्बकीय ऊर्जा घनत्व**

$$U = \frac{1}{2}\varepsilon_0 E^2 + \frac{1}{2}\mu_0 H^2$$

- **पोयंटिंग वेक्टर**

$$\vec{P} = \vec{E} \times \vec{H} = \frac{\vec{E} \times \vec{B}}{\mu_0}$$

- **पोयंटिंग प्रमेय**

$$\iint_S \vec{P}.d\vec{S} = -\int_V \frac{\partial U_{em}}{\partial t} dV - \int_V \vec{E}.\vec{J} dV$$

- **विद्युत चुम्बकीय विभव**

$$\vec{E} = -\vec{\nabla}\phi - \frac{\partial \vec{A}}{\partial t}$$

- **विद्युत चुम्बकीय तरंगों द्वारा धारित संवेग और परिणामी दाब**

संवेग $\vec{E} = -\vec{\nabla}\phi - \frac{\partial \vec{A}}{\partial t}$

विकिरण दाब $P = \frac{F}{A} = \frac{S}{c}$

अभ्यास

बहु विकल्पीय प्रश्न

6.1 विस्थापन धारा निम्न के कारण उत्पन्न होती है।

(*a*) केवल धनात्मक आवेश (*b*) केवल ऋणात्मक आवेश

(*c*) समय परिवर्त्ती विद्युत क्षेत्र (*d*) समय परिवर्त्ती चुंबकीय क्षेत्र

6.2 मुक्त आकाश में मैक्सवेल के विद्युत चुम्बकीय तरंग समीकरण को विद्युत क्षेत्र सदिश $\vec{E}$ के पदों में लिखा जा सकता है।

(*a*) $\nabla^2 \vec{E} = -\mu_0\varepsilon_0 \frac{\partial^2 \vec{E}}{\partial t^2}$ (*b*) $\nabla^2 \vec{E} = \mu_0\varepsilon_0 \frac{\partial^2 \vec{E}}{\partial t^2}$

(*c*) $\nabla^2 \vec{E} = \mu\varepsilon \frac{\partial^2 \vec{E}}{\partial t^2}$ (*d*) $\nabla^2 \vec{E} = -\mu\varepsilon \frac{\partial^2 \vec{E}}{\partial t^2}$

6.3 एम्पियर परिपथ नियम लागू होगा जबकि धारा घनत्व हो

(*a*) आकाश में नियत (*b*) काल अनाश्रित

(*c*) परिनालिका (सोलेनायडल) (*d*) आघूर्णी

6.4 विद्युत चुम्बकीय प्रेरण के फैराडे के नियम का अवकल (डिफ्रैंशियल) रूप है।

(*a*) $\vec{\nabla}\times\vec{E}=\frac{\partial\vec{B}}{\partial t}$ (*b*) $\vec{\nabla}\times\vec{E}=2\vec{B}$

(*c*) $\vec{\nabla}\times\vec{E}=-\frac{\partial\vec{B}}{\partial t}$ (*d*) $\vec{\nabla}\times\vec{B}=-\frac{\partial\vec{E}}{\partial t}$

6.5 चुंबकीय क्षेत्र $\vec{H}$ से सम्बद्ध ऊर्जा है

(*a*) $\frac{1}{2}H^2$ (*b*) $\propto_0 H^2$

(*c*) $\frac{1}{2}\propto_0 H^2$ (*d*) $\frac{1}{2\propto_0}H^2$

6.6 किसी निश्चित स्थान में एक विद्युत क्षेत्र के घटक $E_x = ax - bz, E_y = -ay + bz$ और $E_z = b(y-x)$ हों, तो निम्नलिखित में से कौनसा कथन सही है?

(*a*) $\vec{E}$ एक स्थैतिक विद्युत्व (इलैक्ट्रोस्टैटिक) क्षेत्र है

(*b*) अंतरिक्ष में स्वतंत्र आवेश है

(*c*) $\vec{E}$ आघूर्णी है

(*d*) $\vec{E}$ परिनालिकीय (सालेनोइडल) है

6.7 समीकरण क्षेत्र $\vec{\nabla}\times\vec{H}=\vec{J}_C+\frac{\partial\vec{D}}{\partial t}$ निम्न को प्रदर्शित करता है–

(*a*) गॉस का नियम (*b*) मैक्सवेल का एम्पीयर के नियम का संशोधन

(*c*) फैराडे का नियम (*d*) कूलम्ब का नियम

6.8 एक विद्युत क्षेत्र सदिश (इलेक्ट्रिक फील्ड वेक्टर) $\vec{E}$ से सम्बद्ध ऊर्जा है

(*a*) $\frac{1}{2}E^2$ (*b*) $\frac{1}{2}\varepsilon_0 E^2$

(*c*) $\mu_0\varepsilon_0 E^2$ (*d*) $\sqrt{\frac{\mu_0}{\varepsilon_0}}E^2$

6.9 पोयंटिंग सदिश की SI इकाई है

(*a*) Wm^2 (*b*) $Js^{-1}m^{-2}$

(*c*) Wm (*d*) Ws^{-1}

6.10 मैक्सवेल के तृतीय समीकरण का इंटीग्रल रूप है:

(*a*) गॉस का नियम (*b*) बायो सावार्ट का निमय

(*c*) फैराडे का नियम (*d*) एम्पीयर का परिपथ नियम

6.11 एक आवेश मुक्त चालक माध्यम में EM तरंगें होती है:

(*a*) अप्रगामी तरंगे (*b*) प्रगामी तरंगें

(*c*) अनुप्रस्थ तरंगे (*d*) ध्रुवीय तरंगें

6.12 यदि 1 mF संधारित्र में, इसकी प्लेटों के बीच 1 A का तात्कालिक विस्थापन धारा स्थापित की जानी है, तो यह संभव होगा .... से

(*a*) 10^6A (*b*) 10^6A/s

(*c*) 10^6 V (*d*) 10^6 V/s

6.13 कौन सा कथन यह नहीं कहता है कि इलेक्ट्रोस्टैटिक क्षेत्र संरक्षित होता है?

(*a*) यदि curl E समान रूप से शून्य होता है

(*b*) इलेक्ट्रोस्टैटिक क्षेत्र में दो बिंदुओं के बीच संभावित अंतर शून्य होता है

(*c*) यदि इलैक्ट्रास्टैटिक क्षेत्र एक अदिश विभव का ग्रेडिएंट होता है

(*d*) बंद परिपथ के क्षेत्र में किया गया कार्य शून्य होता है

6.14 निम्नलिखित में से कौन सा मैक्सवेल का समीकरण नहीं है?

(*a*) $\vec{\nabla}\times\vec{H}=\vec{J}+\dfrac{\partial\vec{D}}{\partial t}$ (*b*) $\vec{\nabla}\times\vec{E}=-\dfrac{\partial\vec{B}}{\partial t}$

(*c*) $\vec{D}=\varepsilon\vec{E}$ (*d*) $\vec{\nabla}.\vec{D}=\rho$

6.15 ऊर्जा प्रवाह की दर दी जाती है

(*a*) मैक्सवेल समीकरण (*b*) पोयंटिंग वेक्टर

(*c*) पॉइसन समीकरण (*d*) सांतत्य समीकरण

6.16 मैक्सवेल का समीकरण $\vec{\nabla}\times\vec{H}=\vec{J}+\dfrac{\partial\vec{D}}{\partial t}$ प्रदर्शित करता है

(*a*) चुम्बकीय सदिश विभव (*b*) चुम्बकत्व में गॉस का नियम

(*c*) सामान्यीकृत एम्पीयर का परिपथ नियम (*d*) बायो सावार्ट नियम

उत्तरमाला									
6.1	(*c*)	**6.2**	(*a*)	**6.3**	(*b*)	**6.4**	(*c*)	**6.5**	(*c*)
6.6	(*b*)	**6.7**	(*b*)	**6.8**	(*b*)	**6.9**	(*b*)	**6.10**	(*c*)
6.11	(*c*)	**6.12**	(*d*)	**6.13**	(*b*)	**6.14**	(*c*)	**6.15**	(*b*)
6.16	(*c*)								

लघु और दीर्घ उत्तरीय प्रश्न

श्रेणी I

6.1 फैराडे के विद्युत चुम्बकीय प्रेरण के नियम को अवकलन रूप में व्यक्त करें।

6.2 समतल वैद्युतचुंबकीय तरंग के लिए पोयंटिंग सदिश का औसत मान ज्ञात कीजिए और इसके महत्व की व्याख्या कीजिए।

6.3 सिद्ध कीजिए $\vec{E}=\sin(y-t)\hat{k}$ और $\vec{B}=\sin(y-t)\hat{i}$ संभव विद्युत चुम्बकीय तरंग को दर्शाती हैं।

6.4 मैक्सवेल के समीकरण $\vec{\nabla}.\vec{B}=0$ का भौतिक महत्व बताइये।

6.5 फैराडे के इलेक्ट्रोमैग्नेटिक इंडक्शन के नियमों से मैक्सवेल का तीसरा समीकरण ज्ञात करें।

6.6 पोयंटिंग प्रमेय की उपयोगिता समझाएं।

6.7 सिद्ध करें कि $\vec{\nabla}\times\vec{E}=-\frac{\partial\vec{B}}{\partial t}$

6.8 विद्युत क्षेत्र की तीव्रता दर्शाने के लिए इलेक्ट्रोमैग्नेटिक इंडक्शन के फैराडे के नियम का प्रयोग करते हुए सिद्ध करें कि $\vec{E}$ को निम्न रूप में व्यक्त किया जा सकता है $\vec{E}=-\vec{\nabla}\phi-\frac{\partial\vec{A}}{\partial t}$ जहां ϕ एक अदिश विभव है।

6.9 कालाश्रित क्षेत्रों में मैक्सवेल के समीकरणों को लिखिए और प्रत्येक के भौतिक महत्व की व्याख्या कीजिए।

6.10 दर्शाइए कि $\vec{\nabla}.\vec{E}\times\vec{H}=-\frac{\partial}{\partial t}\left(\frac{1}{2}\mu H^2+\frac{1}{2}\varepsilon E^2\right)+\vec{E}.\vec{J}$ जहाँ पदों का अपना सामान्य अर्थ है।

6.11 मैक्सवेल के क्षेत्र समीकरण से गॉस के नियम, एम्पीयर के नियम और फैराडे के नियम को व्यक्त कीजिये।

6.12 एक विद्युत चुम्बकीय तरंग के लिए तरंग समीकरणों को व्युतपन्न करें और इस तरंग का वेग ज्ञात करें।

6.13 a त्रिज्या के एक बहुत लंबे सिलेंडर के क्रॉस-सेक्शन में से एक समान रूप से वितरित धारा I प्रवाहित होती है। यदि धारा को सिलेंडर की धुरी के साथ गुजरने दिया जाता है, तो चालक में विद्युत क्षेत्र का निर्धारण करें। यह दिया गया है कि चुंबकीय क्षेत्र चालक के ठीक बाहर स्थित है और पॉयिंग वेक्टर को सिलेंडर की सतह पर नोट किया जा सकता है। आप मान सकते हैं कि पदार्थ की चालकता है σ.

6.14 किसी मुक्त स्थान में चुंबकीय क्षेत्र $\vec{B}=B_0\cos(\omega t-kz)\hat{k}$ द्वारा दिया जाता है।

(*i*) यदि कोई मुक्त आवेश नहीं है तो विस्थापन धारा क्या है?

(*ii*) समाकलन नियतांक की उपेक्षा करते हुए विद्युत क्षेत्र E के लिए समीकरण प्राप्त कीजिए।

(*iii*) सत्यापित करें कि फैराडे के विद्युत चुम्बकीय प्रेरण के नियम का अवकल (डिफ्रैंशियल) रूप E और B से संतुष्ट है।

6.15 अगर ϕ एक विद्युत क्षेत्र $\vec{E}$ विभव है और $\vec{A}$ चुंबकीय क्षेत्र $\vec{B}$ से जुड़ा सदिश विभव है दिखाएं कि उन्हें $\nabla^2\phi+\frac{\partial}{\partial t}\left(\vec{\nabla}.\vec{A}\right)=-\frac{\rho}{\varepsilon_0}$ संतुष्ट करना चाहिए।

6.16 दिखाएँ कि विद्युत क्षेत्र ($\vec{E}$), चुंबकीय क्षेत्र ($\vec{B}$) और परिगमन सदिश (प्रोपोगेशन वैक्टर) ($\hat{k}$) परस्पर लंबवत होते हैं।

6.17 विद्युत चुम्बकीय तरंग के संवेग से आप क्या समझते हैं? विद्युत चुम्बकीय तरंगों द्वारा वहन किए गए संवेग के लिए व्यंजक प्राप्त करें और संगत विकिरण दबाव (रैडिएशन प्रैशर) भी ज्ञात करें।

6.18 एक समानांतर प्लेट संधारित्र के भीतर विस्थापन धारा का पता लगाएं, जिसके श्रेणी क्रम में एक प्रतिरोध कनैक्टिड है जिसमें धारा I प्रवाहित होती है। संधारित्र प्लेटों का क्षेत्रफल A है और द्विध्रुवीय माध्यम निर्वात है। उपरोक्त उदाहरण को हल करने में आपने जिस नियम का प्रयोग किया है, उसका उल्लेख कीजिए।

6.19 एक साधारण परिपथ आरेख की सहायता से विस्थापन धारा की अपनी अवधारणा दीजिए।

6.20 स्थिर क्षेत्र में विद्युत और चुंबकीय क्षेत्र की मात्रा के बीच क्या संबंध है?

6.21 चालन धारा और विस्थापन धारा में महत्वपूर्ण अंतर बताइए।

6.22 मैक्सवेल के समीकरणों के प्रतीकों को स्पष्ट कीजिए।

6.23 मैक्सवेल के तीसरे समीकरण का कथन दीजिए तथा इसकी उपयोगिता स्पष्ट कीजिए।

6.24 एम्पीयर के परिपथीय नियम को संशोधित करने की क्या आवश्यकता थी?

6.25 स्पष्ट रूप से समझाएं कि समय परिवर्ती क्षेत्रों के लिए, कुल धारा घनत्व, चालन और विस्थापन धारा घनत्व के बराबर होना चाहिए।

6.26 समझाएं कि तरंग की ऊर्जा को तरंग आयाम द्वारा कैसे निर्धारित किया जा सकता है और तरंग की ऊर्जा इसके आयाम पर निर्भर करती है।

6.27 पोयंटिंग वेक्टर की परिभाषा के आधार पर जिसे ऊर्जा प्रवाह की दिशा में सामान्य रूप से प्रति इकाई क्षेत्र विद्युत चुम्बकीय ऊर्जा के प्रवाह की दर के रूप में परिभाषित किया जा सकता है, उसे गणितीय रूप में लिखें और चर्चा करें।

6.28 विद्युत चुम्बकीय विभव की भूमिका समझाएं। विद्युतक्षेत्र, चुंबकीय अदिश विभव और सदिश विभव के बीच एक संबंध स्थापित करें।

श्रेणी II

6.29 व्यापक अर्थों में, आपके विचार से मैक्सवेल के समीकरणों का भौतिक महत्व क्या है?

6.30 विस्थापन धारा घनत्व को मापने के उद्देश्य का उल्लेख करें।

6.31 मैक्सवेल द्वारा एम्पीयर के परिपथीय नियम में संशोधन की आवश्यकता की व्याख्या कीजिए।

6.32 विस्थापन धारा प्राप्त करने की एक विधि दीजिए।

6.33 एक ऐसा उदाहरण दीजिए जहाँ विद्युत परिपथ में अस्थाई धारा प्रवाहित होती है और एम्पीयर का परिपथ नियम लागू नहीं होता है।

6.34 "विस्थापन धारा घनत्व विद्युत विस्थापन के परिवर्तन की दर और कालाश्रित विद्युत क्षेत्र के कारण एक डा. ईइलैक्ट्रिक माध्यम में स्थापित धारा है।" समझाइए ।

6.35 "इलेक्ट्रोमैग्नेटिज्म की सभी घटनाओं को चार विभिन्न समीकरणों की मदद से समझाया जा सकता है।" विस्तार से चर्चा करें कि विद्युत चुम्बकीय घटना को चार समीकरणों की मदद से सफलता पूर्वक कैसे समझाया जा सकता है।

संख्यात्मक प्रश्न

6.1 यदि $E = Ee^{i(\mathrm{ky}-\omega \mathrm{t})}$ निर्वात में विद्युत चुम्बकीय क्षेत्र के विद्युत सदिश को दर्शाता है तो चुंबकीय सदिश को ज्ञात कीजिए।

6.2 सूर्य की सतह पर पोयंटिंग वेक्टर के मान का पता लगाएं अगर सूर्य से विकिरण शक्ति 2.8×20^{26}w और सूर्य की त्रिज्या 7×10^8 मीटर है। [उत्तर: 4.55×10^7 V/m^2]

6.3 पृथ्वी की सतह तक पहुंचने वाले सूर्य के प्रकाश की तीव्रता लगभग 1.5 किलोवाट/मीटर^2 है। तो सूरज से आने वाले प्रकाश के विद्युत और चुंबकीय क्षेत्रों को ज्ञात कीजिए। [उत्तर: 752 V/m, 1.99 A/m]

6.4 एक समानांतर प्लेट संधारित्र की प्रत्येक प्लेट का क्षेत्रफल 0.05 वर्ग मीटर है और वे दोनों प्लेटें परस्पर 5 मिमि दूरी पर है। इस संधारित्र को 0.2 A की धारा से चार्ज किया जा रहा है। विस्थापन धारा का पता लगाएं।

अधिक जानिए

भौतिक विज्ञानी जेम्स क्लार्क मैक्सवेल के समीकरण मिल कर विद्युत और चुंबकीय क्षेत्रों के उत्पादन एवं उनके पारस्परिक संबंध का पूरा विवरण प्रदान करते हैं।

क्रियाकलाप

मैक्सवेल के समीकरण इलेक्ट्रिकल और इलेक्ट्रॉनिक्स अभियांत्रिकि के क्षेत्र में व्यापक रूप से स्वीकार्य और आवश्यक उपकरण हैं। आज, इन समीकरणों का उपयोग सेलफोन से लेकर उपग्रहों, टेलीविजन से लेकर कंप्यूटर और पावर स्टेशनों से लेकर वाशिंग मशीन तक सभी इलेक्ट्रिकल और इलेक्ट्रॉनिक उपकरणों को डिजाइन करने के लिए किया जाता है।

यह सच है कि इलेक्ट्रोमैग्नेटिज्म का सिद्धांत कई वैज्ञानिकों और इंजीनियरों की खोजों और प्रगति पर बनाया गया था लेकिन निर्णायक योगदान मैक्सवेल का था जिन्होंने 19वीं शताब्दी के उत्तरार्ध के दौरान विशाल वैचारिक छलांग लगाई जो सदियों तक प्रौद्योगिकी में महान प्रगति को सक्षम करेगी।

महत्वपूर्ण तथ्य

वर्तमान संदर्भ में, मैक्सवेल के समीकरण विद्युत और चुंबकीय क्षेत्रों के गुणों और पारस्परिक संबंधों का वर्णन करने के लिए चार संबंधों के एक सेट का उल्लेख करते हैं। ये समीकरण सफलतापूर्वक व्याख्या कर सकते है कि कैसे एक कम्पास सुई हमेशा उत्तर दिशा की ओर ही निर्देशित होती है, कैसे एक पॉवर स्टेशन में टरबाइन बिजली उत्पन्न करती हैं, कैसे एक नायलॉन स्वेटर उतारने पर उसमें रेशे खड़े हो जाते हैं और कैसे एक लाउड स्पीकर विद्युत धारा को ध्वनि में परिवर्तित कर देता हैं।

जब सभी चार समीकरणों को संयुक्त किया जाता है तो वे रेडियो तरंगों के संचरण और प्रकाश के परिगमन का भी वर्णन करते हैं।

सादृश्य

भौतिकी में यांग-मिल्स थ्योरी जो ज्यामितीय संरचना या क्वांटम क्षेत्र सिद्धांत में उप-परुमाणविक कणों में निर्बल और प्रबल बलों को समझाने के लिए उपयोग किए जाने वाले इलेक्ट्रोमैग्नेटिज्म के मैक्सवेल के एकीकृत सिद्धांत का सामान्यीकरण है जिसे "माँस गैप" कहा जाता है। एक सिद्धांत 1954 में चेन निंग यांग और रॉबर्ट एल मिल्स द्वारा पेश किया गया था, जिन्होंने पहले एक गेज सिद्धांत विकसित किया था, जो उप-परुमाणविक घटनाओं का वर्णन करने के लिए "ली" के समूहों का उपयोग करता था।

यांग-मिल्स सिद्धांत क्वांटम अनुप्रयोगों में बड़े पैमाने पर माँस गैप या nonzero द्रव्यमान की व्याख्या की गई हैं। माँस गैप के अस्तित्व को कई भौतिकि के प्रयोगों और कम्प्यूटर मॉडल में प्रदर्शित किया गया है। यहाँ यह माना जाता है कि परमाणवीय नाभिक में सूक्ष्म दूरियों में ही प्रबल बल कार्य करते हैं।

इतिहास

आंद्रे-मैरी एम्पीयर (1775 - 1836)- फ्रांसीसी भौतिक विज्ञानी: 1820 में, एम्पीयर ने एक सप्ताह बाद एच.सी. ओरस्टेड की 1806 खोज के बारे में सुना कि एक चुंबकीय सुई पर वोल्टिक धारा द्वारा कार्य किया जाता है, उसके एक सप्ताह बाद उन्होंने अकादमी को एक पेपर प्रस्तुत किया जिसमें उस पर और संबंधित घटनाओं को पूर्ण रूप से प्रदर्शित किया।

कार्ल फ्रेडरिक गॉस (1777-1855)- एक जर्मन गणितज्ञ द्वारा स्वतंत्र रूप से ग्रीन के प्रमेय को परिभाषित किया गया, कूलोम के नियम को सामान्यीकृत किया और गाँस के नियमो सहित अलग इलेक्ट्रोस्टैटिक और इलेक्ट्रो-डायनामिक नियम तैयार किए, जो चार में से दो मैक्सवेल के समीकरण का गठन करते हैं।

माइकल फैराडे (1791-1867)- एक ब्रिटिश प्रयोगी वैज्ञानिक जिन्होंने खोज की कि किसी तार के लूप के आस पास चुम्बक को गति कराये जाने के कारण उस तार में धारा प्रवाहित होती है। इस खोज ने आगे चलकर फैराडे के नियमों का रूप लिया।

जेम्सक्लर्क मैक्सवेल (1831-1879)- एक स्कॉटिश भौतिक विज्ञानी ने फैरडे के भौतिक विचारों को गणितीय रूप देते हुए दर्शाया कि फैराडे के प्रेरण के नियमों का तात्पर्य "विस्थापन धारा" से है, जो विद्युत्चुम्बकीय तरंगें पैदा करती है। मैक्सवेल के चार समीकरण यह स्पष्ट रूप से संकेत करते हैं कि विद्युतचुम्बकीय तरंगें प्रयोगशाला में उतपन्न की जा सकती हैं, जिसकी सम्भावना मैक्सवेल की मृत्यु के आठ साल बाद 1887 में हेनरिक हट्र्ज द्वारा पहली बार प्रदर्शित की गई।

टाइम लाइन

1785: *कूलोम* नियम प्रकाशित

1812: *पॉइसन* नियम प्रकाशित

1813: *गॉस* विचलन प्रमेय की खोज

1820: *H.C. ओस्टेड* ने पता लगाया कि विद्युत धारा चुंबकीय क्षेत्र उत्पन्न करती है।

1820: *आंद्रे-मैरी एम्पीयर* के शोध से इलेक्ट्रोडायनामिक्स का पता चला; *बायो-सावार्ट* नियम की खोज

1826: *एम्पेयर* नियम प्रकाशित

1831: *फैराडे* नियम प्रकाशित

1856: *जेम्स क्लर्क मैक्सवेल* प्रकाशित "On Faraday's lines of force"

1861: *मैक्सवेल* प्रकाशित "On physical lines of force"

1865: *मैक्सवेल* प्रकाशित "विद्युत चुम्बकीय क्षेत्र का एक गतिशील सिद्धांत"

1873: *मैक्सवेल* विद्युत और चुंबकत्व पर ग्रंथ प्रकाशित

1888: *हेनरिक हट्‌र्ज* ने रेडियो तरंगों की खोज

1940: *अल्बर्ट आइंस्टीन* ने 'मैक्सवेल के समीकरण' नाम को लोकप्रिय बनाया

1966: *केन यी* ने मैक्सवेल के समीकरणों को हल करने के लिए "finite-difference time domain methods" पेश की।

महत्वपूर्ण ऐतिहासिक संदर्भ

James Clerk Maxwell. 1856. "On Faraday's lines of force". Transactions of the Cambridge Philosophical Society, vol. 10 (1856), pp. 27-83

James Clerk Maxwell. 1862. "On physical lines of force". Philosophical Magazine Series 4, vol. 21 (1861), pp. 161-175, 281-291, 338-348; Philosophical Magazine Series 4, vol. 23 (1862), pp. 12-24, 85-95

James Clerk Maxwell. 1865. "A dynamical theory of the electromagnetic field". Philosophical Transactions of the Royal Society, vol. 155 (1865), p. 459-512

James Clerk Maxwell. 1873. A Treatise on Electromagnetism. Oxford: Clarendon Press, 1873

Oliver Heaviside. 1894. Electrical Papers. New York and London: Macmillan & Co, 1894

अनुप्रयोग (वास्तविक जीवन/औद्योगिक)

विद्युत और चुंबकत्व का विज्ञान एवं उनका संलयन विद्युतचुंबकत्व के रूप में प्रगति की एक श्रृंखला के माध्यम से विकसित हुआ। 1820 में ओस्टरस्टेड ने कोपेनहेगन में प्रदर्शित किया कि एक विद्युत धारा कंपास की चुंबकीय सुई को घुमा सकती है।

एक सप्ताह के भीतर आंद्रेएम्पेरेने पेरिस में फ्रेंच एकेडमी ऑफ साइंस को दिखाया था कि दो तारों में समानांतर धाराएं एक दूसरे को आकर्षित करती हैं, जबकि विपरीत धाराएं विकर्षित करतीं हैं। इसके तुरंत बाद, जीन-बैपटिस्ट बायो और फिलिपसावार्ट ने प्रदर्शन किया कि कैसे बल की प्रबलता तार से दूरी के साथ कम हो जाती है। अगले छह वर्षों में एम्पीयर के प्रयासों ने इलेक्ट्रोडायनामिक्स के क्षेत्र और उनके प्रयोगों को सुरुचिपूर्ण ढंग से सिद्धांत के रूप में स्थापित किया।

मैक्सवेल ने खुद इसे "विज्ञान में सबसे सुंदर उपलब्धियों में से एक" बताया।

केसस्टडी (पर्यावरण/स्थिरता/सामाजिक/नैतिकमुद्दे)

मैक्सवेल ने फैराडे की प्रेरित धारा की अवधारणा को गणितीय रूप तो दिया, लेकिन वह तरल पदार्थ मॉडल के भीतर इनकी व्याख्या करने में असमर्थ था। रंग धारणा और शनि के छल्ले की गतिशीलता जैसे कुछ अन्य विषयों पर ध्यान केंद्रित करने के बाद, मैक्सवेल ने पूरी तरह से नए सिद्धांत के साथ इलेक्ट्रोमैग्नेटिज्म के उदाहरण प्रस्तुत किये।

मैक्सवेल ने एक यांत्रिक मॉडल तैयार किया जो सभी ज्ञात विद्युत चुम्बकीय घटनाओं को समझा सकता है। इससे उसे एम्पीयर, फैराडे और गॉस के नियमों का वर्णन करने में मदद मिली, लेकिन फिर भी इसने विद्युत कैपेसिटर के माध्यम से धारा के प्रवाह का ठीक से वर्णन नहीं किया।

भौतिकी के सम्बंधित आवश्यक सुधारों के बाद उन्होंने 1862 में उसे "On Physical Lines of Force" के अंतिम दो भागों में प्रकाशित किया। हालांकि, उनके मूल समीकरण आजकल उपयोग किये जाने वाले गणितीय रूप से अलग हैं।

अन्वेषणशील और कौतुक विषय

20 वीं शताब्दी में, मैक्सवेल के समीकरणों का प्रभाव विद्युतचुम्बकत्व के अलावा सापेक्षता के सिद्धांत की खोज और क्वांटम यांत्रिकी के क्षेत्र समीकरणों पर भी पड़ा। कंप्यूटिंग शक्ति में असाधारण वृद्धि के साथ-साथ 1960 के दशक के मध्य से संख्यात्मक finite-difference तकनीकों के विकास ने उनके व्यापक रोजमर्रा के उपयोग को सुद्रढ़ किया।

सन्दर्भ एवं अध्ययन हेतु सुझाव

1. B. J. Hunt, The Maxwellians, Chapter 5 and Appendix, Cornell University Press, 1991.
2. D. J. Griffiths, Introduction to Electrodynamics, 3rd Ediotion, Prentice Hall, 1999.
3. A. Zangwill, Modern Electrodynamics, Cambridge University Press, 2013.
4. P. Monk, Finite Element Methods for Maxwell's Equations, Oxford UK: Oxford University Press, 2003.
5. H. F. Harmuth and M. G. M. Hussain, Propagation of Electromagnetic Signals, Singapore: World Scientific, 1994.
6. D. M. Cook, The Theory of the Electromagnetic Field, Mineola NY: Courier Dover Publications, 2002.
7. S. F. Mahmoud, Electromagnetic Waveguides: Theory and Applications, London UK: Institution of Electrical Engineers, Chapter 2, 1991.
8. J. A. Stratton, Electromagnetic Theory, McGraw-Hill Book Company, 1941.
9. K. Imaeda, Biquaternionic Formulation of Maxwell's Equations and their Solutions, in Ablamowicz, Rafał; Lounesto, Pertti (eds.), Clifford Algebras and Spinor Structures, Springer, 1995.
10. https://nptel.ac.in/courses/115/101/115101005/
11. https://onlinecourses.nptel.ac.in/noc19_ph08/preview
12. https://depts.washington.edu/mictech/optics/me557/week2.pdf

7 विद्युत चुम्बकीय तरंगें

यूनिट विशिष्ट

इस यूनिट के माध्यम से निम्नलिखित विषयों पर चर्चा की गई है:

- मैक्सवेल का तरंग समीकरण;
- मुक्त आकाश के लिए मैक्सवेल के तरंग समीकरण का हल;
- एक आवेश मुक्त चालक माध्यम में विद्युत चुम्बकीय तरंग;
- स्किन गहराई और उसका भौतिक महत्व;
- लंबवत आपतन के लिए एक अचालक- निर्वात अन्तरापृष्ठ से विद्युत चुम्बकीय तरंगों का परावर्तन;
- लंबवत आपतन के लिए एक अचालक- निर्वात अन्तरापृष्ठ से विद्युत चुम्बकीय तरंगों का प्रसारण।

जिज्ञासा और रचनात्मकता उत्पन्न करने के साथ-साथ, समस्या समाधान क्षमता में सुधार के लिए विषयों के अनुप्रयोगों पर चर्चा की गयी है।

बड़ी संख्या में बहुविकल्पीय प्रश्नों के साथ-साथ, ब्लूम वर्गीकरण के निचले और उच्च क्रम में चिह्नित दो श्रेणियों के अनुसार लघु और दीर्घ उत्तरीय प्रश्न, कई संख्यात्मक प्रश्नों के माध्यम से असाइनमेंट, संदर्भों और सुझाए गए अध्ययन की सूची इस यूनिट में दी गयी है, ताकि विद्यार्थी उनके माध्यम से अभ्यास कर सके। यह ध्यान रखना महत्वपूर्ण है कि रुचि के विभिन्न विषयों पर अधिक जानकारी प्राप्त करने के लिए विभिन्न वर्गों में कुछ क्यूआर कोड प्रदान किए गए हैं जिन्हें प्रासंगिक सहायक ज्ञान के लिए स्कैन किया जा सकता है।

यूनिट के अंत में, सामग्री के आधार पर, "अधिक जानिए" अनुभाग है। इस खंड को विवेकपूर्ण ढंग से तैयार किया गया है ताकि इस भाग में दी गई पूरक जानकारी पुस्तक के उपयोगकर्ताओं के लिए फायदेमंद हो। यह खंड मुख्य रूप से प्रारंभिक गतिविधि, कुछ दिलचस्प तथ्यों के उदाहरण, सादृश्य, विषय के विकास के इतिहास पर मुख्य टिप्पणियों और खोज पर ध्यान केंद्रित करता है, और संबंधित विषयों के विकास से लेकर वर्तमान समय तक, विषय वस्तु के अनुप्रयोगों, हमारे दैनिक वास्तविक जीवन या/और विभिन्न पहलुओं पर औद्योगिक अनुप्रयोगों, पर्यावरण, स्थिरता, सामाजिक और नैतिक मुद्दों से संबंधित केस स्टडी, जो भी लागू हो, और अंत में यूनिट के अन्वेषणशील और कौतुक विषयों पर प्रकाश डालता है।

भूमिका

विद्युत चुम्बकीय तरंगों पर यह यूनिट हमारे विद्यार्थियों को मुक्त आकाश में तरंग समीकरण और इसके हल के बारे में एक स्पष्ट विचार प्राप्त करने में सहायता करेगी। इसमें एक आवेश मुक्त चालक माध्यम में, विद्युत चुम्बकीय तरंग के साथ-साथ स्किन गहराई और इसके भौतिक महत्व को स्पष्ट किया जाएगा। यह अवधारणा, संचरण तंत्र के बारे में अधिक विस्तार से जानने और एक अचालक माध्यम-निर्वात अन्तरापृष्ठ से विद्युत चुम्बकीय तरंगों के परावर्तन और प्रसारण के गुणों को ठीक से समझने और लागू करने में सहायता करेगी।

ऊर्जा की तरह, विद्युत स्थिर हो सकती है जो चुंबकत्व के लिए भी सही है। एक परिवर्ती चुंबकीय क्षेत्र, एक परिवर्ती विद्युत क्षेत्र को प्रेरित कर सकता है और इसके विपरीत एक परिवर्ती विद्युत क्षेत्र, एक परिवर्ती चुम्बकीय क्षेत्र को प्रेरित कर सकता है। ये परिवर्ती क्षेत्र, तथाकथित विद्युत चुम्बकीय तरंगें उत्पन्न करते हैं। विद्युत चुम्बकीय तरंगों में यांत्रिक तरंगों से एक सूक्ष्म अंतर होता है, जहाँ उन्हें संचरण के लिए किसी माध्यम की आवश्यकता नहीं होती है। इसका तात्पर्य यह है कि, विद्युत चुम्बकीय तरंगें हवा और ठोस पदार्थों के अलावा आकाश के निर्वात में भी संचरण कर सकती हैं। मैक्सवेल ने सिद्धांत तैयार कर विद्युत चुम्बकीय तरंगों की सार्थक रूप से व्याख्या की। उन्होंने बताया कि, विद्युत और चुंबकीय क्षेत्र, युग्मित होकर विद्युत चुम्बकीय तरंगें उत्पन्न करते हैं।

पूर्व-अपेक्षित ज्ञान

गणितः सदिश कलन (कक्षा XII)

भौतिकीः स्थिर वैद्युत्व, विद्युत चुम्बकत्व (कक्षा XII)

यूनिट आउटकम्स (UC)

इस यूनिट के पूर्ण अध्ययन करने के बाद, विद्यार्थी निम्न में सक्षम होंगेः

U7-O1: मैक्सवेल के तरंग समीकरणों को परिभाषित करना

U7-O2: मुक्त आकाश में मैक्सवेल के तरंग समीकरणों को समझना

U7-O3: किसी आवेश मुक्त माध्यम में विद्युत चुम्बकीय तरंग का वर्णन करना

U7-O4: स्किन गहराई और उसके महत्त्व को समझना

U7-O5: लंबवत आपतन के लिए, किसी अचालक माध्यम-निर्वात अन्तरापृष्ठ से विद्युत चुम्बकीय तरंगों के परावर्तन और प्रसारण को समझना।

यूनिट-7 आउटकम्स (UO)	कोर्स आउटकम्स (COs) के साथ यूनिट आउटकम्स (UOs) का अपेक्षित संबंध *(1-कमजोर सहसंबंध; 2-मध्यम सहसंबंध; 3-मजबूत सहसंबंध)*					
	CO-1	**CO-2**	**CO-3**	**CO-4**	**CO-5**	**CO-6**
U7-O1	1	–	1	3	–	3
U7-O2	–	–	1	3	–	3
U7-O3	–	–	1	2	–	3
U7-O4	2	–	–	1	–	3
U7-O5	2	1	–	–	–	3

7.1 प्रस्तावना

विद्युत क्षेत्र और चुम्बकीय क्षेत्र के स्थानीकृत विक्षोभ से विद्युत चुम्बकीय तरंगें (EM) उत्पन्न होती हैं। इस प्रकार उत्पन्न तरंगें अपने मूल बिंदु के बाह्य दिशा में संचरित होती है। जब ये तरंगें एक समांगी माध्यम में संचरण करती है, तो अपने मूल बिंदु से हर दिशा में समान रूप से फैल जाती हैं।

अपनी उत्पत्ति के मूल बिंदु से दूर, इन तरंगों का तरंग संचरण की दिशा के लम्बवत तल में आयाम लगभग सामान होता है। ऐसी तरंगों को समतल तरंगें कहते है। इस प्रकार की तरंगें मुक्त आकाश या किसी समांगी माध्यम में तरंग समीकरण को संतुष्ट करती है। समतल तरंग की इस अवधारणा से हम यह मान सकते है कि पूरी तरंग एक निश्चित दिशा में संचरण करती है, न कि प्रत्येक दिशा में फैल जाती है ।

7.2 मुक्त आकाश के लिए तरंग समीकरण

EM तरंग समीकरण, निर्वात या किसी अन्य माध्यम में EM तरंगों के संचरण को समझाता है। यह तरंग समीकरण के त्रिविमीय रूप को प्रदर्शित करता है।

मुक्त आकाश में, आवेश घनत्व $\rho = 0$, धारा घनत्व $\vec{J}_c = 0$ और चालकत्व $\sigma = 0$ होता है।

अतः, मुक्त आकाश में मैक्सवेल के तरंग समीकरणों को निम्नानुसार लिखा जाता है,

(i) $\vec{\nabla}.\vec{D} = 0$ या, $\vec{\nabla}.\vec{E} = 0$ (7.1) (a)

(ii) $\vec{\nabla}.\vec{B} = 0$ (7.1) (b)

(iii) $\vec{\nabla} \times \vec{E} = -\dfrac{\partial \vec{B}}{\partial t}$ (7.1) (c)

(iv) $\vec{\nabla} \times \vec{H} = \dfrac{\partial \vec{D}}{\partial t}$ या, $\vec{\nabla} \times \vec{B} = \mu_0 \varepsilon_0 \dfrac{\partial \vec{E}}{\partial t}$ $\quad \left[\because \vec{D} = \varepsilon_0 \vec{E}, \vec{B} = \mu_0 \vec{H}\right]$ (7.1) (d)

समी.-(7.1) (d) के दोनों पक्षों का कर्ल लेने पर, हमें प्राप्त होगा,

$$\vec{\nabla} \times \vec{\nabla} \times \vec{B} = \mu_0 \varepsilon_0 \frac{\partial}{\partial t}\left(\vec{\nabla} \times \vec{E}\right) = \mu_0 \varepsilon_0 \frac{\partial}{\partial t}\left(-\frac{\partial \vec{B}}{\partial t}\right) = -\mu_0 \varepsilon_0 \frac{\partial^2 \vec{B}}{\partial t^2}$$

या,
$$\vec{\nabla}\left(\vec{\nabla}.\vec{B}\right) - \nabla^2 \vec{B} = -\mu_0 \varepsilon_0 \frac{\partial^2 \vec{B}}{\partial t^2}$$

या,
$$-\nabla^2 \vec{B} = -\mu_0 \varepsilon_0 \frac{\partial^2 \vec{B}}{\partial t^2} \qquad \left[\because \vec{\nabla}.\vec{B} = 0\right]$$

या,
$$\nabla^2 \vec{B} = \mu_0 \varepsilon_0 \frac{\partial^2 \vec{B}}{\partial t^2} \tag{7.2}$$

यह मुक्त आकाश में चुंबकीय क्षेत्र के लिए तंरग समीकरण है।

अब समी.-(7.1) (c) के दोनों पक्षों का कर्ल लेने पर,

$$\vec{\nabla} \times \vec{\nabla} \times \vec{E} = -\frac{\partial}{\partial t}\left(\vec{\nabla} \times \vec{B}\right) = -\mu_0 \varepsilon_0 \frac{\partial}{\partial t}\left(\frac{\partial \vec{E}}{\partial t}\right) = -\mu_0 \varepsilon_0 \frac{\partial^2 \vec{E}}{\partial t^2}$$

या, $$\vec{\nabla}\left(\vec{\nabla}.\vec{E}\right)-\nabla^2\vec{E}=-\mu_0\varepsilon_0\frac{\partial^2\vec{E}}{\partial t^2}$$

या, $$-\nabla^2\vec{E}=-\mu_0\varepsilon_0\frac{\partial^2\vec{E}}{\partial t^2}\qquad\left[\because\vec{\nabla}.\vec{E}=0\right]$$

या, $$\nabla^2\vec{E}=\mu_0\varepsilon_0\frac{\partial^2\vec{E}}{\partial t^2}\tag{7.3}$$

यह मुक्त आकाश में विद्युत क्षेत्र के लिए तरंग समीकरण है।

अब समी.-(7.2) और (7.3) की तुलना सामान्य तरंग समीकरण $\nabla^2\psi=\frac{1}{v^2}\frac{\partial^2\psi}{\partial t^2}$ से करने पर हमें प्राप्त होगा,

$$v^2=\frac{1}{\mu_0\varepsilon_0}\tag{7.4}$$

या, $$v=\frac{1}{\sqrt{\mu_0\varepsilon_0}}=\frac{1}{\sqrt{4\pi\times10^{-7}\times8.854\times10^{-12}}}=3\times10^8\,\text{m/s}$$

इस प्रकार हम यह निष्कर्ष निकाल सकते है कि विद्युत चुम्बकीय तरंगें मुक्त आकाश में प्रकाश की चाल से गति करती है, अर्थात् प्रकाश, एक विद्युत चुम्बकीय तरंग होता है।

उदाहरण 7.1

उदाहरण 7.1 दर्शाइए कि मुक्त आकाश में, विद्युत क्षेत्र E का तरंग समीकरण $\nabla^2\vec{E}=\mu_0\varepsilon_0\frac{\partial^2\vec{E}}{\partial t^2}$ होता है।

हल

हमें प्राप्त है, $$\vec{\nabla}\times\vec{E}=-\frac{\partial\vec{B}}{\partial t}$$

अत:, $$\vec{\nabla}\times\vec{\nabla}\times\vec{E}=-\frac{\partial}{\partial t}\left(\vec{\nabla}\times\vec{B}\right)=-\mu_0\frac{\partial}{\partial t}\left(\vec{\nabla}\times\vec{H}\right)$$

$$=-\mu_0\frac{\partial}{\partial t}\left(\frac{\partial\vec{D}}{\partial t}\right)=-\mu_0\varepsilon_0\frac{\partial^2\vec{E}}{\partial t^2}$$

या, $$\vec{\nabla}\left(\vec{\nabla}.\vec{E}\right)-\nabla^2\vec{E}=-\mu_0\varepsilon_0\frac{\partial^2\vec{E}}{\partial t^2}$$

या, $$\nabla^2\vec{E}=\mu_0\varepsilon_0\frac{\partial^2\vec{E}}{\partial t^2}\qquad\left[\because\vec{\nabla}.\vec{E}=0\right]$$

जो कि वांछित समीकरण है।

7.3 EM तरंगों का अनुप्रस्थ व्यवहार

EM तरंगें व्यवहार में अनुप्रस्थ होती है अर्थात, विद्युत और चुम्बकीय क्षेत्र, तरंग संचरण की दिशा के लम्बवत तल में दोलन करते हैं। EM तरंगों में, विद्युत और चुम्बकीय क्षेत्र एक दूसरे के लम्बवत भी होते है।

EM तरंग समीकरण को इस प्रकार लिखा जाता है,

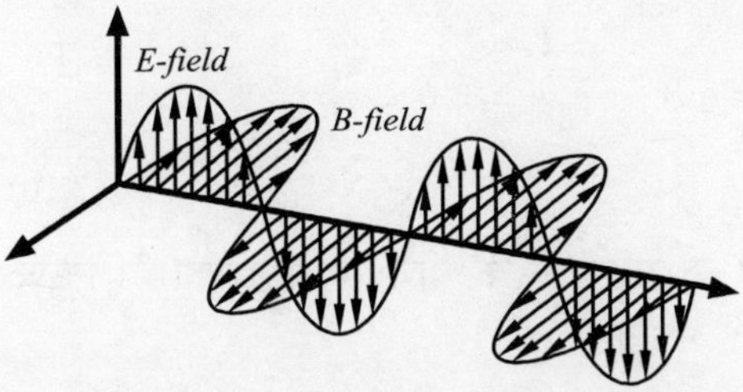

$$\nabla^2 \vec{E} = \mu_0 \varepsilon_0 \frac{\partial^2 \vec{E}}{\partial t^2}$$

और $$\nabla^2 \vec{B} = \mu_0 \varepsilon_0 \frac{\partial^2 \vec{B}}{\partial t^2}$$

या $$\nabla^2 \vec{H} = \mu_0 \varepsilon_0 \frac{\partial^2 \vec{H}}{\partial t^2}$$

चित्र 7.1 EM तरंग का अनुप्रस्थ व्यवहार

अब, उपरोक्त दोनों समीकरणों के हल को इस प्रकार दिया जाता है,

$$\vec{E}(\vec{r},t) = \vec{E}_0 e^{i(\vec{k}.\vec{r}-\omega t)} = \hat{e}E_0 e^{i(\vec{k}.\vec{r}-\omega t)} \tag{7.5}$$

और $$\vec{H}(\vec{r},t) = \vec{H}_0 e^{i(\vec{k}.\vec{r}-\omega t)} = \hat{b}H_0 e^{i(\vec{k}.\vec{r}-\omega t)} \tag{7.6}$$

पुनः हमें प्राप्त है, $\vec{\nabla}.\vec{E} = 0$ और $\vec{\nabla}.\vec{B} = 0$ [मुक्त आकाश के लिए]

इस प्रकार, समी.-(7.5) के दोनों पक्षों का डाइवर्जेंस लेने पर हमें प्राप्त होगा,

$$\vec{\nabla}.\vec{E}(\vec{r},t) = \vec{\nabla}.\left[\hat{e}E_0 e^{i(\vec{k}.\vec{r}-\omega t)}\right] = \vec{\nabla}.\left(E_0 e^{i(\vec{k}.\vec{r}-\omega t)}\right)\hat{e} + E_0 e^{i(\vec{k}.\vec{r}-\omega t)}\vec{\nabla}.\hat{e}$$

या, $$\vec{\nabla}.\left(E_0 e^{i(\vec{k}.\vec{r}-\omega t)}\right)\hat{e} = 0 \qquad \left[\because \vec{\nabla}.\hat{e} = 0\right]$$

या, $$i\vec{k}E_0 e^{i(\vec{k}.\vec{r}-\omega t)}\hat{e} = 0$$

या, $$\vec{k}.\hat{e} = 0 \tag{7.7}$$

पुनः समी.-(7.6) के दोनों पक्षों का डाइवर्जेंस लेने पर हमें प्राप्त होगा,

$$\vec{\nabla}.\vec{H}(\vec{r},t) = \vec{\nabla}.\left[\hat{b}H_0 e^{i(\vec{k}.\vec{r}-\omega t)}\right] = \vec{\nabla}.\left(H_0 e^{i(\vec{k}.\vec{r}-\omega t)}\right)\hat{b} + H_0 e^{i(\vec{k}.\vec{r}-\omega t)}\vec{\nabla}.\hat{b}$$

या, $$\vec{\nabla}.\left(H_0 e^{i(\vec{k}.\vec{r}-\omega t)}\right)\hat{b} = 0 \qquad \left[\because \vec{\nabla}.\hat{b} = 0\right]$$

या, $$i\vec{k}H_0 e^{i(\vec{k}.\vec{r}-\omega t)}\hat{b} = 0$$

या, $$\vec{k}.\hat{b} = 0 \tag{7.8}$$

अतः, हम समी.-(7.7) और (7.8) से यह निष्कर्ष निकाल सकते है कि, विद्युत चुम्बकीय तरंगों के E-क्षेत्र और B-क्षेत्र, संचरण सदिश k के लंबवत होते हैं। इससे विद्युत चुम्बकीय तरंगों का अनुप्रस्थ व्यवहार सिद्ध होता है।

मैक्सवेल के समीकरणों से हमें प्राप्त है,

$$\vec{\nabla} \times \vec{E} = -\frac{\partial \vec{B}}{\partial t}$$

या, $$\vec{\nabla} \times \vec{E}_0 e^{i(\vec{k}.\vec{r}-\omega t)} = -\frac{\partial \vec{B}_0 e^{i(\vec{k}.\vec{r}-\omega t)}}{\partial t}$$

या, $$i\vec{k} \times \vec{E} = i\omega \vec{B}$$

या, $\vec{k} \times \vec{E} = \omega \vec{B}$ (7.9)

अतः B-क्षेत्र, E-क्षेत्र और संचरण सदिश $\vec{k}$ के लंबवत होता है।

केवल परिमाण के पदों में E, B और k के बीच संबंध होगा, $kE = \omega B$

या, $$\frac{E}{B} = \frac{\omega}{k} = v \tag{7.10}$$

जोकि एक विद्युत चुम्बकीय तरंग के विद्युत और चुम्बकीय सदिशों के परिमाणों के बीच संबंध दर्शाता है। निर्वात में, विद्युत चुम्बकीय तरंग का वेग, प्रकाश की चाल के बराबर होता है, अर्थात,

$$\frac{E_0}{B_0} = c = \frac{1}{\sqrt{\varepsilon_0 \mu_0}} \tag{7.11}$$

या, $$\frac{E_0}{H_0} = \frac{\mu_0}{\sqrt{\varepsilon_0 \mu_0}} = \sqrt{\frac{\mu_0}{\varepsilon_0}} \qquad (7.12)\ (a)$$

या, $$Z_0 = \sqrt{\frac{\mu_0}{\varepsilon_0}} = \sqrt{4\pi \times 10^{-7} \times 36\pi \times 10^{9}} = 120\pi = 377\Omega \qquad (7.12)\ (b)$$

SCAN ME

to view the propagation of electromagnetic wave

जहाँ Z_0, मुक्त आकश की आंतरिक प्रतिबाधा है।

उदाहरण 7.2

उदाहरण 7.2 किसी विद्युत चुम्बकीय तरंग के चुम्बकीय क्षेत्र सदिश के परिमाण 1 nT के लिए विद्युत क्षेत्र सदिश का परिमाण ज्ञात कीजिये।

हल

यहाँ, $B = 1\ \text{nT} = 10^{-9}\ \text{T}$

अब, हमें प्राप्त है, $\frac{E}{B} = c$

या, $$E = cB = 3 \times 10^{8} \times 10^{-9} = 0.3\text{V/m}.$$

उदाहरण 7.3

उदाहरण 7.3 एक परावैद्युत माध्यम जिसमें आपेक्षिक विद्युतशीलता 2 और आपेक्षिक चुम्बकनशीलता 1 है, में एक विद्युत चुम्बकीय तरंग, धनात्मक Z-दिशा में गति कर रही है, तो तरंग की चाल और माध्यम की आंतरिक प्रतिबाधा ज्ञात कीजिये।

हल

दिया है, आपेक्षिक विद्युतशीलता $= 2$ और आपेक्षिक चुम्बकनशीलता $= 1$

अतः, विद्युत चुम्बकीय तरंग की चाल होगी,

$$v = \frac{1}{\sqrt{\mu\varepsilon}} = \frac{c}{\sqrt{\mu_r \varepsilon_r}} = \frac{3 \times 10^{8}}{\sqrt{2}} = 2.1 \times 10^{8}\text{m/s}.$$

और, माध्यम की आंतरिक प्रतिबाधा होगी,

$$z = \sqrt{\frac{\mu}{\varepsilon}} = \sqrt{\frac{\mu_0}{\varepsilon_0}}\sqrt{\frac{\mu_r}{\varepsilon_r}} = \frac{377}{\sqrt{2}} = 266.62\Omega.$$

उदाहरण 7.4 यदि पृथ्वी की सतह पर आने वाले सूर्य के प्रकाश की तीव्रता लगभग 1300 V/m^2 हो तो, सूर्य प्रकाश के विद्युत क्षेत्र और चुम्बकीय क्षेत्र की तीव्रता ज्ञात कीजिये।

हल

दिया है, $I = P = EH = 1300\ W/m^2$

फिर से, $E/H = 377$ ohm

अतः $\frac{E}{H}.EH = 377 \times 1300 = 490100 V^2/m^2$

या, $E = \sqrt{490100} V/m = 700.07 V/m.$

या, $H = \frac{1300}{E} = \frac{1300}{700.07} A/m = 1.857 A/m.$

इससे हमें आने वाले सूर्य के प्रकाश के विद्युत क्षेत्र और चुम्बकीय क्षेत्र की तीव्रता प्राप्त होती है।

उदाहरण 7.4

7.4 किसी अचालक (परावैद्युत) माध्यम में EM तरंग

किसी स्थिर अचालक माध्यम में, विद्युत चुम्बकीय क्षेत्र के लिए परावैद्युत नियतांक और विद्युत शीलता दोनों, बिंदु फलनों से संबद्ध होते है किसी आवेश मुक्त चालक माध्यम के लिए, आवेश घनत्व $\rho = 0$ और चालकत्व $\sigma = 0$ होता है, अतः किसी आवेश मुक्त अचालक (परावैद्युत) माध्यम जिसकी विद्युतशीलता ε और चुम्बकनशीलता μ है, के लिए मैक्सवेल के समीकरण हैं,

(*i*) $\vec{\nabla}.\vec{D} = 0$ या $\vec{\nabla}.\vec{E} = 0$ (7.13) (*a*)

(*ii*) $\vec{\nabla}.\vec{B} = 0$ या $\vec{\nabla}.\vec{H} = 0$ (7.13) (*b*)

(*iii*) $\vec{\nabla} \times \vec{E} = -\frac{\partial \vec{B}}{\partial t} = -\mu \frac{\partial \vec{H}}{\partial t}$ (7.13) (*c*)

(*iv*) $\vec{\nabla} \times \vec{H} = \varepsilon \frac{\partial \vec{E}}{\partial t}$ (7.13) (*d*)

समी.-(7.13) (*d*) के दोनों पक्षों का कर्ल लेने पर,

$$\vec{\nabla} \times \vec{\nabla} \times \vec{H} = \varepsilon \frac{\partial \vec{\nabla} \times \vec{E}}{\partial t} = -\mu\varepsilon \frac{\partial^2 \vec{H}}{\partial t^2}$$

या, $$\vec{\nabla}\left(\vec{\nabla}.\vec{H}\right) - \nabla^2 \vec{H} = -\mu\varepsilon \frac{\partial^2 \vec{H}}{\partial t^2}$$

या, $$-\nabla^2 \vec{H} = -\mu\varepsilon \frac{\partial^2 \vec{H}}{\partial t^2} \qquad \left[\because \vec{\nabla}.\vec{H} = 0\right]$$

या, $$\nabla^2 \vec{H} = \mu\varepsilon \frac{\partial^2 \vec{H}}{\partial t^2} \tag{7.14}$$

इससे हमें, किसी आवेश मुक्त अचालक माध्यम में चुम्बकीय क्षेत्र के लिए तरंग समीकरण प्राप्त होता है।

पुनः समी.-(7.13) (*c*) के दोनों पक्षों का कर्ल लेने पर,

$$\vec{\nabla}\times\vec{\nabla}\times\vec{E} = -\mu\frac{\partial\vec{\nabla}\times\vec{H}}{\partial t} = -\mu\frac{\partial}{\partial t}\left(\varepsilon\frac{\partial\vec{E}}{\partial t}\right) = -\mu\varepsilon\frac{\partial^2\vec{E}}{\partial t^2}$$

या, $$\vec{\nabla}\left(\vec{\nabla}.\vec{E}\right)-\nabla^2\vec{E} = -\mu\varepsilon\frac{\partial^2\vec{E}}{\partial t^2}$$

या, $$-\nabla^2\vec{E} = -\mu\varepsilon\frac{\partial^2\vec{E}}{\partial t^2} \qquad \left[\because \vec{\nabla}.\vec{E}=0\right]$$

या, $$\nabla^2\vec{E} = \mu\varepsilon\frac{\partial^2\vec{E}}{\partial t^2} \tag{7.15}$$

इससे हमें, किसी आवेश मुक्त अचालक माध्यम में चुम्बकीय क्षेत्र के लिए तरंग समीकरण प्राप्त होता है।

अब, समी.-(7.14) और (7.15) की सामान्य तरंग समीकरण $\nabla^2\psi = \frac{1}{v^2}\frac{\partial^2\psi}{\partial t^2}$ से तुलना करने पर,

हमें प्राप्त होगा, $v^2 = \frac{1}{\mu\varepsilon}$

या, $$v = \frac{1}{\sqrt{\mu\varepsilon}} < c \quad \left[\because \varepsilon > \varepsilon_0, \mu > \mu_0\right] \tag{7.16}$$

इस प्रकार हम यह निष्कर्ष निकाल सकते है कि, किसी आवेश मुक्त अचालक या आदर्श परावैद्युत माध्यम में विद्युत चुम्बकीय तरंगें, प्रकाश की चाल से कम चाल से गति करती है। समी.-(7.14) और (7.15) से यह प्राप्त होता है कि किसी आवेश मुक्त अचालक माध्यम में संचरण के दौरान EM तरंगों का क्षय नहीं होता है। इस प्रकार के व्यवहार के कारण, ऐसे माध्यम को क्षतिविहीन माध्यम भी कहते है।

उदाहरण 7.5

उदाहरण 7.5 यदि किसी माध्यम की आपेक्षिक विद्युतशीलता और आपेक्षिक चुम्बकनशीलता के मान क्रमशः 5 और 2 हैं, तो उसमें से संचरित विद्युत चुम्बकीय तरंग का वेग ज्ञात कीजिये।

हल

यहाँ, $\varepsilon_r = 5, \mu_r = 2$

तो, तरंग संचरण का वेग होगा:

$$v = \frac{1}{\sqrt{\mu\varepsilon}} = \frac{1}{\sqrt{\mu_0\varepsilon_0}}\frac{1}{\sqrt{\mu_r\varepsilon_r}} = \frac{c}{\sqrt{\mu_r\varepsilon_r}} = \frac{3\times10^8}{\sqrt{5\times2}} = 9.5\times10^7\,\text{m/s.}$$

7.5 किसी चालक माध्यम में EM तरंगें

सामान्यतः किसी चालक के अंदर विद्युत क्षेत्र का मान शून्य होता है एवं EM तरंगें उस चालक से परावर्वित हो जाती है।

किसी आवेश मुक्त चालक माध्यम के लिए मैक्सवेल के समीकरण हैं,

(*i*) $\vec{\nabla}.\vec{D}=0$ या, $\vec{\nabla}.\vec{E}=0$ (7.17) (*a*)

(*ii*) $\vec{\nabla}.\vec{B}=0$ या, $\vec{\nabla}.\vec{H}=0$ (7.17) (*b*) (*iii*) $\vec{\nabla}\times\vec{E} = -\dfrac{\partial\vec{B}}{\partial t} = -\mu\dfrac{\partial\vec{H}}{\partial t}$ (7.17) (*c*)

(*iv*) $\vec{\nabla}\times\vec{H} = \vec{J}c + \dfrac{\partial\vec{D}}{\partial t} = \sigma\vec{E} + \varepsilon\dfrac{\partial\vec{E}}{\partial t}$ (7.17) (*d*)

समी.-(7.17) (*d*) के दोनों पक्षों का कर्ल लेने पर, हमें प्राप्त होगा,

$$\vec{\nabla}\times\vec{\nabla}\times\vec{H} = \vec{\nabla}\times\left(\sigma\vec{E} + \varepsilon\frac{\partial\vec{E}}{\partial t}\right) = \sigma\vec{\nabla}\times\vec{E} + \varepsilon\frac{\partial\vec{\nabla}\times\vec{E}}{\partial t} = -\mu\sigma\frac{\partial\vec{H}}{\partial t} - \mu\varepsilon\frac{\partial^2\vec{H}}{\partial t^2}$$

या,
$$\vec{\nabla}\left(\vec{\nabla}.\vec{H}\right) - \nabla^2\vec{H} = -\mu\sigma\frac{\partial\vec{H}}{\partial t} - \mu\varepsilon\frac{\partial^2\vec{H}}{\partial t^2}$$

या,
$$-\nabla^2\vec{H} = -\mu\sigma\frac{\partial\vec{H}}{\partial t} - \mu\varepsilon\frac{\partial^2\vec{H}}{\partial t^2} \qquad \left[\because \vec{\nabla}.\vec{H} = 0\right]$$

या,
$$\nabla^2\vec{H} - \mu\sigma\frac{\partial\vec{H}}{\partial t} - \mu\varepsilon\frac{\partial^2\vec{H}}{\partial t^2} = 0 \tag{7.18}$$

समी.-(7.17) (*c*) के दोनों पक्षों का कर्ल लेने पर, हमें प्राप्त होगा,

$$\vec{\nabla}\times\vec{\nabla}\times\vec{E} = -\mu\frac{\partial\vec{\nabla}\times\vec{H}}{\partial t} = -\mu\frac{\partial}{\partial t}\left(\sigma\vec{E} + \varepsilon\frac{\partial\vec{E}}{\partial t}\right) = -\mu\sigma\frac{\partial\vec{E}}{\partial t} - \mu\varepsilon\frac{\partial^2\vec{E}}{\partial t^2}$$

या,
$$\vec{\nabla}\left(\vec{\nabla}.\vec{E}\right) - \nabla^2\vec{E} = -\mu\sigma\frac{\partial\vec{E}}{\partial t} - \mu\varepsilon\frac{\partial^2\vec{E}}{\partial t^2}$$

या,
$$-\nabla^2\vec{E} = -\mu\sigma\frac{\partial\vec{E}}{\partial t} - \mu\varepsilon\frac{\partial^2\vec{E}}{\partial t^2} \qquad \left[\because \vec{\nabla}.\vec{E} = 0\right]$$

या,
$$\nabla^2\vec{E} - \mu\sigma\frac{\partial\vec{E}}{\partial t} - \mu\varepsilon\frac{\partial^2\vec{E}}{\partial t^2} = 0 \tag{7.19}$$

इससे हमें, किसी आवेश मुक्त चालक माध्यम में विद्युत क्षेत्र के लिए तरंग समीकरण प्राप्त होता है।

दोनों समीकरणों (7.18) और (7.19) में, पद $-\mu\sigma\dfrac{\partial\vec{E}}{\partial t}$ और $-\mu\sigma\dfrac{\partial\vec{H}}{\partial t}$ यह इंगित करते हैं कि जब EM तरंगें किसी आवेश मुक्त चालक माध्यम में संचरण करती है, तो उनका क्षय होता है। इस प्रकार के व्यवहार के कारण, ऐसे माध्यम को क्षरण माध्यम भी कहते है।

7.6 किसी चालक माध्यम में EM तरंगों का क्षीरण

किसी माध्यम में फ्लक्स तीव्रता की क्रमिक हानि को क्षीरण कहा जाता है। क्षीरण हवा में, विद्युत परिपथों में, और आप्टिकल फाइबर में तरंग और सिग्नल के संचरण पर प्रभाव डालता है।

किसी आवेश मुक्त चालक माध्यम में, विद्युत और चुम्बकीय क्षेत्र के लिए तरंग समीकरण, समी.-(7.18) और (7.19) द्वारा इस प्रकार दिया जाता है,

$$\nabla^2 \vec{E} - \mu\sigma \frac{\partial \vec{E}}{\partial t} - \mu\varepsilon \frac{\partial^2 \vec{E}}{\partial t^2} = 0$$

और $$\nabla^2 \vec{H} - \mu\sigma \frac{\partial \vec{H}}{\partial t} - \mu\varepsilon \frac{\partial^2 \vec{H}}{\partial t^2} = 0$$

माना उपरोक्त दो समीकरणों के हल निम्नानुसार हैं,

$$\vec{E}(\vec{r},t) = \vec{E}_0 e^{i(\vec{k}.\vec{r}-\omega t)} \quad (7.20)$$

और $$\vec{H}(\vec{r},t) = \vec{H}_0 e^{i(\vec{k}.\vec{r}-\omega t)} \quad (7.21)$$

समी.-(7.19) में समी.-(7.20) से मान रखने पर, हमें प्राप्त होगा,

$$\nabla^2 \vec{E}_0 e^{i(\vec{k}.\vec{r}-\omega t)} - \mu\sigma \frac{\partial \vec{E}_0 e^{i(\vec{k}.\vec{r}-\omega t)}}{\partial t} - \mu\varepsilon \frac{\partial^2 \vec{E}_0 e^{i(\vec{k}.\vec{r}-\omega t)}}{\partial t^2} = 0$$

या, $$-k^2 \vec{E}_0 e^{i(\vec{k}.\vec{r}-\omega t)} + i\mu\sigma\omega \vec{E}_0 e^{i(\vec{k}.\vec{r}-\omega t)} + \varepsilon\mu\omega^2 \vec{E}_0 e^{i(\vec{k}.\vec{r}-\omega t)} = 0$$

या, $$-k^2 \vec{E} + i\mu\sigma\omega \vec{E} + \varepsilon\mu\omega^2 \vec{E} = 0$$

या, $$\left(-k^2 + i\mu\sigma\omega + \varepsilon\mu\omega^2\right)\vec{E} = 0$$

या, $$k^2 = i\mu\sigma\omega + \varepsilon\mu\omega^2 = \varepsilon\mu\omega^2\left(1 + \frac{i\sigma}{\varepsilon\omega}\right)$$

या, $$k = \omega\sqrt{\varepsilon\mu}\sqrt{\left(1 + \frac{i\sigma}{\varepsilon\omega}\right)} \quad (7.22)$$

इस प्रकार, किसी आवेश मुक्त चालक माध्यम के लिए संचरण नियतांक k एक संयुग्म राशि होती है। समी.-(7.22) द्वारा दिए गए संबंध को किसी आवेश मुक्त चालक माध्यम के लिए विक्षेपण संबंध कहा जाता है। समी.-(7.22) में पद $\frac{\sigma}{\varepsilon\omega}$ को विक्षेपण घटक के नाम से जाना जाता है। $k = \alpha + i\beta$ लेने एवं समी.-(7.22) का उपयोग करने पर हमें प्राप्त होगा, $\alpha + i\beta = \omega\sqrt{\varepsilon\mu}\sqrt{\left(1 + \frac{i\sigma}{\varepsilon\omega}\right)}$

या, $$(\alpha + i\beta)^2 = \alpha^2 - \beta^2 + 2i\alpha\beta = \varepsilon\mu\omega^2\left(1 + \frac{i\sigma}{\varepsilon\omega}\right)$$

दोनों पक्षों में वास्तविक और काल्पनिक पदों की तुलना करने पर, हमें प्राप्त होगा, $\alpha^2 - \beta^2 = \varepsilon\mu\omega^2$ और $2\alpha\beta = \sigma\mu\omega$, α और β के लिए हल करने पर, हमें प्राप्त होगा

$$\alpha = \omega\sqrt{\frac{\varepsilon\mu}{2}}\sqrt{\left\{1 + \left(\frac{\sigma}{\varepsilon\omega}\right)^2\right\}^{1/2} + 1} \quad (7.23)$$

और $$\beta = \omega\sqrt{\frac{\varepsilon\mu}{2}}\sqrt{\left\{1 + \left(\frac{\sigma}{\varepsilon\omega}\right)^2\right\}^{1/2} - 1} \quad (7.24)$$

जहाँ α को क्षीरण नियतांक और β को कला नियतांक के नाम से जाना जाता है।

संचरण नियतांक के पदों में समी.-(7.18) और (7.19) का हल इस प्रकार होगा,

$$\vec{E}(\vec{r},t) = \vec{E}_0 e^{-\beta r} e^{i(\alpha r - \omega t)} \tag{7.25}$$

और $$\vec{H}(\vec{r},t) = \vec{H}_0 e^{-\beta r} e^{i(\alpha r - \omega t)} \tag{7.26}$$

जहाँ, $e^{-\beta r}$ क्षीरण नियतांक और $e^{i(\alpha r-\omega t)}$ को कला नियतांक कहा जाता है।

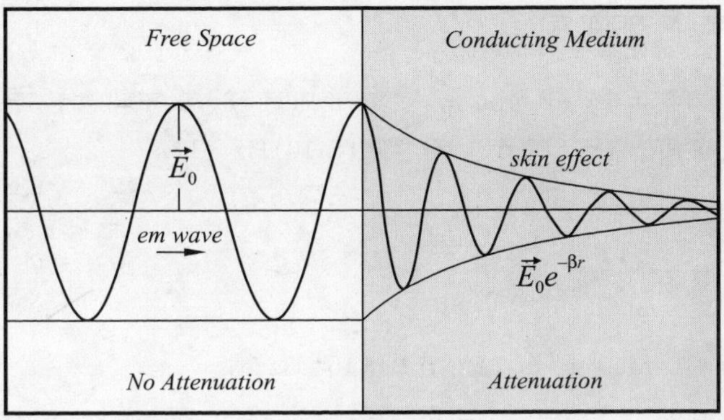

चित्र 7.2: EM तरंग का क्षीरण

7.6.1 स्किन गहराई

अंतर्वेधन गहराई एक मापन है जो यह बताता है कि, किसी पदार्थ में कोई विद्युत चुम्बकीय विकिरण कितनी गहराई तक अंतर्वेधित कर सकता है। यह वह गहराई है, जहाँ किसी पदार्थ में विकिरण की तीव्रता, अपनी मूल तीव्रता की लगभग 37% रह जाती है।

दूसरी ओर, स्किन गहराई वह गहराई है जहाँ तक चुम्बकीय क्षेत्र, किसी धातु में ऊपरी सतह से अंतर्वेधित होता है। यह चुम्बकीय क्षेत्र चालक की सतह पर अधिकतम होता है, जबकि अन्य किनारों पर जाने पर चरघातांकी रूप से कम होता है ।

यदि चालक माध्यम की आवृत्ति अधिक नहीं है अर्थात, यदि $\sigma >> \varepsilon\omega$, तब समी.-(7.23) और (7.24) से, हमें प्राप्त होगा,

$$\alpha = \beta = \omega\sqrt{\frac{\varepsilon\mu}{2}}\sqrt{\frac{\sigma}{\varepsilon\omega}}$$

$$= \sqrt{\frac{\omega\mu\sigma}{2}} = \frac{1}{\delta} \quad \text{[माना]}$$

जहाँ, $$\delta = \sqrt{\frac{2}{\omega\mu\sigma}} \tag{7.27}$$

को स्किन गइराई कहा जाता है, जिसका मान आवृत्ति और माध्यम की चालकता को बढ़ाने पर कम हो जाता है।

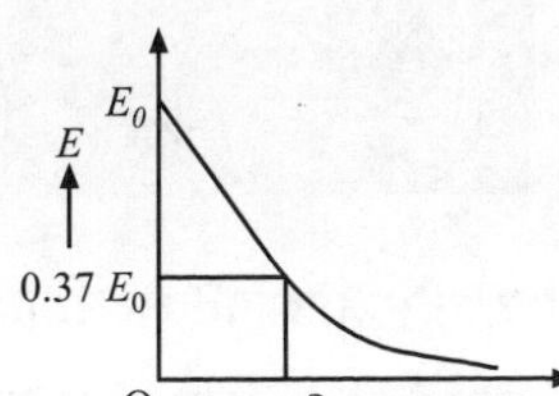

चित्र 7.3: स्किन गहराई की अवधारणा

विद्युत और चुम्बकीय क्षेत्रों के लिए तरंग समीकरणों का हल है:

$$\vec{E}(\vec{r},t) = \vec{E}_0 e^{-\beta r} e^{i(\alpha r - \omega t)} \tag{7.28}$$

और $$\vec{H}(\vec{r},t) = \vec{H}_0 e^{-\beta r} e^{i(\alpha r - \omega t)} \tag{7.29}$$

जहाँ, आयाम $\vec{E}_0 e^{-r/\delta}$ और $\vec{H}_0 e^{-r/\delta}$ के रूप में दिए गए है।

यदि $r = \delta$, तो विद्युत चुम्बकीय क्षेत्र का आयाम घटकर, चालक माध्यम की सतह के मान का $1/e$ गुना (37%) हो जाता है।

SCAN ME

for more on skin effect

स्किन गहराई का भौतिक महत्त्वः (*i*) स्किन गहराई का अधिक मान, विद्युत चुम्बकीय तरंग के कम क्षीरण को दर्शाता है।

(*ii*) कोई उच्च आवृत्ति वाली तरंग माध्यम से संचरित नहीं हो सकती है। यह विद्युत चुम्बकीय परिरक्षण में उपयोग किया जा सकता है।

उदाहरण 7.6 किसी 6×10^7 mho/m चालकता वाले चालक माध्यम के लिए स्किन गहराई ज्ञात कीजिये, यदि विद्युत चुम्बकीय तरंग की आवृत्ति 10^4 Hz है।

हल

हमें प्राप्त है, स्किन गहराई $\delta = \sqrt{\dfrac{2}{\omega\mu\sigma}}$

यहाँ $\sigma = 6 \times 10^7$ mho/m, $\omega = 2\pi f = 2\pi \times 10^4$ Hz

अतः, $\delta = \sqrt{\dfrac{2}{\omega\mu\sigma}} = \sqrt{\dfrac{2}{2\pi \times 10^4 \times 4\pi \times 10^{-7} \times 6 \times 10^7}} = 0.042\text{mm}.$

उदाहरण 7.7 यदि किसी चालक माध्यम की चालकता 4×10^7 mho/m और स्किन गहराई 0.02 mm है, तो EM तरंग की आवृत्ति ज्ञात कीजिये। [यहाँ आपेक्षिक विद्युत शीलता = आपेक्षिक चुम्बकन शीलता = 1 लीजिये]

हल

हमें प्राप्त है, स्किन गहराई $\delta = \sqrt{\dfrac{2}{\omega\mu\sigma}} = \sqrt{\dfrac{1}{\pi f \mu\sigma}}$

अतः, EM तरंग की आवृत्ति है:

$$f = \frac{1}{\pi\mu\sigma\delta^2} = \frac{1}{4 \times \pi^2 \times 10^{-7} \times 4 \times 10^7 \times \left(0.02 \times 10^{-3}\right)^2} = 15.87\text{MHz}.$$

7.7 EM तरंगों के लिए सीमा शर्तें

मैक्सवेल के समीकरण, प्रबल रूप से अलग अलग गुणों वाले दो माध्यमों की सीमाओं पर EM क्षेत्रों के व्यवहार के लिए प्रतिबन्ध बताते है, और कुछ निश्चित शर्तें, क्षेत्र सदिशों $\vec{E}, \vec{D}, \vec{B}$ और $\vec{H}$ द्वारा संतुष्ट होती है।

ये सीमा शर्तें कहलाती हैं। ये सभी शर्तें नीचे इस प्रकार समझाई गयी है:

D के लिए शर्तें: माना, दो माध्यमों के बीच अन्तरापृष्ठ पर नगण्य ऊँचाई का एक छोटा पिलबॉक्स हैं (चित्र 7.4) मैक्सवेल के प्रथम समीकरण से हमें प्राप्त है, $\vec{\nabla}.\vec{D} = \rho$ मैक्सवेल के प्रथम समीकरण के दोनों पक्षों में आयतन समाकलन लेने पर, हमें प्राप्त होगा,

$$\int_V \vec{\nabla}.\vec{D}dV = \int_V \rho dV$$

या, $$\int_S \vec{D}.\hat{n}dS = \int_V \rho dV$$

अर्थात् $$\int_{S_1} \vec{D}_1.\hat{n}_1 dS + \int_{S_2} \vec{D}_2.\hat{n}_2 dS + \int_{S_3} \vec{D}_1^{'}.\hat{n}_1^{'} dS + \int_{S_4} \vec{D}_2^{'}.\hat{n}_2^{'} dS = \int_V \rho dV$$

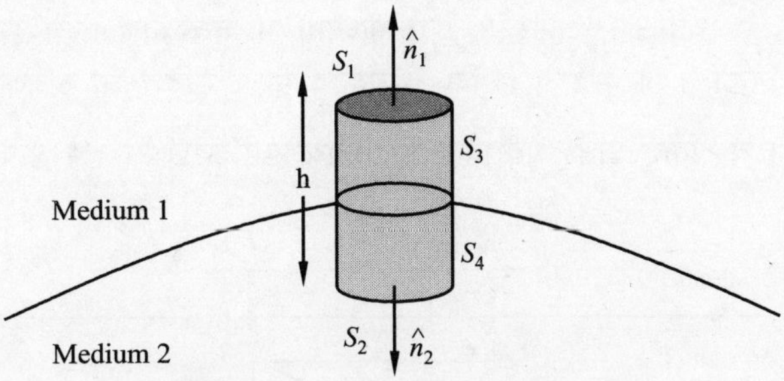

चित्र 7.4: D और B के लिए सीमा शर्तें

उपरोक्त समीकरण में अंतिम दो पद, पिलबॉक्स की दीवारों के लिए है और उन्हें पिलबॉक्स की बहुत कम ऊँचाई h के लिए नगण्य मान सकते है। अतः सीमा $h \to 0$ के लिए, हमें प्राप्त होगा,

$$\lim_{h\to 0}\left[\int_S \vec{D}_1.\hat{n}_1 dS + \int_S \vec{D}_2.\hat{n}_2 dS\right] = \lim_{h\to 0}\int_V \rho dV = \lim_{h\to 0}\int_V \sigma S dV \quad [\text{जहाँ}, \rho = \sigma S]$$

या, $$[\vec{D}_1.\hat{n} - \vec{D}_2.\hat{n}]S = \sigma S \, [\because S_1 = S_2 = S; n_1 = n \text{ और } n_2 = -n]$$

या, $$D_{1n} - D_{2n} = \sigma \qquad (7.30)$$

यहाँ, D_{1n} और D_{2n} दो माध्यमों में विद्युत विस्थापन सदिश के लंबवत घटक हैं। समी.-(7.30) से, यह निष्कर्ष निकाला जा सकता है कि विद्युत विस्थापन सदिश के लंबवत घटक, दो माध्यमों के अन्तरापृष्ठ पर सतत नहीं है ।

B के लिए शर्तें: मैक्सवेल के द्वितीय समीकरण से हमें प्राप्त है, $\vec{\nabla}.\vec{B} = 0$

माना, दो माध्यमों के बीच किसी अन्तरापृष्ठ पर नगण्य ऊँचाई का एक छोटा पिलबॉक्स है (चित्र 7.4)। मैक्सवेल के द्वितीय समीकरण के दोनों पक्षों में आयतन समाकलन लेने पर, हमें प्राप्त होगा,

$$\int_V \vec{\nabla}.\vec{B}dV = 0$$

या, $$\int_S \vec{B}.\hat{n}dS = 0$$

अर्थात् $$\int_{S_1} \vec{B}_1.\hat{n}_1 dS + \int_{S_2} \vec{B}_2.\hat{n}_2 dS + \int_{S_3} \vec{B}_1^{'}.\hat{n}_1^{'} dS + \int_{S_4} \vec{B}_2^{'}.\hat{n}_2^{'} dS = 0$$

उपरोक्त समीकरण में अंतिम दो पद, पिलबॉक्स की दीवारों के लिए है और उन्हें पिलबॉक्स की बहुत कम ऊँचाई h के लिए नगण्य मान सकते है। अतः सीमा $h \to 0$ के लिए, हमें प्राप्त होगा,

$$\lim_{h\to 0}\left[\int_S \vec{B}_1.\hat{n}_1 dS + \int_S \vec{B}_2.\hat{n}_2 dS\right] = 0$$

या, $$[\vec{B}_1.\hat{n} - \vec{B}_2.\hat{n}]S = 0 \, [\because S_1 = S_2 = S; n_1 = n \text{ और } n_2 = -n]$$

या, $$B_{1n} - B_{2n} = 0$$

या, $$B_{1n} - B_{2n} \qquad (7.30)$$

यहाँ, B_{1n} और B_{2n} दो माध्यमों में चुम्बकीय प्रेरण सदिश के लंबवत घटक हैं। समी.-(7.30) से, यह निष्कर्ष निकाला जा सकता है कि चुम्बकीय प्रेरण सदिश के लंबवत घटक, दो माध्यमों के अन्तरापृष्ठ पर सतत है।

E के लिए शर्तें: मैक्सवेल के तृतीय समीकरण से हमें प्राप्त है, $\vec{\nabla}\times\vec{E} = -\dfrac{\partial\vec{B}}{\partial t}$

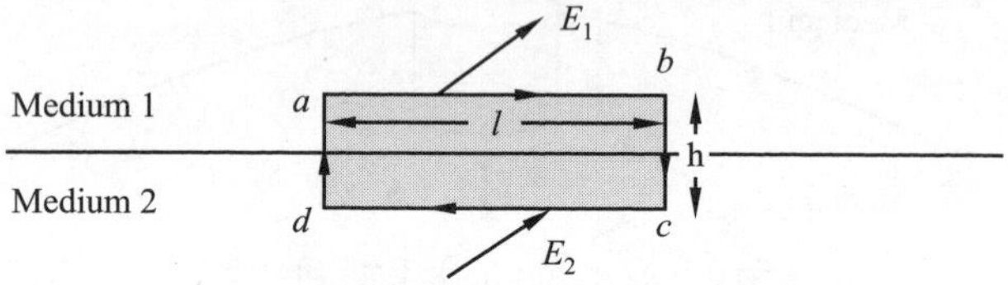

चित्र 7.5: E और H के लिए सीमा शर्तें

माना, दो माध्यमों के बीच किसी अन्तरापृष्ठ पर चित्र 7.5 के अनुसार, पृष्ठ S से घिरा एक आयताकार लूप $abcd$ है। मैक्सवेल के तृतीय समीकरण के दोनों पक्षों में पृष्ठीय समाकलन लेने पर, हमें प्राप्त होगा,

$$\int_S \left(\vec{\nabla}\times\vec{E}\right).\hat{n}dS = \oint_{abcd} \vec{E}.d\vec{l} = -\int_S \frac{\partial\vec{B}}{\partial t}.\hat{n}dS$$

या,
$$\int_{ab} \vec{E}_1.d\vec{l} + \int_{cd} \vec{E}_2.d\vec{l} + \int_{bc} \vec{E}_1'.d\vec{l} + \int_{da} \vec{E}_2'.d\vec{l} = -\int_S \frac{\partial\vec{B}}{\partial t}.\hat{n}dS$$

बाएं पक्ष में अंतिम दो पद एक दूसरे के योगदान को निरस्त कर देते हैं। यदि लूप के लिए $h \to 0$, तो दायें पक्ष के पृष्ठीय समाकलन का मान शून्य की ओर अग्रसर होगा, क्योंकि $\dfrac{\partial\vec{B}}{\partial t}$ का मान हर जगह सीमित होता है।

अतः,
$$\int_{ab} \vec{E}_1.d\vec{l} + \int_{cd} \vec{E}_2.d\vec{l} = 0$$

या,
$$\left(E_{1t} - E_{2t}\right)l = 0$$

या,
$$E_{1t} - E_{2t} \tag{7.32}$$

यहाँ, E_{1t} और E_{2t} दो माध्यमों में विद्युत क्षेत्र के स्पर्शरेखीय घटक हैं। समी.-(7.32), से यह निष्कर्ष निकाला जा सकता है कि, विद्युत क्षेत्र सदिश के स्पर्शरेखीय घटक, दो माध्यमों के अन्तरापृष्ठ पर सतत है।

H के लिए शर्तें: मैक्सवेल के चतुर्थ समीकरण से हमें प्राप्त है, $\vec{\nabla}\times\vec{H} = \vec{J} + \dfrac{\partial\vec{D}}{\partial t}$

माना, दो माध्यमों के बीच किसी अन्तरापृष्ठ पर चित्र 7.5 के अनुसार, पृष्ठ S से घिरा एक आयताकार लूप $abcd$ है। मैक्सवेल के चतुर्थ समीकरण के दोनों पक्षों में पृष्ठीय समाकलन लेने पर, हमें प्राप्त होगा,

$$\int_S \left(\vec{\nabla}\times\vec{H}\right).\hat{n}dS = \oint_{abcd} \vec{H}.d\vec{l} = \int_S \left(\vec{J} + \frac{\partial\vec{D}}{\partial t}\right).\hat{n}dS$$

या,
$$\int_{ab} \vec{H}_1.d\vec{l} + \int_{cd} \vec{H}_2.d\vec{l} + \int_{bc} \vec{H}_1'.d\vec{l} + \int_{da} \vec{H}_2'.d\vec{l} = \int_S \left(\vec{J} + \frac{\partial\vec{D}}{\partial t}\right).\hat{n}dS$$

बाएं पक्ष में, अंतिम दो पद एक दूसरे के योगदान को निरस्त कर देते हैं।

यदि लूप के लिए $h \to 0$, तो दायें पक्ष के पृष्ठीय समाकलन का मान $\int_S \vec{J}.\hat{n}dS$ की ओर अग्रसर होगा, क्योंकि $\frac{\partial \overline{D}}{\partial t}$ का मान हर जगह बद्ध होता है।

अतः, $$\int_{ab} \overline{H}_1.d\overline{l} + \int_{cd} \overline{H}_2.d\overline{l} = \lim_{h \to 0} \int_S \vec{J}.\hat{n}dS = J_{s\perp}l$$

या, $$(H_{1t} - H_{2t})l = J_{s\perp}l$$

या, $$H_{1t} - H_{2t} = J_{s\perp} \tag{7.33}$$

यहाँ, H_{1t} और H_{2t} दो माध्यमों में चुम्बकीय क्षेत्र तीव्रता के स्पर्शरेखीय घटक है। समी.-(7.33) से, यह निष्कर्ष निकाला जा सकता है कि, चुम्बकीय क्षेत्र तीव्रता के स्पर्शरेखीय घटक, दो माध्यमों के अन्तरापृष्ठ पर सतत नहीं है। यहाँ $J_{s\perp}$ पृष्ठीय धारा घनत्व है और यह शून्य के बराबर होता है जब तक कि चालकता अनंत नहीं हो जाती है। अतः सीमित चालकता के लिए,

$$H_{1t} = H_{2t} \tag{7.34}$$

7.8 EM तरंगों का परावर्तन और प्रसारण

EM तरंगों का परावर्तन और प्रसारण सैद्धांतिक रूप से समझा जा सकता है और परावर्तन और प्रसारण गुणांक प्राप्त किये जा सकते है। यह नोट कर लें, कि परावर्तित तरंगे सीमाओं से दूर हो जाती हैं किन्तु आपतित तरंग के माध्यम में ही रहती है, जबकि प्रसारित तरंगें, आपतित तरंगों के माध्यम से दूसरे माध्यम में सीमाओं से दूर हट जाती है।

माना समतल ध्रुवित तरंगें $\vec{E} = \vec{E}_0 e^{i(kz-\omega t)}$ और $\vec{B} = \vec{B}_0 e^{i(kz-\omega t)}$ Z–दिशा में संचरण कर रहीं हैं । अब मैक्सवेल के समीकरण $\vec{\nabla} \times \vec{E} = -\frac{\partial \vec{B}}{\partial t}$ से हमें प्राप्त होगा,

$$ik\hat{e}_z \times \vec{E}_0 = i\omega B_0 \hat{e}_y$$

यहाँ, माना $\vec{E}_0 = E_0 \hat{e}_x$ और $\vec{B}_0 = \frac{kE_0}{\omega}\hat{e}_y$

जहाँ, E_0 और B_0 को संयुग्म राशि लिया जाता है और संबंधित वास्तविक राशि से इस प्रकार तुलना की जाती है,

$$E_0 = |E_0| e^{i\delta}$$

संयुग्म प्रतिबाधा, संयुग्म आयामों के अनुपात के बराबर होती है, इसलिए

$$Z = \frac{E_0}{H_0} = \frac{\mu E_0}{B_0} \tag{7.35}$$

जोकि, E और H के बीच कला विस्थापन की अनुमति प्रदान करता है।

अब माना Z-दिशा में संचरित एक समतल ध्रुवित तरंग एक अन्तरापृष्ठ $\vec{E}_i$ पर लंबवत आपतित होती है। सामान्यतः माध्यम 1 की संयुग्म प्रतिबाधा $Z = Z_1$ और माध्यम 2 की संयुग्म प्रतिबाधा $Z = Z_2$ होती है। हम $\vec{E}_i$ के परितः निर्देशांक $\hat{e}_x, \vec{H}_i$ के परितः $\hat{e}_y$ और k_1 के परितः $\hat{e}_z$ लेते है। हम सीमा को $Z = 0$ पर लेते है, इस प्रकार X-Y समतल, दो माध्यमों के बीच अन्तरापृष्ठ है।

यहाँ दो माध्यमों को परावैद्युत मानने पर, हमें ज्ञात है कि:

$$Z_i = v_i \mu_i \tag{7.36}$$

एक वास्ततिवक राशि है एवं $\vec{E}$ और $\vec{H}$ के बीच कोई कला परिवर्तन नहीं है।

$$\vec{E_i} = E_i \hat{e}_x e^{i(k_1 z - \omega t)}, \vec{H_i} = \frac{E_i}{\mu_1 v_1} \hat{e}_y e^{i(k_1 z - \omega t)} \tag{7.37 (a)}$$

हम E_i के आयाम को भी वास्तविक मान सकते हैं और परावर्तित और प्रसारित तरंगों की तरह लिख सकते हैं:

$$\vec{E_t} = E_t \hat{e}_x e^{i(k_2 z - \omega t)}, \vec{H_t} = \frac{E_t}{\mu_2 v_2} \hat{e}_y e^{i(k_2 z - \omega t)} \tag{7.37 (b)}$$

और $$\vec{E_r} = E_r \hat{e}_x e^{i(-k_2 z - \omega t)}, \vec{H_r} = -\frac{E_r}{\mu_1 v_1} \hat{e}_y e^{i(-k_2 z - \omega t)} \tag{7.37 (c)}$$

अब $\hat{e}_x$ और $\hat{e}_y$ अन्तरापृष्ठ पर स्पर्शरेखीय हैं, और $\vec{E}$ और $\vec{H}$ के स्पर्शरेखीय घटक सतत है। अत: सातत्य परिस्थितियाँ होंगी,

$$\vec{E}_{\tan} = E_x \text{ सतत है: } E_i + E_r = E_t \tag{7.38 (a)}$$

और $$\vec{H}_{\tan} = H_y \text{ सतत है: } \frac{E_i}{\mu_1 v_1} - \frac{E_r}{\mu_1 v_1} = \frac{E_t}{\mu_2 v_2} \tag{7.38 (b)}$$

उपरोक्त दो समीकरणों को हल करने पर, हमें आयाम प्रसारण गुणांक प्राप्त होता है,

$$t = \frac{E_t}{E_i} = \frac{2}{1+\beta} \tag{7.39}$$

और आयाम परावर्तन गुणांक

$$r = \frac{E_r}{E_i} = \frac{1-\beta}{1+\beta} \tag{7.40}$$

जहाँ, $$\beta = \frac{\mu_1 v_1}{\mu_2 v_2} \tag{7.41}$$

अब यदि चुम्बकनशीलता $\mu_i = \mu_0$ (अचुम्बकीय माध्यम के लिए) है, तो हमें प्राप्त है:

$$r = \frac{v_2 - v_1}{v_2 + v_1} = \frac{n_1 - n_2}{n_1 + n_2} \tag{7.42}$$

और $$t = \frac{2v_2}{v_2 + v_1} = \frac{2n_1}{n_1 + n_2} \tag{7.43}$$

अत: यदि $v_2 > v_1$ तो परावर्तित तरंगें समान कला में होंगी, किन्तु यदि, $v_2 < v_1$ तो समान कला में नहीं होंगी, यदि $v_2 = v_1$ (दो समान माध्यम के लिए) जो जैसा माना गया था, कोई परावर्तित तरंग नहीं होंगी।

ऊर्जा प्रवाह: पोयंटिंग सदिश है $\vec{P} = \vec{E} \times \vec{H} = \dfrac{\vec{E} \times \vec{B}}{\mu}$

अतः, एक तरंग के पूर्ण चक्र के लिए, प्रति एकांक आयतन औसत ऊर्जा फ्लक्स को इस प्रकार दिया जाता है,

$$\left|\langle\vec{P}\rangle\right| = \frac{\left|\langle\vec{E}\times\vec{B}\rangle\right|}{\mu} = \frac{E_0^2}{2\mu v} = \frac{\varepsilon v E_0^2}{2} \tag{7.44}$$

अब, परावर्तित और आपतित तीव्रता का अनुपात R एवं प्रसारित और आपतित तीव्रता का अनुपात T है,

$$\therefore \qquad R = r^2 = \left(\frac{n_1 - n_2}{n_1 + n_2}\right)^2 \tag{7.45}$$

और
$$T = \frac{\varepsilon_2 v_2}{\varepsilon_1 v_1} t^2 = \frac{4n_1 n_2}{(n_1 + n_2)^2} \tag{7.46}$$

अतः $R + T + 1$; ऊर्जा संरक्षण की ओर अग्रसर

संयुग्म प्रतिबाधा के लिए $\vec{E}$ और $\vec{H}$ के बीच कला में परिवर्तन हो सकता है।

अतः
$$\vec{E_i} = E_i \hat{e}_x e^{i(k_1 z - \omega t)}, \vec{H_i} = \frac{E_i}{Z_1}\hat{e}_y e^{i(k_1 z - \omega t)}$$

$$\vec{E_t} = E_t \hat{e}_x e^{i(k_2 z - \omega t)}, \vec{H_t} = \frac{E_t}{Z_2}\hat{e}_y e^{i(k_2 z - \omega t)}$$

और
$$\vec{E_r} = E_r \hat{e}_x e^{i(-k_2 z - \omega t)}, \vec{H_r} = -\frac{E_r}{Z_1}\hat{e}_y e^{i(-k_2 z - \omega t)}$$

माना यहाँ कोई पृष्ठीय धारा या आवेश नहीं है तब सातत्य परिस्थितियाँ होंगी,

$\vec{E}_{\tan} = E_x$ सतत है: $E_i + E_r = E_t$

और $\vec{H}_{\tan} = H_y$ सतत है: $\frac{E_i}{Z_1} - \frac{E_r}{Z_1} = \frac{E_t}{Z_2}$

अतः आयाम प्रसारण गुणांक,

और
$$t = \frac{E_t}{E_i} = \frac{2Z_2}{Z_1 + Z_2} \tag{7.47}$$

और आयाम परावर्तन गुणांक,

और
$$r = \frac{E_r}{E_i} = \frac{Z_2 - Z_1}{Z_2 + Z_1} \tag{7.48}$$

ये दो संयुग्म राशियाँ हैं।

यूनिट सारांश

- **मुक्त आकाश के लिए मैक्सवेल के समीकरण और उनके हल**

E-तरंग समीकरण $\nabla^2 \vec{E} = \mu_0 \varepsilon_0 \dfrac{\partial^2 \vec{E}}{\partial t^2}$

H-तरंग समीकरण $\nabla^2 \vec{H} = \mu_0 \varepsilon_0 \dfrac{\partial^2 \vec{H}}{\partial t^2}$

संचरण वेग $v = \dfrac{1}{\sqrt{\mu_0 \varepsilon_0}} = 3 \times 10^8 \text{ m/s}$

- **विद्युत चुम्बकीय तरंग का अनुप्रस्थ व्यवहार**

$\vec{k}.\hat{e} = 0 \qquad \vec{k}.\hat{b} = 0$

- **एक आवेश मुक्त अचालक (परावैद्युत) माध्यम में EM तरंगें**

E-तरंग समीकरण $\nabla^2 \vec{E} = \mu\varepsilon \dfrac{\partial^2 \vec{E}}{\partial t^2}$

H-तरंग समीकरण $\nabla^2 \vec{H} = \mu\varepsilon \dfrac{\partial^2 \vec{H}}{\partial t^2}$

संचरण वेग $v = \dfrac{1}{\sqrt{\mu\varepsilon}} < c \quad [\because \varepsilon > \varepsilon_0, \mu > \mu_0]$

- **एक आवेश मुक्त चालक माध्यम में EM तरंगें**

E-तरंग समीकरण $\nabla^2 \vec{E} - \mu\sigma \dfrac{\partial \vec{E}}{\partial t} - \mu\varepsilon \dfrac{\partial^2 \vec{E}}{\partial t^2} = 0$

H-तरंग समीकरण $\nabla^2 \vec{H} - \mu\sigma \dfrac{\partial \vec{H}}{\partial t} - \mu\varepsilon \dfrac{\partial^2 \vec{H}}{\partial t^2} = 0$

- **एक आवेश मुक्त चालक माध्यम में EM तरंगों का क्षीरण**

संचरण नियतांक $\gamma = \omega\sqrt{\varepsilon\mu}\sqrt{\left(1 + \dfrac{i\sigma}{\varepsilon\omega}\right)}$

[विक्षेपण संबंध]

क्षीरण नियतांक $\alpha = \omega\sqrt{\dfrac{\varepsilon\mu}{2}}\sqrt{\left\{1 + \left(\dfrac{\sigma}{\varepsilon\omega}\right)^2\right\}^{1/2} + 1}$

कला नियतांक $\beta = \omega\sqrt{\dfrac{\varepsilon\mu}{2}}\sqrt{\left\{1 + \left(\dfrac{\sigma}{\varepsilon\omega}\right)^2\right\}^{1/2} - 1}$

अंतर्वेधन गहराई या स्किन गहराई $\delta = \sqrt{\dfrac{2}{\omega\mu\sigma}}$

- **दो माध्यमों के अन्तरापृष्ठ पर विद्युत चुम्बकीय तरंगों के लिए सीमा शर्तें**

$$D_{1n} - D_{2n} = \sigma$$
$$B_{1n} - B_{2n}$$
$$E_{1t} - E_{2t}$$
$$H_{1t} - H_{2t} = J_{s\perp}$$

- **अभिलंबवत आपतन के लिए किसी अचालक माध्यम-निर्वात अन्तरापृष्ठ से विद्युत चुम्बकीय तरंगों का परावर्तन और प्रसारण**

आयाम प्रसारण गुणांक $t = \frac{E_t}{E_i} = \frac{2Z_2}{Z_1 + Z_2}$

आयाम परावर्तन गुणांक $r = \frac{E_r}{E_i} = \frac{Z_2 - Z_1}{Z_2 + Z_1}$

अभ्यास

बहु विकल्पीय प्रश्न

7.1 मुक्त आकाश में विद्युत चुम्बकीय तरंगों का वेग होता है

(*a*) प्रकाश की चाल के बराबर (*b*) प्रकाश की चाल से ज्यादा

(*c*) प्रकाश की चाल से कम (*d*) शून्य

7.2 विद्युत शीलता ε, चुम्बकन शीलता μ, और चालकता σ वाले किसी समांगी, समदैशिक, चालक माध्यम की स्किन गहराई δ है

(*a*) $\sqrt{\frac{1}{\omega\mu\sigma}}$ (*b*) $\sqrt{\frac{2}{\omega\mu\sigma}}$

(*c*) $\sqrt{\frac{\mu}{\omega\sigma}}$ (*d*) $\sqrt{\frac{2\mu}{\omega\sigma}}$

7.3 किसी समतल EM तरंग में होता है

(*a*) $\vec{E} \times \vec{B} = 0$ (*b*) $\vec{E} \| \vec{B}$

(*c*) $\vec{E} \perp \vec{B}$ (*d*) $\vec{k} \times \vec{B} = 0$

7.4 $1/\mu_0\varepsilon_0$ की विमायें है

(*a*) $L^{-2}T^{-2}$ (*b*) $L^{-2}T^{2}$

(*c*) LT^{-1} (*d*) $L^{2}T^{-2}$

7.5 किसी क्षतिकारक परावैद्युत की अंतर्वेधन गहराई .... बढ़ाने से बढ़ती है

(*a*) चालकता (*b*) तरंगधैर्य

(*c*) चुम्बकन शीलता (*d*) विद्युत शीलता

7.6 यदि E_0 और B_0 निर्वात में संचरित विद्युत चुम्बकीय से संबंद्ध विद्युत और चुम्बकीय क्षेत्र के आयाम हैं, तो, E_0/B_0 है

(*a*) $\sqrt{\frac{\mu_0}{\varepsilon_0}}$ (*b*) $\sqrt{\frac{\varepsilon_0}{\mu_0}}$

(*c*) $\sqrt{\varepsilon_0\mu_0}$ (*d*) $\sqrt{\frac{1}{\varepsilon_0\mu_0}}$

7.7 मुक्त आकाश में आंतरिक प्रतिबाधा होती है

(*a*) 0 ओम (*b*) 370 ओम

(*c*) 377 ओम (*d*) कोई नहीं

7.8 विद्युत चुम्बकीय तरंगों का वेग निम्न में से किससे प्राप्त होता है?

(*a*) EB (*b*) $E - B$

(*c*) E (*d*) E/B

7.9 चुम्बकन शीलता μ, और विद्युत शीलता ε वाले किसी माध्यम की आंतरिक प्रतिबाधा है

(*a*) $\sqrt{\frac{\mu}{\varepsilon}}$ (*b*) $\sqrt{\frac{\varepsilon}{\mu}}$

(*c*) $\sqrt{\frac{1}{\varepsilon\mu}}$ (*d*) $\sqrt{\varepsilon\mu}$

7.10 किसी अच्छे समतल चालक के लिए, स्किन गहराई होती है,

(*a*) आवृत्ति के वर्गमूल के समानुपाती (*b*) आवृत्ति के वर्गमूल के व्युत्क्रमानुपाती

(*c*) आवृत्ति के समानुपाती (*d*) आवृत्ति के व्युत्क्रमानुपाती

7.11 यदि $\vec{E}$ और $\vec{B}$ निर्वात में संचरण सदिश $\hat{k}$ के साथ किसी विद्युत चुम्बकीय के विद्युत और चुम्बकीय क्षेत्र है, तो क्या सही है?

(*a*) $\hat{k}.\vec{E} = 0$ (*b*) $\hat{k} \times \vec{E} = 0$

(*c*) $\vec{B} \times \vec{E} = 0$ (*d*) $\hat{k} \times \vec{E} = -\vec{B}$

7.12 विद्युत चुम्बकीय तरंग, एक ऐसे निर्वात से गुजरती है, जिसमें कोई आवेश या धारा नहीं है, यदि धारा सदिश $\vec{E} = E_0 \exp i(kx - \omega t)\hat{j}$ है, तो चुम्बकीय सदिश है

(*a*) X-दिशा में (*b*) Y-दिशा में

(*c*) Z-दिशा में (*d*) X-Y तल में एक समान घूर्णित

7.13 विद्युत चुम्बकीय तरंगें, अनुप्रस्थ कहलाती है, क्योंकि

(*a*) विद्युत क्षेत्र और चुम्बकीय क्षेत्र एक दूसरे के लंबवत होते है

(*b*) विद्युत क्षेत्र संचरण की दिशा के लंबवत होता है

(*c*) चुम्बकीय क्षेत्र संचरण की दिशा के लंबवत होता है

(*d*) विद्युत क्षेत्र और चुम्बकीय क्षेत्र दोनों संचरण की दिशा के लंबवत होते है

7.14 मुक्त आकाश में, किसी विद्युत चुम्बकीय तरंग में विद्युत और चुम्बकीय क्षेत्र होते हैं

(*a*) एक दूसरे के समांतर (*b*) एक दूसरे के लंबवत

(*c*) किसी कोण पर अवनत (*d*) अधिक कोण पर अवनत

7.15 $\mu_0\varepsilon_0$ की विमायें है: (जहाँ संकेतों के उनके सामान्य अर्थ हैं)

(*a*) $L^{-2}T^{-2}$ (*b*) LT^{-1}

(*c*) $L^{-2}T^{-1}$ (*d*) $L^{-2}T^{2}$

7.16 विद्युत चुम्बकीय तरंग के संदर्भ में किसी चालक की स्किन गहराई होती है

(*a*) आवृत्ति के व्युत्क्रमानुपाती (*b*) आवृत्ति के समानुपाती

(*c*) आवृत्ति के वर्गमूल के व्युत्क्रमानुपाती (*d*) आवृत्ति के वर्गमूल के समानुपाती

7.17 यदि आपतित तरंग की आवृत्ति 4 गुनी कर दी जाए, तो गहराई जिसमें तरंग किसी चालक पदार्थ को अंतर्वेधित करेगी, वह

(*a*) 2 गुनी बढ़ जायेगी (*b*) 4 गुनी बढ़ जायेगी

(*c*) 2 गुनी कम हो जायेगी (*d*) 4 गुनी कम हो जायेगी

7.18 विद्युत चुम्बकीय तरंग के संचरण की दिशा .... की दिशा में होती है

(*a*) $\vec{E}$ (*b*) $\vec{B}$

(*c*) $\vec{B}\times\vec{E}$ (*d*) $\vec{B}\times\vec{E}$

उत्तरमाला									
7.1	(*a*)	**7.2**	(*b*)	**7.3**	(*c*)	**7.4**	(*d*)	**7.5**	(*b*)
7.6	(*d*)	**7.7**	(*c*)	**7.8**	(*d*)	**7.9**	(*a*)	**7.10**	(*b*)
7.11	(*a*)	**7.12**	(*c*)	**7.13**	(*d*)	**7.14**	(*a*)	**7.15**	(*d*)
7.16	(*c*)	**7.17**	(*c*)	**7.18**	(*c*)				

लघु और दीर्घ उत्तरीय प्रश्न

श्रेणी I

7.1 एक आवेश मुक्त अचालक माध्यम के लिए मैक्सवेल के समीकरण लिखिए और सिद्ध कीजिये कि माध्यम में विद्युत चुम्बकीय तरंग का वेग, निर्वात में प्रकाश की चाल से कम होता है।

7.2 किसी आवेश मुक्त चालक माध्यम में, मैक्सवेल के समीकरण से प्रारम्भ करके स्किन गहराई की अवधारणा को समझाइये।

7.3 एक विद्युत चुम्बकीय क्षेत्र के लिए मैक्सवेल के समीकरण लिखिए और मुक्त आकाश में विद्युत् क्षेत्र के लिए तरंग समीकरण प्राप्त कीजिये।

7.4 सिद्ध कीजिये कि $\vec{E}, \vec{B}$ और $\vec{k}$ परस्पर लंबवत होते हैं ।

7.5 समझाइये कि कैसे प्रकाश की चाल, माध्यम के गुणों पर निर्भर करती है ।

7.6 सिद्ध कीजिए की निर्वात में विद्युत और चुम्बकीय सदिश तरंग समीकरण का पालन करते है । समतल तरंग समीकरण को मानते हुए दर्शाइये कि विद्युत क्षेत्र हमेशा चुम्बकीय क्षेत्र के लिए ओर्थोगोनल होता है ।

7.7 सिद्ध कीजिये कि मुक्त आकाश के लिए, $\vec{E}$ के लिए विद्युत चुम्बकीय तरंग समीकरण, $\nabla^2\vec{E} = \mu_0\varepsilon_0 \dfrac{\partial^2\vec{E}}{\partial t^2}$ होता है जहाँ संकेतों के अपने सामान्य अर्थ हैं ।

7.8 विद्युत चुम्बकीय तरंग के अनुप्रस्थ व्यवहार का क्या अर्थ है?

7.9 आप कैसे सिद्ध करेंगें कि, विद्युत चुम्बकीय तरंग के E–क्षेत्र और B–क्षेत्र संचरण सदिश k के लंबवत होते हैं?

7.10 क्षीरण क्या होता है और यह तरंगों और सिग्नल के संचरण पर कैसे प्रभाव डालता है?

7.11 गणितीय रूप से सिद्ध कीजिये कि किसी आवेश मुक्त चालक माध्यम के लिए संचरण नियतांक k एक संयुग्म राशि होता है।

7.12 संचरण नियतांक का क्षीरण नियतांक और कला नियतांक से संबंध स्थापित कीजिये।

7.13 सिद्ध कीजिये कि किसी मुक्त आकाश में विद्युत चुम्बकीय तरंगें प्रकाश की चाल से गति करती हैं।

7.14 EM तरंगों के लिए सीमा शर्तें प्राप्त कीजिये ।

श्रेणी II

7.15 किसी आवेश मुक्त अचालक माध्यम में विद्युत क्षेत्र के तरंग समीकरण से आप किस प्रकार के निष्कर्ष निकाल सकते है?

7.16 किसी परावैद्युत और अच्छे चालक माध्यम में मैक्सवेल के समीकरणों का रूप क्या होगा?

7.17 कथन सिद्ध कीजिये कि, विद्युत चुम्बकीय तरंग समीकरण, विद्युत चुम्बकीय तरंगों के संचरण का वर्णन करता है ।

7.18 किस प्रकार के व्यवहार के कारण, अचालक माध्यम को क्षरण माध्यम भी कहा जाता है?

7.19 एक आवेश मुक्त चालक माध्यम में चुम्बकीय क्षेत्र के तरंग समीकरण के लिए अपनी समीक्षात्मक टिप्पणी दीजिये ।

7.20 अंतर्वेधन गहराई और स्किन गहराई में एक आधारभूत अंतर होता है, उसे स्पष्ट रूप से समझाइये ।

7.21 किसी अच्छे चालक में EM तरंगों के लिए, सिग्नल आवृत्ति के पदों में स्किन गहराई ज्ञात कीजिये ।

संख्यात्मक प्रश्न

7.1 यदि किसी माध्यम की आपेक्षिक विद्युतशीलता और आपेक्षिक चुम्बकनशीलता के मान क्रमशः 50 और 2 हैं, तो उसमें से संचरित विद्युत चुम्बकीय तरंग का वेग ज्ञात कीजिये। [*उत्तर:* 3×10^7 m/s]

7.2 यदि किसी विद्युत चुम्बकीय तरंग के चुम्बकीय क्षेत्र सदिश का परिमाण 1 μT है, तो विद्युत क्षेत्र सदिश का परिमाण ज्ञात कीजिये। [*उत्तर:* 300 V/m]

अधिक जानिए

19वीं शताब्दी में, मैक्सवेल के समीकरण और संबंधित विद्युत चुम्बकीय तरंगों की खोज को भौतिकी की महानतम सैद्धांतिक उपलब्धि माना जाता है। प्रकृति में, विद्युत बल दो प्रकार के होते हैं, (+) और (–) विद्युत आवेशों के मध्य विद्युत आकर्षण और प्रतिकर्षण बल। समांतर विद्युत धाराओं के बीच भी आकर्षण और प्रतिकर्षण होता है, इस प्रकार विद्युत धारा और आवेश आपस में संबंधित होते हैं। धारा की इकाईयाँ, आवेश की इकाइयों पर आधारित होती हैं, जैसे किसी तार के अनुप्रस्थ काट से प्रति सेकंड गुजरने वाले एकांक आवेश को धारा कहते है। यदि हम इस परिभाषा में मीटर और सेकंड का उपयोग करें, तो यह परिभाषा बदल जाती है। तब, धारा की दो इकाइयों का अनुपात प्रकाश की चाल अर्थात 3×10^8 मीटर/ सेकंड के बराबर होगा।

क्रियाकलाप

प्रकाश के तरंग व्यवहार के कारण, किसी सतह पर ठीक समांतर खींचे गए खरोंचों से अलग-अलग रंग परावर्तित होते हैं। इसी कारण, संगीत या कंप्यूटर उपयोग के लिए एक कॉम्पैक्ट लेजर डिस्क, इंद्रधनुष के सभी रंगों में झिलमिलाता है। इसी प्रकार, एक क्रिस्टल में परमाणुओं की क्रमबद्ध पंक्तियाँ, समांतर किन्तु समीपस्थ लाइन बनाती हैं, यही प्रभाव हमें एक्स-रे में देखनें को मिलता है, जो यह बताता है कि एक्स-रे, प्रकाश की तरह कम तरंगदैर्ध्य की विद्युत चुम्बकीय तरंगें होती हैं। यह भी पाया जाता है कि, किसी निर्वात ट्यूब में एक चुंबकीय क्षेत्र में इलेक्ट्रॉन अस्थिर हो सकते है और प्रकाश से अधिक तरंगदैर्ध्य की तरंगें उत्सर्जित कर सकते हैं। मैग्नेट्रॉन ट्यूब, जिसमें यह क्रिया होती है, वह द्वितीय विश्व युद्ध में एक शीर्ष गुप्त राडार उपकरण था, और बाद में इसी से माइक्रोवेव ओवन बनना संभव हो पाया।

महत्वपूर्ण तथ्य

मैक्सवेल ने, फैराडे की प्रसिद्ध "बल की रेखाओं" को गणितीय रूपों में बदल दिया, जिसका उपयोग हम आज करते हैं। EM क्षेत्रों का उपयोग गणित की कई शाखाओं में किया जाता है। मैक्सवेल की "A Treatise on Electricity and Magnetism" में पहला उल्लेख विद्युत क्षेत्र का था, जिसे उन्होंने विद्युत घटनाओं के संदर्भ में विद्युतीकृत निकायों के समीप स्पेस के भाग के रूप में वर्णित किया था (मैक्सवेल, 1892, पृष्ठ 47-48)। जब हम उन पदार्थों को वहाँ से निष्कासित कर देते है, वह स्थान वायु या अन्य निकायों द्वारा अभिगृहीत किया जा सकता है। यदि विद्युतीकृत निकाय को विद्युत क्षेत्र के किसी भी भाग में रखा जाता है तो, सामान्यत: यह अन्य निकायों के विद्युतीकरण में एक लौकिक उपद्रव उत्पन्न करता है।

सादृश्य

विद्युत चुम्बकीय तरंगों का उपयोग न केवल रेडियो और टेलीविजन में होता है, बल्कि आज विशाल इलेक्ट्रॉनिक उद्योग में इनकी प्रमुख भूमिका है। EM तरंगों को स्पेस में भी मैग्नेटोस्फेयर में अस्थिर इलेक्ट्रॉन बीम से उत्पन्न किया जा सकता है, इसके अलावा ये सूर्य के भीतर और दूर ब्रह्मांड में उत्पन्न होती हैं, जो हमें दूरस्थ आकाश में ऊर्जावान कणों के बारे में सुझाव **या अनसुलझे** रहस्य बताती है ।

इतिहास

जहाँ तक विद्युत चुम्बकीय तरंगों के इतिहास का संबंध है, महत्वपूर्ण घटनाओं को संक्षेप में नीचे उल्लेखित किया गया है:

1770-90 *कैवेंडिश* और *कूलाम* ने विद्युत चुम्बकत्व की नींव रखी।

1820 *ओर्स्टेड* ने गतिमान आवेश और चुंबकत्व के बीच संबंध स्थापित किया।

1820s के दशक में *एम्पीयर* ने सभी प्रकार के चुम्बकत्व या स्थायी चुम्बकत्व के लिए धाराओं को स्रोत माना।

1831 *फैराडे* के साथ-साथ *हेनरी* ने यह खोज की, कि समय परिवर्ती चुंबकीय क्षेत्र, विद्युत क्षेत्र के लिए स्रोत का कार्य करते हैं।

1864 *मैक्सवेल* ने इन सब तथ्यों को एक साथ रखा।

1887 *हट्र्ज* ने विद्युत चुम्बकीय विकिरण के अस्तित्व का प्रदर्शन किया।

टाइम लाइन

600 ईसा पूर्व: प्राचीन ग्रीस में एंबर स्पार्किंग
221-206 ईसा पूर्व: चीनी लोडेस्टोन कंपास
1600: गिल्बर्ट और लोडेस्टोन
1752: फ्रैंकलिन का पतंग प्रयोग
1785: कूलाम का नियम
1789: गैल्वेनिक विद्युत
1790: वोल्टिक विद्युत
1820: चुंबकीय क्षेत्र

अनुप्रयोग (वास्ताविक जीवन/औद्योगिक)

1873 में प्रकाशित 'A Treatise on Electricity and Magnetism' में मैक्सवेल के विद्युत चुम्बकत्व के पूर्ण सिद्धांत को बारह समीकरणों में परिवर्तित कर शोध के पूरे क्षेत्र को संक्षिप्त किया गया है। ओलिवर हैवीसाइड ने मैक्सवेल के सिद्धांत को चार समीकरणों में प्रस्तुत किया, जिन्हें आज हम अच्छी तरह से जानते है। मैक्सवेल का विद्युत चुम्बकत्व का सिद्धांत बहुत ही क्रांतिकारी था क्योंकि इसने विद्युत चुम्बकत्व के अध्ययन को सही दिशा में पूरी तरह से बदल दिया। जब हट्र्ज ने स्पेस में विद्युत चुम्बकीय तरंगों की खोज की, तब वायरलेस टेलीग्राफ का आविष्कार हुआ और पहली बार महासागरों के पार तीव्र संचार संभव हो पाया। मैक्सवेल के सिद्धांत ने लंबी-दूरस्थ विद्युत तारों को प्रभावी बनाया और हमने मैक्सवेल के विद्युत चुम्बकत्व के सिद्धांत से विशाल तकनीक प्राप्त की।

केस-स्टडी (पर्यावरण/स्थिरता/सामाजिक/नैतिक मुद्दे)

समीकरणों को विकसित करते समय मैक्सवेल ने यह खोज की, कि प्रकाश, विद्युत्व और चुंबकत्व के समान है। 19वीं शताब्दी के मध्य के दौरान यूरोपीय समाज में यह अवधारणा प्रसारित हो गयी थी, कि मुक्त व्यापार का सिद्धांत शांति और समृद्धि लाएगा और, वास्तव में, कुछ समय के लिए हावी आर्थिक दर्शन, व्यापारवादी हो गया था। यह एक राज्य के संसाधनों की सख्त सुरक्षा, व्यापार पर उच्च टैरिफ, और औपनिवेशिक वर्चस्व का सिद्धांत था। बौद्धिक संस्कृति में मुक्त व्यापार के लाभों के इन विचारों का वैज्ञानिक संस्कृति में भी स्थान था। स्वतंत्र रूप से काम करने की अपेक्षा, वैज्ञानिकों ने अपने सहयोगियों के विचारों को विकसित करने और एक समुदाय के रूप में वैज्ञानिक सिद्धांतों की सापेक्ष योग्यता को विस्तार से विकसित करने का लाभ ढूंढना शुरू कर दिया (टर्नर, 1980)।

यह मुक्त व्यापार का ही विचार था, जिसके कारण मैक्सवेल ने यूरोप से अपने सिद्धांत को अग्रणी सिद्धांत से तुलना करने के लिए साझा करने का शांतिपूर्ण प्रस्ताव रखा (फोर्फर, 1995)। हालांकि, राजनेताओं और व्यापारियों

सहित उस समय जनता में अग्रणी नागरिकों ने यह कहकर इस विचार को खारिज कर दिया कि वैज्ञानिक कार्य का उनके काम से कोई लेना-देना नहीं है। 19वीं शताब्दी के अंत तक जर्मनी, ग्रेट ब्रिटेन के आर्थिक प्रभुत्व के लिए एक औद्योगिक प्रतिद्वन्द्वी बन गया और धीरे धीरे एक सैन्य खतरा बनता जा रहा था। जर्मनी के सार्वजनिक वित्तपोषण और उनके वैज्ञानिकों के अनुसंधान की मान्यता ने जर्मन विज्ञान को 19वीं शताब्दी में अलंकृत कर दिया था और ब्रिटिश विज्ञान की तुलना में प्रभावशाली और समृद्ध बना दिया था (टर्नर, 1980)।

अन्वेषणशील और कौतुक विषय

विद्युत चुम्बकत्व का प्रमुख सिद्धांत, "action at a distance" जर्मनी में विकसित किया गया था। जर्मन वैज्ञानिकों ने मैक्सवेल के सिद्धांत को स्वीकार करने से इनकार कर दिया। अपने शोधपत्र "On Fraday's Lines of Force" को वैज्ञानिक समुदाय की प्रतिक्रिया की कमी से निराश, मैक्सवेल ने अपने व्यापक सिद्धांत को बारह समीकरणों में बदल दिया, जोकि वैज्ञानिक प्रगति की आज की गति के लिए भी एक बड़ी उपलब्धि है (फोर्फर, 1995)। हालांकि, जर्मन वैज्ञानिकों ने तब भी विद्युत चुम्बकत्व पर अपना एकाधिकार त्यागने से इनकार कर दिया और मैक्सवेल के सिद्धांत को कुछ ऐसा बताने की कोशिश की जो, सिर्फ कागज पर काम करता है (टर्नर, 1980)। हालांकि, मैक्सवेल के समीकरणों के ओलिवर हैवीसाइड द्वारा किये गए संपादन ने ज्वार लाना शुरू कर दिया, और जब 1887 में एक जर्मन भौतिक विज्ञानी, हेनरिक हट्र्ज ने स्पेस में विद्युत चुम्बकीय तरंगों की पहचान करके विद्युत चुंबकत्व के एक क्षेत्र के अस्तित्व का प्रदर्शन किया, तब जर्मन वैज्ञानिकों ने मैक्सवेल के सिद्धांत को स्वीकार करना शुरू कर दिया (हंट, 1983)।

सन्दर्भ

Forfar, D. O. (1995, July). *James Clerk Maxwell: Maker of Waves.* Retrieved November 30, 2011, from James Clerk Maxwell Foundation: http://www.clerkmaxwellfoundation.org/Maker_of_Waves.pdf

Hunt, B. J. (1983, September). "Practice vs. Theory": The British Electrical Debate, 1888-1891. *Isis*, *74*(3), 341-355

Turner, F. M. (1980, December). Public Science in Britain, 1880-1919, *Isis*, *71*(4), 589-608.

सन्दर्भ एवं अध्ययन हेतु सुझाव

1. J. D. Jackson, Classical Electrodynamics, 3rd Edition, John Wiley & Sons, 1999.
2. E. Hecht, Optics, 4th Edition, Pearson Education, 2001.
3. P. Tipler, G. Moscsa, Physics for Scientists and Engineers: Electricity, Magnetism, Light, and Elementary Modern Physics 2, 5th Edition, W. H. Freeman, 2004.
4. J. Reitz, F. Milford, R. Christy, Foundations of Electromagnetic Theory, 4th Edition, Addison Wesley, 1992.
5. A. Bettini, A Course in Classical Physics, Vol. 4 - Waves and Light, 2016.
6. G. Elert, Electromagnetic Waves, The Physics Hypertextbook, 2018.
7. "The Impact of James Clerk Maxwell's Work", (www.clerkmaxwellfoundation.org) Archived from the original on 17 September 2017.
8. "Discovering the Electromagnetic Spectrum" (imagine.gsfc.nasa.gov), 2013.
9. Jeans James, The Growth of Physical Science, Cambridge University Press, 1st Edition, 1947.
10. https://nptel.ac.in/courses/115/101/115101005/
11. https://onlinecourses.nptel.ac.in/noc19_ph08/preview
12. https://depts.washington.edu/mictech/optics/me557/week2.pdf

भौतिक स्थिरांकों की तालिका

तालिका I: 20°C पर विभिन्न पदार्थों की मोलर प्रवृत्ति

हीलियम	-2.38×10^{-11}
जिनॉन	-5.71×10^{-10}
आक्सीजन	$+4.3 \times 10^{-8}$
नाइट्रोजन	-1.56×10^{-10}
जल (वाटर)	-1.631×10^{-10}
बिस्मिथ	-3.55×10^{-9}

तालिका II: विभिन्न पदार्थों की पारगम्यता और सापेक्ष पारगम्यता

माध्यम	पारगम्यता, μ(H/m)	सापेक्ष पारगम्यता, अधिकतम। μ/μ_0
निर्वात	$4\pi \times 10^{-7}$	1
जल (वाटर)	1.256627×10^{-6}	0.999992
हाइड्रोजन	1.2566371×10^{-6}	1
लकड़ी (वुड)	$1.25663760 \times 10^{-6}$	1.00000043
वायु	$1.25663753 \times 10^{-6}$	1.00000037
बिस्मथ	1.25643×10^{-6}	0.999834
कार्बनस्टील	1.26×10^{-4}	100
ताँबा	1.256629×10^{-6}	0.999994
निकल	1.26×10^{-4} - 7.54×10^{-4}	100 - 600
प्लैटिनम	1.256970×10^{-6}	1.000265
नीलम (सफायर)	1.2566368×10^{-6}	0.99999976
इलेक्ट्रिकल स्टील	5.0×10^{-3}	4000
फेराइट (निकल जिंक)	1.26×10^{-5} - 2.89×10^{-3}	10 - 2300
फेराइट (मैंगनीज जिंक)	4.4×10^{-4} - 2.51×10^{-2}	350 - 20000
फेराइट (कोबाल्ट निकल जिंक)	5.03×10^{-5} - 1.57×10^{-4}	40 - 125
कोबाल्ट आयरन	2.3×10^{-2}	18000
ऑस्टेनिटिक स्टेनलेस स्टील	1.260×10^{-6} - 8.8×10^{-6}	1.003 - 1.05
टेफ्लॉन	1.2567×10^{-6}	1
सिलिकॉन आयरन पाउडर यौगिक	2.39×10^{-5} - 1.13×10^{-4}	19 – 90
परमालॉय	1.25×10^{-1}	100000

तालिका III: विभिन्न पदार्थों का परावैद्युतांक

माध्यम	परावैद्युतांक
निर्वात	1
पॉलीमाइड	3.4
पॉलीप्रोपाइलीन	2.2 - 2.36
पॉलीस्टीरिन	2.4 - 2.7
कार्बन डाई सल्फाइड	2.6
मायलर	3.1
इलेक्ट्रो-एक्टिव पॉलिमर	2 - 12
अभ्रक	3 - 6
सिलिकॉन डाइ ऑक्साइड	3.9
कंक्रीट	4.5
पाइरेक्स	4.7
नेओप्रीन	6.7
रबर	7
हीरा	5.5 - 10
नमक	3 - 15
ग्रेफाइट	10 - 15
सिलिकॉन रबर	2.9 - 4
सिलिकॉन	11.68
GaAs	12.4
ग्लास	3.7 - 10
मेथनॉल	30
एथिलीन ग्लाइकोल	37
फर्फुरल	42
टाइटेनियम डाइ ऑक्साइड	86 - 173
स्ट्रोंटियम टाइटेनेट	310
बेरियम स्ट्रोंटियम टाइटेनेट	500
लीडजिर कोनेट टाइटेनेट	500 - 6000
कैल्शियम कॉपर टाइटेनेट	> 250000

परिशिष्ट

परिशिष्ट-A: सुझाए गए प्रयोगों के लिए टेम्पलेट

- **लक्ष्य**
  प्रयोग के उद्देश्य के बारे में संक्षेप में समझाएं।
- **प्रासंगिकता**
  अपने शब्दों में प्रयोग की प्रासंगिकता के बारे में समझाएं।
- **आवश्यकताएं**
  उनके उचित विनिर्देशों के साथ सभी आवश्यक उपकरणों को सूची बद्ध करें।
- **प्रक्रिया, अवलोकन और अनुमान**
  प्रयोग की विधि को क्रमानुसार समझाएं और अवलोकनों को ठीक से नोट करें। अवलोकनों के आधार पर कुछ अनुमान लगाये जा सकते है। आप नीचे दी गई तालिका के समान तालिका का उपयोग कर सकते हैं:

स्टेप नं.	प्रक्रिया	प्रेक्षण	अनुमान
1			
2			
3			

- **वीडियो / एनीमेशन**
  यदि संभव हो, तो आप प्रक्रिया के चरणों की भौतिक रुप से कल्पना करने के लिए कुछ वीडियो/एनीमेशन का प्रयोग कर सकते हैं।
- **गणना**
  अपने प्रयोग के लिए उपयोगी सभी आवश्यक राशियों की ठीक से गणना करें।
- **परिणाम और विचार-विमर्श (त्रुटिमाप)**
  अंतिम परिणाम प्राप्त करें और इसके बारे में त्रुटियों के उचित विचारों के साथ चर्चा करें जो आप के प्रयोग के दौरान उत्पन्न हुए हैं।
- **निष्कर्ष**
  अंत में प्राप्त परिणामों के आधार पर अपना निष्कर्ष दें।
- **प्रयोग में विषयों का सत्यापन**
  वास्तविक जीवन के परिदृश्य में प्रयोग के परिणामों को मान्य करने का प्रयास करें।
- **ICT का उपयोग**
  आप उपलब्ध ऑनलाइन संसाधनों का उपयोग करके भी अध्ययन कर सकते हैं। ये उपयोगी हैं क्योंकि इनमे कोई समय बाधा नहीं है। जिनमें से कुछ नीचे सूची बद्ध (सीमित नहीं) किए गए हैं:

  https://swayam.gov.in/
  https://nptel.ac.in/
  https://www.swayamprabha.gov.in./

प्रशिक्षक और प्रयोगशाला तकनीशियनों के लिए नोट

प्रयोगशाला तैयार करने, रखरखाव, सुरक्षा पहलुओं आदि के लिए कुछ सामान्य और विशिष्ट निर्देशों को अलग से सूचीबद्ध किया गया है [अनुबंध-V देखें]। प्रयोगशाला प्रशिक्षक और प्रयोगशाला तकनीशियन बिना किसी समस्या के प्रयोगशाला को सुचारू रूप से चलाने के लिए उन निर्देशों का ठीक से पालन कर सकते हैं।

परिशिष्ट-B: समूह में प्रयोगों/प्रोजेक्टों/गतिविधियों के लिए सांकेतिक मूल्यांकन हेतु दिशा निर्देश

प्रक्रिया से संबंधित कौशल

मापदंड और स्तर	विकासशील	सक्षम	प्रवीण
सेट–अप को संभालना			
डेटा की रिकॉर्डिंग			
समय प्रबंधन			
टीम वर्क			
व्यक्तिगत कार्य			
सुरक्षा सावधानियां			

प्रयोग निष्पादन संबंधि कौशल

मापदंड और स्तर	विकासशील	सक्षम	प्रवीण
सन्तोष			
अनुसंधान/सर्वेक्षण			
नवीनतम तकनीक का उपयोग			
विषय पर बनें रहें			
तैयारी			
प्रस्तुति का विश्वास			
PPT मेकिंग स्किल सहित ICT का उपयोग			
समय प्रबंधन			
समूह के प्रयास			
व्यक्तिगत प्रयास			

परिशिष्ट-C: ब्लूम के स्तर के अनुरूप आकलन

- ब्लूम का वर्गीकरण–इस पुस्तक के प्रश्नों के विकास के लिए नीचे दिए गए अनुसार दो श्रेणियों में जोड़ा गया है:

श्रेणी-I प्रश्न	**श्रेणी-II प्रश्न** *–उच्चस्तरीय विचार कौशल*
ब्लूम स्तर 1: याद रखना ब्लूम स्तर 2: समझना ब्लूमकास्तर 3: उपयोग करना	ब्लूम स्तर 4: विश्लेषण ब्लूम स्तर 5: मूल्यांकन ब्लूम स्तर 6: सृजन

परिशिष्ट-D: प्रायोगिक कार्यों का अभिलेख

क्रमांक	पृष्ठ क्र.	प्रयोग का नाम	दिनांक			अंक	हस्ताक्षर
			वास्तविक	दोहराना	टिप्पणियां		
1.		दिए गए परावैद्युत पदार्थ के लिए परावैद्युत स्थिरांक ज्ञात करना					
2.		फैराडे के नियम और विद्युत चुंबकीय प्रेरण के लेंज के नियम का अध्ययन					
3.		B-H वक्र का उपयोग करके चुंबकीय पदार्थ की ऊर्जा हानि की गणना करना					
4.		हॉल प्रभाव प्रयोग का उपयोग करते हुए एक अर्धचालक नमूने के हॉल गुणांक और वाहक सांद्रता का मापन					
5.		एक श्रृंखला LCR परिपथ की अनुनाद की स्थिति का अध्ययन					
6.		जे.जे. थॉमसन की विधि द्वारा इलेक्ट्रॉन के विशिष्ट आवेश (e/m) का निर्धारण					
7.		हेल्महोल्ट्ज कुंडली का उपयोग करके चुंबकीय क्षेत्र की भिन्नता का अध्ययन					

अनुलग्नक

अनुलग्नक-I: कुछ महत्वपूर्ण द्वितीय कोटी के आंशिक अवकल समीकरण

(i) **स्थैतिक विद्युत विभव:** आवेश वितरण के कारण स्थैतिक विद्युत विभव V अंतरिक्ष चर x, y और z का एक फलन है। यहाँ V को निम्न प्रसिद्ध आंशिक अवकल समीकरण निर्धारित करेगा

$$\nabla^2 V = \frac{\partial^2 V}{\partial x^2} + \frac{\partial^2 V}{\partial y^2} + \frac{\partial^2 V}{\partial z^2} = \left(\frac{\partial^2}{\partial x^2} + \frac{\partial^2}{\partial y^2} + \frac{\partial^2}{\partial z^2}\right) V = 4\pi\rho$$

जहां $\rho = \phi(x, y, z)$, दिये गये आवेश का आयतन वितरण है।

समीकरण $\nabla^2 V = 4\pi\rho$; स्थैतिक विद्युत्व का पॉइसन समीकरण है।

यदि क्षेत्र आवेश मुक्त है, $\rho = 0$.

$\therefore \qquad \nabla^2 V = 0$

यह स्थैतिक विद्युत्व का लाप्लास समीकरण है और

$$\nabla^2 \frac{\partial^2}{\partial x^2} + \frac{\partial^2}{\partial y^2} + \frac{\partial^2}{\partial z^2} = \sum \frac{\partial^2}{\partial x^2}$$

लाप्लासियन ऑपरेटर या लाप्लासियन है।

तरंगों का संचार: जब कोई वस्तु तरंग के रूप में प्रसारित होती है, तो यह x, y, z (अंतरिक्ष निर्देशांक) और t (समय चर) का एक फलन होता है।

$\therefore \qquad \psi = \phi(x, y, z, \text{t})$

ψ से संतुष्ट समीकरण को निम्न प्रकार से दिया जाता है $\dfrac{\partial^2\psi}{\partial t^2} = c^2\left(\dfrac{\partial^2\psi}{\partial x^2} + \dfrac{\partial^2\psi}{\partial z^2} + \dfrac{\partial^2\psi}{\partial y^2}\right) = c^2\nabla^2\psi$

जहां c तरंग के संचरण का वेग है। इसे तरंग समीकरण के रूप में जाना जाता है।

प्रत्यास्थ तरंगों के लिए, ψ विस्थापन का एक घटक है लेकिन विद्युत चुम्बकीय तरंगों के लिए यह विद्युत या चुंबकीय तीव्रता का एक घटक है।

(ii) **मैक्सवेल के क्षेत्र समीकरण:** ये विद्युत और चुंबकीय तीव्रता सदिश E और H से जुड़े अवकल समीकरणों का एक समूह बनाते हैं और विद्युत चुंबकत्व की सभी घटनाओं में मौलिक महत्व दर्शाते हैं।

$$\vec{\nabla} \times \vec{H} = \vec{J} \qquad \vec{\nabla} \times \vec{E} = -\frac{\partial \vec{B}}{\partial t}$$

$$\vec{\nabla}.\vec{D} = \rho \qquad \vec{\nabla}.\vec{B} = 0$$

अनुलग्नक-II: लाप्लास के समीकरण का हल

त्रिविमीय कार्टेजियन निर्देशांक रूप: आइए लेते हैं

$$u(x, y, z) = X(x)Y(y)Z(z)$$

माना की हम त्रिविमीय (कार्टेसियन) लाप्लास के समीकरण के हल को निम्न रूप में लेते हैं

$$\frac{\partial^2 u}{\partial x^2}+\frac{\partial^2 u}{\partial y^2}+\frac{\partial^2 u}{\partial z^2}=0$$

$u(x, y, z)$ के मान उपरोक्त समीकरण में रखने पर और उसे XYZ से विभाजित करने पर, हमें प्राप्त होगा

$$\frac{1}{X}\frac{d^2X}{dx^2}+\frac{1}{Y}\frac{d^2Y}{dy^2}+\frac{1}{Z}\frac{d^2Z}{dz^2}=0$$

यह संबंध निम्न रूप में है

$$f_1(x) + f_2(y) + f_3(z) = 0$$

क्योंकि x, y, z स्वतंत्र हैं, यह तभी संभव होगा जबकि f_1, f_2, f_3 स्थिर फलन है। इनका मान क्रमशः $k^2, l^2, -(k^2 + l^2)$ लेने पर, हमें निम्न समीकरण मिलता है

$$\frac{d^2X}{dx^2}-k^2X=0$$

$$\frac{d^2Y}{dy^2}-l^2y=0$$

$$\frac{d^2Z}{dz^2}+(k^2+l^2)=0$$

जहां k^2, l^2 वास्तविक या सम्मिश्र हो सकते हैं

संबंधित हल निम्न प्रकार से होगा

$$X = Ae^{kx} + Be^{-kx}$$

$$Y = Ce^{ly} + De^{-ly}$$

$$Z = E\cos\sqrt{k^2+l^2z} + F\sin\sqrt{k^2+l^2z}$$

$$\therefore \quad u = XYZ = (Ae^{kx} + Be^{-kx})(Ce^{ly} + De^{-ly})(E\cos\sqrt{k^2+l^2z} + F\sin\sqrt{k^2+l^2z})$$

अनुलग्नक-III: *RLC* श्रृंखला परिपथ के कलां कोण

किसी परिपथ का कलाकोंण थीटा (ϕ) हमेशा वह कोण होता है जो परिपथ की धारा और प्रेरित वोल्टेज स्रोत को अलग करता है, जैसा कि नीचे संक्षेप में दिया गया है।

- एक *RLC* श्रृंखला परिपथ प्रेरिक और सकारात्मक कलाकोंण में होगा जब प्रेरित्र का प्रेरण प्रतिघात और परिणामी वोल्टेज, संधारित्र के धारिता प्रतिघात और परिणामी वोल्टेज से अधिक हो।
- एक श्रृंखला *RLC* परिपथ धारितीय और नकारात्मक कलाकोंण में होगा जब संधारित्र में के धारिता प्रतिघात और परिणामी वोल्टेज, प्रेरित्र के प्रेरक प्रतिघात और परिणामी वोल्टेज से अधिक होता है।

तालिका A.1: विभिन्न परिपथ घटकों के लिए प्रतिबाधा(इम्पिडैंस) मान और कलाकोण (फेज एंगल)

Circult Elements	Impedance Z	Phase Angle (ϕ)
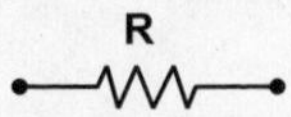	Z = R	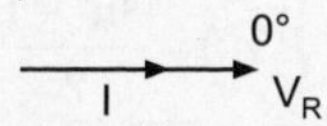
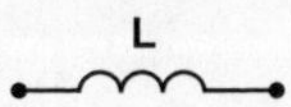	$Z = X_L$	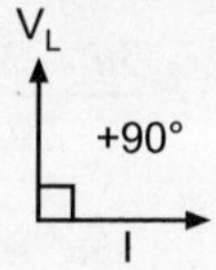
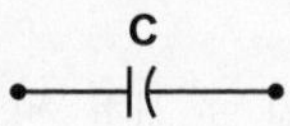	$Z = X_C$	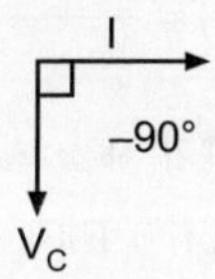
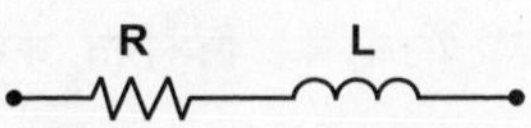	$Z = \sqrt{R^2 + X_L^2}$	Positive, between 0° and 90°
	$Z = \sqrt{R^2 + X_C^2}$	Negative, between –90° and 0°
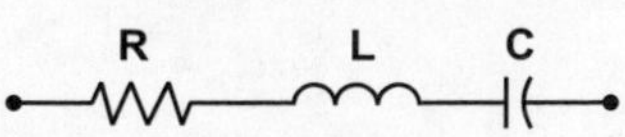	$Z = \sqrt{R^2 + (X_L - X_C)^2}$	Negative if $X_C > X_L$ Positive if $X_C < X_L$

अनुलग्नक-IV: लीजेंडर पॉलीनोमियल्स

n कोटी के लीजेंडर पॉलीनोमियल्स $P_n(u)$ को निम्न जनरेटिंग फलन के रूप में परिभाषित किया जा सकता है:

$$\frac{1}{\sqrt{1+h^2-2hu}}=\sum_{n=0}^{\infty}h^n P_n(u)$$

जहां $|h|<1, |u|<1$

पहले 5 लीजेंडर पॉलीनोमियल निम्नानुसार हैं:

$$P_0(u)=1$$

$$P_1(u)=u$$

$$P_2(u)=\frac{3u^2-1}{2}$$

$$P_3(u)=\frac{5u^2-3u}{2}$$

$$P_4(u)=\frac{35u^2-30u^2+3}{8}$$

कुछ लीजेंडर पॉलीनोमियल सूत्रों में $n=-1$ इंडेक्स भी प्राप्त हो सकता है। इस प्रकार की कोटी के सूत्रों को मान्य करते हेतु, निम्न प्रकार के संबंध का उपयोग किया जाता है $P_{-1}(u)=P'_{-1}(u)=P''_{-1}(u)=0$

जहां $P'_n=P'_n(u)$ और $P''_n(u)=P''_n(u)$ लीजेंडर पॉलीनोमियल के पहले और दूसरे डेरिवेटिव को निरूपित करते हैं $P_n=P_n(u)$

लीजेंडर पॉलीनोमियल्स के विशेष मान निम्नलिखित हैं:

$$P_n(1)=1$$

$$P_n(-1)=(-1)^n$$

$$P_{2n+1}(0)=0$$

$$P_{2n}(0)=(-1)^n\frac{2n!}{(2^n n!)^2}$$

$$P'_n(\pm1)=(\pm1)^{n+1}\frac{n(n+1)}{2}$$

लीजेंडर पॉलीनोमियल्स और उनके प्रथम डेरिवेटिव ($n>1$ के लिए) की गणना के लिए निम्नलिखित 2 पुनरावृत्ति संबंधो का उपयोग किया जाता है:

$$P_n=2uP_{n-1}-P_{n-2}-(uP_{n-1}-P_{n-2})/n$$

$$P'_n=2uP'_{n-1}-P'_{n-2}+(uP'_{n-1}-P'_{n-2})/(n-1)$$

$P'_0(u)=0, P'_1(u)=1$ के साथ

निम्नलिखित पुनरावृत्ति संबंध ऐक्षिक उच्च डेरिवेटिव के लिए मान्य है

$$P_n^{(m)} = d^m P_n / du^m \ \ (\text{for}\, n > m)$$

$$P_n^{(m)} = 2uP_{n-1}^{(m)} - P_{n-2}^{(m)} + \frac{2m-1}{n-m}\left(uP_{n-1}^{(m)} - P_{n-2}^{(m)}\right)$$

लीजेंडर पॉलीनोमियल से सम्बद्ध पुनरावृत्ति संबंध विश्लेषणात्मक और संख्यात्मक जांच के लिए बहुत उपयोगी हैं। यहाँ विभिन्न मिश्रित पुनरावृत्ति संबंध हैं जिनमें P_n और P_n' दोनों शामिल है

$$nP_n = uP_n' - P_{n-1}'$$

$$(n+1)P_n = P_{n+1}' - uP_n'$$

$$(2n+1)P_n = P_{n+1}' - P_{n-1}'$$

$$(1-u^2)P_n' = n(P_{n-1} - uP_n)$$

$$(1-u^2)P_n' = (n+1)(uP_n - P_{n+1})$$

उपरोक्त समीकरणों का u के सापेक्ष्य अवकलन करके हम द्वितीय डेरिवेटिव P_n'' के लिए संबंध प्राप्त कर सकते हैं

$$(1-u^2)P_n'' = (n+2)uP_n' - nP_{n+1}'$$

$$(1-u^2)P_n'' = (n+1)P_{n-1}' - (n-1)uP_n'$$

$$(1-u^2)P_n'' = 2P_{n-1}' - n(n-1)P_n$$

$$(1-u^2)P_n'' = 2P_{n+1}' - (n+1)(n+2)P_n$$

अनुलग्नक-V: मापन में विभिन्न प्रकार की त्रुटियां

विज्ञान और प्रौद्योगिकी में मापन और इसके महत्व

मापन प्रणाली में संख्यात्मक मानों का उपयोग करते हुए वास्तविक समय प्रणाली के अनुरूप संबंधित मात्रा को प्रदर्शित करते हैं। सटीक मापन के लिए निम्नलिखित आवश्यकताएं होती हैं:

i) उपकरण सटीक होना चाहिए,

ii) उपयोग की जाने वाली विधि साध्य होनी चाहिए और

iii) उपयोग किए गए मानक को सही ढंग से परिभाषित किया जाना चाहिए।

व्यावहारिक प्रमाणों के साथ वास्तविक मापित मूल्यों की उपलब्धता के बिना विज्ञान और प्रौद्योगिकी में उन्नति का महत्व बहुत कम है। चारों के निर्धारण के लिए प्रयुक्त युक्ति को उपकरण के रूप में जाना जाता है। यह अज्ञात मात्राओं के मानों को ज्ञात करने हेतु मनुष्य को सहायता प्रदान करता है। एक उपकरण इलेक्ट्रॉनिक, मैकेनिकल या इलेक्ट्रिकल हो सकता है। समय के सापेक्ष्य मापी गई मात्रा के परिवर्तन की डिग्री के आधार पर, उस उपकरण में स्थिर या गतिशील विशेषताएं हो सकती हैं।

मापन में त्रुटियां

यदि किसी पैरामीटर को मापने के लिए आदर्श स्थितियां उत्पन्न की जाती हैं, तो विभिन्न कारकों का औसत विचलन शून्य हो जाता है। मापे गए मानों की इन अनंत संख्याओं को औसत सही मान के रूप में जाना जाता है। लेकिन यह काल्पनिक है क्योंकि ऋणात्मक और धनात्मक विचलन व्यवहार में एक दूसरे को निरस्त नहीं करते हैं। आदर्श परिस्थितियों में प्राप्त मापित मान को वास्तविक मान या सर्वोत्तम-मापा गया मान माना जाता है। वास्तविक मान और सही मान के बीच के अंतर को त्रुटि कहा जाता है।

त्रुटि के प्रकार

सामान्यत: व्यवस्थित त्रुटियां तीन श्रेणियों में वर्गीकृत हैं;

i) उपकरण संबंधी त्रुटि,

ii) पर्यावरण संबंधी त्रुटि और

iii) अवलोकन संबंधी त्रुटि।

उपकरणो की कमियों, उपकरणो के अनुचित उपयोग या उपकरण के लोडिंग प्रभाव के कारण उपकरण संबंधी त्रुटियाँ होती हैं। किसी उपकरण के निर्माण, अंशांकन या संचालन के परिणामस्वरूप कुछ अंतर्निहित त्रुटियां हो सकती हैं। उपकरण की बाहरी परिवेश की स्थितियों के कारण पर्यावरणीय त्रुटियां होती हैं जिसमें तापमान, आर्द्रता, धूल वश, कंपन या बाहरी चुंबकीय या स्थैतिविद्युतीय क्षेत्रों के प्रभाव में परिवर्तन शामिल हैं। कुछ छोटे कारकों के कारण यादृच्छिक त्रुटियां भी होती हैं

किसी भी उपकरण का निर्माता एक निश्चित सटीकता को परिभाषित करता है जो पदार्थ के प्रकार और उपकरण के निर्माण की प्रक्रिया पर निर्भर करता है। यह सटीकता छोटे मान से एक निश्चित विचलन के रूप में परिभाषित की जाती है। इन विचलनों की सीमा को सीमित त्रुटियाँ कहा जाता है। निर्दिष्ट छोटे मानों में त्रुटि के अनुपात को सापेक्ष सीमित त्रुटि कहा जाता है। प्रयोगों के दौरान किसी उपकरण को पढ़ने या किसी माप को रिकॉर्ड करने में होने वाली मानविक त्रुटियों को स्थूल त्रुटियों के रूप में जाना जाता है। किसी भी वैज्ञानिक माप में त्रुटियाँ विभिन्न स्रोतों से हो

सकती हैं जो चित्र A.1 में प्रस्तुत की गई हैं। कई स्रोतों के लिए उपकरण के पाठ्यांक के मापन में गलती के कारण अवलोकन संबंधी त्रुटियां हो सकती हैं। दूसरी ओर, पर्यावरणीय त्रुटियां, माप उपकरणों की बाहरी स्थिति के कारण होती हैं, ज्यादातर तापमान, बल, नमी, धूल, कंपन के कारण होती हैं। उपकरणों की यांत्रिक व्यवस्था के कारण उनमे अंतर्निहित कमियाँ हो सकती है।

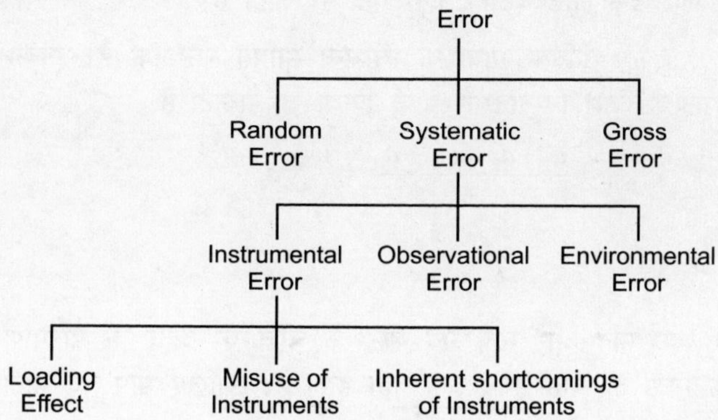

चित्र A.1: मापन में त्रुटि

माप में त्रुटि की गणना

इन त्रुटियों को तीन श्रेणियों में वर्गीकृत किया गया है:

i) परम त्रुटि,

ii) आपेक्षिक त्रुटि, और

iii) प्रतिशत त्रुटि।

परम त्रुटि को वास्तविक और मापी गई मात्राओं के मानों के बीच अंतर के रूप में परिभाषित किया जाता है। यदि हम V_A को मापे गए मान, और V_E को सटीक मान के रूप में निरूपित करें, तो हमें

परम त्रुटि $= |V_A - V_E|$

$$\text{आपेक्षिक त्रुटि} = \frac{\text{परम त्रुटि}}{\text{वास्तविक त्रुटि}}$$

$$= \frac{|V_A - V_E|}{V_E}$$

$$\text{प्रतिशत त्रुटि (\%)} = \frac{|V_A - V_E|}{V_E} \times 100$$

उदाहरण: एक लंबाई की 6.8 सेमी के रूप में गणना की गई थी लेकिन पूर्ण लंबाई 6.74 सेमी थी। परम, आपेक्षिक और प्रतिशत त्रुटियों का पता लगाएं ।

उत्तर: यह देखते हुए कि $V_A = 6.8$ सेमी और $V_E = 6.74$ सेमी

परम त्रुटि $= |V_A - V_E| = |6.8 - 6.74| = 0.06$ सेमी

$$\text{आपेक्षिक त्रुटि} = \frac{|V_A - V_E|}{V_E} = \frac{0.06}{6.74} = 0.0089$$

$$\text{प्रतिशत त्रुटि (\%)} = \frac{|V_A - V_E|}{V_E} \times 100 = \frac{0.06}{6.74} \times 100 = 0.89\%$$

माध्य अंकगणितीय मान

यादृच्छिक त्रुटियों को कम करने के लिए, मापों को दोहराया जाता है और औसत मान को मापी गई मात्रा के सही मान के रूप में लिया जाता है। अंकगणितीय माध्य मान सबसे सटीक रीडिंग के बहुत करीब होता है। यदि अवलोकनों को 'n' बार लिया जाता है, तो यादृच्छिक त्रुटि घटकर $1/n$ गुना हो जाती है।

मान लीजिए $a_1, a_2, a_3 \ldots, a_n$ भौतिक मात्रा के विभिन्न मापित पाठ्यांक हैं। इनका सबसे अधिक सटीक मान इसका अंकगणितीय माध्य मान है जिसे निम्नानुसार प्राप्त किया जा सकता है,

$$a_{mean} = \frac{a_1 + a_2 + ... + a_n}{n} = \frac{1}{n}\sum_{i=1}^{n} a_i$$

परम त्रुटि

किसी मापन मात्रा के वास्तविक मान और मापे गए मान के बीच के अंतर के परिमाण को माप में परम त्रुटि के रूप में जाना जाता है। चूंकि मात्रा का सही मान ज्ञात नहीं होता है, इसलिए मापे गए मानों के अंकगणितीय माध्य को वास्तविक मान के रूप में लिया जाता है।

यदि $a_1, a_2, \ldots, a_n$ एक निश्चित मात्रा के मापे गए मान हैं, तो माप में त्रुटियां $\Delta a_1, \Delta a_2,$ .... होंगी

$$\Delta a_1 = a_{\text{mean}} - a_1$$

$$\Delta a_2 = a_{\text{mean}} - a_2$$

$$\Delta a_3 = a_{\text{mean}} - a_3$$

$$\Delta a_4 = a_{\text{mean}} - a_4 \quad \text{इत्यादि}$$

सभी परम त्रुटियों के अंकगणितीय माध्य को मापन में अंतिम परम त्रुटि माना जाता है और इसे माध्य परम त्रुटि कहा जाता है। एक ही माप में प्राप्त मान निम्न सीमा में हो सकता है: $a_{\text{mean}} \pm \Delta a_{\text{mean}}$

आपेक्षिक त्रुटि

मापी गई मात्रा के वास्तविक मान से परम त्रुटि के अनुपात को आपेक्षिक त्रुटि या भिन्नात्मक त्रुटि के रूप में जाना जाता है। जिस प्रकार अंकगणितीय माध्य मान को वास्तविक मान के रूप में लिया जाता है, आपेक्षिक त्रुटि को निम्न प्रकार से व्यक्त किया जा सकता है,

आपेक्षिक त्रुटि, $\delta a = \dfrac{\Delta a_{mean}}{a_{mean}}$

प्रतिशत त्रुटि

यह आपेक्षिक त्रुटि ही है जिसे प्रतिशत के रूप में व्यक्त करने पर, हमे प्राप्त होता है;

प्रतिशत त्रुटि $= \dfrac{\Delta a_{mean}}{a_{mean}} \times 100\%$

उदाहरण: एक तार की त्रिज्या के माप एक स्क्रू गेज का उपयोग करते हुए क्रमश: 1.21 मिमी, 1.19 मिमी, 1.20 मिमी, 1.18 मिमी और 1.17 मिमी मापे गए हैं। माप में परम त्रुटियों और आपेक्षिक त्रुटि का निर्धारण करें।

उत्तर: अंकगणितीय माध्य मान, $a_{mean} = \dfrac{1.21 + 1.19 + 1.20 + 1.18 + 1.17}{5} = 1.19\,\text{mm}$ है

तालिका A.2: मापन में त्रुटि

a_{mean} और मापे गए मान में अंतर (मिमी में)	त्रुटि का परिमाण (मिमी में)
1.21–1.19 = 0.02	0.02
1.19–1.19 = 0.00	0.00
1.20–1.19 = 0.01	0.01
1.18–1.19 = –0.01	0.01
1.17–1.19 = –0.02	0.02

परम त्रुटियों का अंकगणितीय औसत, $\Delta a_{mean} = \dfrac{0.02+0.00+0.01+0.01+0.02}{5} = 0.016\text{ mm}$

आपेक्षिक त्रुटि, $\delta a = \dfrac{\Delta a_{mean}}{a_{mean}} = \dfrac{0.016}{1.19} = 0.0134$

प्रतिशत त्रुटि, $= \dfrac{\Delta a_{mean}}{a_{mean}} \times 100\% = \pm 1.34\%$

त्रुटियों का संयोजन

यदि कुछ मापों के संयोजन से मात्रा प्राप्त की जाती है, तो उन मापों में त्रुटियों को किसी न किसी तरह से जोड़ा जा सकता है।

मापन मात्रा के योग में त्रुटि

आइए हम दो मात्राओं A और B पर विचार करते हैं जिनके मापे गए मान क्रमशः $A \pm \Delta A$ और $B \pm \Delta B$ हैं। जहां ΔA और ΔB उनके मापन की परम त्रुटियां हैं।

ΔZ त्रुटि का निर्धारण-जहाँ $Z = A + B$ होता है, मानाकि

$$Z \pm \Delta Z = (A \pm \Delta A) + (B \pm \Delta B) = A + B \pm \Delta A \pm \Delta B$$

यह Z के मान में अधिकतम संभव त्रुटि है

$$\Delta Z = \Delta A + \Delta B$$

इसलिए जब दो मात्राएं जोड़ी जाती हैं, तो परिणामस्वरूप परम त्रुटि, मापी गई मात्राओं के योग के बराबर होती है।

मापन मात्रा के अंतर में त्रुटि

आइए हम दो मात्राओं A और B पर विचार करते हैं जिनके मापे गए मान क्रमशः $A \pm \Delta A$ और $B \pm \Delta B$ हैं। जहां ΔA और ΔB उनके मापन की परम त्रुटियां हैं।

ΔZ त्रुटि का निर्धारण-जहाँ $Z = A - B$ होता है, मानाकि

$$Z \pm \Delta Z = (A \pm \Delta A) - (B \pm \Delta B) = A - B \pm \Delta A \pm \Delta B$$

यह Z के मान में अधिकतम संभव त्रुटि है

$$\Delta Z = \Delta A + \Delta B$$

इसलिए जब दो मापन मात्राएं परस्पर घटाई जाती हैं, तो परिणामस्वरूप परम त्रुटि, मापी गई मात्राओं में परम त्रुटियों के योग के बराबर होती है।

मापन मात्रा के गुणनफल में त्रुटि

आइए हम दो मात्राओं A और B पर विचार करते हैं जिनके मापे गए मान क्रमश: $A \pm \Delta A$ और $B \pm \Delta B$ हैं। जहां ΔA और ΔB उनके मापन की परम त्रुटियां हैं।

ΔZ त्रुटि का निर्धारण, जहाँ $Z = AB$ के गुणनफल से प्राप्त हो सकता है, मानाकि

$$Z \pm \Delta Z = (A \pm \Delta A) - (B \pm \Delta B) = AB \pm A\Delta B \pm B\Delta A \pm \Delta A\Delta B$$

समीकरण के बाईं ओर Z से और दाईं ओर AB विभाजित करने पर, हमे प्राप्त होता है

$$1 \pm \frac{\Delta Z}{Z} = 1 \pm \frac{\Delta A}{A} \pm \frac{\Delta B}{B} \pm \frac{\Delta A\Delta B}{AB}$$

यहाँ Z के मान में अधिकतम संभव त्रुटि है

$$\frac{\Delta Z}{Z} = \frac{\Delta A}{A} \pm \frac{\Delta B}{B}$$

(क्योंकि ΔA और ΔB के मान अत्यंत छोटे हैं, अत: उनके गुणंफल $\dfrac{\Delta A\Delta B}{AB}$ भी बहुत छोटे होंगे और इसे नगण्य मानते हुए अनदेखा किया जा सकता है)

इसलिए जब दो मात्राओं का गुणा किया जाता हैं, तो परिणामस्वरूप आंशिक त्रुटि, मापी गई मात्राओं में आंशिक त्रुटियों के योग के बराबर होती है।

मात्राओं में भागफल में त्रुटि

अब हम दो मात्राओं A और B पर विचार करते हैं जिनके मापे गए मान क्रमश: $A \pm \Delta A$ और $B \pm \Delta B$ हैं। जहां ΔA और ΔB उनके मापन की परम त्रुटियां हैं।

ΔZ त्रुटि का निर्धारण, जहाँ $Z = \dfrac{A}{B}$ है, मानाकि

$$Z \pm \Delta Z = \frac{A \pm \Delta A}{B \pm \Delta B}$$

इसी तरह, हल करने से हमारे पास, Z की अधिकतम आंशिक त्रुटि निम्न होगी

$$\frac{\Delta Z}{Z} = \frac{\Delta A}{A} \pm \frac{\Delta B}{B}$$

इसलिए जब दो मात्राओं को विभाजित किया जाता है, तो परिणाम में आंशिक त्रुटि मापी गई मात्राओं में आंशिक त्रुटियों का योग होती है।

इससे पता चलता है कि Z में अधिकतम प्रतिशत त्रुटि, A में अधिकतम प्रतिशत त्रुटि और B में अधिकतम प्रतिशत त्रुटि के योग के बराबर होती है,

$$\frac{\Delta Z}{Z} \times 100 = \frac{\Delta A}{A} \times 100 + \frac{\Delta B}{B} \times 100$$

मापन त्रुटियजब मात्रा की घात को बढ़ाया जाता है

यह त्रुटि ΔZ, तब हो सकती है जब किसी मात्रा को उसकी "n" घात तक बढ़ा दिया जाता है, मापन त्रुटि में परिवर्तन त्रुटि का n गुना होता है, अर्थात अगर $Z = A^n$, तो

$$\frac{\Delta Z}{Z} = n\frac{\Delta A}{A}$$

Z में अधिकतम प्रतिशत त्रुटि को निम्न रूप में लिखा जा सकता है,

$$\frac{\Delta Z}{Z}\times 100 = n\times\frac{\Delta A}{A}$$

क्रमबद्ध त्रुटियां

मापक यंत्र में गलती के कारण क्रमबद्ध त्रुटियां होती हैं। उन्हें शून्य त्रुटिया - धनात्मक या ऋणात्मक त्रुटि भी कहा जाता है। मापक यंत्र में सुधार के बाद इन त्रुटियों को दूर किया जा सकता है। इन त्रुटियों को विभिन्न श्रेणियों में वर्गीकृत किया गया है।

क्रमबद्ध त्रुटियों को निम्नानुसार वर्गीकृत किया गया है:

- उपकरण संबंधी त्रुटि
- पर्यावरणीय त्रुटि
- प्रयोगिक त्रुटि
- सैद्धांतिक त्रुटि

लंबन त्रुटि

यह त्रुटि उपकरणों में पढ़ने के दौरान गलत अवलोकन के कारण होती है। गलत अवलोकन लंबन के कारण हो सकता हैं। लंबन त्रुटि को कम करने के लिए सूक्ष्मतम स्केल के साथ प्रदान किए गए अत्यधिक सटीक मीटर की आवश्यकता होती हैं।

यादृच्छिक त्रुटियों का आकलन

किसी विशेष माप में यादृच्छिक त्रुटि का अनुमान लगाने के कई तरीके हैं। जिनमे से सबसे आसान तरीका यह है कि किसी दी गई मात्रा (जैसे, x) के मापों की एक श्रृंखला बनाई जाए और इस डेटा से माध्य और मानक विचलन ($\bar{x}$ और σ_x) की गणना की जाए।

माध्य $\bar{x}$ निम्न रूप में परिभाषित किया जाता है,

$$\bar{x} = \frac{1}{N}\sum_{i=1}^{n} x_i$$

जहां x_i, i^{th} माप का परिणाम है, और N माप की संख्या है

मानक विचलन निम्न द्वारा दिया जाता है,

$$\sigma_x = \frac{1}{N}\sum_{i=1}^{n}\left(x_i - \bar{x}\right)^2$$

अनुलग्नक-VI: प्रयोगशाला में काम करते समय कुछ सामान्य और विशिष्ट निर्देश

सामान्य निर्देश

1. प्रयोगशाला में चुपचाप और सावधानी से काम करें। याद रखें कि किसी भी प्रयोग को करने का मुख्य उद्देश्य विश्वसनीय माप करना होता है।
2. काम के सभी चरणों को हमेशा अपने साथी के साथ समान रूप से साझा करें।
3. सारणीबद्ध रूप में आँकड़ों का प्रस्तुतीकरण, रेखांकन और गणना सही और ईमानदारी से की जानी चाहिए।
4. प्रयोगात्मक डेटा की रिकॉर्डिंग और प्रतिनिधित्व के समय हमेशा ईमानदार रहें।
5. यह ध्यान रखना बहुत जरूरी है कि व्यख्या के अनुसार ग्राफ को बेहतर ढंग से फिट करने के लिए मापांकों में कोई फेर-बदल न करें। यदि कोई मापित अवलोकन गलत प्रतीत होता है, तो त्रुटि के स्रोत का पता लगाने के लिए आपने मापन को बार-बार दोहराना चाहिए।
6. आलेख खींचते समय प्रयोग से प्राप्त सभी आँकड़ों को ठीक से आलेखित करना चाहिए।
7. यह समझना आवश्यक है कि प्रयोगशाला का उद्देश्य सीखना है और आपके द्वारा प्राप्त किए गए ज्ञान का सत्यापन भी है। भौतिकी के सभी महत्वपूर्ण क्षेत्रों में विभिन्न घटनाओं को दर्शाने के उद्देश्य से प्रयोगों को ठीक से डिजाइन किया गया है।
8. प्रयोगों को रुचिपूर्वक करने से ही सभी सूक्ष्म बिंदुओं का ज्ञान होगा और मापक यंत्रों से आपका परिचय होगा।
9. प्रयोग हमेशा सीखने की मनोवृत्ति और अपनी रुचि के साथ उस सैद्धांतिक ज्ञान को सत्यापित करने के लिए करें जो आपने पढ़ा है।
10. प्रयोग करने से पहले प्रयोग सम्बंधित सैद्धांतिक ज्ञान एवं प्रयोग प्रक्रिया को स्पष्ट रूप से समझ लें। प्रयोगशाला में हमेशा समय पर उचित तैयारी के साथ पहुंचें।

विशिष्ट निर्देश

1. अपने प्रयोग के अवलोकन मापांकों को एकत्र करने के लिए प्रयोगशाला में काम करते समय, सभी मापान डेटा को नोटबुक में अच्छी तरह से नोट करना महत्वपूर्ण है।
2. नोटबुक में दर्ज किए गए डेटा की प्रयोगशाला छोड़ने से पहले आपके प्रशिक्षक द्वारा पुष्टि करा ली जानी चाहिए।
3. एक ही प्रयोग करने वाले सभी छात्रों को रिकॉर्ड किए गए डेटा की अलग-अलग कॉपी रखनी चाहिए। जब आप प्रयोग करने आते हैं तो प्रयोगशाला नोटबुक को नियमित रूप से प्रयोगशाला में लाना आवश्यक है।
4. प्रत्येक प्रयोग के अंत में आलेख ठीक से बनाए जाने चाहिए।
5. इसके लिए आपको यह जानना होगा कि ग्राफ पेपर को कैसे उचित रूप से उपयोग किया जाए। याद रखें कि सभी दोहराए गए डेटा को एक ही ग्राफ शीट पर समायोजित करना है।
6. आलेखों को संबंधित इकाइयों को दर्शाने वाले अक्षों के साथ ठीक से लेबल किया जाना चहिए।
7. प्रयोगशाला में काम करने के लिए मिली अवधि का अच्छी तरह सद उपयोग करना चाहिए और काम के समय के पूरा होने से पहले प्रयोगशाला को नहीं छोड़ना चाहिए। यदि आप कार्य जल्दी खत्म कर लेते हैं, तो आप शेष समय गणना और ग्राफ ड्राइंग को पूरा करने के लिए उपयोग कर सकते हैं और इसके लिए प्रयोगशाला में आपके पास कैलकुलेटर, पेंसिल और स्केल होना चाहिए।

आगामी अध्ययन हेतु संदर्भ

विद्युतचुम्बकीय क्षेत्र से सम्बंधित सिद्धांतिक एवं प्रयोगात्मक विषयों के और अधिक अध्ययन हेतु संदर्भित कुछ पुस्तकों की सूची निम्नानुसार है:

1. C. H. Bernard and C. D. Epp, Laboratory Experiments in College Physics, John Wiely and Sons Inc., New York, 1995.
2. G. L. Squiers, Practical Physics, Cambridge University Press, Cambridge, 1985.
3. M. H. Shamos, Great Experiments in Physics, Holt Rinehrt and Winston Inc., 1959.
4. A. C. Melissions, Experiments in Modern Physics, Academic Press, New York, 1978.
5. J. Ziman, Reliable Knowledge, Cambridge University Press, Cambridge, 1978.
6. "Introductory Readings in the Philosophy of Science", Edited by E.D. Klenke,R. Hollinger and A.D. Kline, Prometheous Books, Bufallo, New York, 1988.
7. R. P. Feymann, R. B. Leighton and M. Sands, The Feynman Lectures in Physics, Vol. I, II and III, Addison Wesley, 1963.
8. A.P. French, Vibration and Waves, Arnold-Heineman, New Delhi, 1972.
9. M. Browne, Physics for Engineering and Science, 2nd Edition, McGraw-Hill/Schaum, 2008.
10. B. Dibner, Oersted and the discovery of electromagnetism, Literary Licensing, LLC, 2012.
11. C. H. Durney and C. C. Johnson, Introduction to modern electromagnetics. McGraw-Hill, 1969.
12. D. Fleisch, A Student's Guide to Maxwell's Equations. Cambridge, UK: Cambridge University Press, 2008.
13. I. S. Grant and W. R. Phillips, Manchester Physics, Electromagnetism, 2nd Edition, John Wiley and Sons, 2008.
14. D. J. Griffiths, Introduction to Electrodynamics, 3rd Edition, Prentice Hall, 1998.
15. J. D. Jackson, Classical Electrodynamics, 3rd Edition, Wiley, 1998.
16. A. Moliton, Basic electromagnetism and materials, 430 pages, New York City: SpringerVerlag New York, LLC, 2007.
17. E. M. Purcell, Electricity and Magnetism Berkeley, Physics Course Volume 2, 2nd Edition, Mc-Graw-Hill, 1985.
18. E. M. Purcell and D. Morin, Electricity and Magnetism, 820p, 3rd Edition, Cambridge University Press, New York, 2013.
19. E. J. Rothwell and M. J. Cloud, Electromagnetics, CRC Press, 2001.
20. T. A. Beiser, Concepts of Modern Physics, 4th Edition, McGraw-Hill (International), 1987.
21. L. H. Greenberg, Physics with Modern Applications. Holt-Saunders International W.B. Saunders and Co, 1978.

22. R. G. Lerner and G. L. Trigg, Encyclopaedia of Physics, 2nd Edition, VHC Publishers, Hans Warlimont, Springer, pp. 12–13, 2005.
23. H. J. Pain, The Physics of Vibrations and Waves, 3rd Edition, John Wiley and Sons, 1984. 280 | Physics - Introduction to Electromagnetic Theory
24. R. Penrose, The Road to Reality, Vintage books, 2007.
25. P. A. Tipler and G. Mosca, Physics for Scientists and Engineers: With Modern Physics, 6th Edition, W. H. Freeman and Co, 2008.
26. P. M. Whelan and M. J. Hodgeson, Essential Principles of Physics, 2nd Edition, John Murray, 1978.

CO और PO अटैनमेंट तालिका

पाठ्यक्रम पूर्ण होने के उपरांत कोर्स आउटकम्स (COs) को प्रोग्राम आउटकम्स (POs) के साथ मैप (परस्पर संबंध) किया जा सकता है तथा अन्तर का विश्लेषण करने के लिए POs प्राप्ति हेतु सहसंबंध स्थापित किया जा सकता है। POs प्राप्ति में अन्तर के उचित विश्लेषण पश्चात प्राप्त कमियों को दूर करने के लिए उचित उपाय भी किये जा सकते हैं।

CO और PO अटैनमेंट तालिका

कोर्स आउटकम्स (COs)	प्रोग्राम आउटकम्स (POs) के साथ अपेक्षित संबंध *(1-कमजोर सहसंबंध; 2-मध्यम सहसंबंध; 3-मजबूत सहसंबंध)*											
	PO-1	**PO-2**	**PO-3**	**PO-4**	**PO-5**	**PO-6**	**PO-7**	**PO-8**	**PO-9**	**PO-10**	**PO-11**	**PO-12**
CO-1												
CO-2												
CO-3												
CO-4												
CO-5												
CO-6												

उपरोक्त तालिका में उल्लेखित किये गए आंकड़ों का उपयोग अन्तर के विश्लेषण करने में किया जा सकता है।

शब्दकोष (Glossary)

अक्षमितिक	Axonometric	पत्रक	Sheet
अक्षरांकन	Lettering	परिक्रमी परिच्छेद	Revolved Sections
अतिपरवलय	Hyperbola	परिच्छेद दृश्य	Sections View
अतिव्यापी	Overlapping	परिप्रेक्ष्य	Perspective
अधिचक्रज	Epicycloid	परियोजना	Project
अनुकूलन	Customisation	परिवर्धन	Development
अनुविक्षेप	Plan	पार्श्व दृश्य	Side View (SV)
अन्तरश्चक्रज	Hypocycloid	पार्श्वचित्र तल	Profile Plane (PP)
अभिविन्यास	Orientation	पृष्ठबहुल	Polyhedral
अभ्यावेदन	Representations	पैमाना	Scales
अष्टफलक	Octahedron	पॉलीलाइन	Polyline
आधार	Base	प्रक्षेपण	Projection
आयताकार	Rectangular	प्रक्षेपित	Projected
आयाम	Dimesion	प्रक्षेपी	Observer
आरेखण उपकरण	Drawing Instruments	प्रतिकेंद्राज	Involutes
आलेखन पत्रक	Drawing Sheets	प्रथम चतुर्थांश प्रक्षेपण	First Angle Projection
उत्पादकता	Productivity	प्रमुख तल	Principal Planes
उत्सेध	Elevation	प्रविष्ट	Enter
ऊर्ध्वाधर तल	Vertical Plane(Vp)	फ्लोर प्लान	Floor Plan
ऑर्थोग्राफिक प्रक्षेपण	Orthographic Projection	बहुदृश्य	Multiview
कर्तन तल	Cutting Plan	बहु-दृश्य प्रक्षेपण	Multi-View Projection
कारीगर	Craftsmen	बहुरेखीय	Multilinear
क्षैतिज तल	Horizontal Plane(Hp)	बिन्दुओं का प्रक्षेपण	Projections of Points
खंडित परच्छिेद	Broken-Out Sections	बेलन	Cylinder
खंडों	Segments	मानक	Standard
गुफा	Caves	लंबकोणीय	Orthogonal
गोला	Sphere	वक्र	Curves
ग्रिड संदर्भ प्रणाली	Grid Reference System	विंशतिफलक	Icosshedron
घन	Cube	विकर्ण पैमाना	Diagonal Scale

चक्राभ	Cycloid
चुष्फलक	Tetrahedron
छिन्नक	Frustum
जनित्र	Generator
जीवाओं का पैमाना	Scale of Chords
ज्यामिति	Geometry
ज्यामितीय	Geometric
ज्यामितिय बाधाएं	Geometrical Constraints
झुकी हुई अभिलेख	Inclined Lettering
टीप	Annotations
ठोस के परिक्रमण	Solids of Revolution
ठोसों का प्रक्षेपण	Projection of Solids
डीलाइन	Deline
ढाँचागत	Structural
तल	Planes
तलों का प्रक्षेपण	Projections of Planes
तिर्यक	Oblong
तिर्यक्	Oblique
तुलनात्मक पैमाना	Comparative Scale
तृतीय चतुर्थांश प्रक्षेपण	Third Angle Projection
त्रिमितीय	Trimetric
दक्षिणावर्त	Clockwise
दृश्य	View
द्वादशफलक	Dodecahedron
द्विमतीय	Dimetric
नियमित ठोस	Regular Solid
निरूपक भिन्न	Representative Fraction
निर्देशांक प्रणाली	Coordinate System
निर्धारित	Fix

विस्थापन	Displacement
शंकु	Cone
शंकु परिच्छेद	Conic Sections
शीर्ष	Apex
शीर्ष दृश्य	Top View(TV)
शैली	Style
संदर्भ तल	Reference Planes
संदिग्धता	Ambiguity
संपाति	Concident
संशोधित	Modify
सकेंद्रित विधि	Concentric Method
सक्रेंद्री	Concentric
सचित्र प्रक्षेपण	Pictorial Projection
समचतुर्भुज	Rhombus
समपरिमाण प्रक्षेपण	Isometric Projection
सममित	Symmetric
सममितीय	Isometric
समय की बचत	Short Lead Times
समरेख	Collinear
समलंब ठोस	Right Solid
समानांतर	Parallel
सम्बवत्	Offset
सम्मुख दृश्य	Front View (Fv)
सरल पैमाना	Plain Scale
सहायक तल	Auxiliary Planes
सांस्थितिक	Topological
सीमा	Border
सुचारू	Mooth
स्पर्शरेखा	Tangent